有機化学 1000本ノック

【スペクトル解析編】

矢野将文 著 Masafumi Yano

化学同人

はじめに

筆者が有機化学の講義を担当して10年以上になります．化学系，薬学系，農学系などの学科では，有機化学関連の科目は初年次から始まり，数セメスターにわたり受講することになるでしょう．大学に入ったらまず，高校の化学の延長のような基礎的なところから始まり，学年が進むに従って徐々に難しくなっていきます．有機化学は積み上げ式の学問なので，より難しい内容を理解するためには，その基礎となる知識をしっかりと身につけておかなければなりません．

しかし，「いつのまにか有機化学が苦手になった」という人も多いと思います．そういう学生からじっくりと話を聞くと，かなり初期の段階からつまずいているケースが多く見られます．しかもそれはわれわれ教員が考えるよりもずっと手前です．

つまずきやすい箇所は「有機化合物の命名」「立体化学」「化学反応における電子の移動を表す曲がった矢印」の三つです．大学の有機化学の講義はどんどん進んでいきます．この三つを放置して「なんとかしなくちゃ」と焦っていると，「○○反応」がいっぱいでてきます．この「○○反応」は，命名法が理解できていることが前提になっています．また，分子の接近方向を考え，生成物の立体異性体を区別しなければなりません．さらに，電子の移動を表す曲がった矢印を使った反応機構が黒板を埋め尽くします．情報量に圧倒されます．

基礎ができていないと，板書を写すのが精一杯になり，それを丸暗記しただけで試験に臨むことになります．必死になってなんとか単位は取ったけど，一夜漬けの内容は忘却の彼方に消え，次の新しいセメスターでは，さらに深い内容の有機化学が待っています．これが繰り返されると，高校時代はあんなに好きだった有機化学がすごく苦手になってしまうことでしょう．

有機化学を深く理解するために有効な方法は，基本的なルールを学び，演習問題を解き，知識の定着を確認することです．いきなり難しい問題に挑戦しても，挫折してしまいます．これでは有機化学を面白く感じられません．

教員として痛感したのは，一つのトピックスに関して，初歩のレベルから膨大な演習を集めた問題集がないことでした．そこで2019～21年にかけて，有機化学1000本ノックシリーズとして【命名法編】，【立体化学編】，【反応機構編】，【反応生成物編】を出版しました．

このシリーズは初歩の初歩から始まって，徐々に難易度が上がるかたちで数多くの演習問題を解き，「身体で覚えること」を目標としています．同じような問題が，何ページにもわたり載っています．これをひとつひとつ解いていくことで，確実に有機化学の基礎が身につきます．

簡単な問題から始まって，少しずつ難しくなるように難易度を調整しています．すぐには解答できない問題に突き当たっても，いろいろ試行錯誤して，自分なりの解答を導いてください．そこで初めて，正解と照らしあわせてください．このとき，間違っていてもかまいません．どこが間違っていたのかを理解して，また次の問題に取り組んでいくことが大切なのです．

上記の四冊を出版したあと，読者のみなさんから，「1000本ノックのスペクトル解析編は作れないですか」との声がいくつか寄せられました．スペクトル解析は大学2年生あたりで学習するカリキュラムが多いと思います．グニャグニャした曲線が書かれた図を渡されて，「ここから目的物の構造式を導いてください」という課題が出たりします．

最初は全くわからないでしょう．スペクトル解析が難しいのは，今まで高校や大学で学習してきたいずれの知識の延長でもないためです．どこから取り掛かったらよいのかわからないまま，どんどん講義が進んでいくこともあるかもしれません．

そんなときに「正解はこんな化合物なのか．よくわからないけど，このスペクトルの形を覚えてしまおう」と丸暗記しても，スペクトルが読めるようにはなりません．化合物の種類が違えば，得られるスペクトルは異なります．丸覚えは不可能です．

実は，スペクトルをサクサクと解析できる人は，スペクトルのすべてのピークを読んではいません．複数の測定方法から得られたスペクトルから，必要な情報だけを読み出し，正解の構造式に最短ルートで論理的にアプローチします．本書でトレーニングすれば，これができるようになります．各測定法からどのような情報が得られるかを理解し，スペクトルの読み方を順番に学びましょう．本書で基本的ルールを身につけておけば，初めて見るスペクトルでも，生成物の構造が予想できるようになります．

本書では1000問の演習を用意しましたので，じっくりと最初から解いていってください．IHD，IR，MS，^{13}C NMR，^{1}H NMRの順に学習しましょう．まず，それぞれの測定法から何の情報が得られるかを理解しましょう．扱っている化合物は比較的，単純な構造のものにしました．

構造解析では，一つの測定法から構造を決定することはできません．いくつかの測定法を組み合わせて，「これに間違いない」と判断します．本書では，複数の測定法から得られる情報が互いにどうリンクしているのかを学べるように作っています．最後の章には，それまでの章で学んだ方法をフル活用して構造決定する総合問題を50問，準備しました．これにも果敢に挑んでみてください．

スペクトルチャートは「分子からの呼びかけ」です．その呼びかけに耳を澄ませて，分子の形を明らかにしていきましょう．本書によって，スペクトルを見ただけで，目的化合物の構造式が浮かんでくるようになれば幸いです．

2022年3月　矢野将文

目　次

本書の特長と使い方

1．特　長

本書は，有機化合物の構造決定の予測の初歩の初歩から始まり，徐々に難易度が上がっていきます．数多くの演習問題を解き，「**身体で覚える**」ことを目標に執筆されています．どんなに簡単な問題でも飛ばさずに解いてください．**1000 問**の問題を解くことで，**確実に実力が身につきます**．

2．使い方

本書は「**書き込み式**」の**ワークブック**です．解答は，本書の問題に直接書き込んでください．最初は簡単な分子式，構造式，スペクトルの問題から始まり，徐々に複雑になっていき，複数の情報を組み合わせないと解けない問題も出てきます．「この分光法では分子の何を測っているのか」，さらに「スペクトルのどこを見れば，どんな情報が得られるか」をつねに意識して，構造決定に必要な情報をスペクトルから読み出せるようになりましょう．

本書の構成

解析のポイント

各章のはじめには，その章で登場する解析法の基本についてまとめてあります．

解答時間とヒント

各大問には解答時間を設定していますので，取り組むときの目安にしてください．解答に目安よりも時間がかかった場合は，ヒントやポイントを見て，考え方や解き方を復習しましょう．

解答・解法【別冊：取り外し式】

大問を一つ解き終えるごとに答え合わせをしてください．問題に対する考え方も解説しています．ヒントを見ても解答できない場合は，解法をよく読んでから次の問題に取り組んでください．

達成度チェックシート

本書の巻末に達成度チェックシートがあります．取り組んだ問題にチェックを入れましょう．1000 本ノックを達成した読者へ贈るメッセージが浮かび上がります．

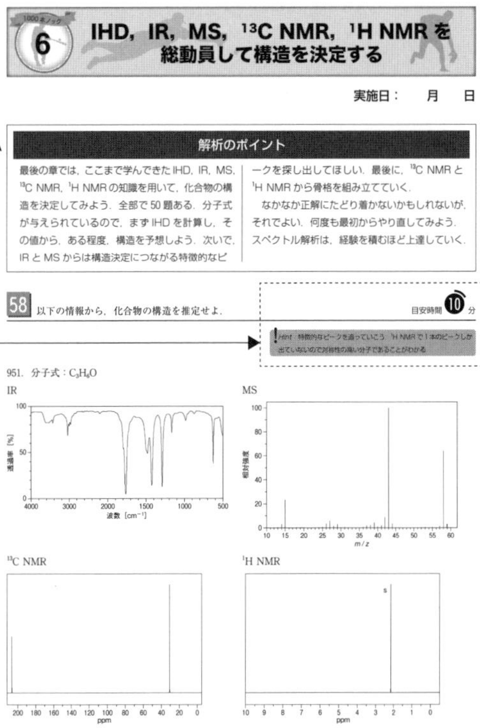

1000本ノック 6

IHD，IR，MS，^{13}C NMR，^{1}H NMR を総動員して構造を決定する

実施日：　月　日

解析のポイント

最後の章では，ここまで学んできた IHD，IR，MS，^{13}C NMR，^{1}H NMR の知識を用いて，化合物の構造を決定してみよう．全部で 50 題ある．分子式が与えられているので，まず IHD を計算し，その値から，ある程度，構造を予想しよう．次いで，IR と MS からは構造決定につながる特徴的なピークを探し出してほしい．最後に，^{13}C NMR と ^{1}H NMR から骨格を組み立てていく．

なかなか正解にたどり着かないかもしれないが，それでよい．何度も最初からやり直してみよう．スペクトル解析は，経験を積むほど上達していく．

58　以下の情報から，化合物の構造を推定せよ．　目安時間 10 分

Hint　特徴的なピークを追っていこう．^{1}H NMR で 1 本のピークしか出ていないので対称性の高い分子であることがわかる

951．分子式：C_3H_6O

IR　MS　^{13}C NMR　^{1}H NMR

1000本ノック 1

IHD（水素不足指数）

実施日：　　月　　日

解析のポイント

スペクトルを解析するとき，分子式が与えられていたら，まず水素不足指数を計算しよう．水素不足指数は IHD とも呼ばれ，「Index of Hydrogen Deficiency」の略である．以下の計算式で求められる．

$$\mathrm{IHD}=(\text{炭素原子の数})-\frac{(\text{水素原子の数})}{2}-\frac{(\text{ハロゲン原子の数})}{2}+\frac{(\text{窒素原子の数})}{2}+1$$

窒素原子の場合だけ足し算になること，最後に 1 を加えることを忘れないように注意しよう．与えられた分子式から IHD を計算すると，0 以上の整数になる．この値から，分子構造の不飽和度についての情報が得られる．

基本的な考えは **IHD=1 あたり，「環構造が一つ」もしくは「二重結合が一つ」**である．三重結合は「IHD=2」と考える．たとえば IHD=2 なら，「二重結合が二つ」，「環構造が二つ」，「三重結合が一つ」，「二重結合が一つと，環構造が一つ」のいずれかになる．

IHD の値が 0 の場合は，環構造も多重結合もない，単結合のみからなる鎖状の分子であることがわかる．さらに，IHD=4 なら「ベンゼン環が入っているのかな？」と推測を立てやすくなる．

まず IHD を計算して，構造式の特徴を予想してからスペクトルチャートを見ると解析が楽になる．

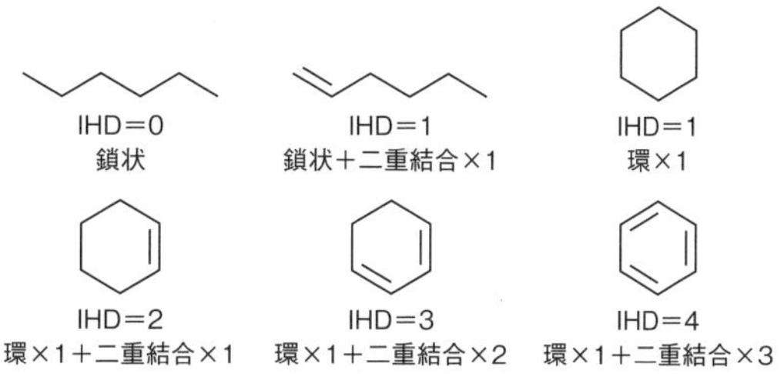

IHD から推測される構造式の例

1　次の分子式の IHD（水素不足指数）を計算せよ．

目安時間 20 分

Hint：IHD の計算式から値を求めよう．計算式のプラスマイナスに注意．また，最後に 1 を加えるのを忘れないように．

1. CH_4
2. C_2H_6
3. C_3H_8
4. C_6H_{14}
5. C_2H_4
6. C_5H_{10}
7. C_3H_6
8. C_6H_{12}
9. C_2H_2
10. C_3H_4
11. C_6H_{10}
12. C_5H_8
13. C_4H_2
14. C_6H_8
15. C_6H_6
16. C_7H_8
17. C_9H_{12}
18. $C_{10}H_{14}$
19. CH_3F
20. $C_2H_4Cl_2$
21. C_3H_7Br
22. $C_6H_{10}Br_2$
23. C_2H_3F
24. $C_5H_8I_2$

25. $C_3H_4Cl_2$
26. $C_6H_9Cl_2Br$
27. C_3H_3Cl
28. C_6H_8FCl
29. $C_5H_5Br_3$
30. CH_4O
31. CH_5N
32. CH_3OF
33. $C_2H_6O_2$
34. $C_3H_8O_2$
35. $C_6H_{14}O$
36. C_2H_7N
37. C_3H_9N
38. $C_6H_{15}N$
39. CH_4NOF
40. $C_2H_4OCl_2$
41. C_3H_7OBr
42. $C_6H_{12}O_2Br_2$
43. $C_2H_5NOCl_2$
44. C_3H_8NOBr
45. $C_6H_{13}NO_2Br_2$
46. C_6H_6O
47. $C_7H_8O_2$
48. $C_9H_{12}O$
49. $C_{10}H_{14}O_2$
50. $C_{42}H_{27}NO_3$

2　次の構造式をもつ分子の IHD（水素不足指数）を求めよ．

目安時間 20 分

Hint：構造式から分子式を計算するのではなく，構造式から直接 IHD を読み取ってみよう．

51. CH_3-CH_3
52. $CH_3-CH_2-CH_3$
53. $CH_3-CH_2-CH_2-CH_3$
54. $CH_3-CH(CH_3)-CH_3$
55. $CH_3-CH(CH_3)-CH(CH_3)-CH_3$
56. $CH_2=CH_2$
57. $CH_2=CH-CH_3$
58. $CH_2=CH-CH_2-CH_3$
59. $CH_3-CH=CH-CH_3$
60. $CH_3-C(CH_3)=CH_2$
61. $CH_2=CH-CH=CH_2$
62. $CH_2=CH-CH=CH-CH_3$
63. $CH_2=CH-C(CH_3)=CH_2$
64. $CH_2=C(Cl)-CH=CH_2$
65. $CH\equiv CH$
66. $CH\equiv C-CH_3$
67. $CH\equiv C-CH_2-CH_3$
68. $CH_3-C\equiv C-CH_3$
69. CH_3-OH
70. CH_3-O-CH_3
71. $CH_3-CH_2-CH_2-OH$
72. $CH_3-CH(OCH_3)-CH_3$
73. $CH_3-CH(OH)-CH(OH)-CH_3$
74. 
75. 
76. 
77. 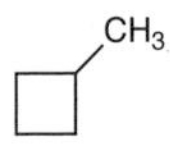

78. 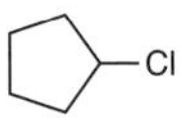

79. 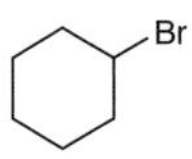

80. 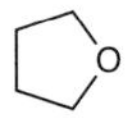

81. 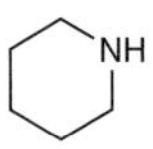

82. 
83. 
84. 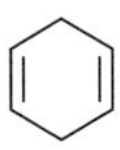
85. 
86. 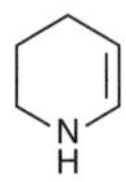

87. 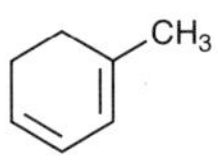

88. 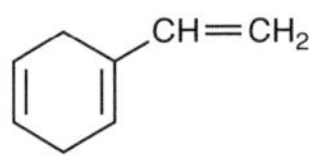

89. 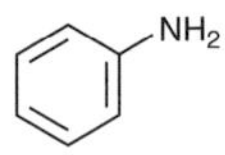

90. 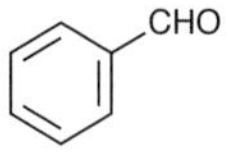

91. 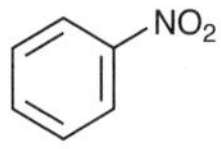

92. 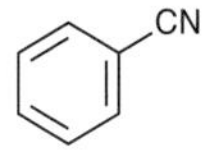

93. 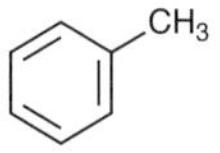

94. 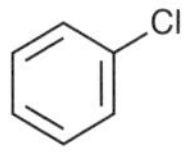

95. 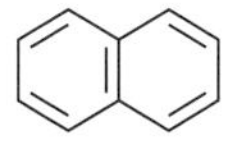

96. 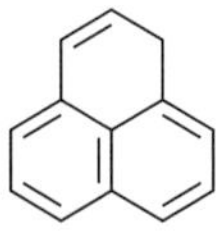

97. 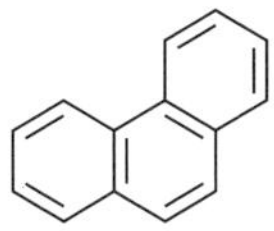

98. 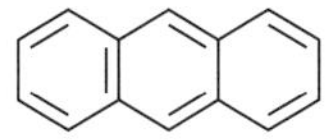

99. 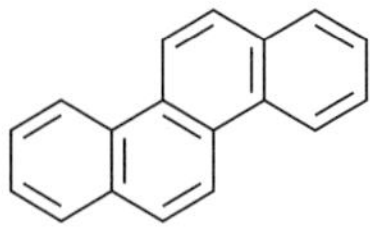

100. 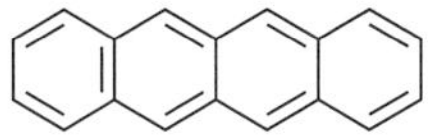

3 以下のそれぞれの①～④のうち，IHD が他の三つと異なる化合物はどれか．

目安時間 20 分

Hint：環の数，多重結合の数を比較しよう．五員環も六員環も IHD＝1 であることは同じである．

101. 

102. 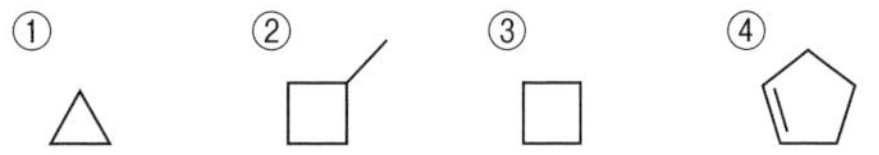

103. 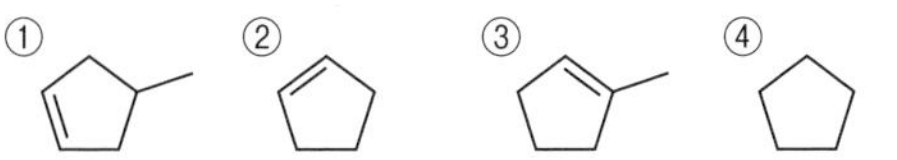

104. 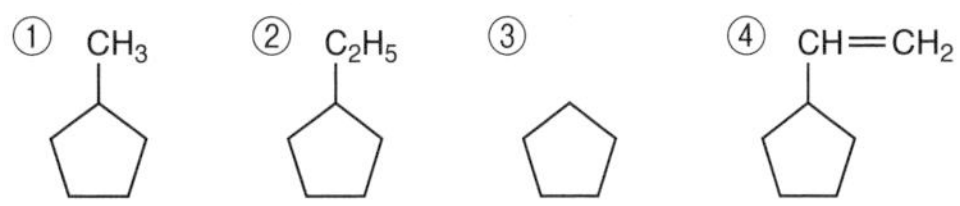

105. 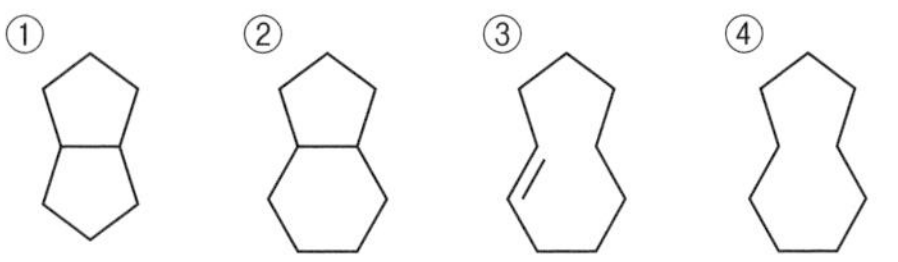

106. 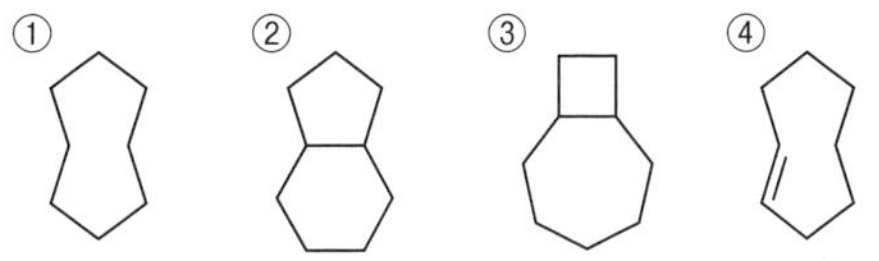

107. 

108. 

109. 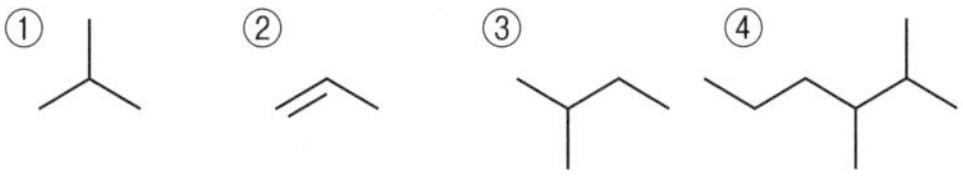

110. 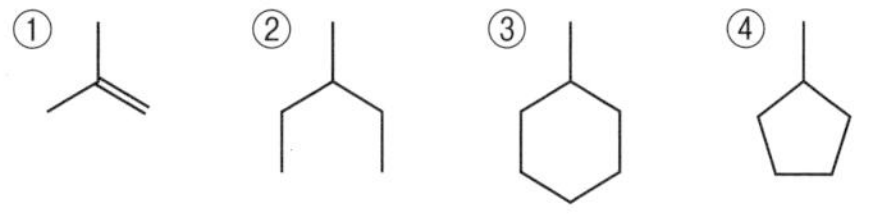

111. 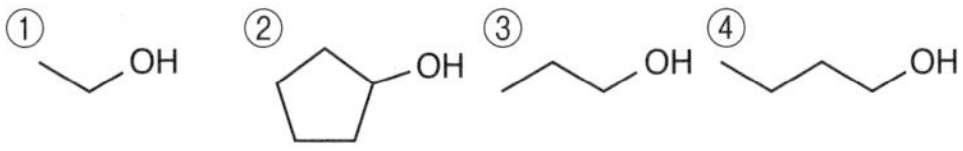

112. 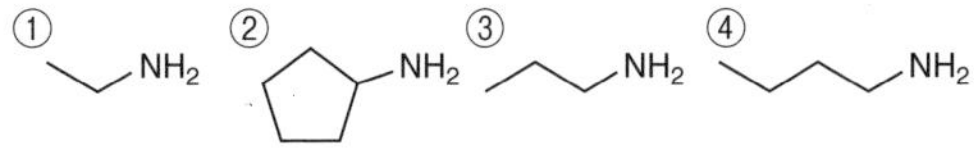

113. 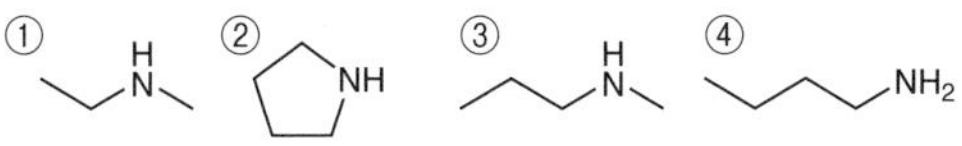

114. 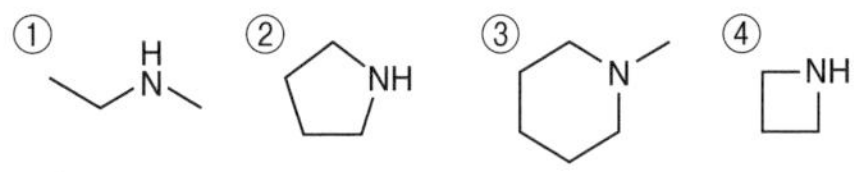

115. 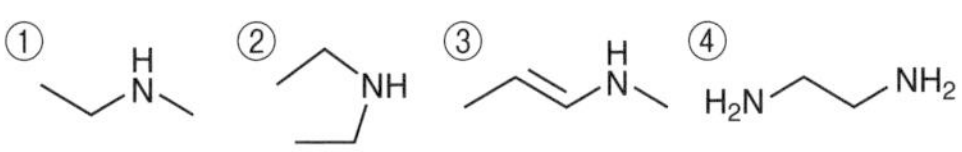

116. 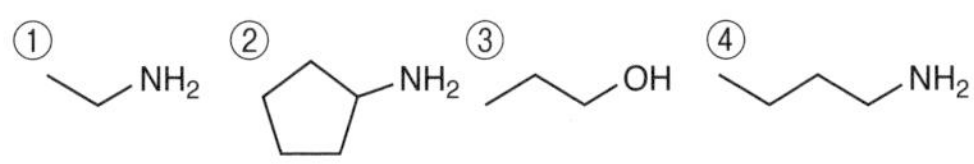

117. ① ② ③ ④

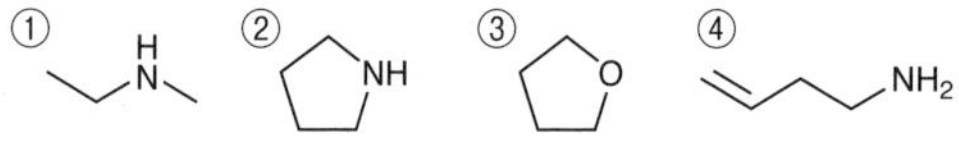

118. ① ② ③ ④

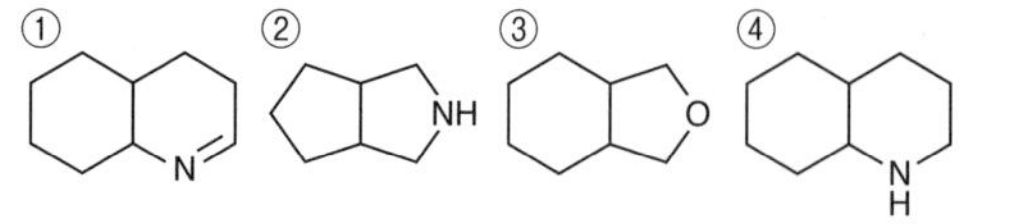

119. ① ② ③ ④

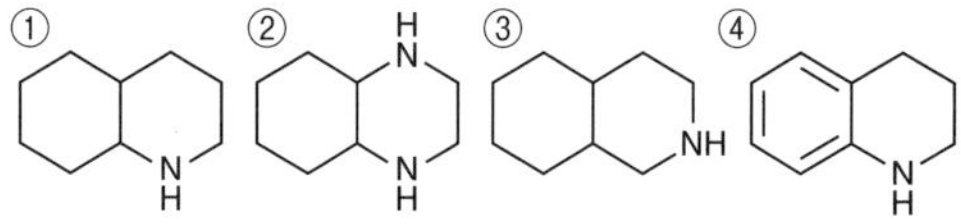

120. ① ② ③ ④

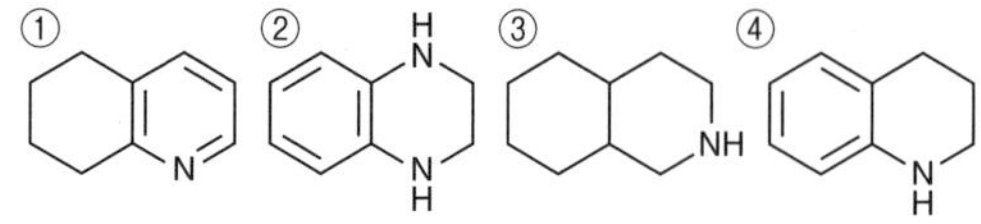

121. ① ② ③ ④

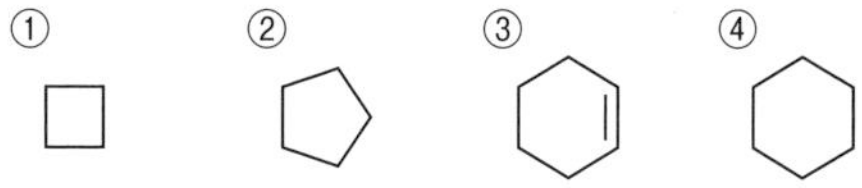

122. ① ② ③ ④

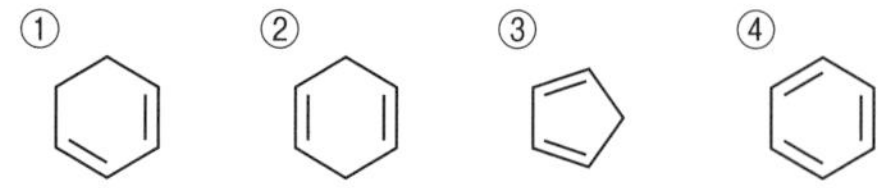

123. ① ② ③ ④

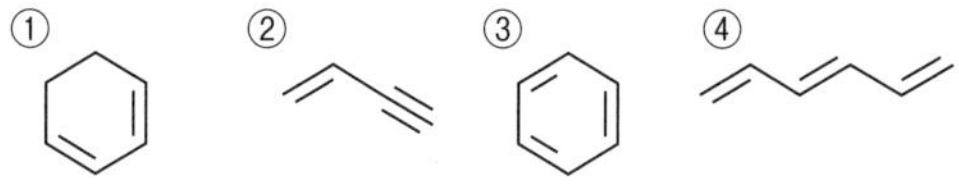

124. ① ② ③ ④

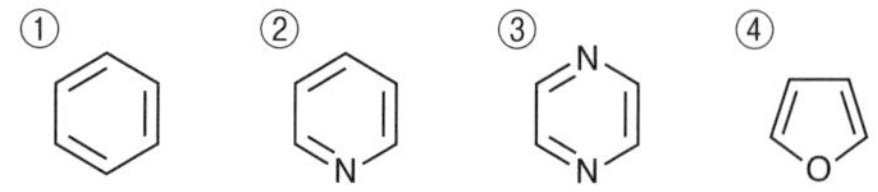

125. ① ② ③ ④

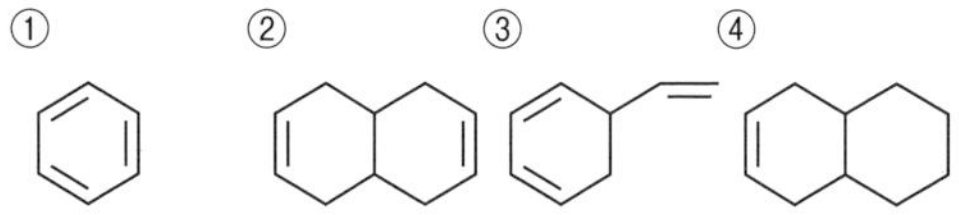

126. ① ② ③ ④

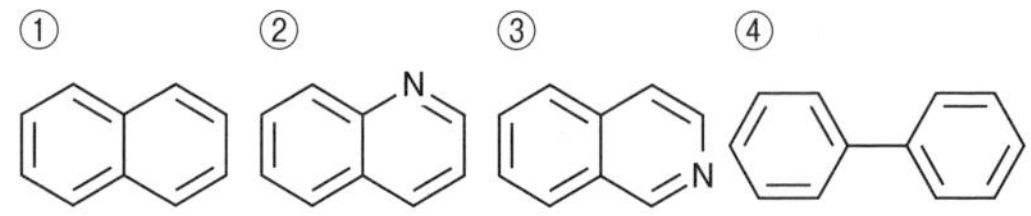

127.

① ② ③ ④

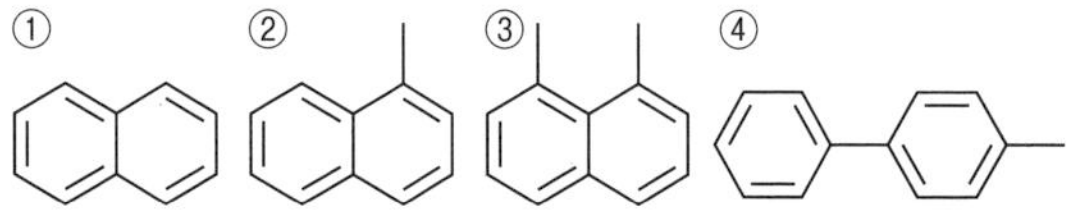

128.

① ② ③ ④

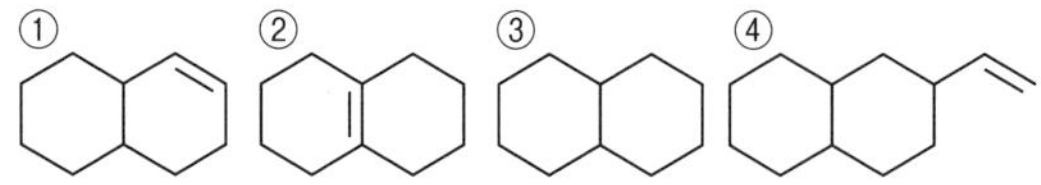

129. ① ② ③ ④

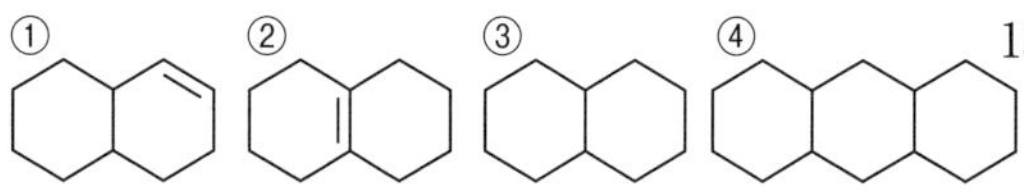

130. ① ② ③ ④

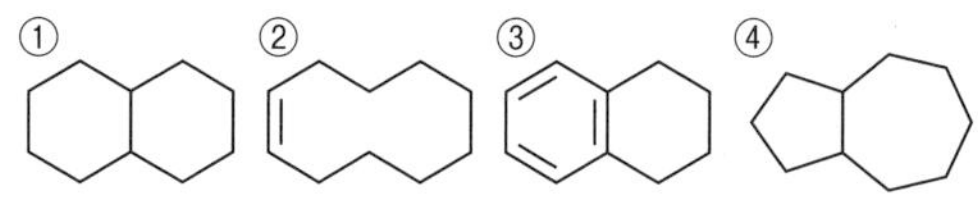

1000本ノック 2

I R（赤外吸収スペクトル）

実施日：　　月　　日

解析のポイント

IRスペクトルの原理について簡単に説明する．詳細については成書を参照していただきたい．

バネの両端にボールをつないだモデルの振動数を考えよう．同じ強さのバネに，両端に重いボールをつないだ場合（a）と，重いボールと軽いボールを一つずつつないだ場合（b）を比較する．それぞれのバネを一定の長さまで引っ張って手を離すと，より激しく振動する（振動数が大きい）のは（b）である．

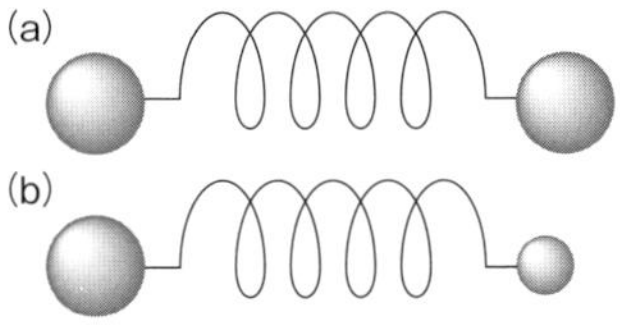

続いて，同じ重さのボールを，より強いバネで繋いだモデル（c）を（a）と比較してみよう．より激しく振動するのは（c）である．

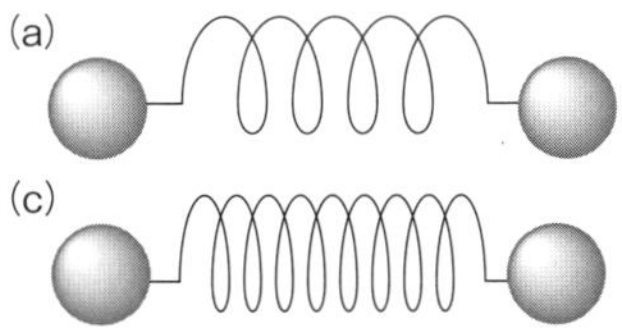

どのくらい激しく振動するかは，①どの程度の重さのボールが，②どの程度の強さのバネに結合しているかで決まる．

次に，この考えを分子に適用してみよう．単純な分子であるアミノ酸でも，さまざまな種類のボール（原子）がさまざまな強さのバネ（結合）につながっており，これが振動している．
IRスペクトルはこの振動を観測する．例として，アセトンのIRスペクトルを示す．

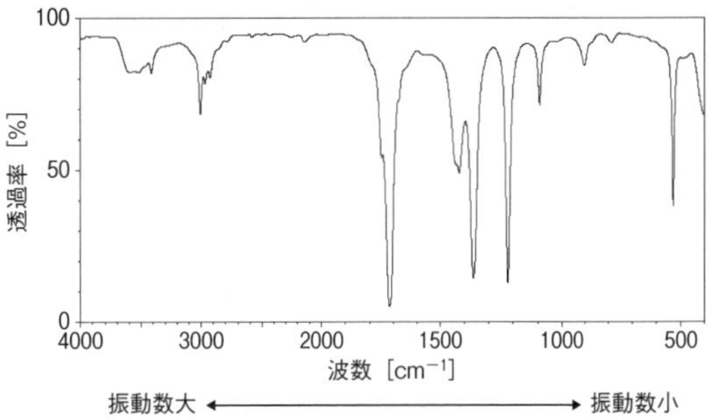

横軸は振動数であり，一般的に波数（単位は cm^{-1}）で表す．右側にいくほど振動数（波数）は小さく，左側にいくほど大きい．縦軸は透過率（単位は%）である．下方向に伸びているピークのそれぞれが，結合の振動に対応している．4000～1500 cm^{-1} の領域には伸縮振動（バネが伸びたり縮んだりする動き）のみが現れる．

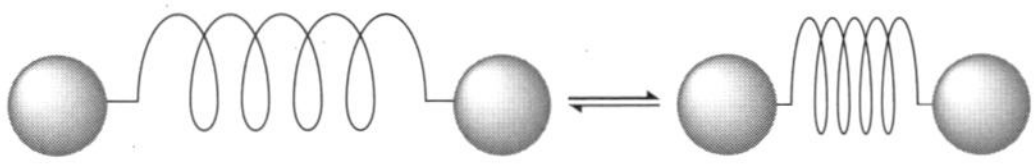

一方，1500～650 cm^{-1} は「指紋領域」と呼ばれる．指紋領域には，伸縮振動に加えて変角やねじれ振動も現れるので，複雑な吸収パターンが現れる．

本章では伸縮振動についてのみ考える．次頁の表にどのような結合の伸縮振動がどの領域に出るかを示す．軽い原子が結合するほど，結合次数（何重結合を表す数字）が大きいほど，左側の領域にピークが現れる．

次に，特徴的な官能基の吸収パターンを示す．構造を解析する際は，まずはこれらのピークを探すことから始めるのが定石である．

カルボニル基(C=O)の伸縮振動：
1700 cm^{-1} 付近に強く鋭い吸収
ヒドロキシ基(O−H)の伸縮振動：
3200 cm^{-1} 付近を中心に強く幅広い吸収
三重結合(C≡N，C≡C)の伸縮振動：
2200 cm^{-1} 付近に中程度の鋭い吸収
一級アミノ基(NH_2)の伸縮振動：
3300 cm^{-1} 付近に中程度の鋭い2本の吸収
二級アミノ基(NH)の伸縮振動：
3300 cm^{-1} 付近に中程度の鋭い1本の吸収

数多くのスペクトルを見ていくと，これらを容易に見つけられるようになる．すべてのピークがどの結合に由来するのかを決める必要はない．構造を決定したい分子にどのような官能基が含まれているかを見つけ出すことを意識しよう．また「この官能基は含まれていない」ことも重要な情報である．

ただし分子の形や測定条件によって，吸収位置やピークの形が変わることがあるので注意が必要である．以下，実際に問題を解いて慣れていこう．

• 有機化合物の赤外線吸収ピークの位置は以下の六つのカテゴリーに大別できる．4～9の問題では，矢印で示した結合のピークが①～⑥のどこに現れるかを答えよ．伸縮振動のみを考えればよい．

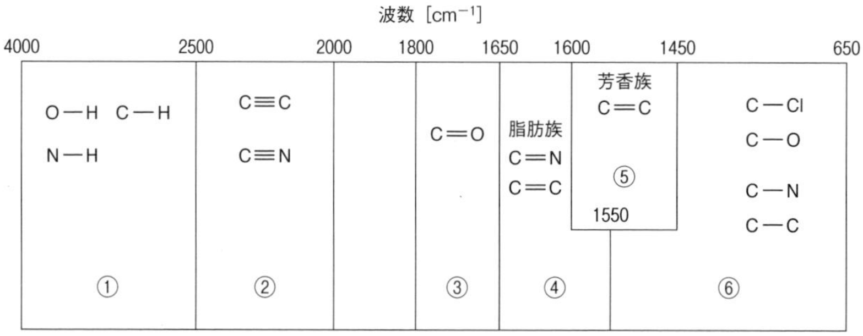

4 矢印で示した結合の伸縮振動は①～⑥のどの領域に現れるか．

目安時間 10 分

Hint：pXXのチャートを見ながら，どの原子とどの原子がつながっているか，その結合は何重結合かを考えよう．

131. 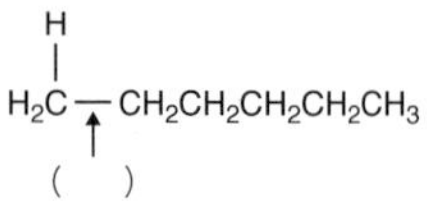

132. 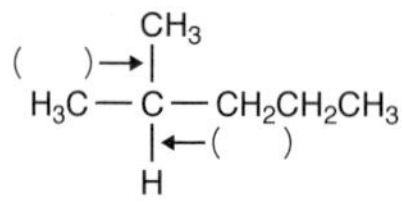

133. 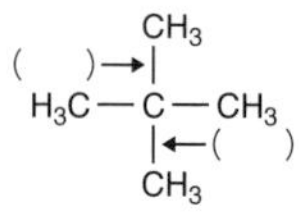

134. 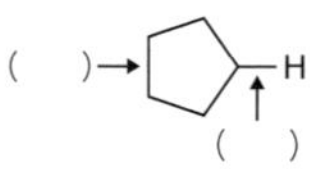

135. 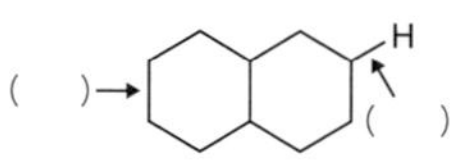

136. 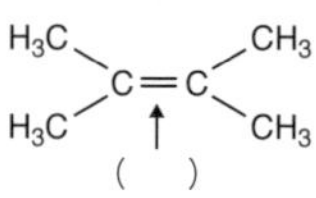

137. 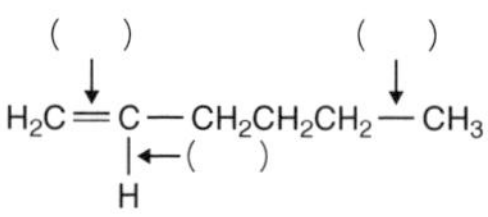

138. 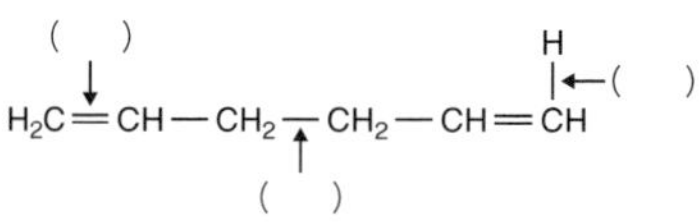

5 矢印で示した結合の伸縮振動は①～⑥のどの領域に現れるか．

目安時間 10 分

Hint：二重結合の場合は，脂肪族か芳香族か，どちらの二重結合かを区別しよう．

139. 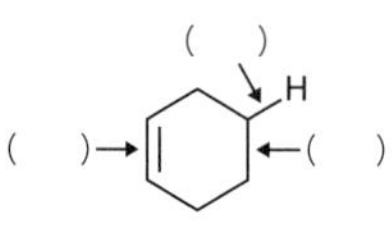

140. 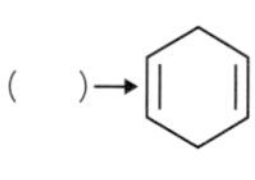

141. 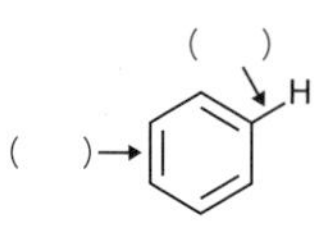

142. 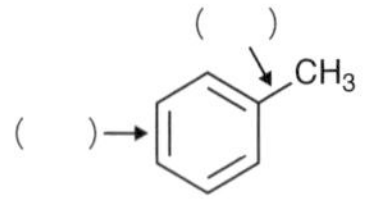

143. 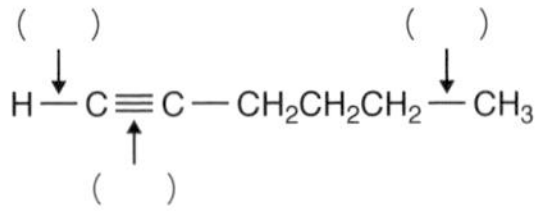

144. 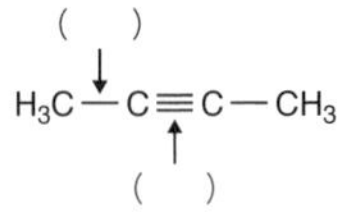

145. 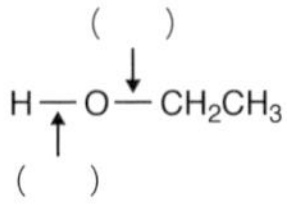

146. 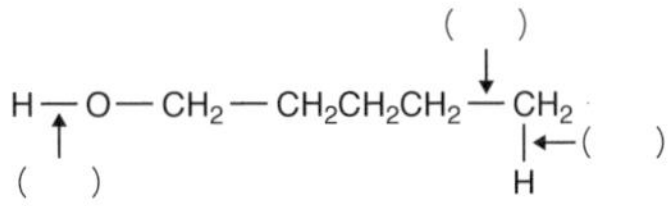

6 矢印で示した結合の伸縮振動は①～⑥のどの領域に現れるか．

目安時間 10 分

! *Hint*：pXX のチャートを見ながら，どの原子とどの原子がつながっているか，その結合は何重結合かを考えよう．

147. 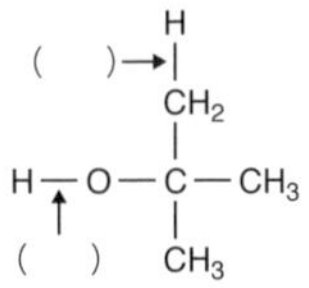

148. 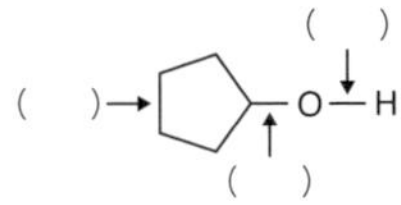

149. 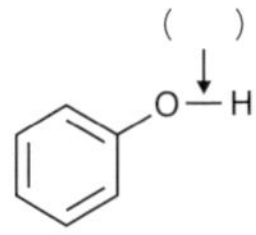

150. 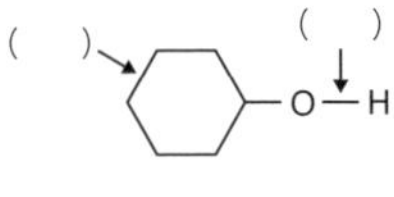

151. 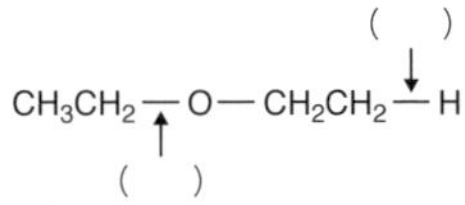

152. 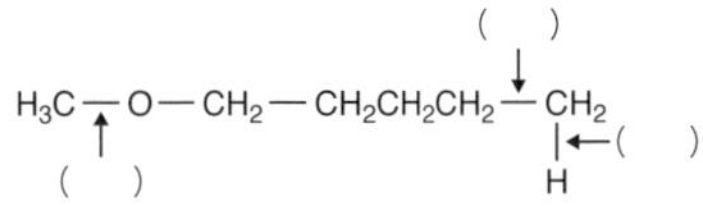

153. 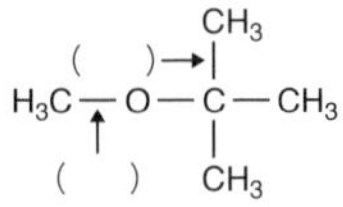

154. 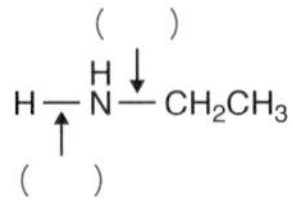

7 矢印で示した結合の伸縮振動は①～⑥のどの領域に現れるか．

目安時間 10 分

! *Hint*：カルボニル基は，炭素─炭素二重結合とは異なる位置に吸収が出る．

155. 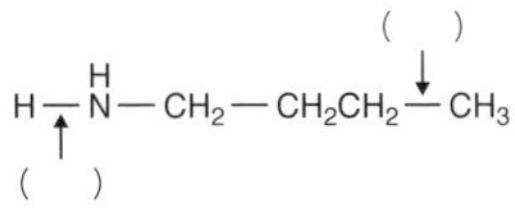

156. 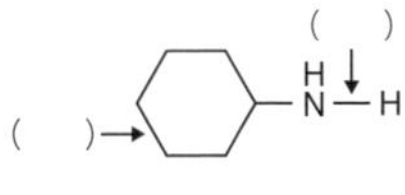

157. 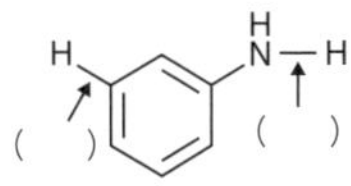

158. 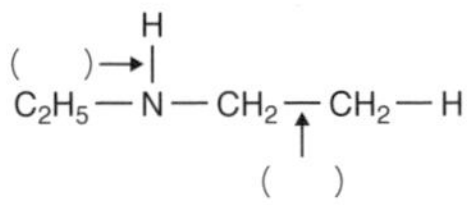

159. 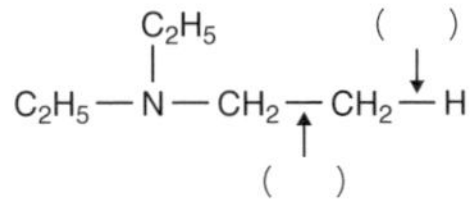

160. 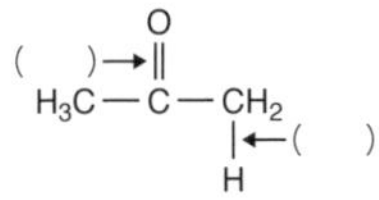

161. 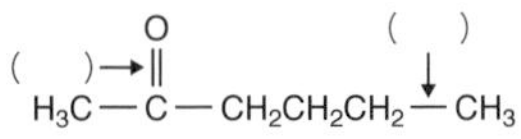

162. 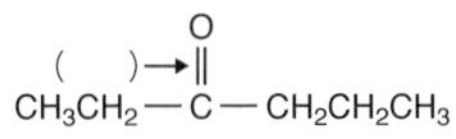

163. 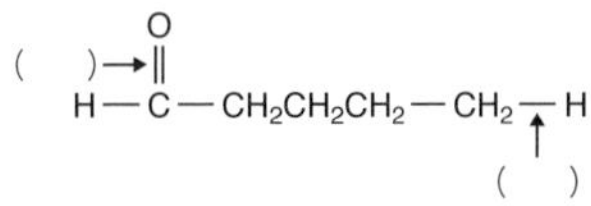

8 矢印で示した結合の伸縮振動は①～⑥のどの領域に現れるか．

目安時間 10 分

! *Hint*：カルボニル基は，炭素─炭素二重結合とは異なる位置に吸収が出る．

164. 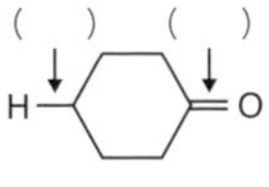

165. 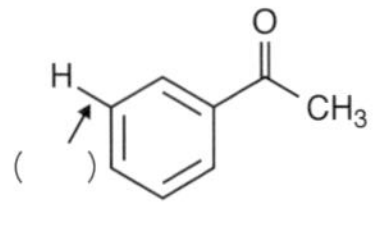

166. 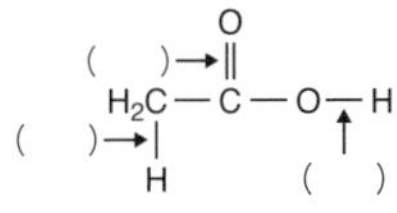

167. 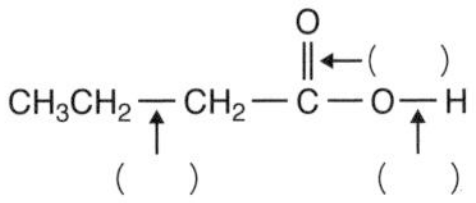

168. 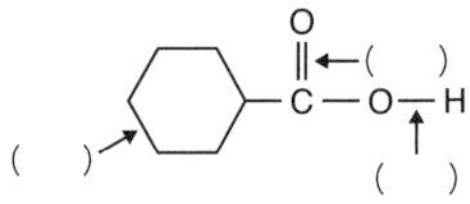

169. 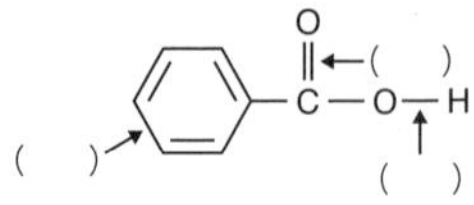

170. 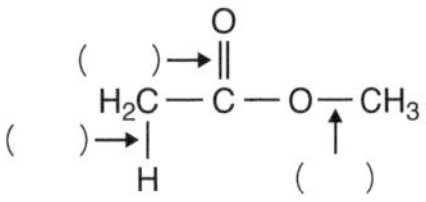

171. 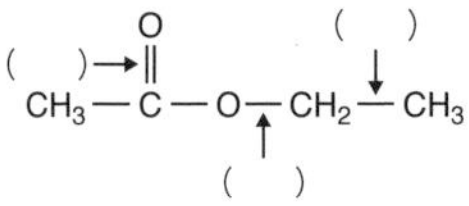

9　矢印で示した結合の伸縮振動は①～⑥のどの領域に現れるか.

目安時間 10 分

Hint：三重結合は，2200 cm^{-1} 付近に鋭い吸収を示す.

172. 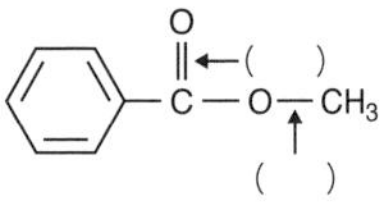

173. 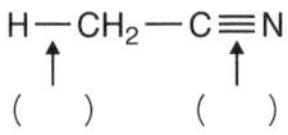

174. 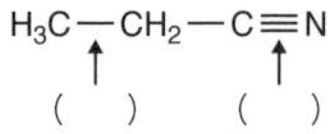

175. 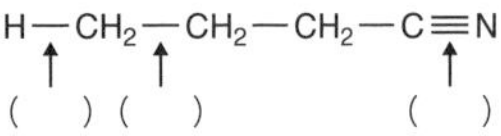

176. 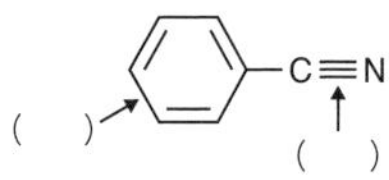

177. 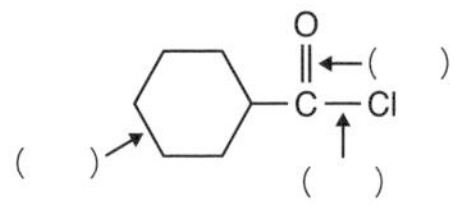

178. 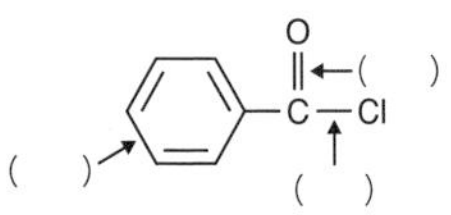

179. 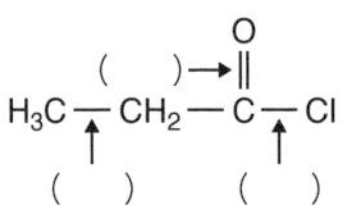

180. 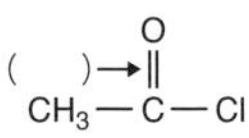

10　化合物の構造式と，その IR スペクトルを示す．スペクトル中に示した箇所の吸収ピークがどの結合の伸縮振動に対応するか，例にならって構造式に書き込め.

目安時間 20 分

Hint：IR スペクトルに現れる特徴的な吸収と，構造式の中の官能基をリンクさせよう.

【例】 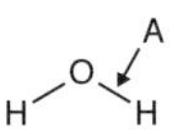

181.

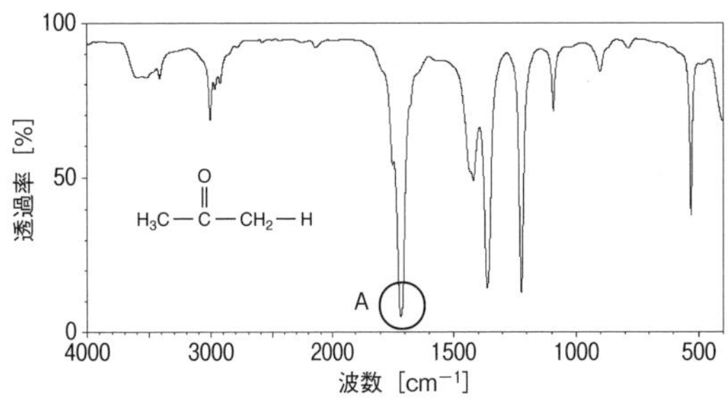

182.

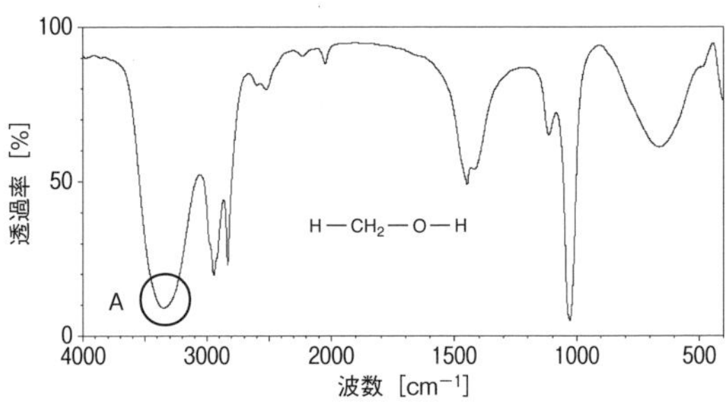

183.

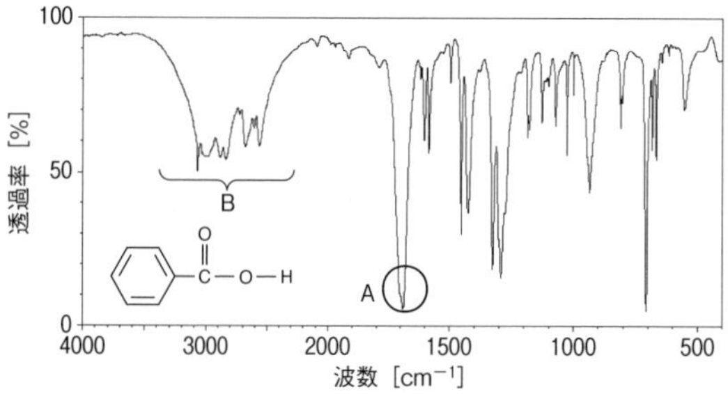

184.

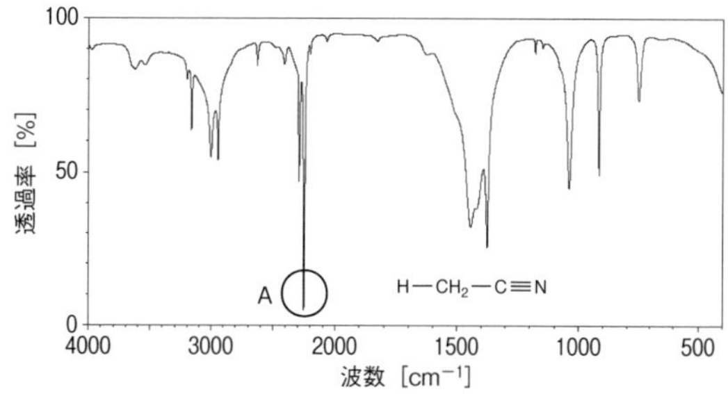

185.

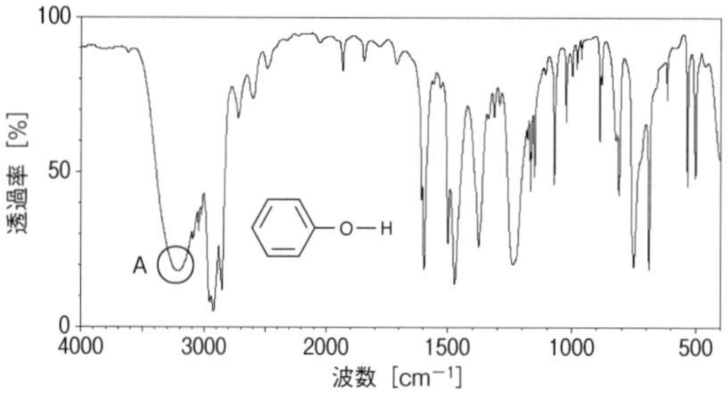

186.

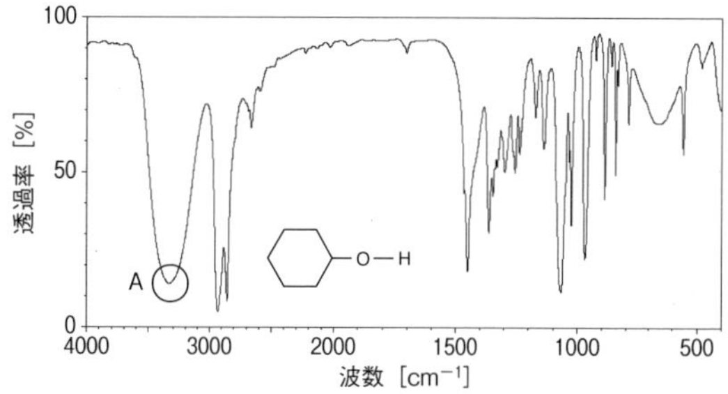

187.

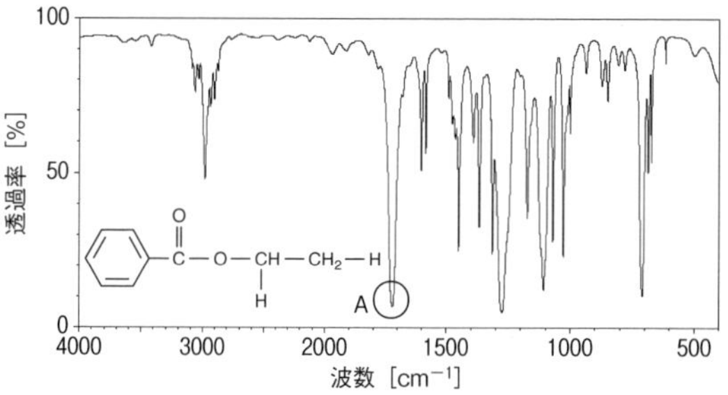

188.

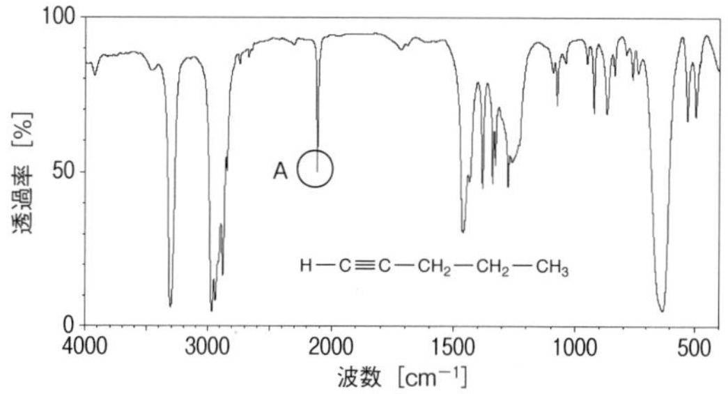

189.

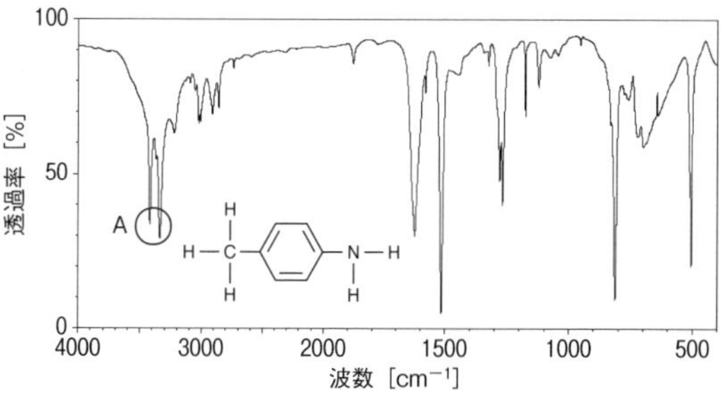

190.

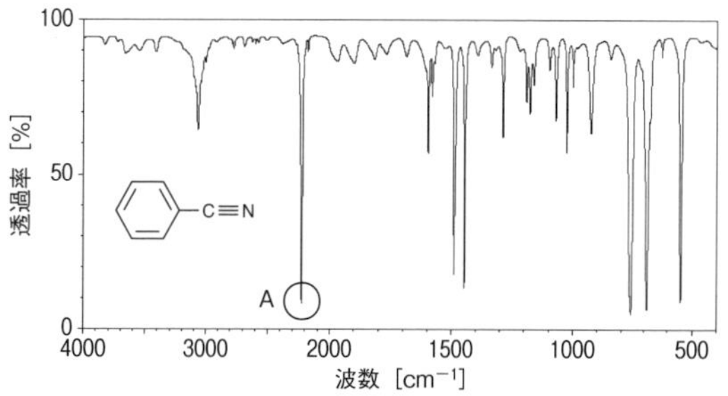

191.

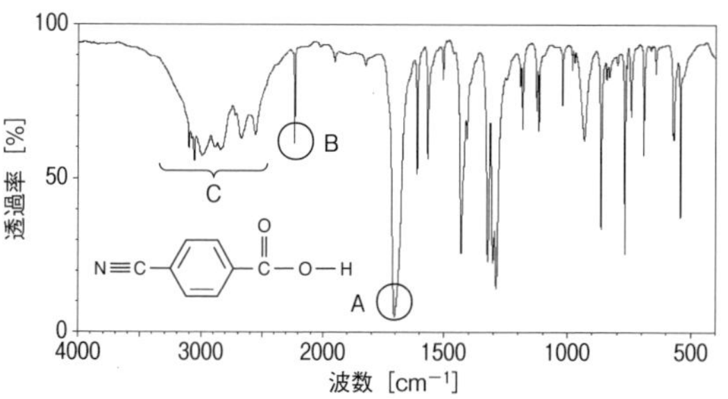

192.

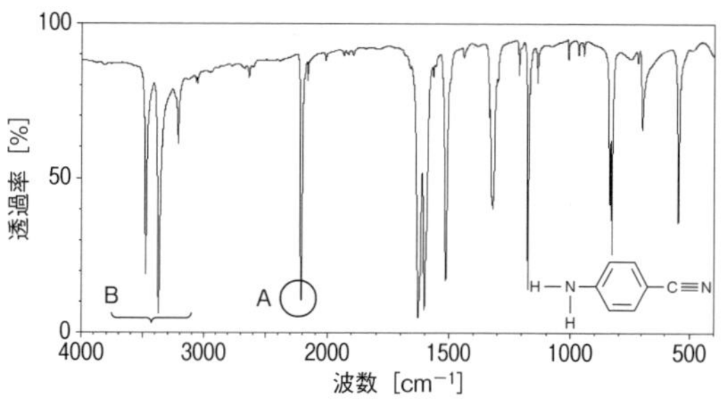

193.

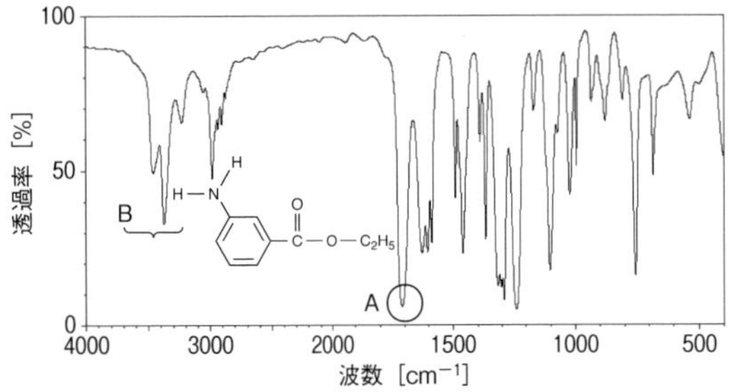

194.

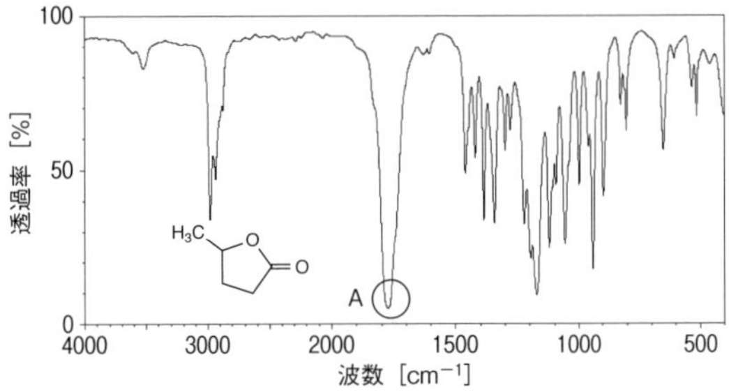

195.

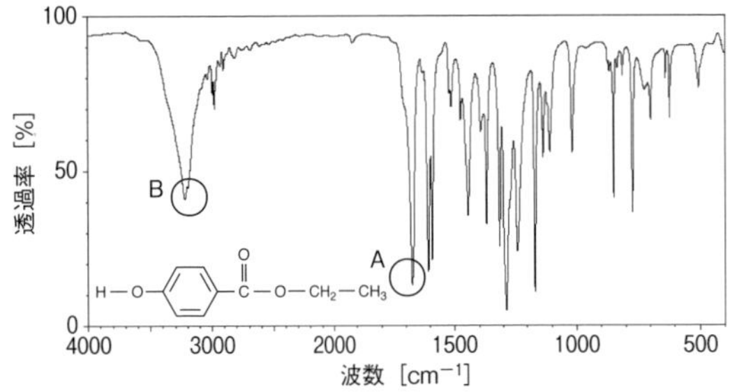

196.

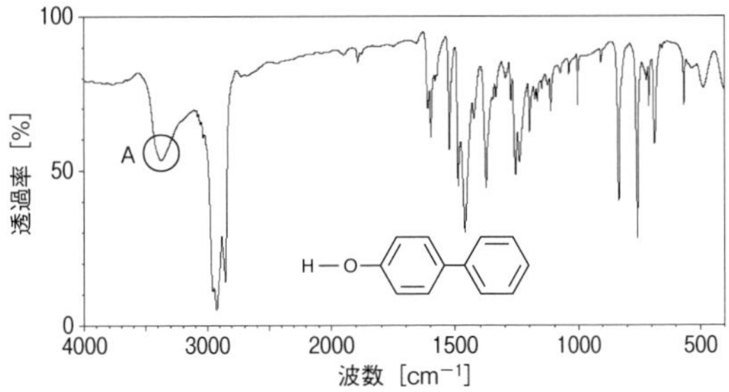

197.

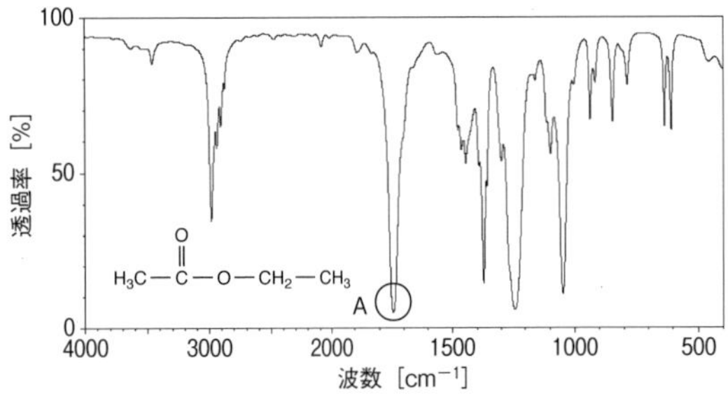

198.

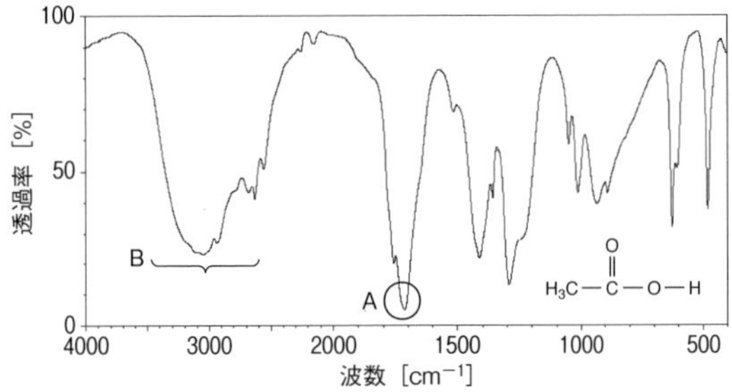

199.

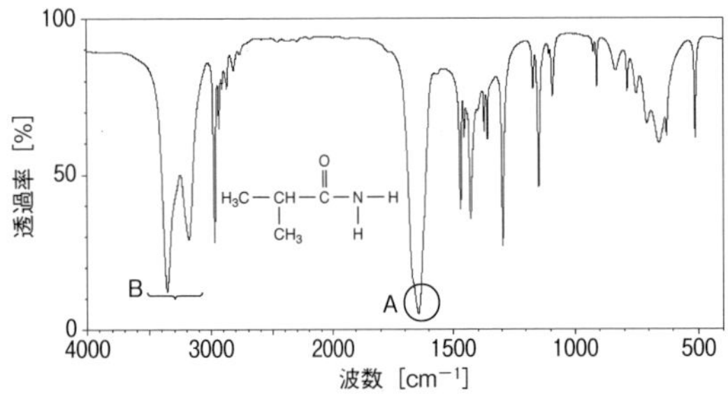

200.

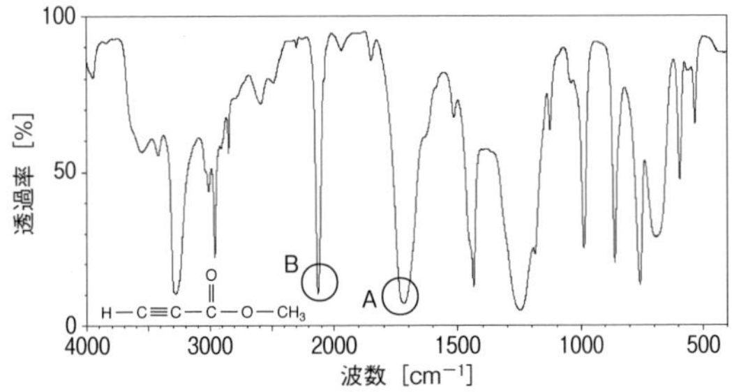

11 ある化合物の分子式とIRスペクトルを示す．この二つの情報から，ある化合物の構造的特徴を推測し，それぞれ①～④から選べ．

目安時間 20 分

Hint：まずIHDの値を求める．続いてIRスペクトルから含まれる官能基由来のピークを探し出す．最終的には，総合的に判断しよう．

201. 分子式：C_6H_{14}

IRスペクトル

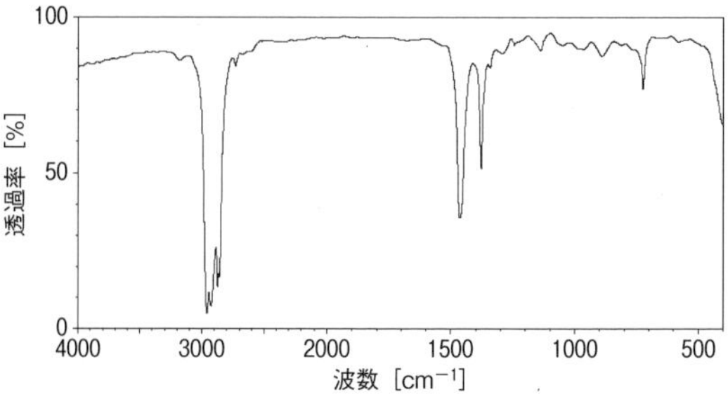

①鎖状アルカン　②環状アルカン

③アルケン　④アルコール

202. 分子式：C_6H_{12}

IRスペクトル

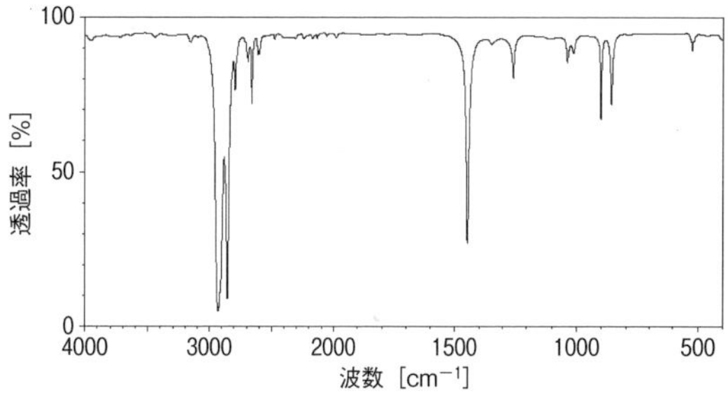

①鎖状アルカン　②環状アルカン

③ケトン　④アルコール

203. 分子式：C_7H_{16}

IRスペクトル

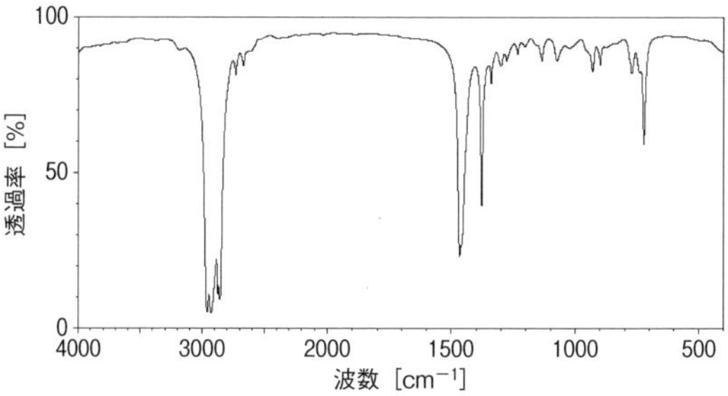

①鎖状アルカン　②環状アルカン

③鎖状アルケン　④鎖状アルキン

204. 分子式：$C_4H_{10}O$

IRスペクトル

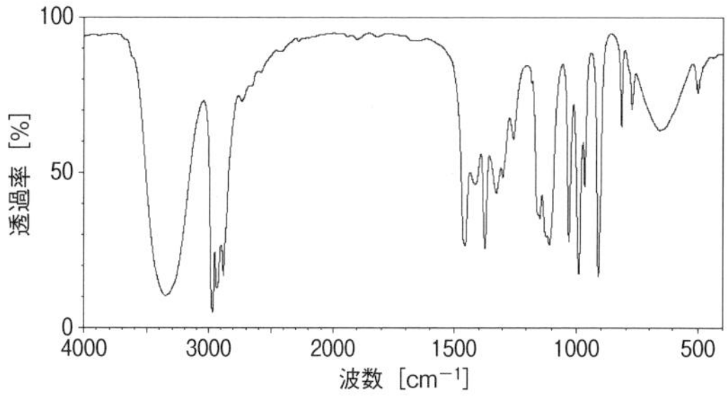

①鎖状アルコール　②鎖状ケトン

③環状ケトン　④鎖状エーテル

205. 分子式：C_4H_8O

IRスペクトル

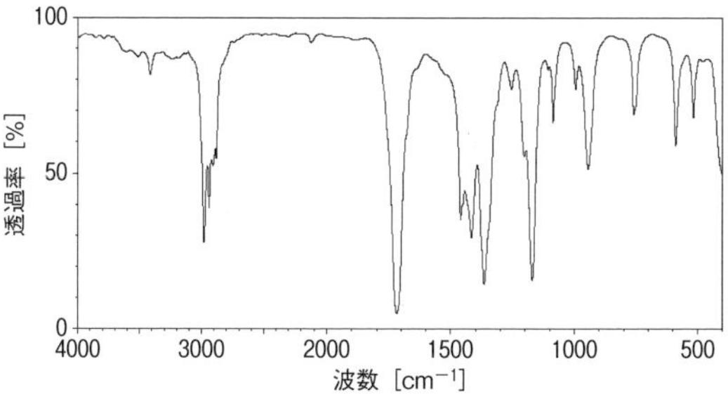

①鎖状ケトン　②環状ケトン

③環状アルコール　④鎖状アルコール

206. 分子式：C_6H_{10}

IRスペクトル

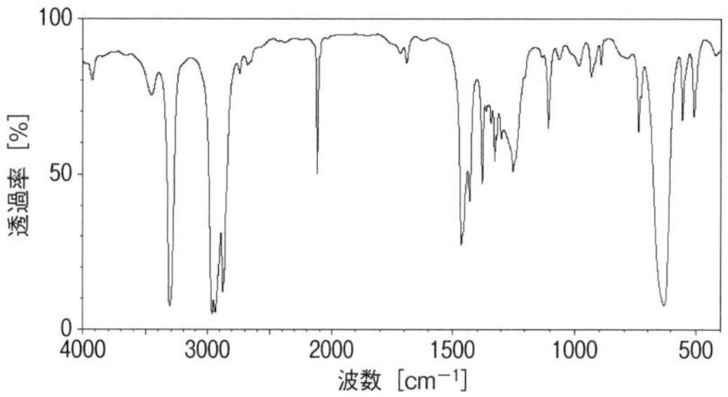

①鎖状アルカン　②鎖状ジエン

③鎖状ケトン　④鎖状アルキン

207. 分子式：C_4H_7N
IR スペクトル

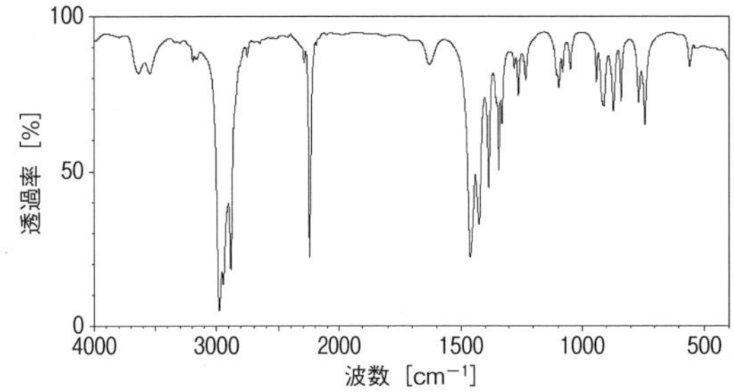

①鎖状ニトリル　②鎖状アミン
③鎖状ケトン　④鎖状アルカン

208. 分子式：$C_4H_8O_2$
IR スペクトル

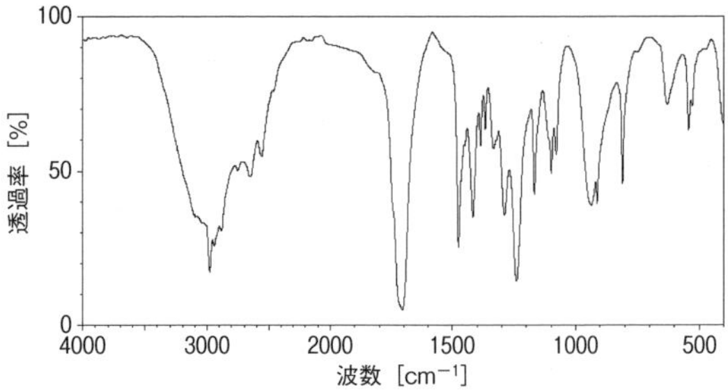

①ヒドロキシ基をもつカルボニル化合物
②ヒドロキシ基をもたないカルボニル化合物
③カルボニル基をもたないアルコール
④鎖状アルカン

209. 分子式：$C_5H_{12}O$
IR スペクトル

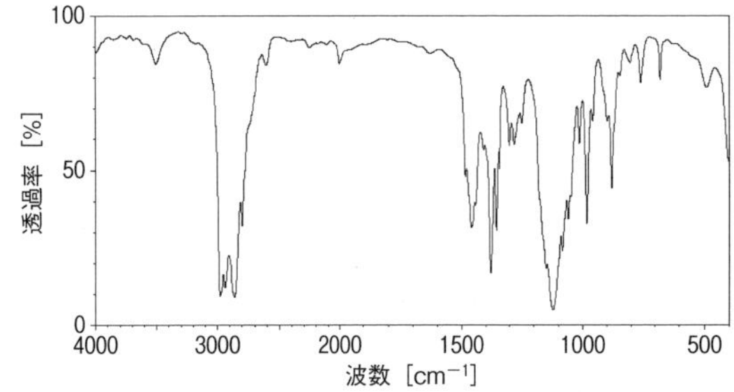

①鎖状エーテル　②鎖状エステル
③環状エーテル　④鎖状アルコール

210. 分子式：$C_6H_{13}Cl$
IR スペクトル

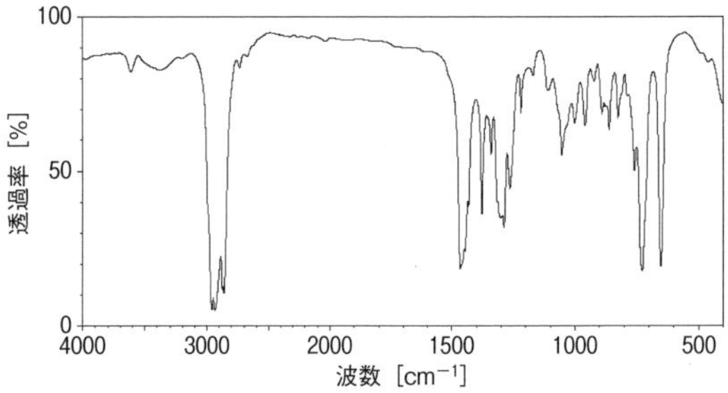

①鎖状塩化アルキル　②鎖状ケトン
③鎖状アルコール　④環状塩化アルキル

12 二つの化合物の構造式と，その IR スペクトルを示した．どちらの IR スペクトルがどちらの構造式に対応するかを答えよ．

目安時間 20 分

Hint：まず二つの構造式を見て，含まれる官能基を比較しよう．次に，IR スペクトルから特徴的な吸収ピークを探そう．

211. ① $CH_3CH_2CH_2CH_2CH_2CH_3$　② $HC{\equiv}C-CH_2CH_2CH_2CH_3$

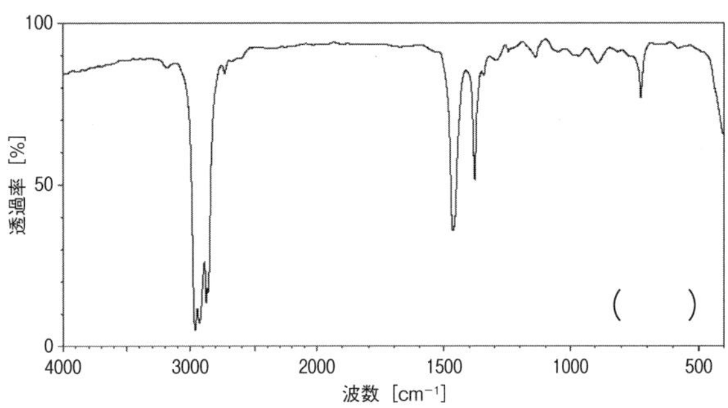

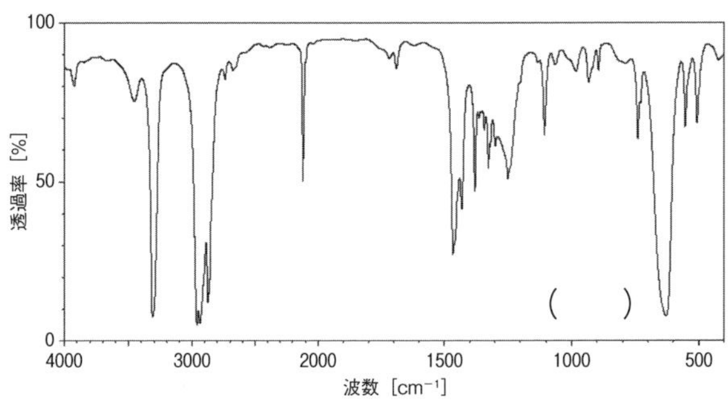

212. ① $CH_3CH_2CH_2CH_2CH_2CH_3$　② $H_3C-CH(OH)-CH_2CH_2CH_2CH_3$

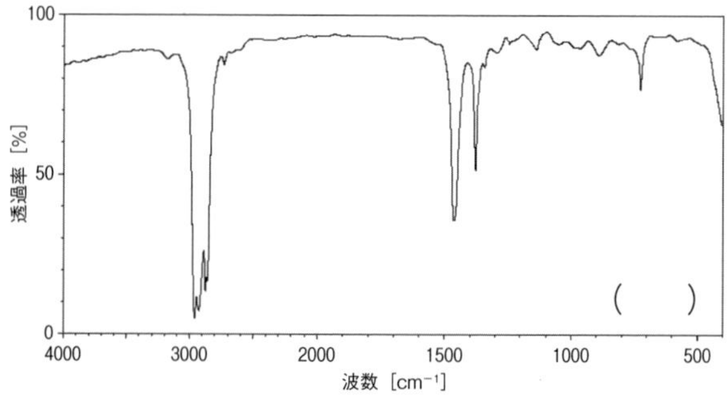

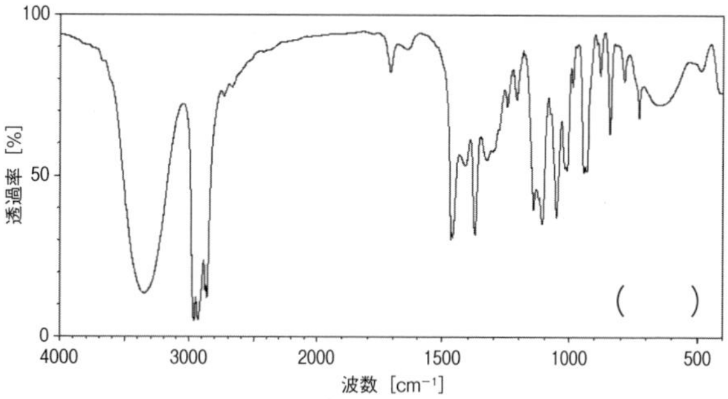

213. ① $CH_3CH_2CH_2CH_2CH_2CH_3$　② $H_3C-C(=O)-CH_2CH_2CH_2CH_3$

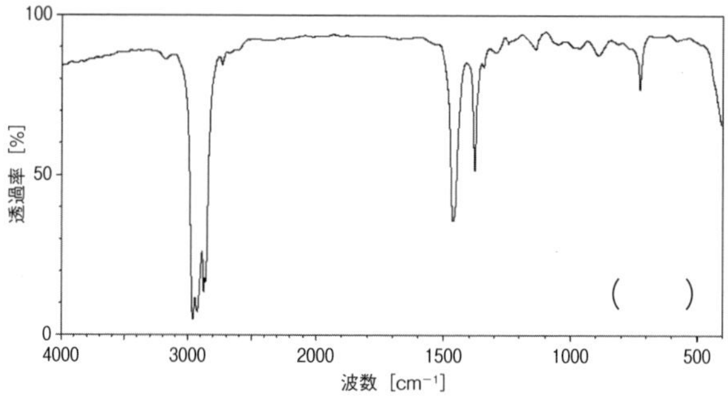

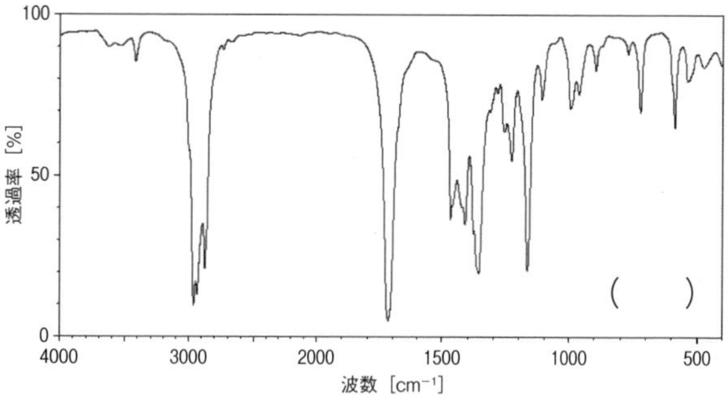

214. ① $CH_3CH_2CH_2CH_2CH_2CH_3$　② $CH_3CH_2CH_2CH_2CH_2COOH$

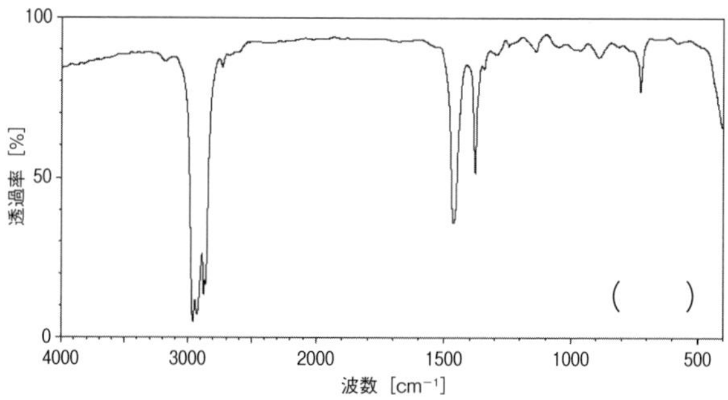

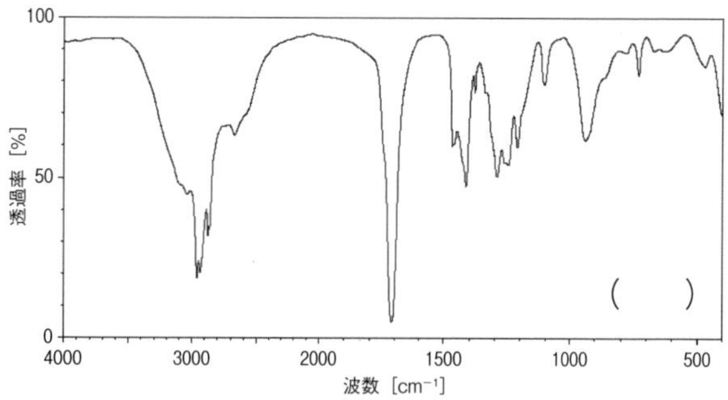

215. ① $CH_3CH_2CH_2CH_2OH$　②

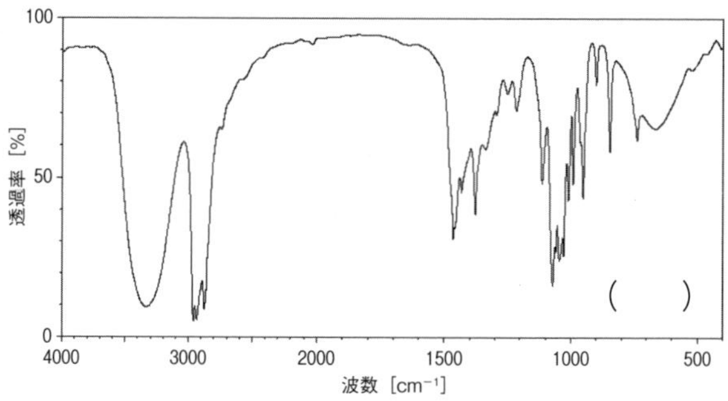

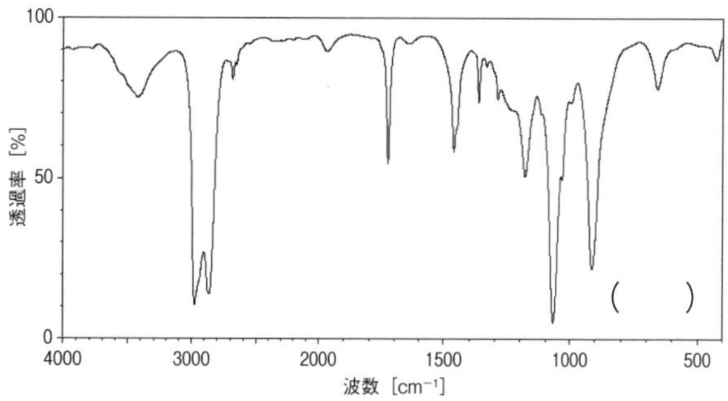

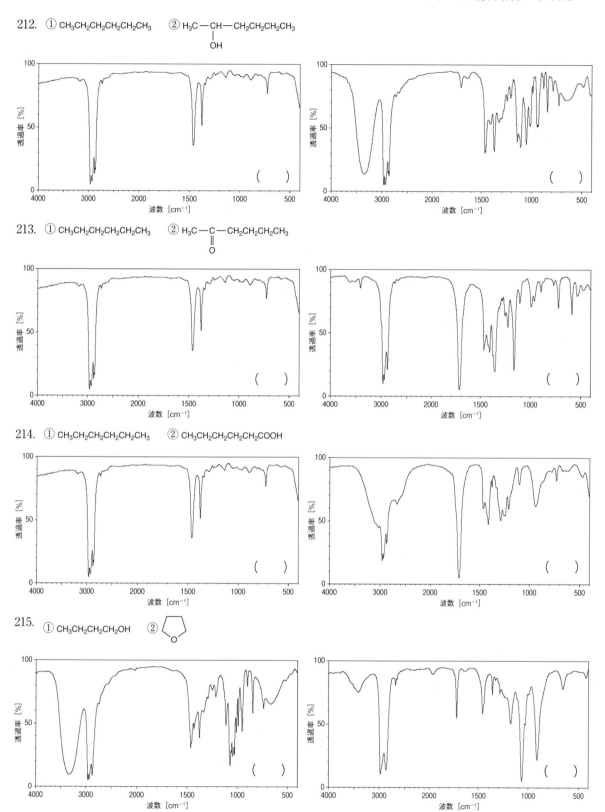

216. ① $CH_3CH_2CH_2CH_2OH$　② $CH_3CH_2OCH_2CH_3$

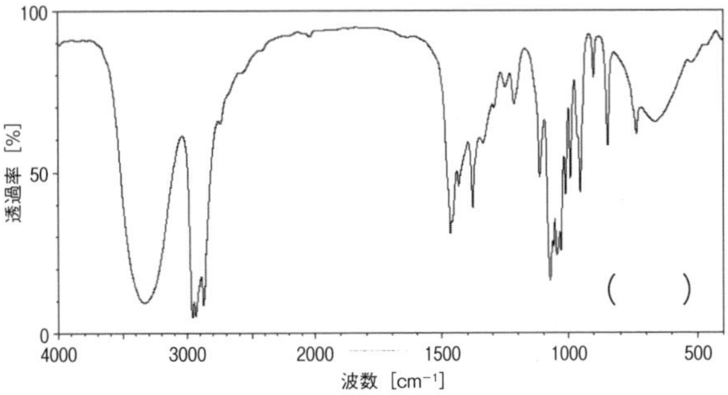

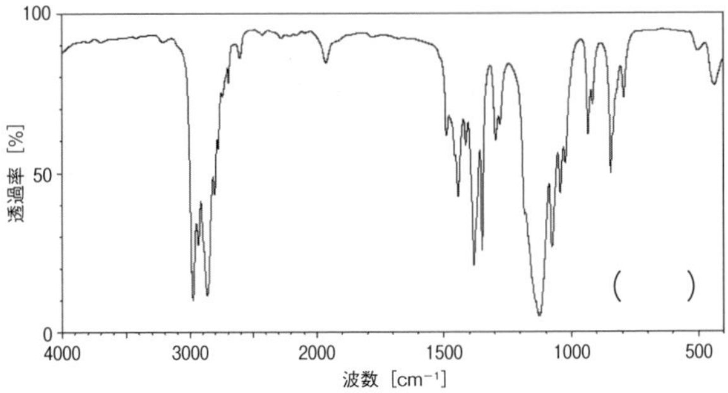

217. ①

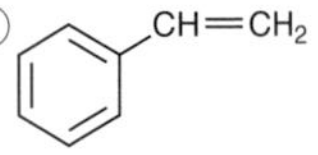

②

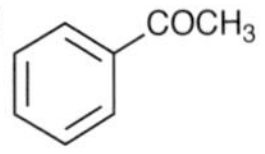

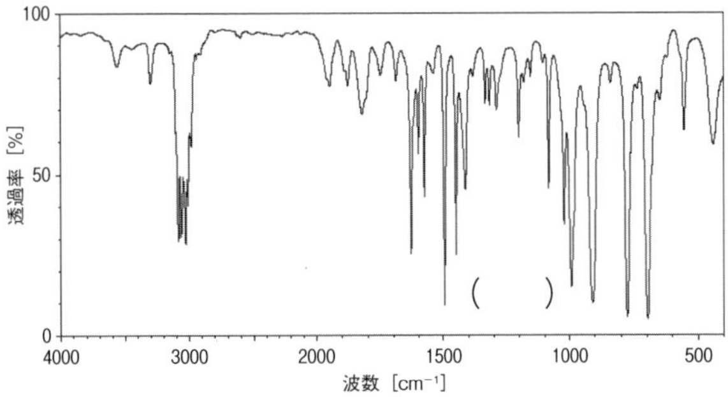

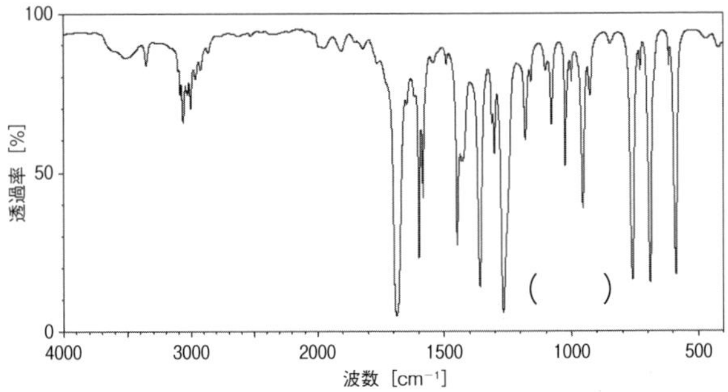

218. ①

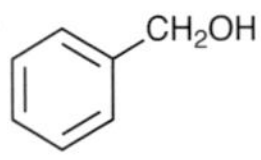

②

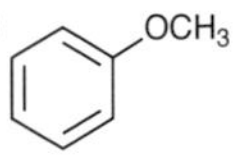

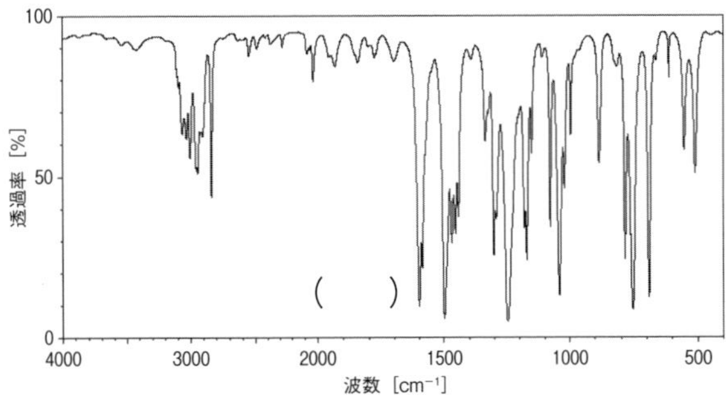

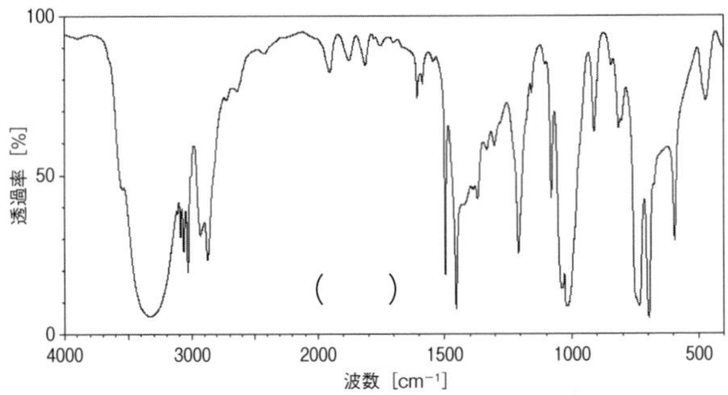

219. ① $CH_3CH_2CH_2CH_2CH_2CHO$　② $CH_3CH_2CH_2CH_2CH_2COOH$

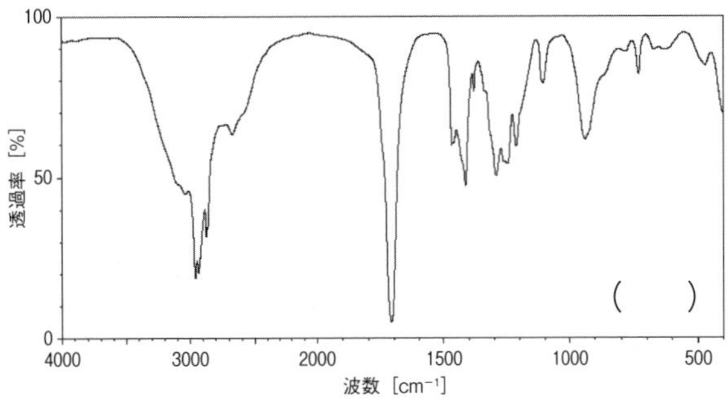

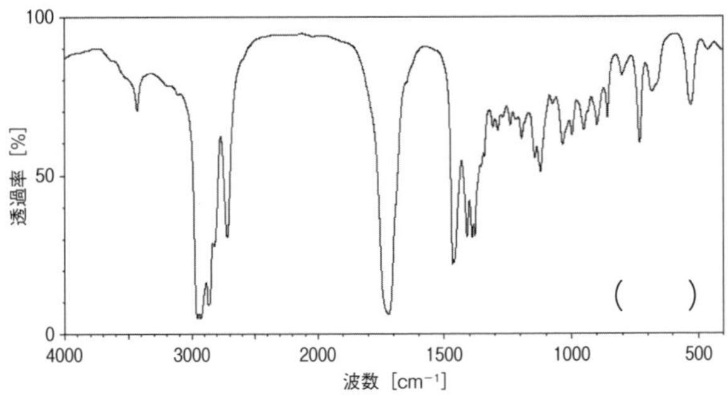

220.　① $CH_3CH_2CH_2CH_2CH_2CH_3$　② $CH_3CH_2CH_2CH_2CH_2CHO$

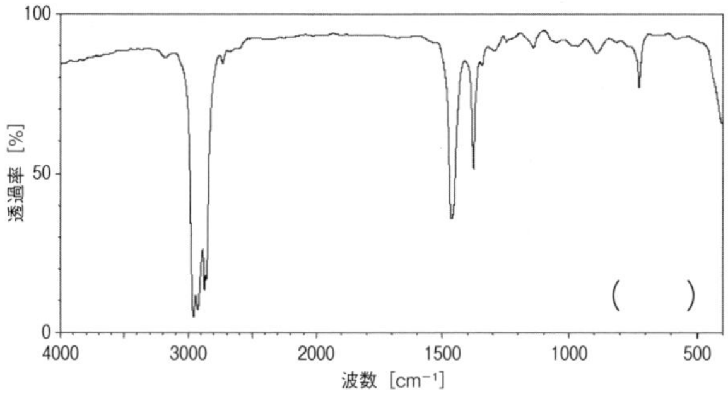

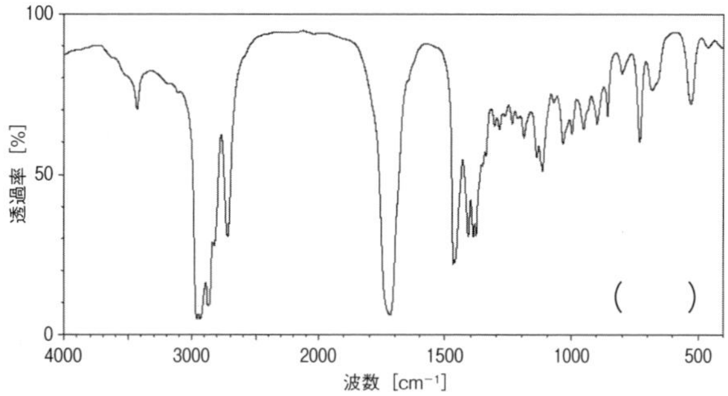

221.　① $HC \equiv C-CH_2CH_2CH_2CH_3$　② $CH_2=CH-CH=CH-CH_2CH_3$

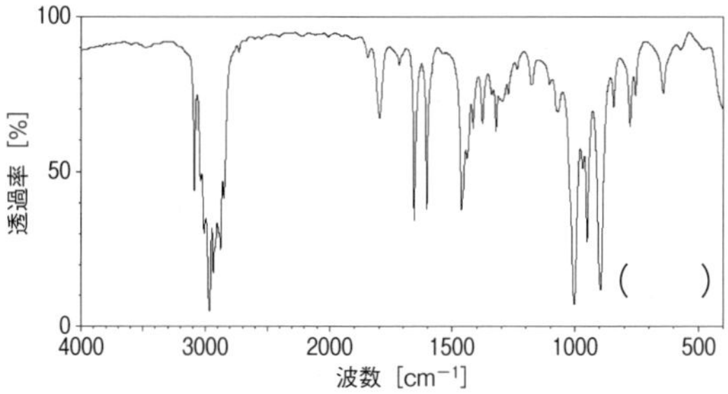

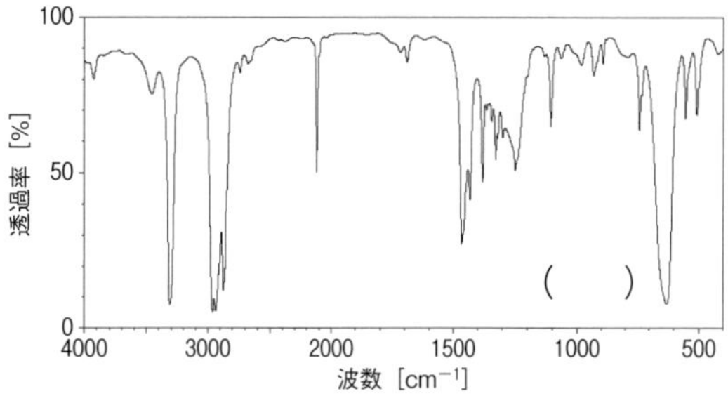

222.　① $CH_3CH_2CH_2CH_2CH_2COCl$　② $CH_3CH_2CH_2CH_2CH_2COOH$

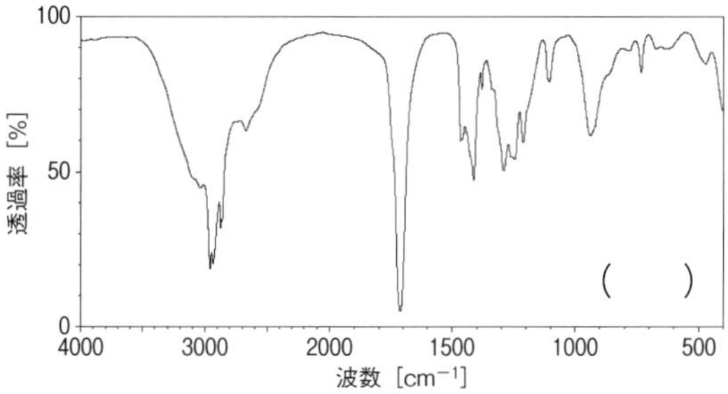

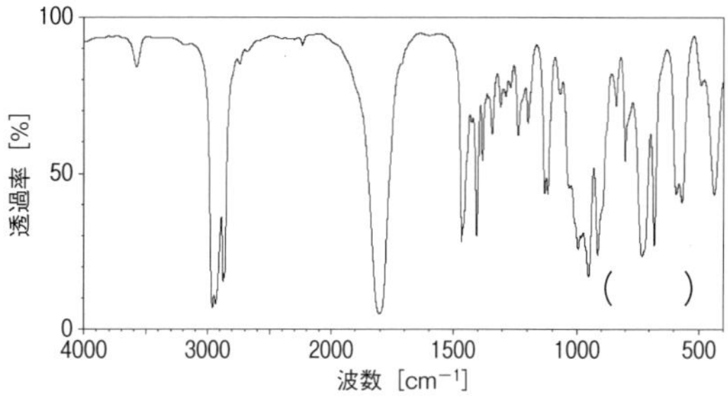

223.　① $CH_3CH_2CH_2CH_2COCH_3$　② $CH_3CH_2CH_2CH_2CH_2COOH$

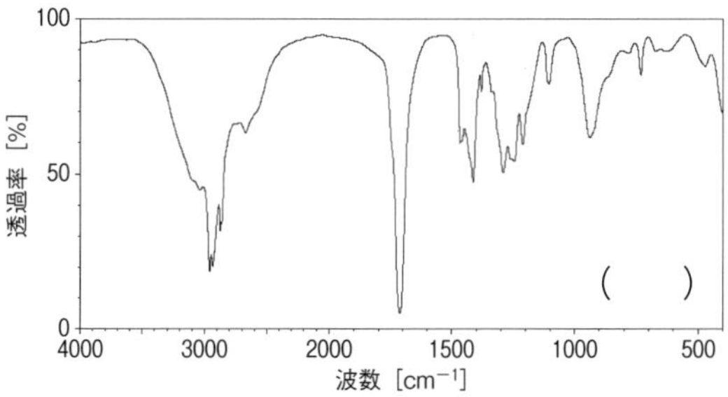

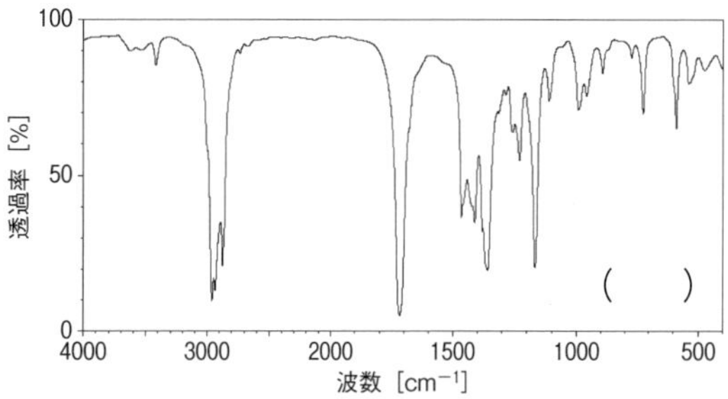

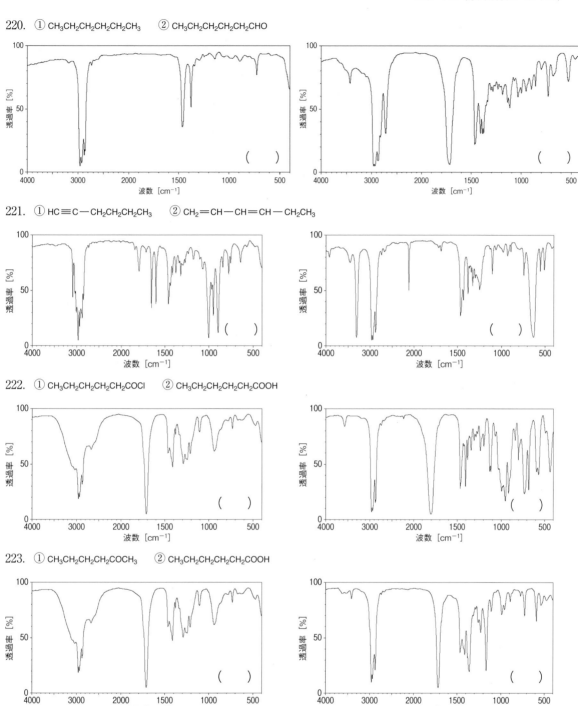

224. ① $CH_3CH_2CH_2CH_2CH_3$　② $CH_3CH_2CH_2CN$

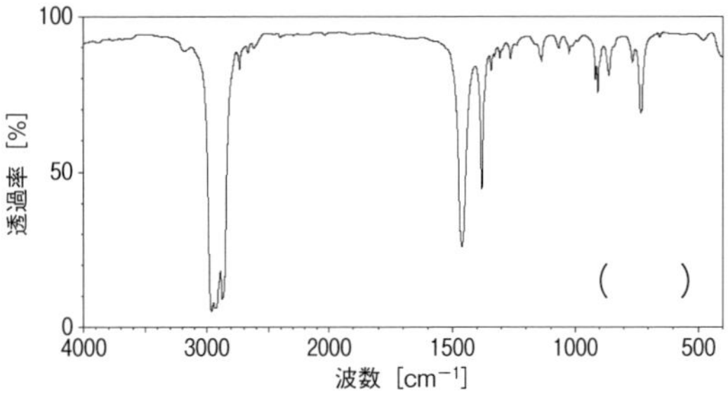

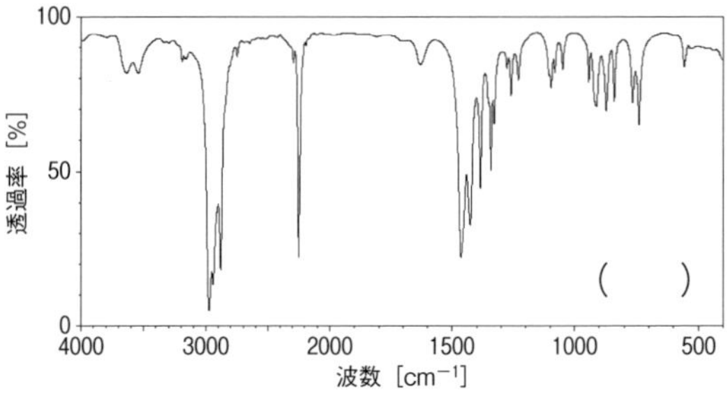

225. ① 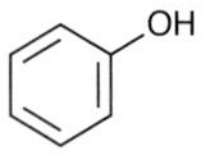

② 

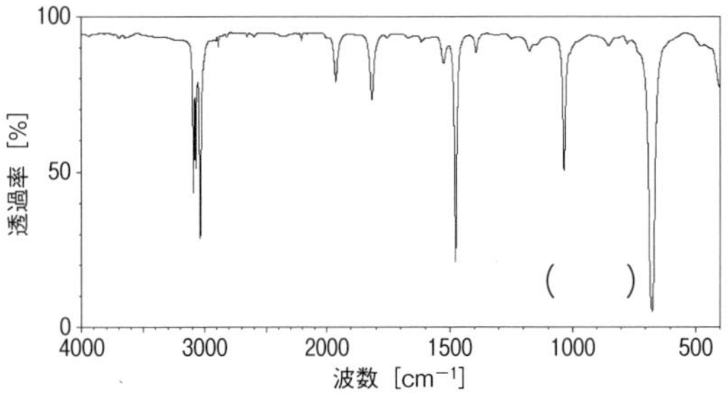

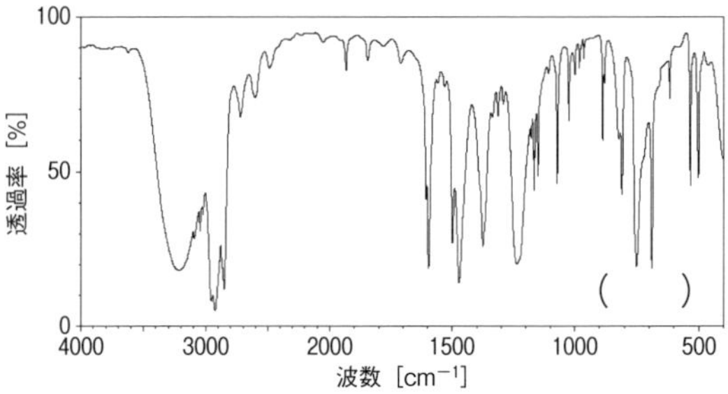

226. ① 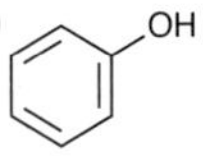

② 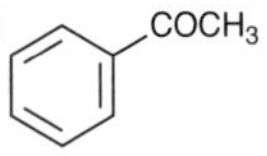

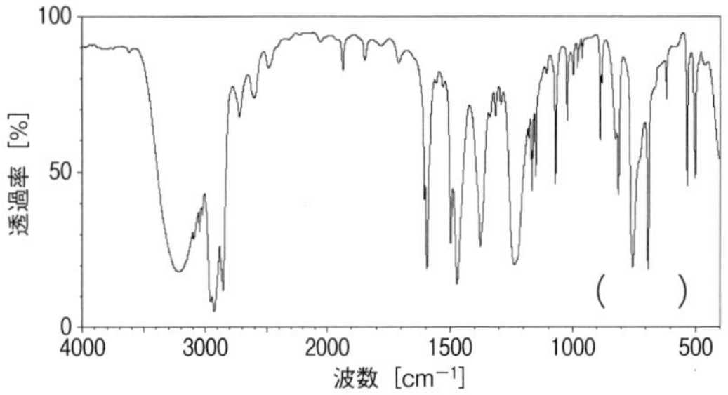

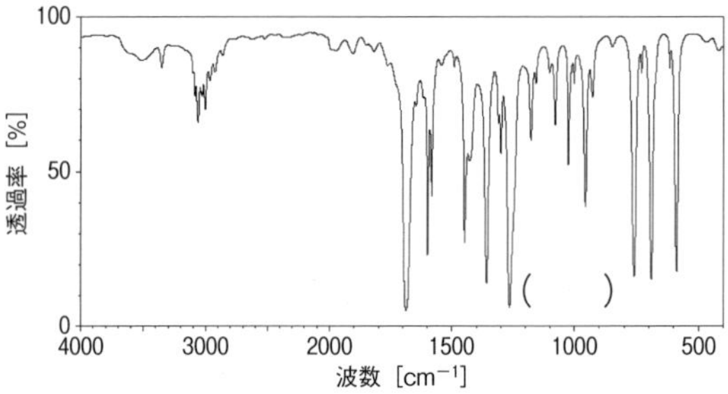

227. ① 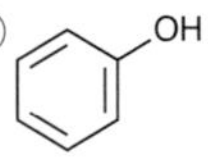

② 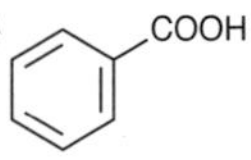

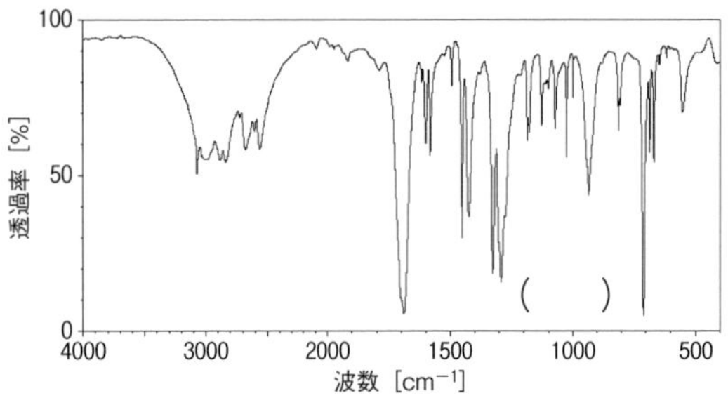

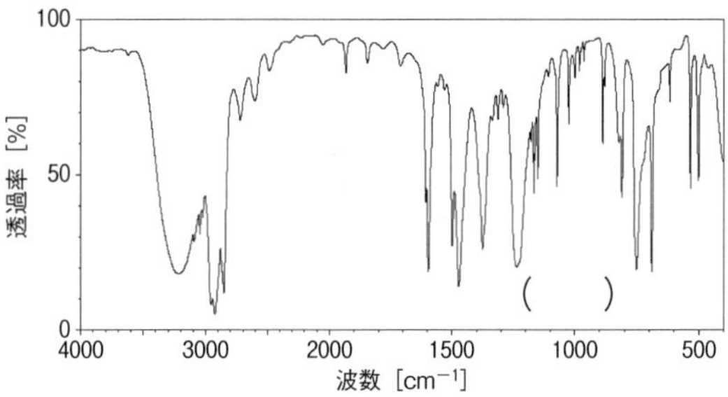

228. ①
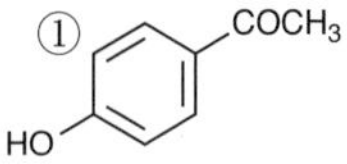

②
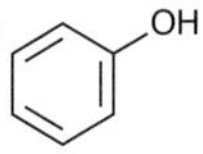

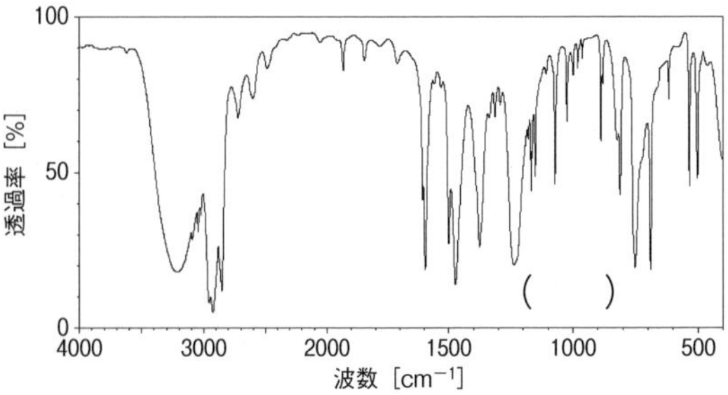

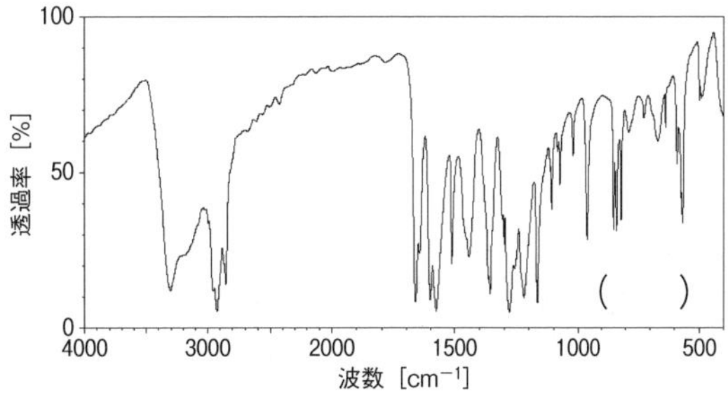

229. ①
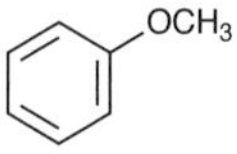

②
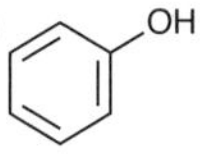

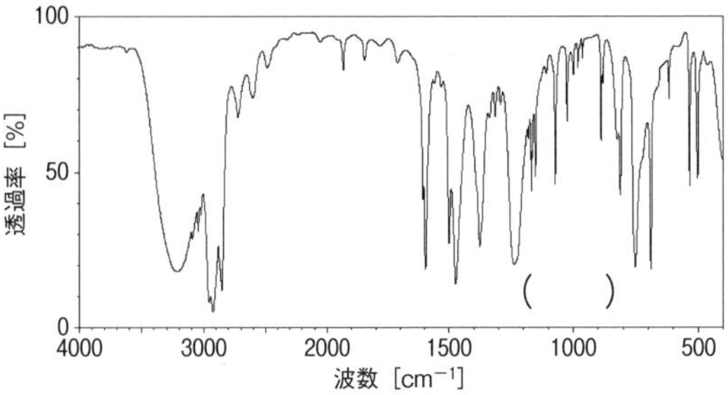

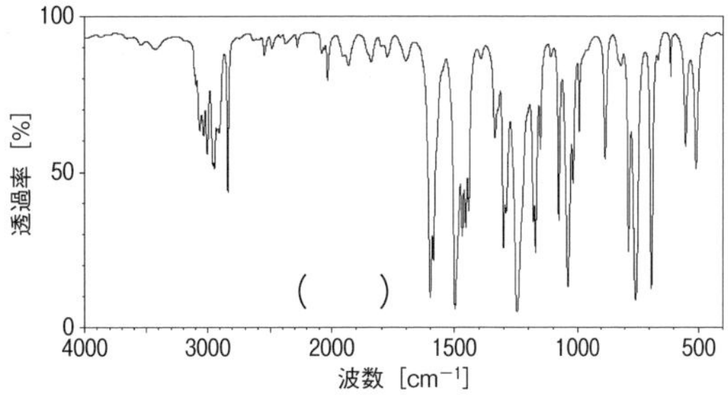

230. ①
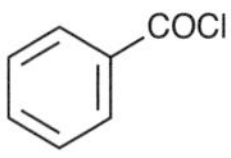

②
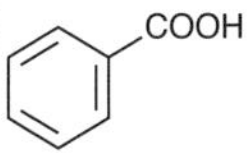

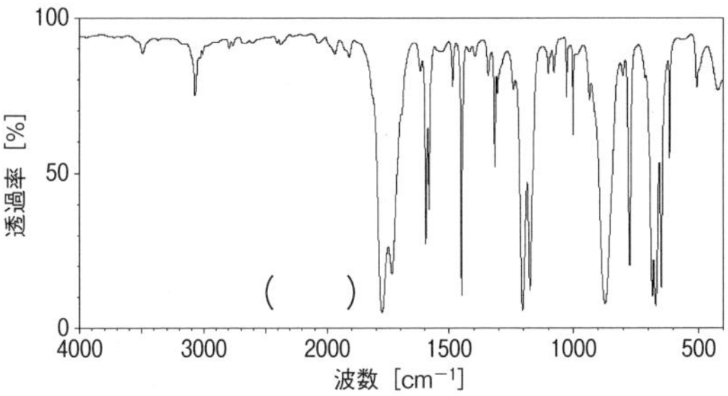

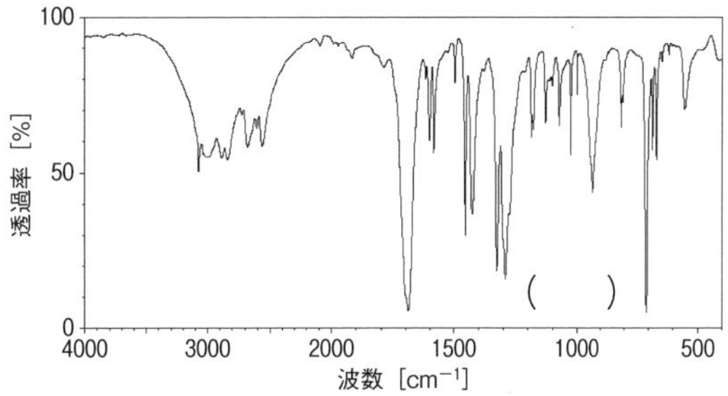

3 MS（質量スペクトル）

実施日：　　月　　日

解析のポイント

MS スペクトルの原理について簡単に説明する．イオン化法の原理および検出器の詳細については成書を参照していただきたい．

下図のように，部分構造 A から D がこの順につながった分子 (a) を考えよう．このままでは MS スペクトルで検出できないので，イオン化して (b) のように正電荷をもたせる．(a) と (b) の重さは電子 1 個分しか違わないので，事実上，同じと考えてよいので，(b) の分子量は A～D の部分構造を足し合わせた値となる．(b) の状態で（分解されずに）検出器まで到達すれば，その分子の分子量を知ることができる．しかし，これだけでは分子量はわかっても，A～D がどのような順番で結合しているかはわからない．

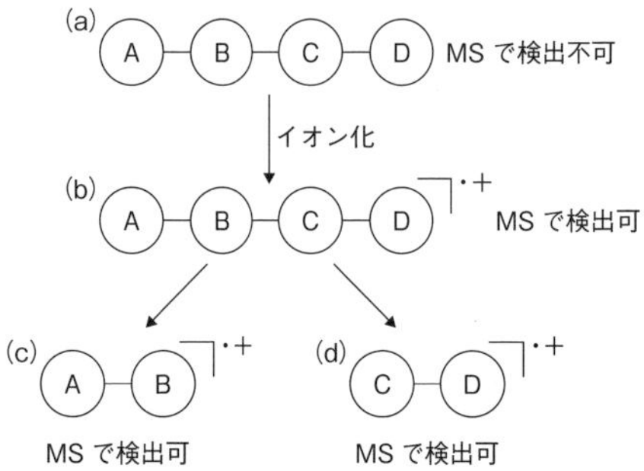

イオン化によって生成した (b) は開裂して，より小さな切れ端（フラグメントイオン）に分解していく．この際，比較的安定な（これ以上は分解しにくい）フラグメントイオン (c) や (d) の分子量を検出できれば，どのような部分構造が目的化合物に含まれていたかを知ることができる．たとえば，A-B-C-D の順につながっている分子からは，A-B や C-D のフラグメントイオンは生成するが，A-C や B-D のフラグメントイオンは生成しない．

このように，MS スペクトルではイオン化された目的分子およびフラグメントイオンの分子量を観測する．例として，安息香酸エチルの MS スペクトルを示す．横軸は m/z で，分子量をイオンの価数で割った値である．本書では $z=1$ の場合のみを扱うので，分子量自身であると考えてよい．右側にいくほど分子量は大きい．縦軸はそのイオンの相対強度であり，どのくらいの数のイオンが検出されたかを相対的に示したものである．

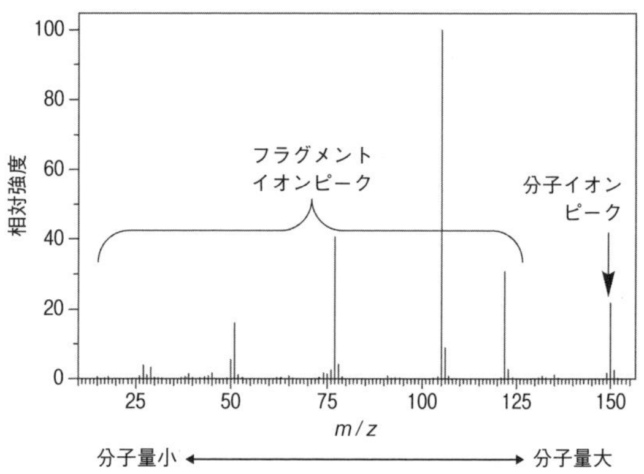

最も右側に出るピーク（分子イオンピーク）が目的化合物の分子量である．また特徴的なフラグメントイオンピークが 105 と 77 のところに見られる．特徴的なフラグメントイオンピークの一覧を次頁に示す．まずはこれらのピークを探し出すことから始めるのが定石である．

上記の MS スペクトルより，「この分子は分子量が 150 で，フェニル基（77）とベンゾイル基（105）をもつ」ことがわかる．

IR スペクトルの解析と同じく，MS スペクトルでも，たくさんのスペクトルを見ていくと，ピークを容易に見つけられるようになる．すべてのピークが，どのイオンに由来するかを決定する必要はない．構造決定したい分子にどのような部分構造が含まれているかを見つけ出すことを意識しよう．以下，問題を解いて慣れていこう．

m/z	
15	$-CH_3$（メチル基）
29	$-C_2H_5$（エチル基）
35/37	$-Cl$（クロロ基）
43	$-C(=O)-CH_3$（アセチル基）
77	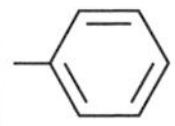（フェニル基）
79/81	$-Br$（ブロモ基）
91	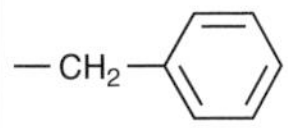（ベンジル基）
91	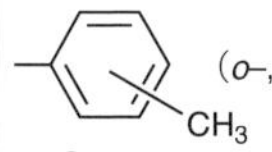（o–, m–, p–トリル基）
105	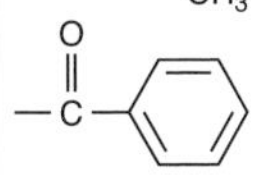（ベンゾイル基）
127	$-I$（ヨード基）

13

化合物の構造式，その MS スペクトル，m/z 値，ピーク強度を示す．上の表を見ながら，下の例にならってピークを帰属せよ．

目安時間 30 分

Hint：すべてのピークを帰属させる必要はない．pxx の表にあるフラグメントイオンのピークをしっかり読み出そう．

【解答例】

帰属させるピーク (m/z)	15	43
フラグメントイオン	$-CH_3$	$-C(=O)-CH_3$

231．構造式：CH_3I

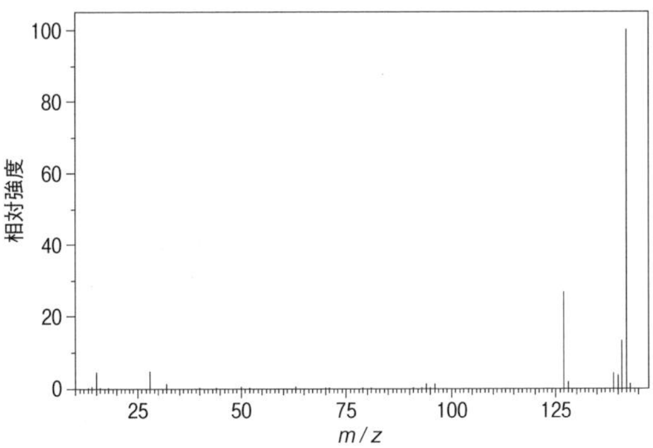

ピークの値（m/z）：15，28，127，139，141，142

帰属させるピークの値 (m/z)	
フラグメントイオン	

232．構造式：C_2H_5I

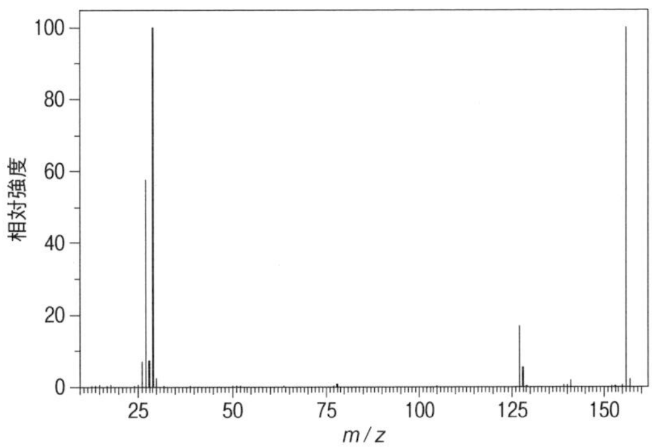

ピークの値（m/z）：26，27，28，29，127，156

帰属させるピークの値 (m/z)	
フラグメントイオン	

233. 構造式：

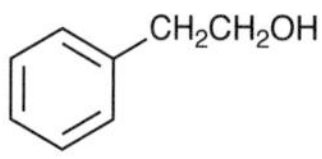

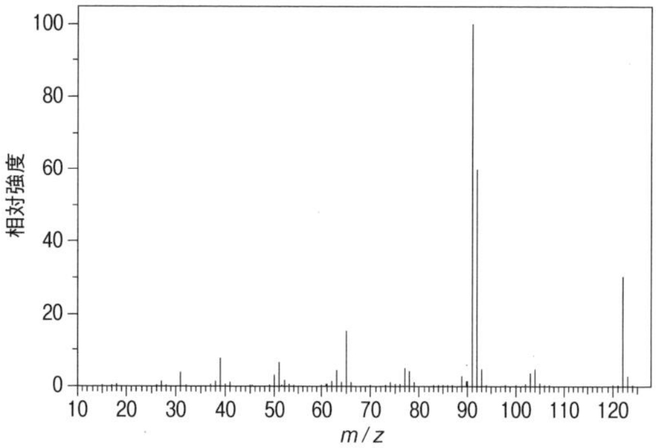

ピークの値（m/z）：39, 51, 63, 65, 77, 78, 91, 92, 93, 104, 122

帰属させるピークの値（m/z）	
フラグメントイオン	

234. 構造式：

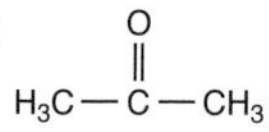

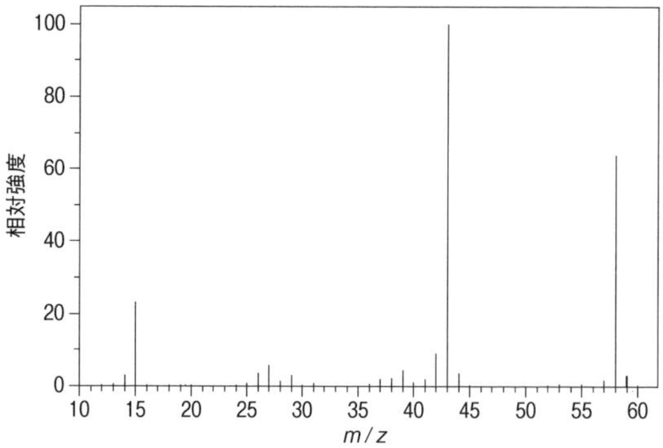

ピークの値（m/z）：15, 26, 27, 29, 39, 42, 43, 44, 58, 59

帰属させるピークの値（m/z）	
フラグメントイオン	

235. 構造式：

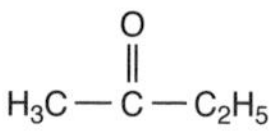

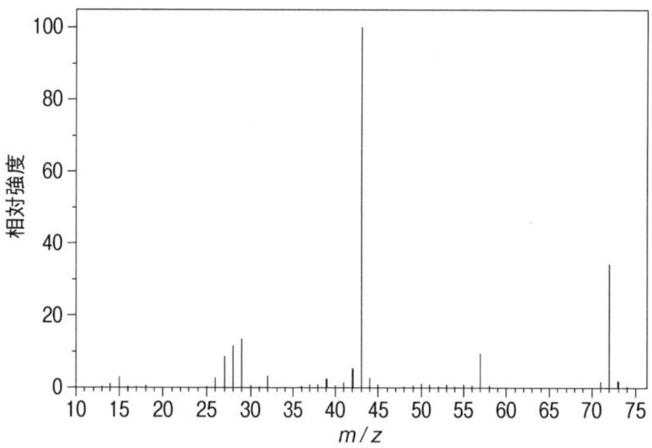

ピークの値（m/z）：15, 26, 27, 28, 29, 32, 39, 42, 43, 44, 57, 72

帰属させるピークの値（m/z）	
フラグメントイオン	

236. 構造式：

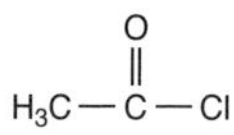

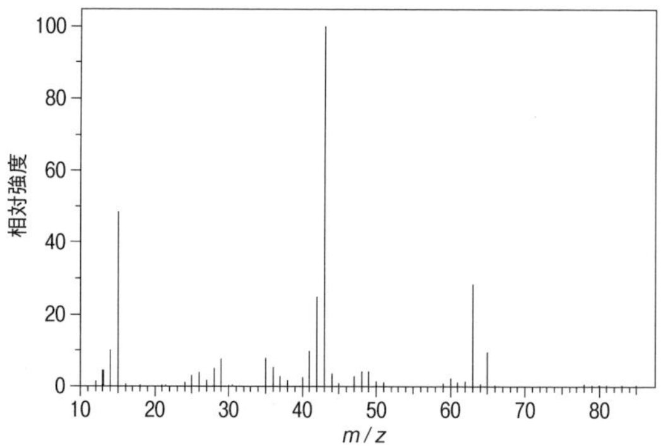

ピークの値（m/z）：13, 14, 15, 28, 29, 35, 36, 41, 42, 43, 48, 49, 63, 65

帰属させるピークの値（m/z）	
フラグメントイオン	

237. 構造式：

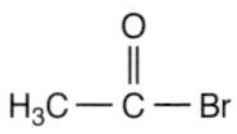

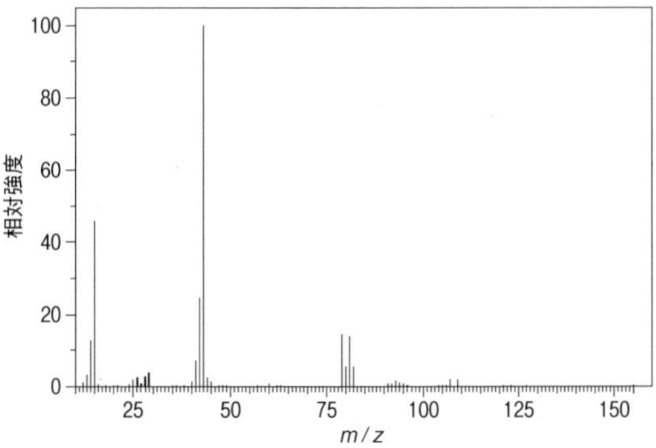

ピークの値（m/z）：13, 14, 15, 29, 41, 42, 43, 79, 80, 81, 82

帰属させるピークの値（m/z）	
フラグメントイオン	

238. 構造式：

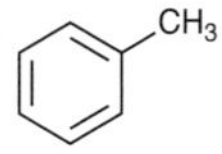

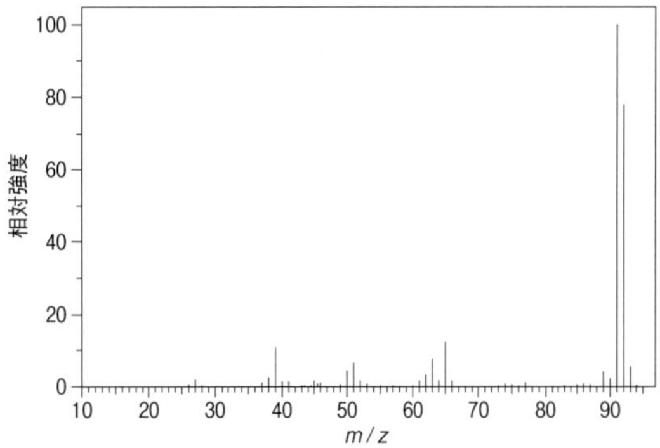

ピークの値（m/z）：39, 51, 63, 65, 91, 92, 93

帰属させるピークの値（m/z）	
フラグメントイオン	

239. 構造式：

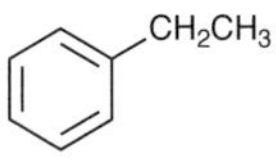

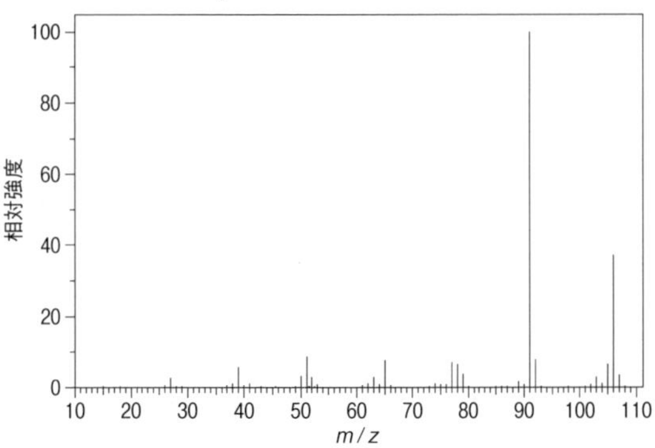

ピークの値（m/z）：39, 50, 51, 63, 65, 77, 78, 79, 91, 92, 105, 106, 107

帰属させるピークの値（m/z）	
フラグメントイオン	

240. 構造式：

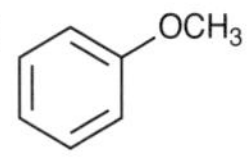

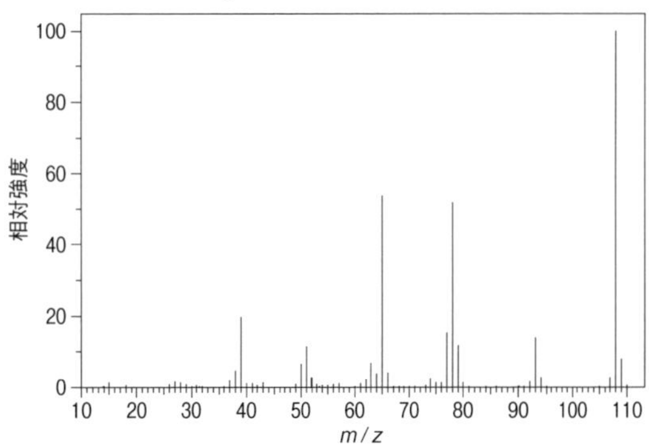

ピークの値（m/z）：38, 39, 50, 51, 63, 65, 66, 77, 78, 79, 93, 108, 109

帰属させるピークの値（m/z）	
フラグメントイオン	

241. 構造式：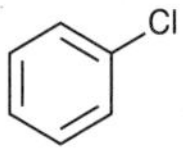

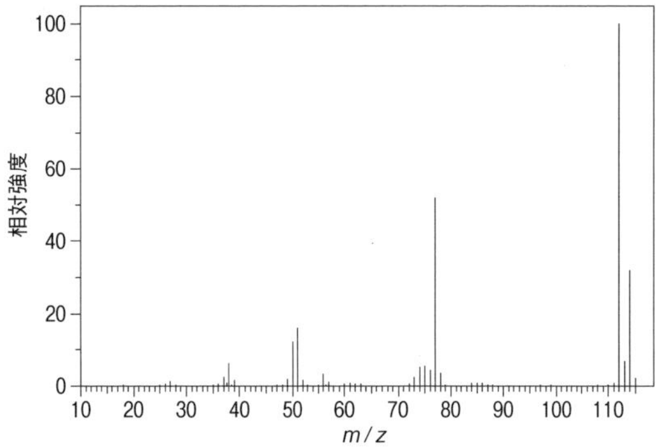

ピークの値（m/z）：38, 50, 51, 74, 75, 77, 112, 113, 114

帰属させるピークの値（m/z）	
フラグメントイオン	

242. 構造式：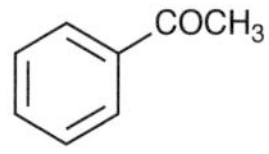

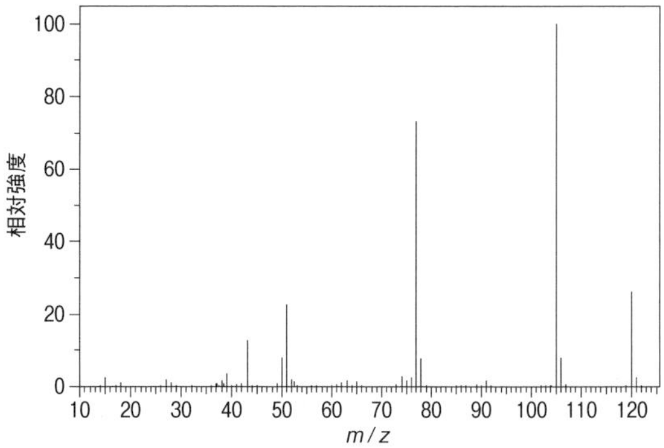

ピークの値（m/z）：43, 50, 51, 77, 78, 105, 106, 120

帰属させるピークの値（m/z）	
フラグメントイオン	

243. 構造式：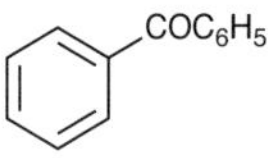

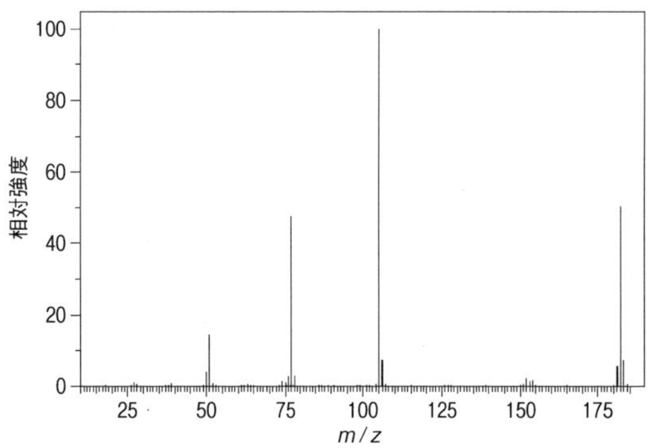

ピークの値（m/z）：50, 51, 76, 77, 78, 105, 106, 152, 181, 182, 183

帰属させるピークの値（m/z）	
フラグメントイオン	

244. 構造式：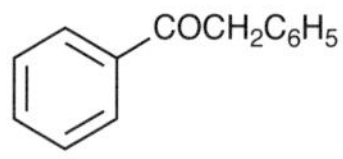

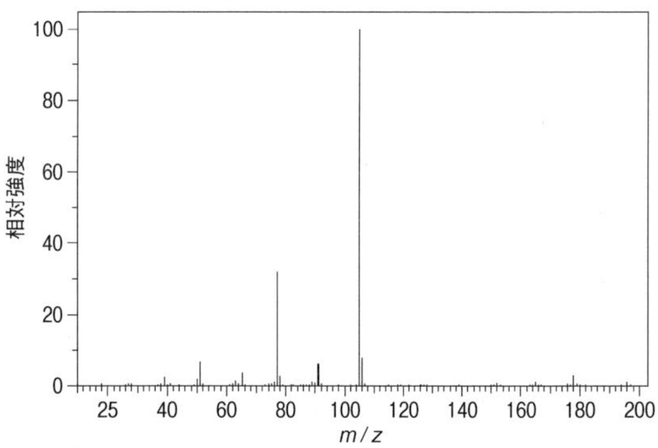

ピークの値（m/z）：39, 51, 65, 77, 78, 91, 105, 106, 178

帰属させるピークの値（m/z）	
フラグメントイオン	

245. 構造式：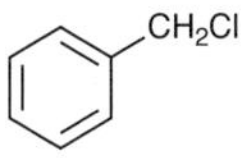

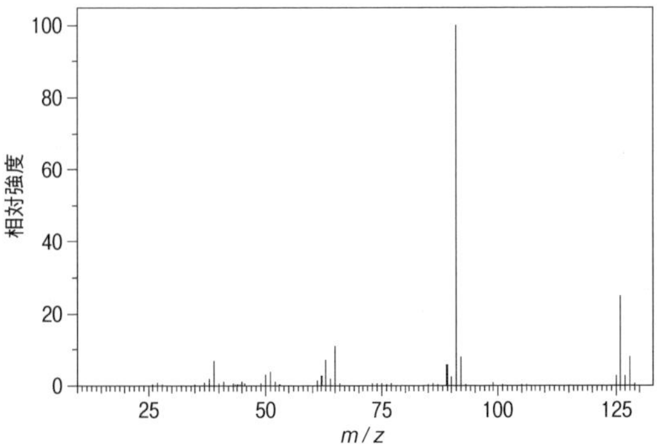

ピークの値（m/z）：39, 51, 63, 65, 89, 91, 92, 126, 128

帰属させるピークの値（m/z）	
フラグメントイオン	

246. 構造式：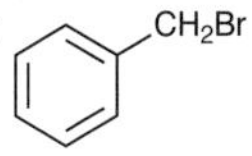

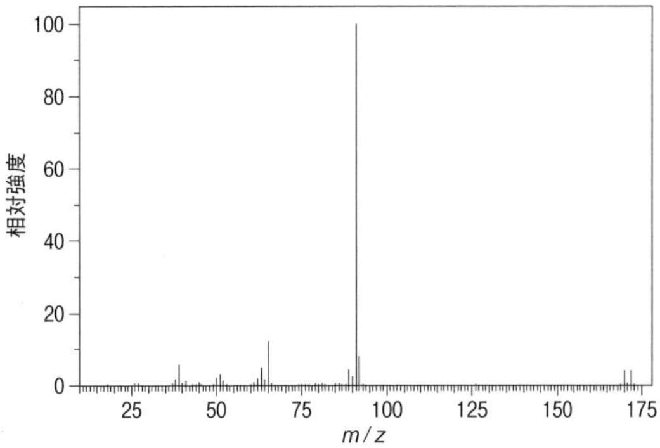

ピークの値（m/z）：39, 50, 51, 63, 65, 89, 90, 91, 92, 170, 172

帰属させるピークの値（m/z）	
フラグメントイオン	

247. 構造式：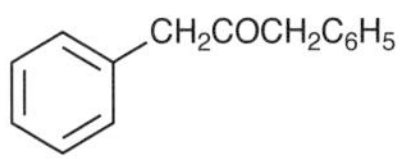

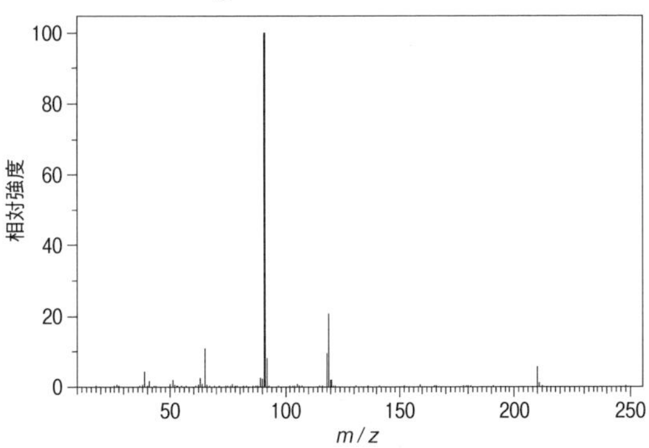

ピークの値（m/z）：39, 65, 91, 92, 118, 119, 210

帰属させるピークの値（m/z）	
フラグメントイオン	

248. 構造式：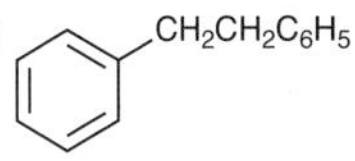

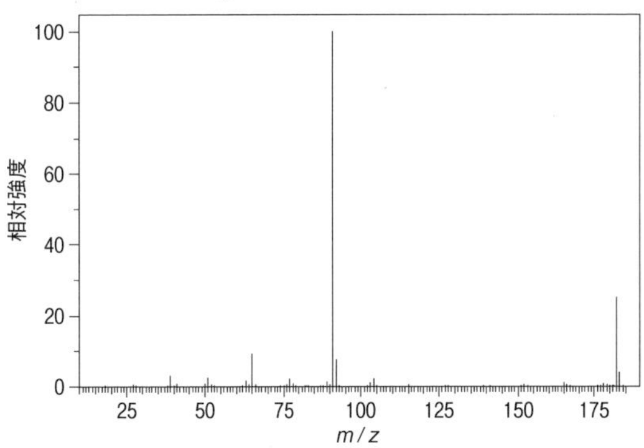

ピークの値（m/z）：39, 51, 65, 77, 91, 92, 104, 182, 183

帰属させるピークの値（m/z）	
フラグメントイオン	

249. 構造式：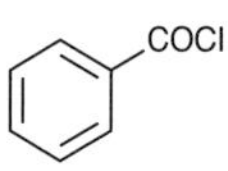

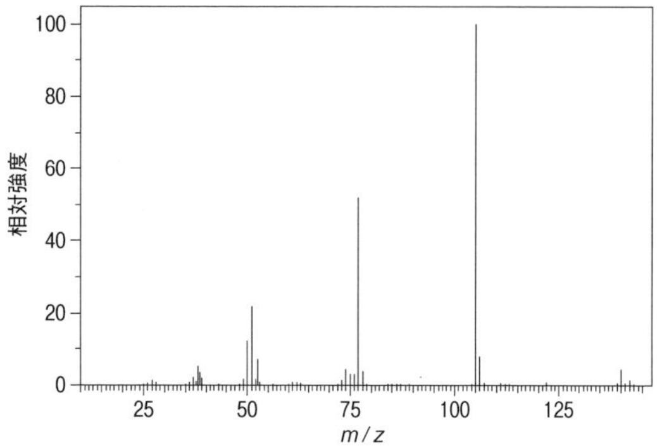

ピークの値（m/z）：38，39，50，51，53，74，75，
76，77，78，105，106，140

帰属させるピークの値（m/z）	
フラグメントイオン	

250. 構造式：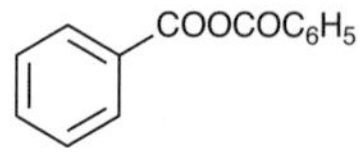

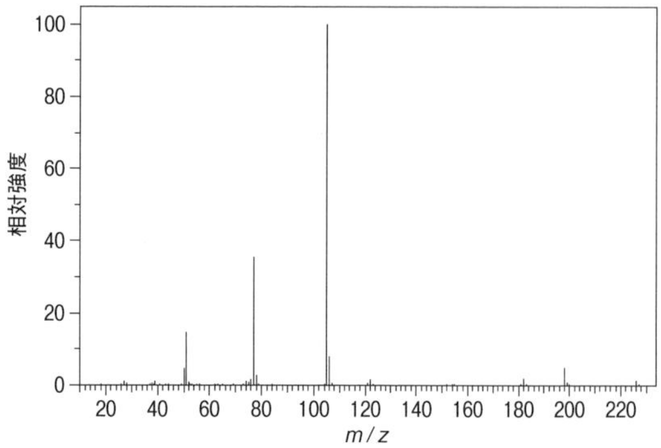

ピークの値（m/z）：50，51，77，78，105，106，198

帰属させるピークの値（m/z）	
フラグメントイオン	

251. 構造式：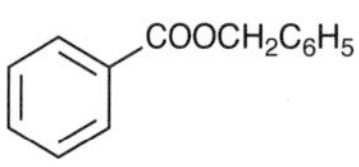

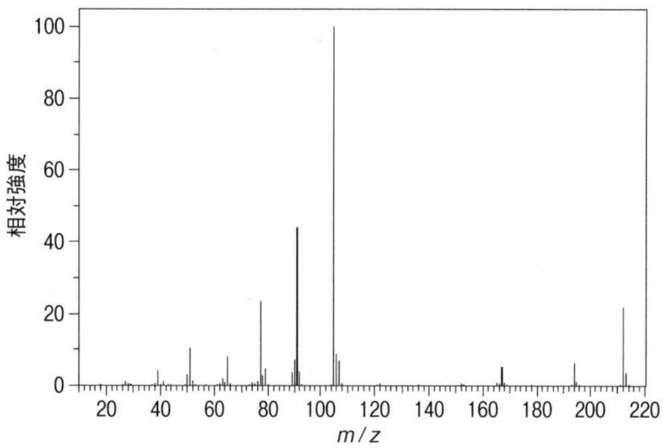

ピークの値（m/z）：39，51，65，77，79，90，91，105，
106，107，167，194，212

帰属させるピークの値（m/z）	
フラグメントイオン	

252. 構造式：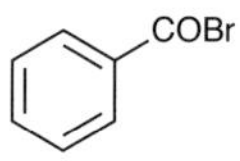

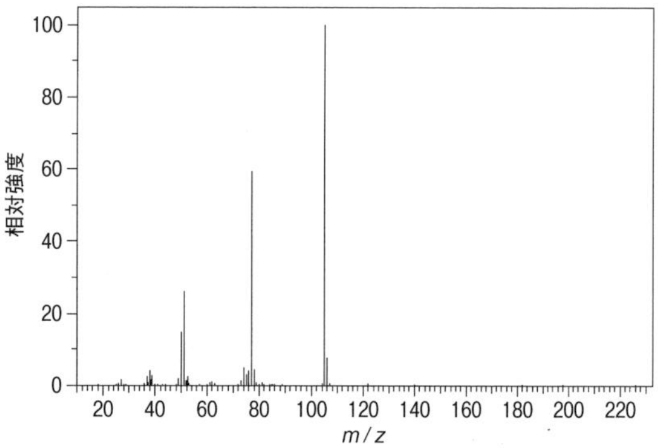

ピークの値（m/z）：38, 50, 51, 74, 75, 76, 77, 78, 105, 106

帰属させるピークの値（m/z）	
フラグメントイオン	

253. 構造式：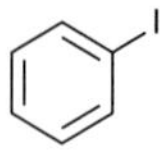

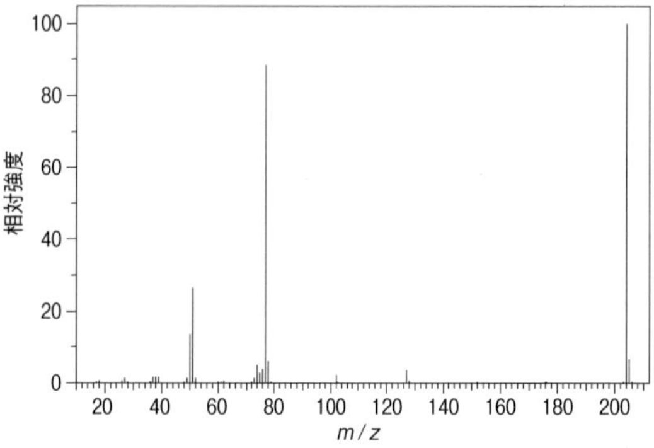

ピークの値（m/z）：50，51，74，75，76，77，78，102，127，204，205

帰属させるピークの値（m/z）	
フラグメントイオン	

254. 構造式：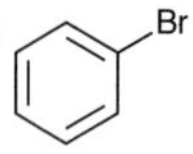

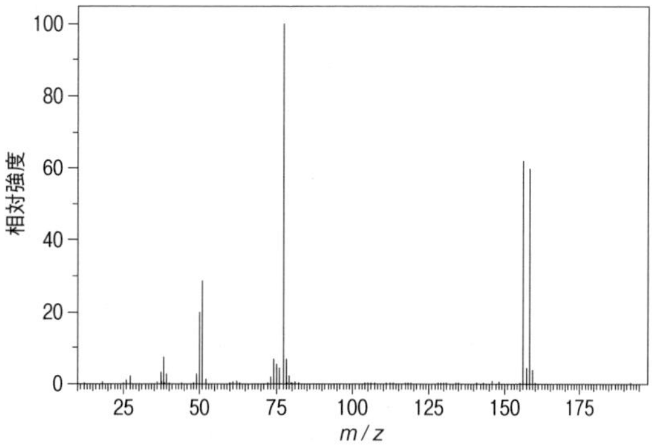

ピークの値（m/z）：37，38，50，51，74，75，76，77，78，156，157，158，159

帰属させるピークの値（m/z）	
フラグメントイオン	

14 二つの化合物の構造式とその MS スペクトルを示す．どちらの MS スペクトルがどちらの構造式に対応するかを答えよ．

目安時間 20 分

Hint：まず二つの構造式を見て，分子量と含まれる官能基を比較しよう．次に MS スペクトルから，分子イオンピークと特徴的なフラグメントイオンピークを探そう．

255. 構造式：① $CH_3CH_2CH_2CH_2CH_2CH_3$　② $CH_3CH_2CH_2CH_2CH_3$

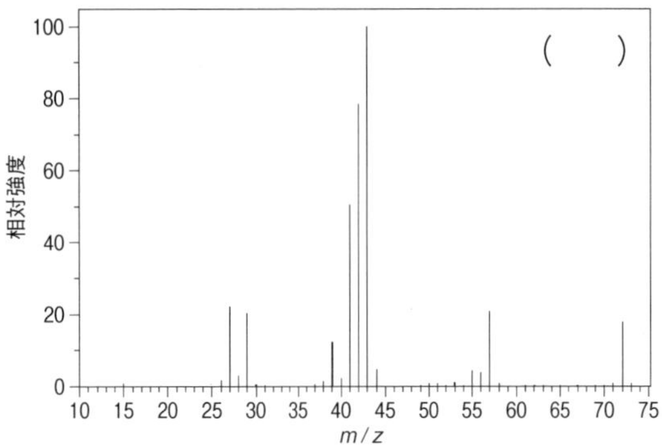

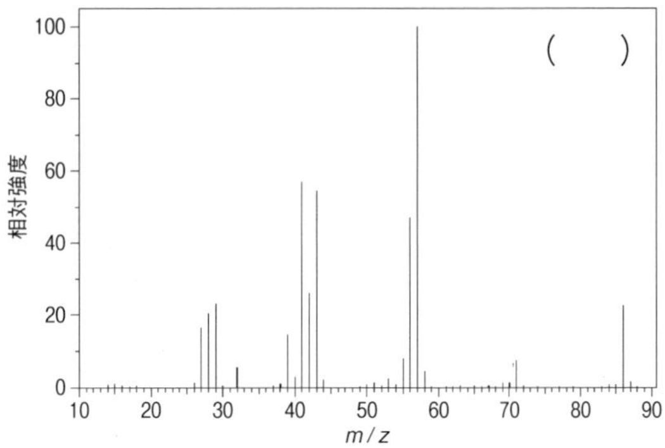

256. 構造式：① CH_3OH　② C_2H_5OH

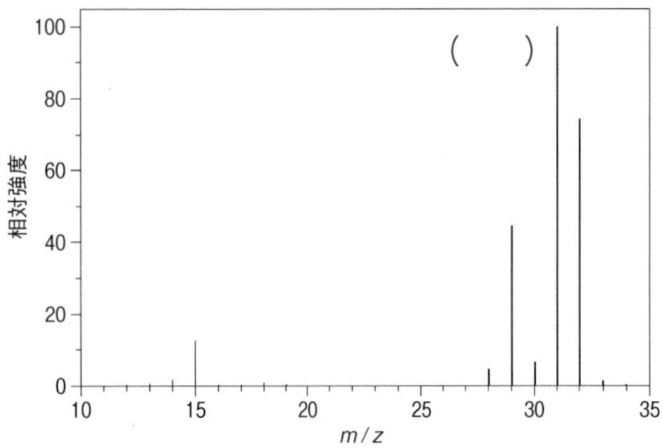

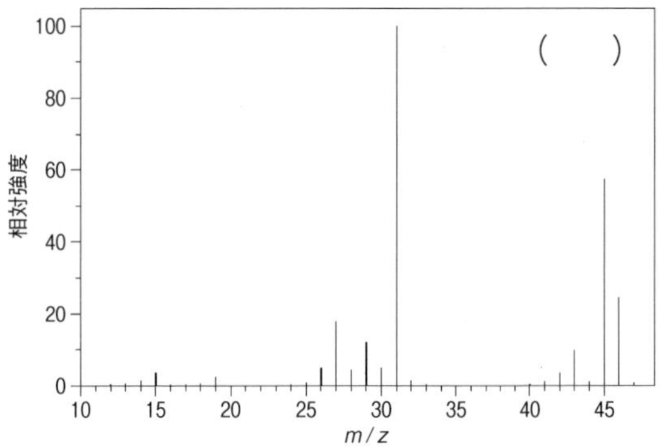

257. 構造式：① $H_3C-C(=O)-CH_3$　② $H_3C-CH_2-C(=O)-H$

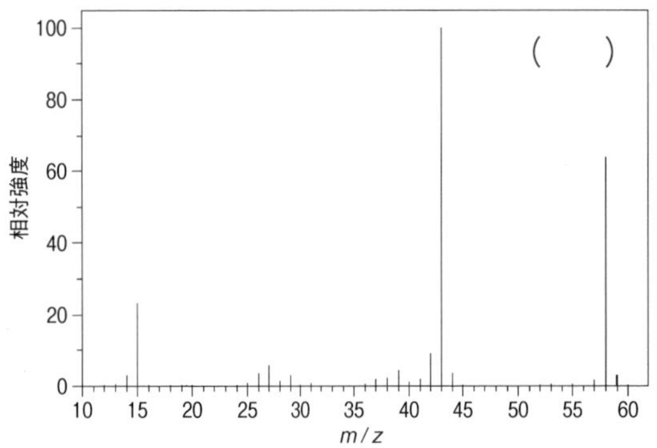

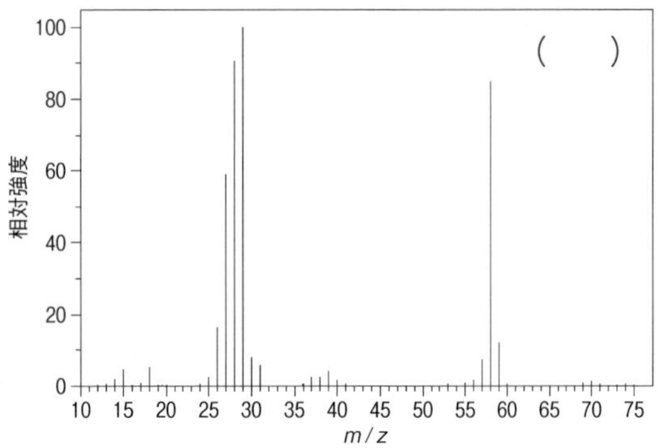

258. 構造式：① $H_3C-C(=O)-CH_3$　② $CH_3-C(=O)-CH_2CH_3$

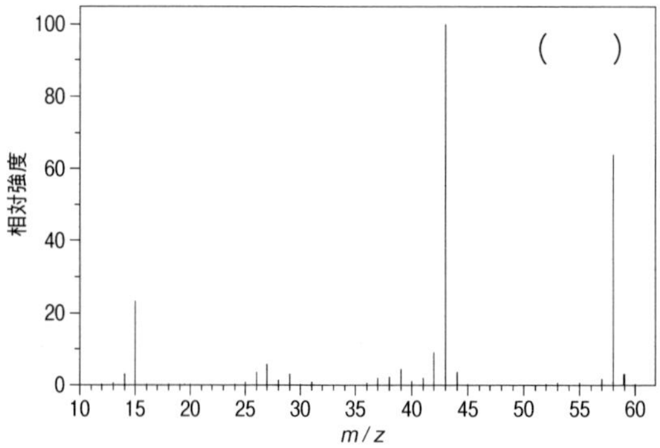

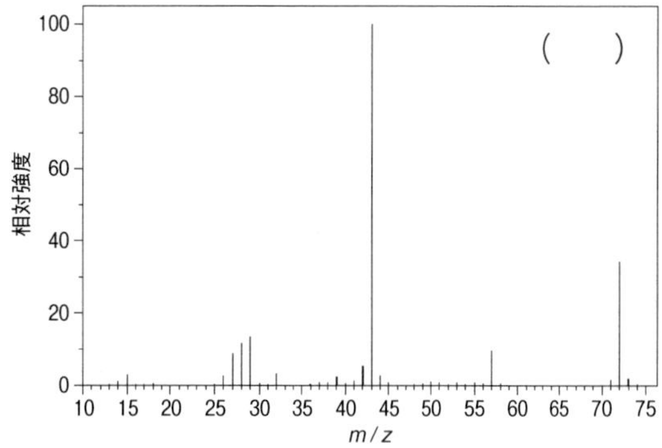

259. 構造式：

①

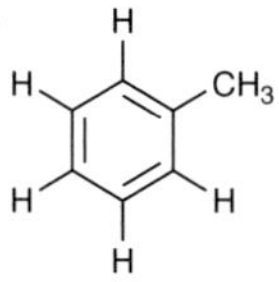

②

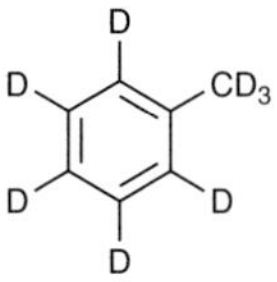

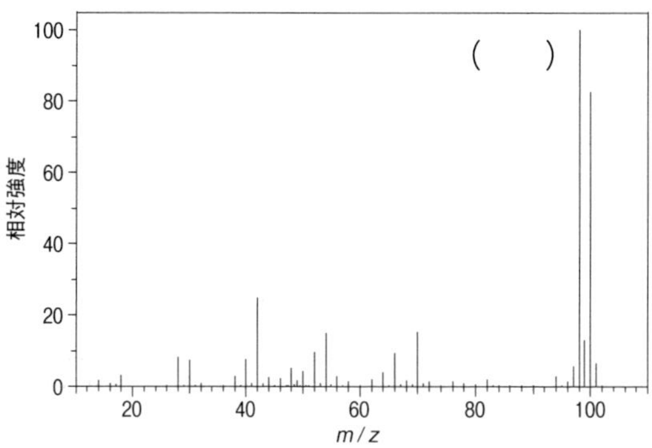

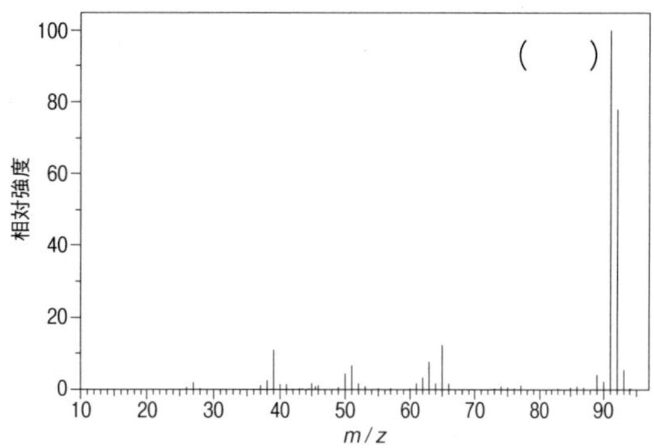

260. 構造式：

①

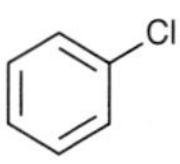

②

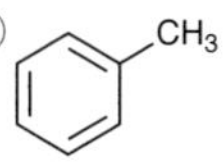

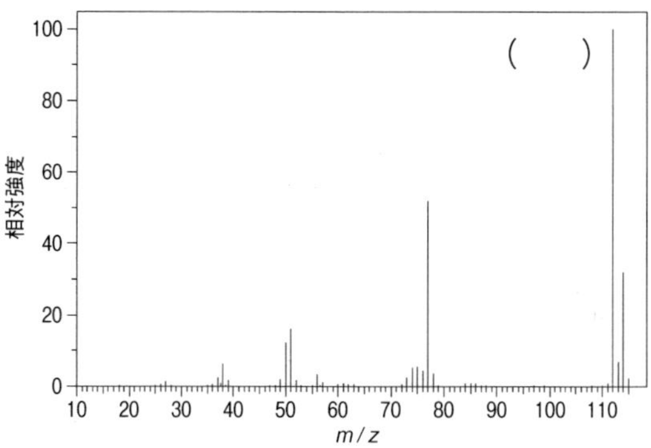

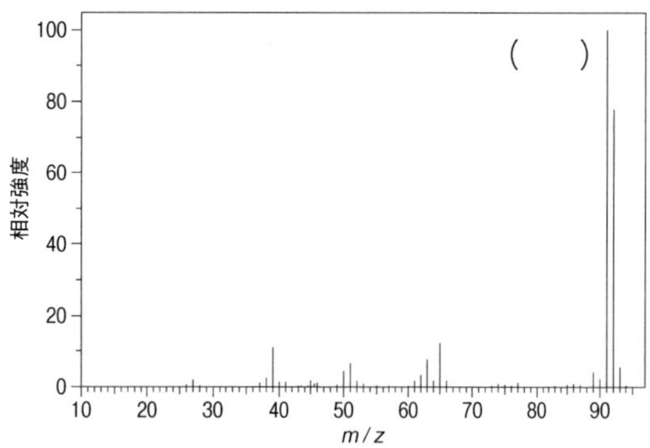

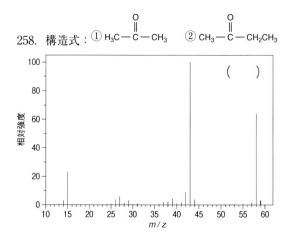

261. 構造式：① 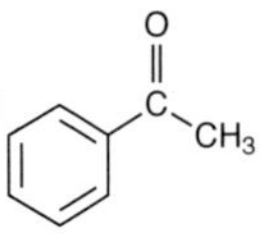 ② 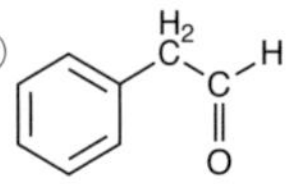

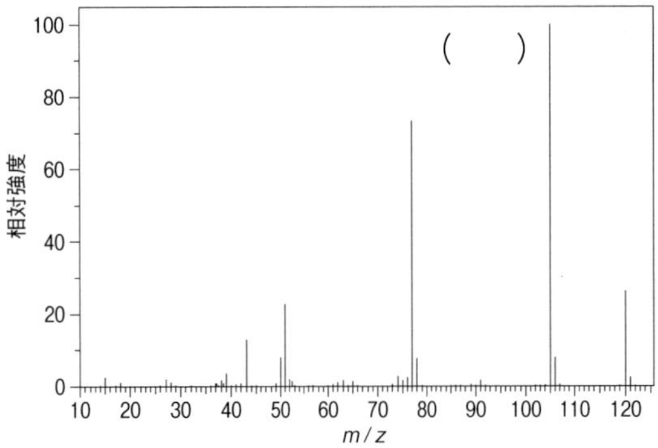

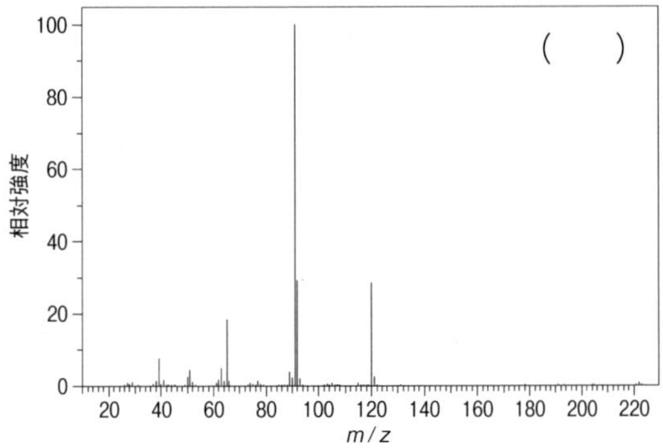

262. 構造式：① 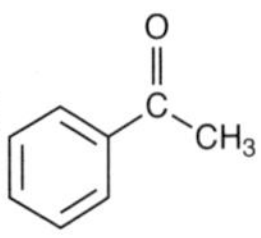 ② 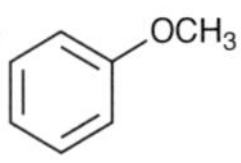

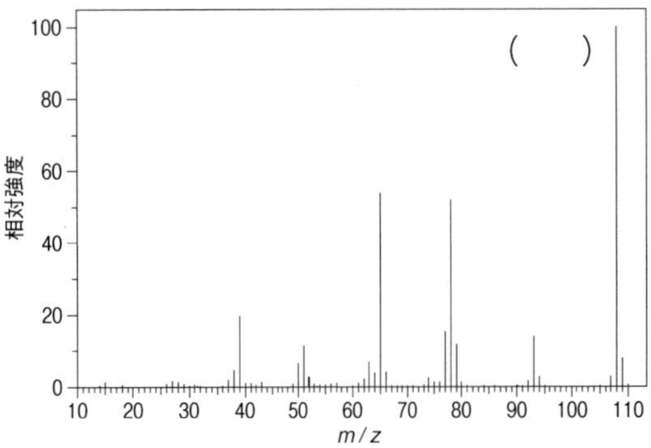

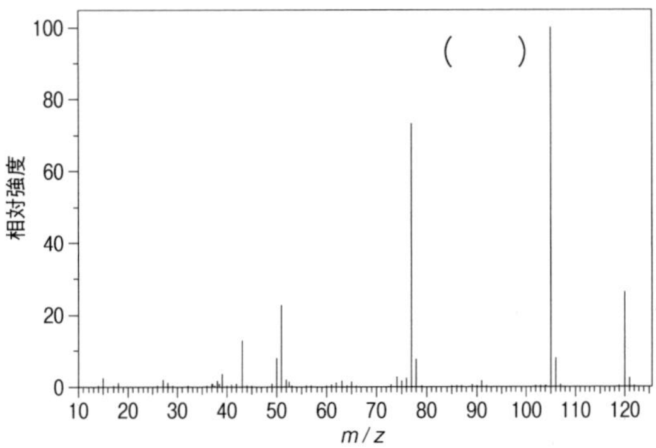

263. 構造式：① $CH_3CH_2CH_2CH_2CH_2CH_3$ ② 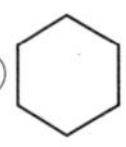

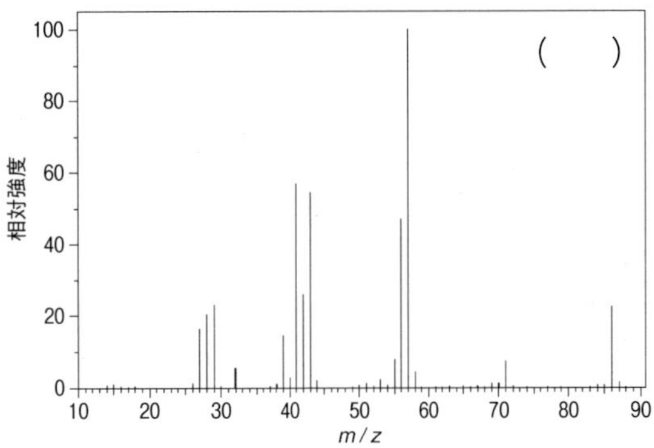

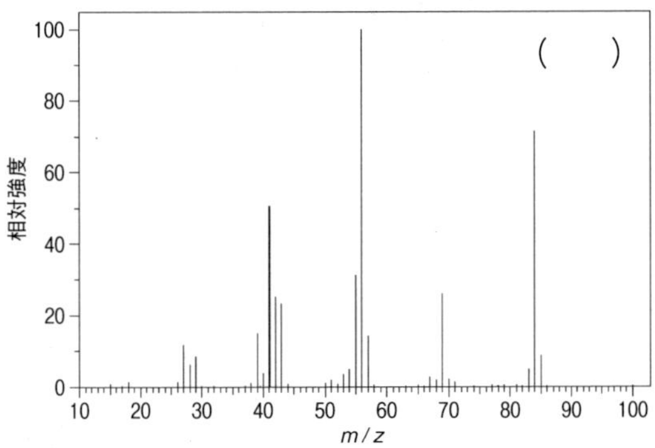

264. 構造式：① 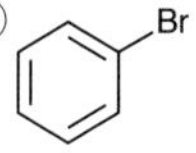 ② 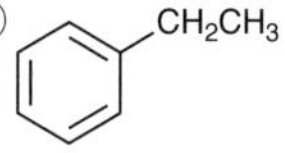

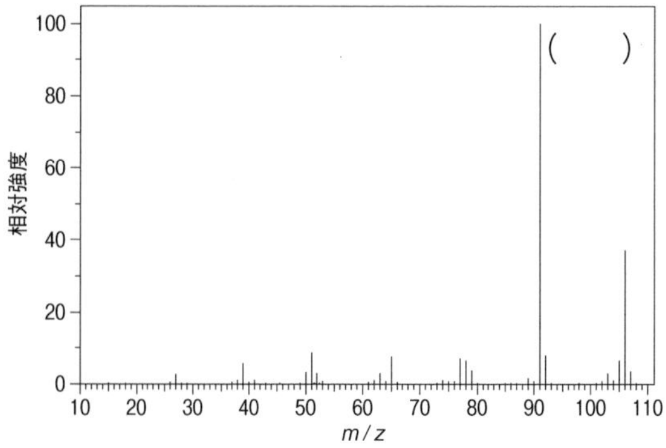

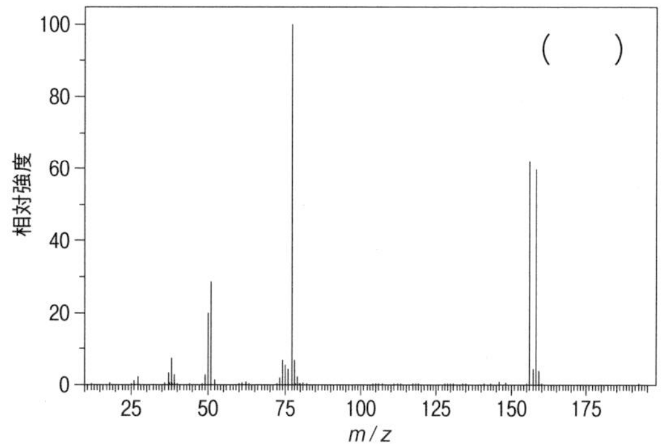

265. 構造式：① 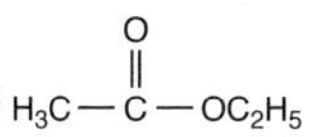 ② 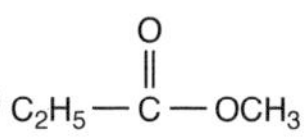

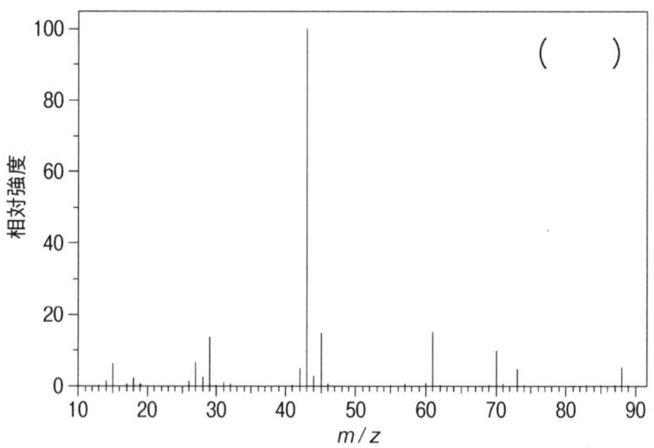

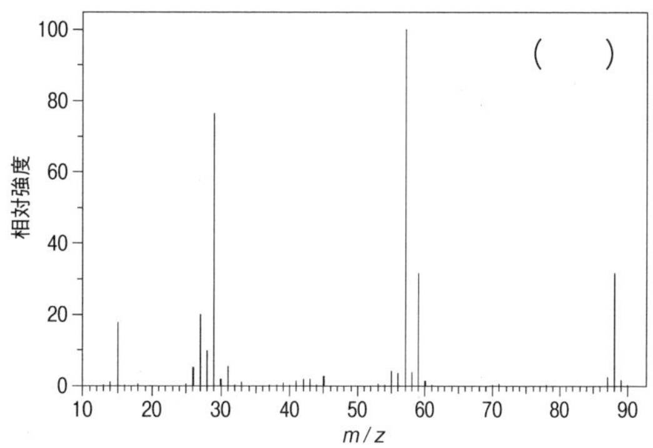

266. 構造式：① 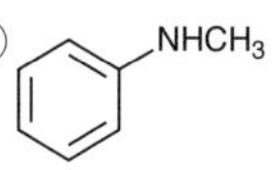 ② 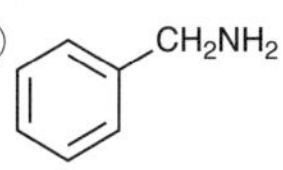

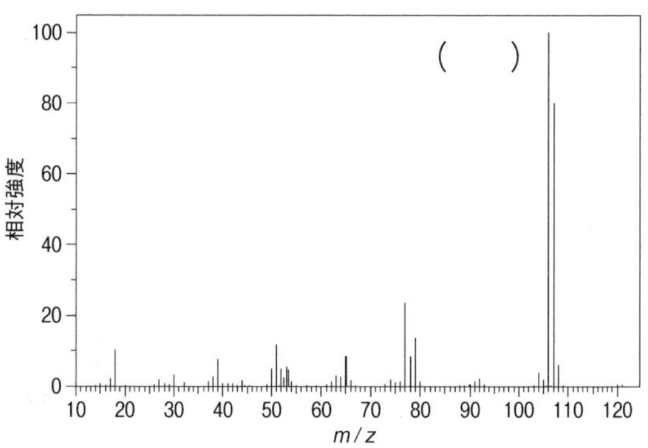

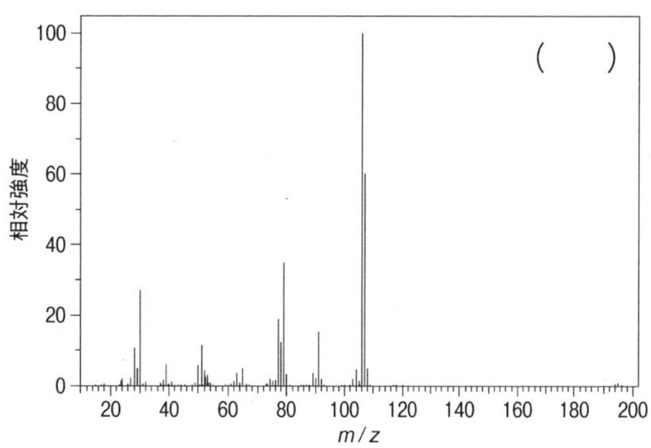

267. 構造式：① $C_6H_5-C(=O)-OCH_3$　② $H_3C-C(=O)-OC_6H_5$

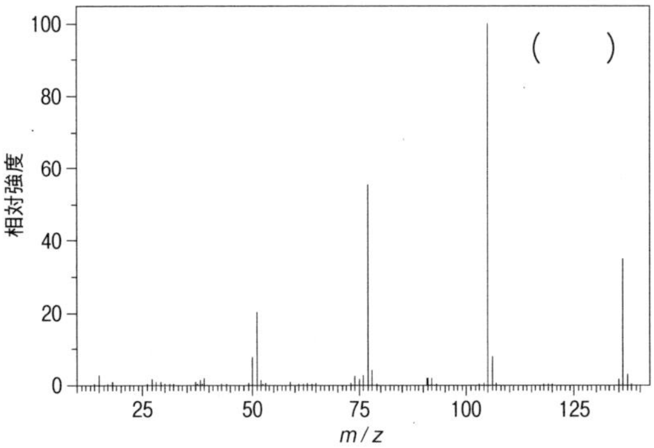

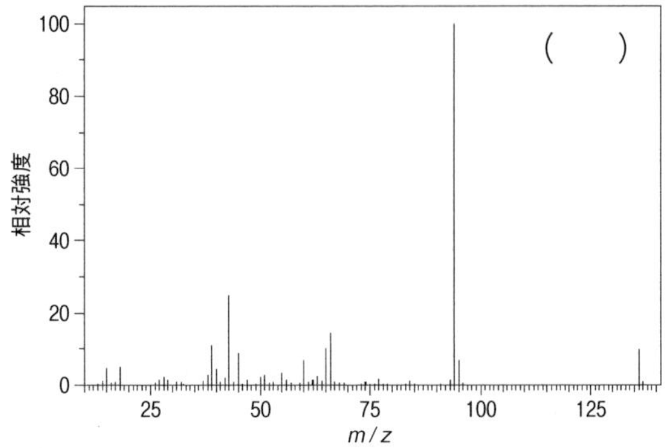

268. 構造式：① $H_3C-C(=O)-CH_2CH_2CH_3$　② $CH_3CH_2-C(=O)-CH_2CH_3$

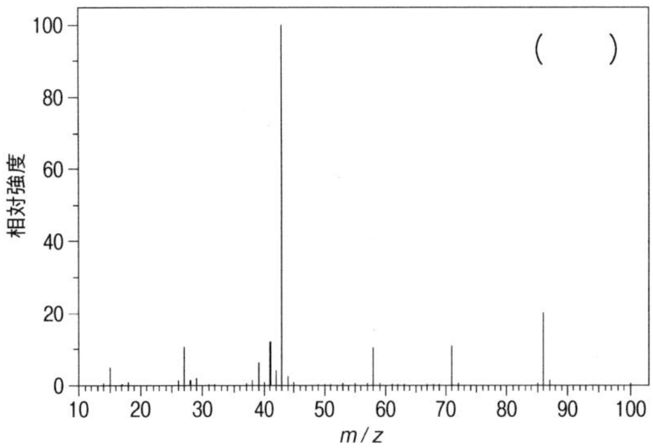

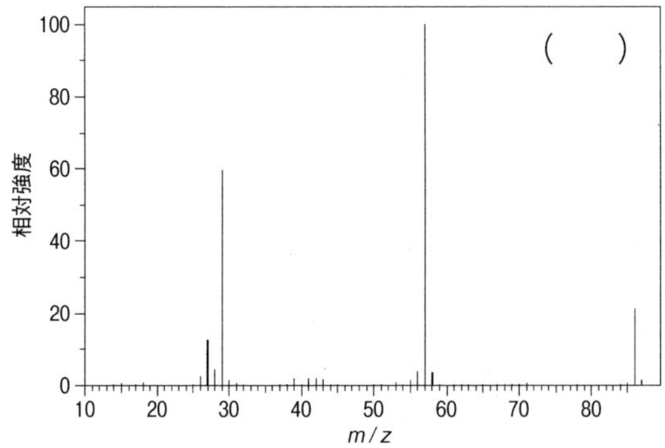

269. 構造式：①

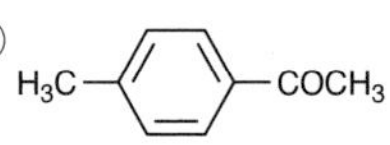

② $H_3C-C(=O)-C_6H_5$

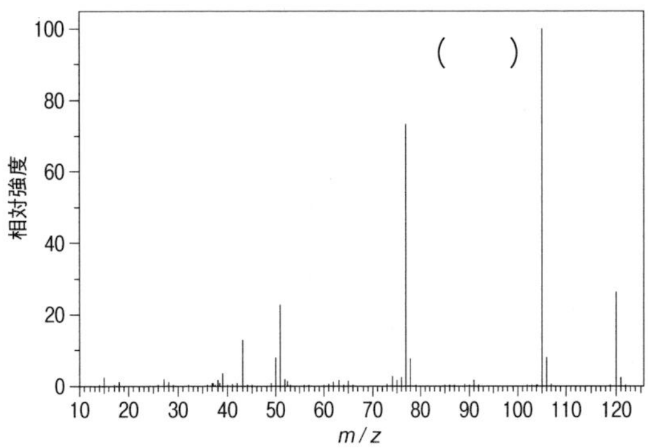

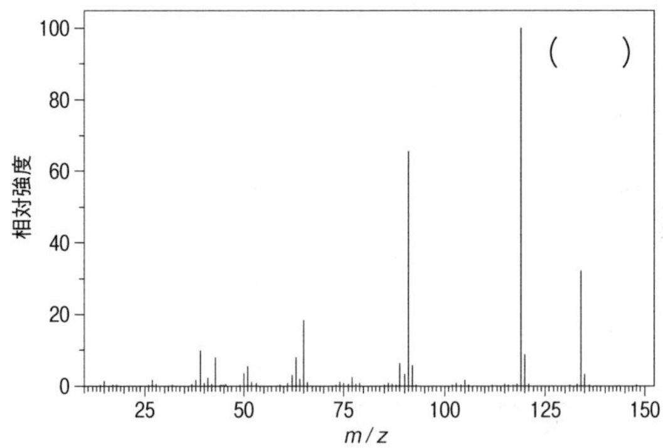

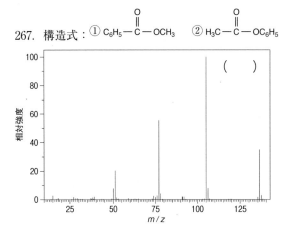

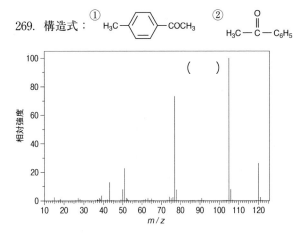

270. 構造式：①
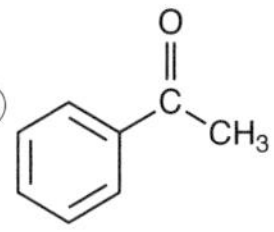

②
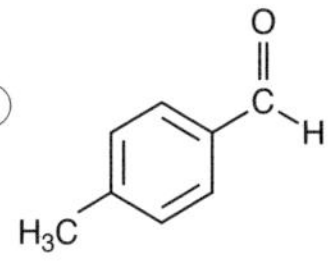

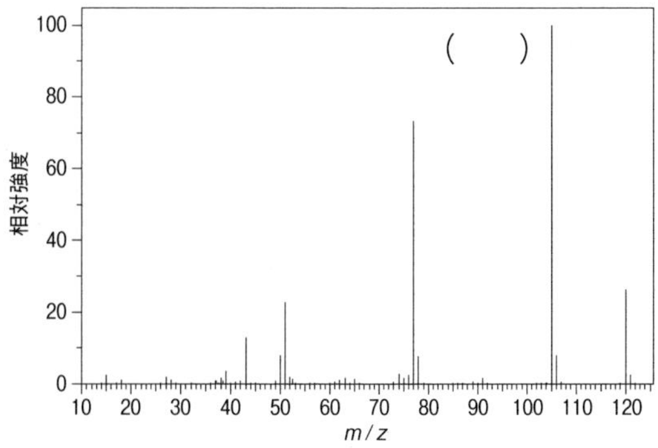

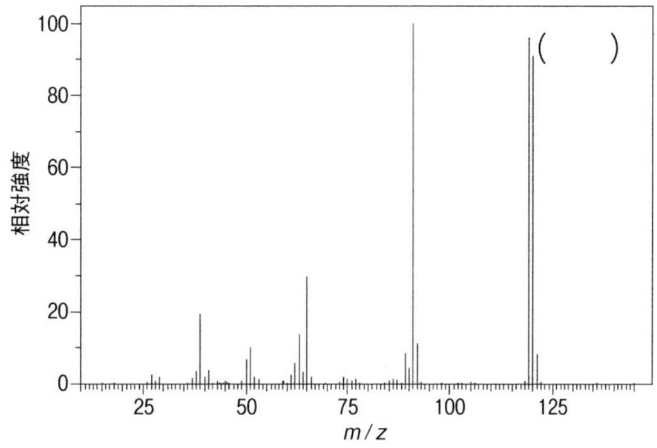

271. 構造式：①
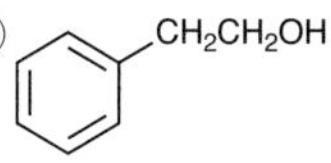

②
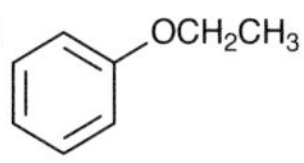

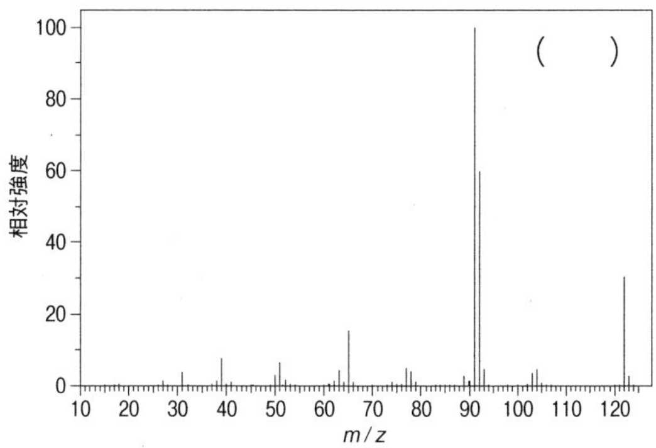

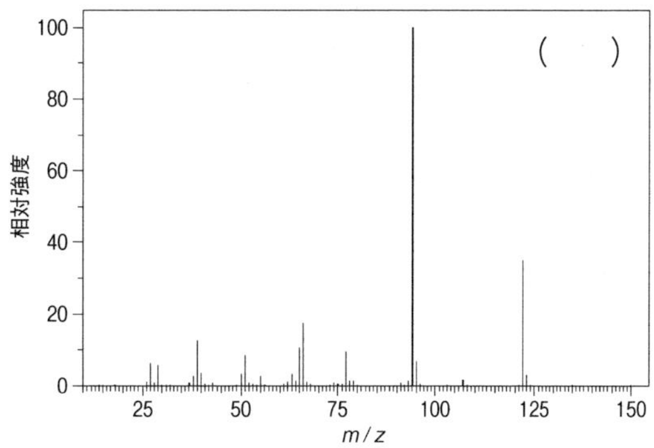

272. 構造式：①
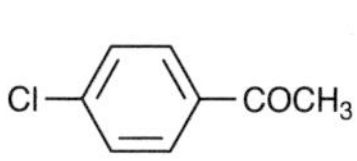

②
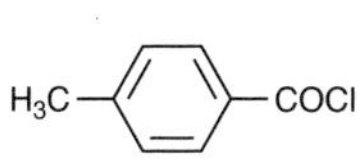

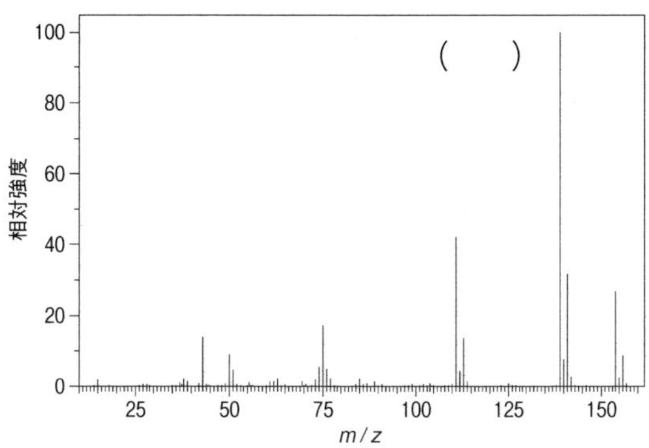

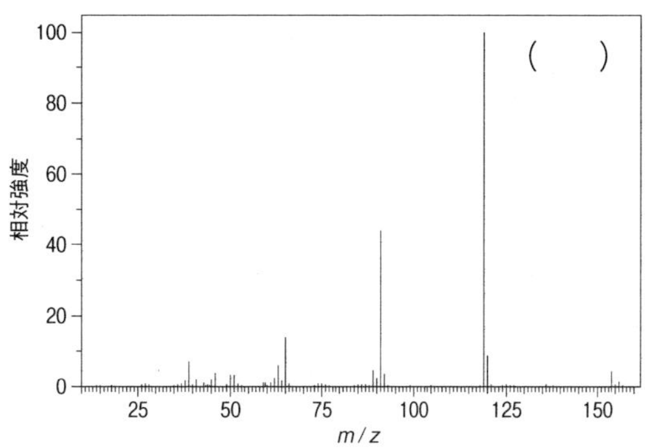

273. 構造式：① $CH_3CH_2CH_2CH_2CH_3$　② $CH_3CH_2OCH_2CH_3$

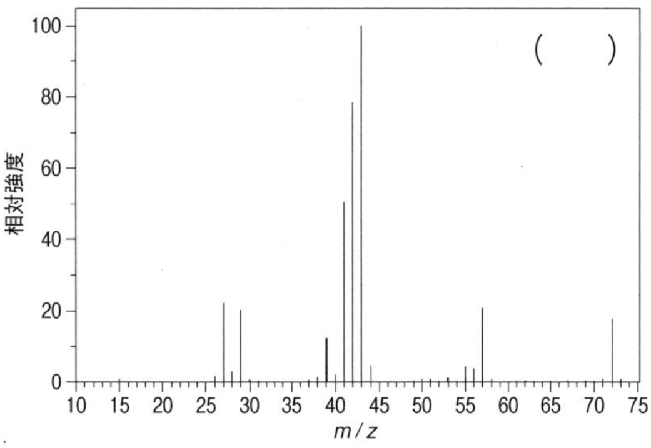

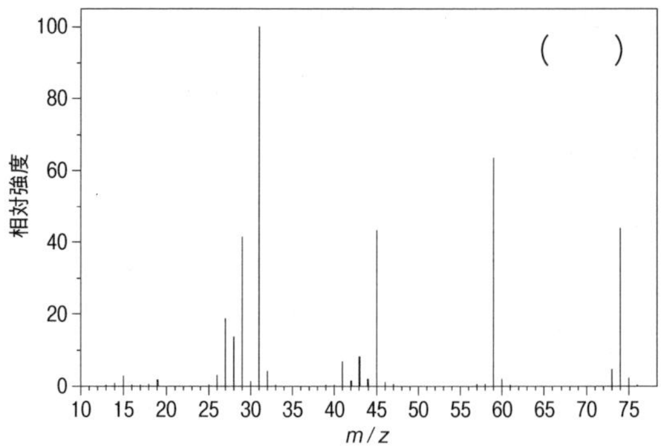

274. 構造式：

①
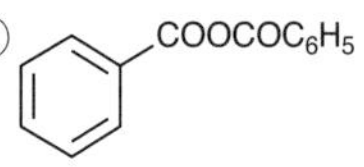

②
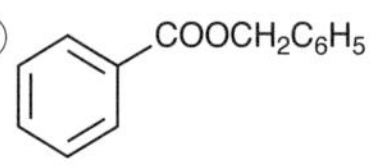

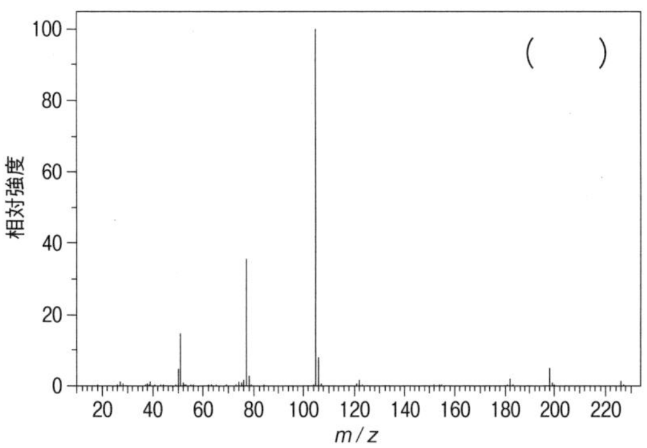

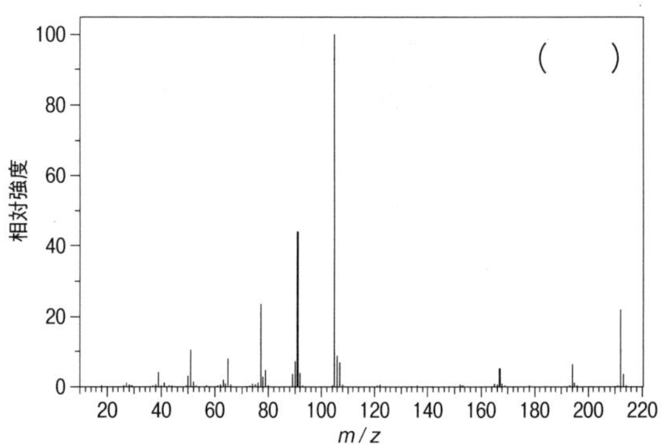

1000本ノック 4

^{13}C NMR（炭素13核磁気共鳴スペクトル）

実施日：　　月　　日

解析のポイント

ここでは，^{13}C NMR スペクトルから構造決定に必要な情報をどのように読み取るかを説明する．^{13}C NMR スペクトルの測定原理および装置の詳細については成書を参照していただきたい．例として，安息香酸エチルの ^{13}C NMR スペクトルを示す．左上の数字は各ピークの頂点の値である．

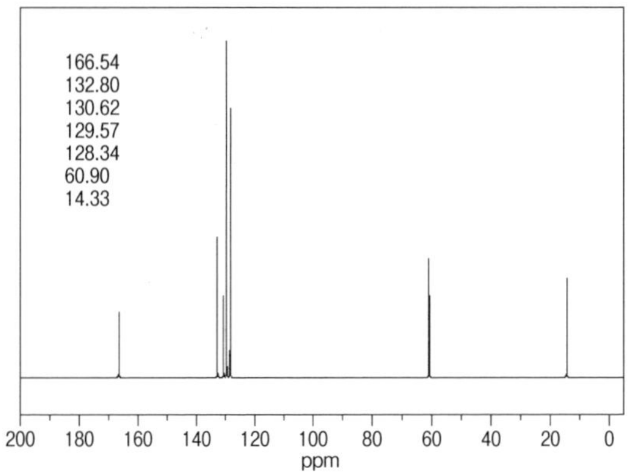

^{13}C NMR スペクトルでは横軸に化学シフトを示す（単位は ppm）．各ピークは 1 本線として現れる．スペクトルから，以下の情報を読み取っていこう．

① ピークの数

まず，ピークの本数を数える．その本数が「その分子に何種類の炭素原子が含まれているか」を示している．ただし，「何個の炭素原子が含まれているか」ではないことに注意．目的化合物の分子式とピークの本数を比較することで，目的化合物の対称性の高低などが予想できる．

② 各ピークの位置

次に各ピークの化学シフト（横軸の値）を読み取ろう．ピークがどこに出るかは，各炭素がおかれている環境で決まる．有機化合物の ^{13}C NMR スペクトルの化学シフトは以下の六つのカテゴリーに大別できる．

① sp^3 炭素で，隣も炭素原子
② sp^3 炭素で，隣は酸素原子もしくはハロゲン原子
③ sp 炭素
④ アルケンの sp^2 炭素
⑤ 芳香族の sp^2 炭素
⑥ カルボニル基の sp^2 炭素

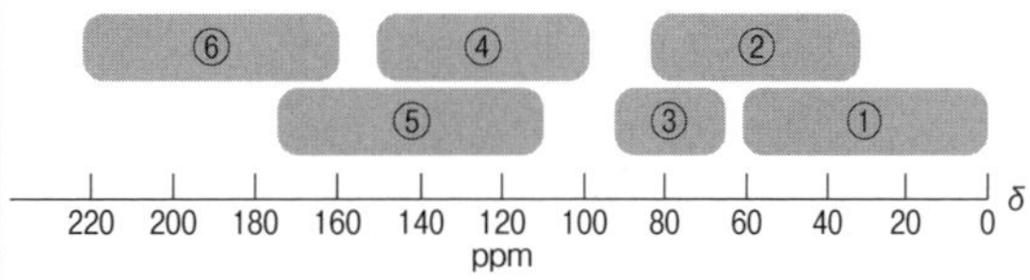

⑥のカルボニル基（—CO—）の吸収帯（160～220 ppm）をもう少し細かく見ていこう．カルボニル基をもつ化合物は，両端に結合する置換基の種類によって，アルデヒド，ケトン，カルボン酸など分類される．およそ 190 ppm を境界線として，低磁場方向（左側）にアルデヒドやケトンのカルボニル基のピークが現れる．一方，190 ppm より高磁場方向（右側）には，その他のカルボニル化合物であるカルボン酸や酸塩化物などのカルボニル基のピークが現れる．

左に示した安息香酸エチルの ^{13}C NMR スペクトルをもう一度，見てみよう．「炭素原子は全部で 7 種類」「sp^3 炭素，sp^2 炭素，さらにカルボニ

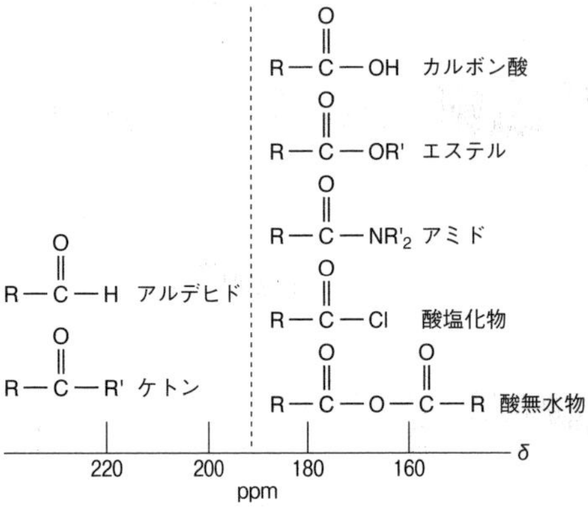

ル基をもつようだ」「そのカルボニル基はアルデヒドやケトンではなさそうだ」などの情報が読み取れる．分子式が与えられればIHDの値がわかる．さらに，ここまで学んできたIRやMSスペクトルの情報を組み合わせれば，より精度の高い構造解析が可能になる．以下，問題を解いて慣れていこう．

15　以下の化合物に何種類の炭素原子が含まれているか答えよ．

目安時間 15 分

Hint：分子の立体構造を思い浮かべながら考えよう．

275. CH_4

276. $CH_3—CH_3$

277. $CH_3—CH_2—CH_3$

278. $CH_3—CH_2—CH_2—CH_3$

279. 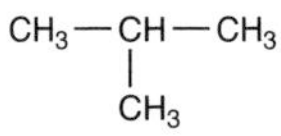

280. $CH_3—CH_2—CH_2—CH_2—CH_3$

281. 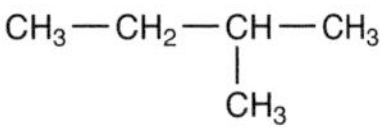

282. 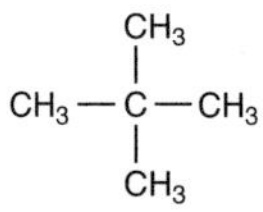

283. $CH_3—CH_2—CH_2—CH_2—CH_2—CH_3$

284. 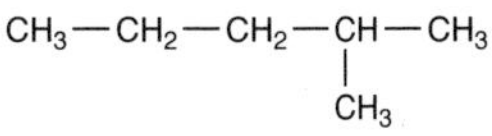

285. 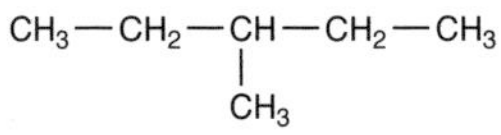

286. 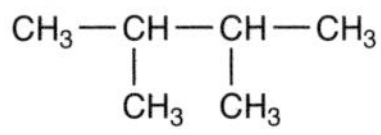

287. 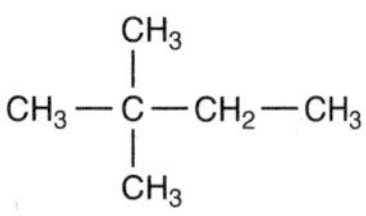

16　以下の化合物に何種類の炭素原子が含まれているか答えよ．

目安時間 15 分

Hint：分子の対称性を考えよう．構造式を裏返したり，半分に切ったりするとよい．

288. 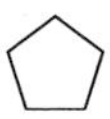

289. 

290. $CH_3—F$

291. $CH_3—Cl$

292. $CH_3—CH_2—CH_2—Cl$

293. 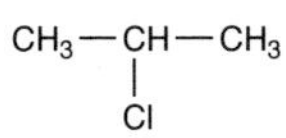

294. $CH_3—CH_2—CH_2—CH_2—Cl$

295. 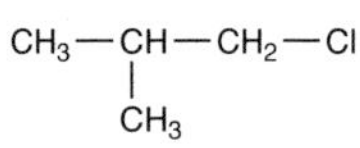

296. 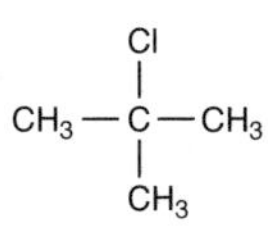

297. $Cl—CH_2—CH_2—Cl$

298. 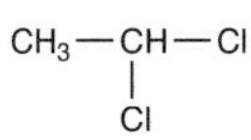

299. $Br—CH_2—CH_2—Cl$

300. 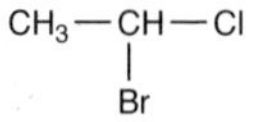

301. $Br-CH_2-CH_2-CH_2-Cl$

302. 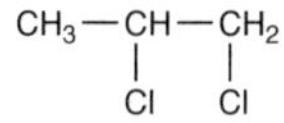

303. 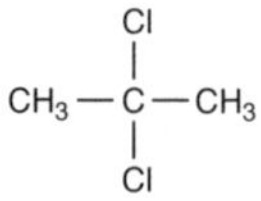

17 以下の化合物に何種類の炭素原子が含まれているか答えよ.

目安時間 15 分

Hint：基本の考え方は同じ．構造式を裏返したり，半分に切ったりしてみよう．

304. $Cl-CH_2-CH_2-CH_2-CH_2-Cl$

305. 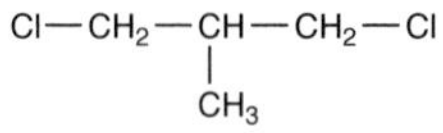

306. 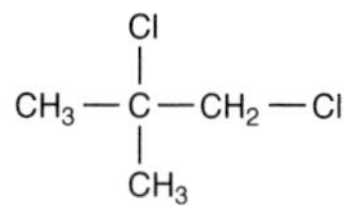

307. $Cl-CH_2-CH_2-CH_2-CH_2-Br$

308. 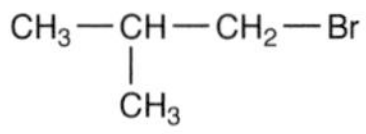

309. 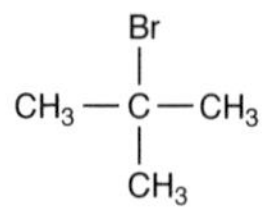

310. $CH_3-CH_2-CH_2-CH_2-CH_2-Cl$

311. 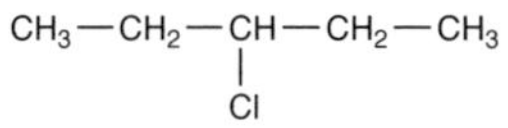

312. 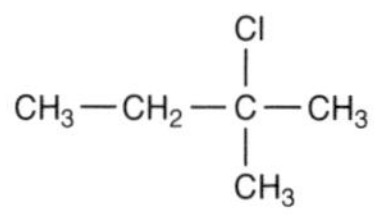

313. 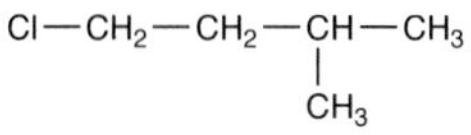

314. 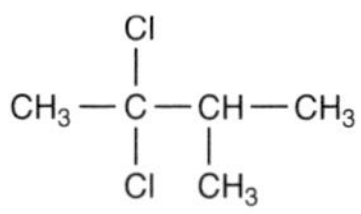

315. 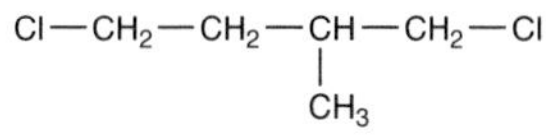

18 以下の化合物に何種類の炭素原子が含まれているか答えよ.

目安時間 15 分

Hint：酸素をもつ化合物も考え方は同じ．分子の立体構造を思い浮かべよう．

316. CH_3-O-CH_3

317. CH_3-CH_2-OH

318. $CH_3-CH_2-O-CH_3$

319. $CH_3-CH_2-CH_2-OH$

320. 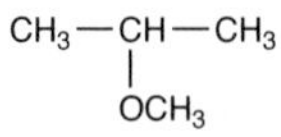

321. $CH_3-CH_2-CH_2-O-CH_3$

322. $CH_3-CH_2-CH_2-CH_2-O-CH_3$

323. 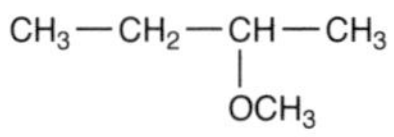

324. 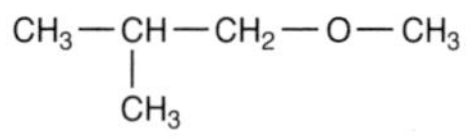

325. 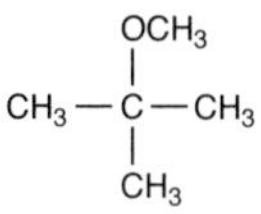

19 以下の化合物に何種類の炭素原子が含まれているか答えよ.

目安時間 15 分

Hint：炭素—炭素二重結合は自由に回転できないので，同じ sp^2 炭素に結合している同一の置換基が非等価になることがある.

326. 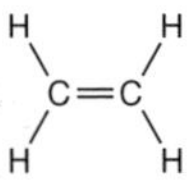

327. 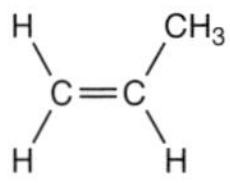

328. 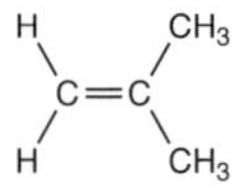

329. 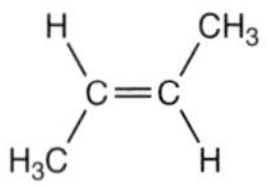

330. 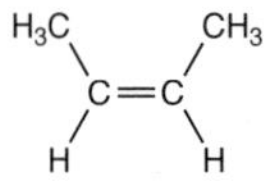

331. 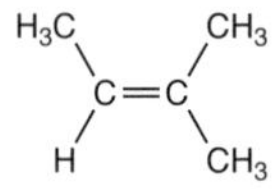

332. 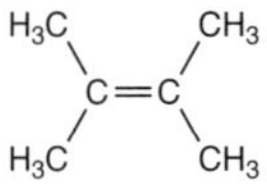

333. 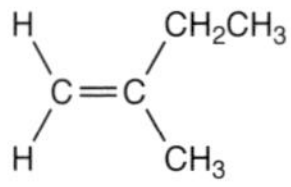

334. 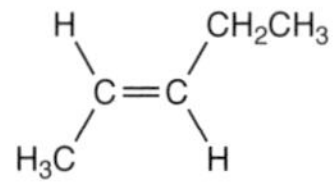

335. 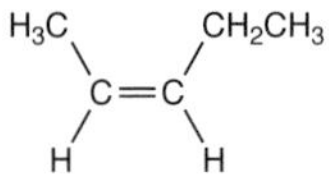

336. 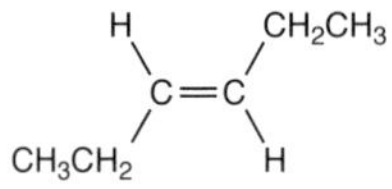

337. 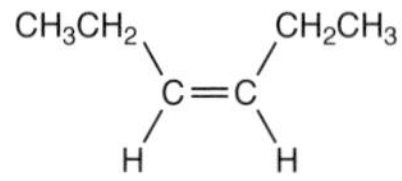

338. 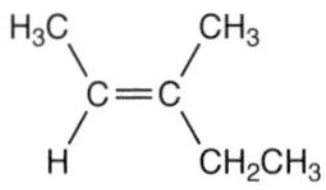

339. 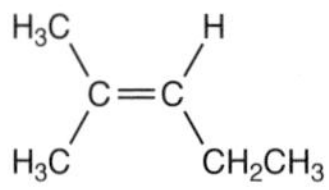

340. 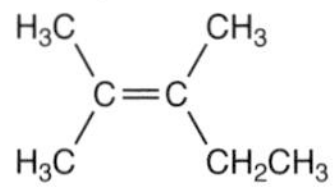

20 以下の化合物に何種類の炭素原子が含まれているか答えよ.

目安時間 15 分

Hint：ベンゼンの炭素原子はすべて等価だが，ベンゼン環に何種類の置換基が，どの位置に置換すれば，何種類の炭素原子が生じるかを考えよう.

341. 

342. 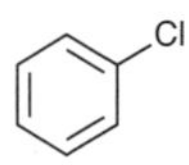

343. 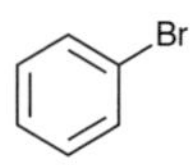

344. 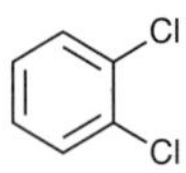

345. 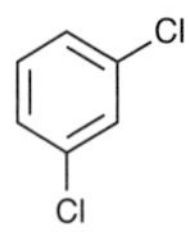

346. 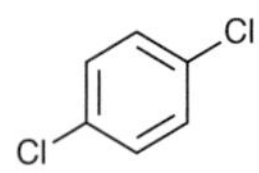

347. 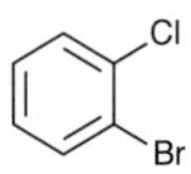

348. 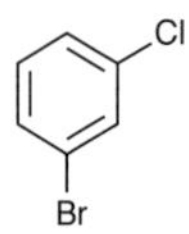

349. 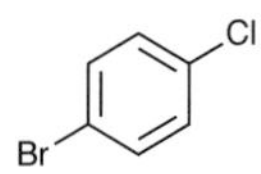

350. 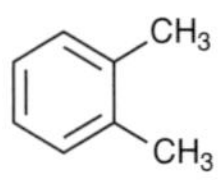

351. 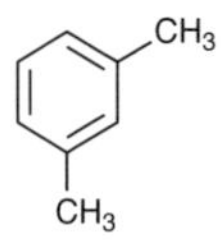

352. 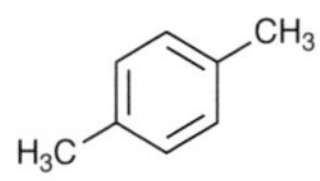

353. 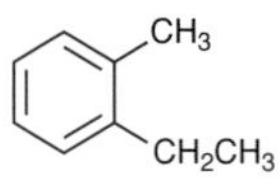

354. 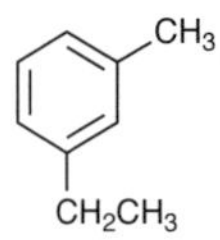

355. 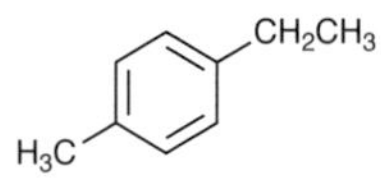

356. 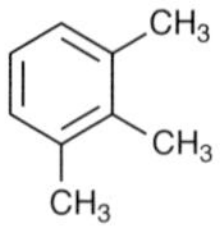

357. 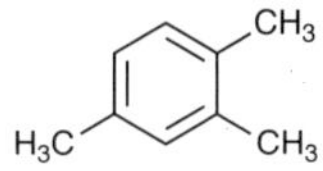

358. 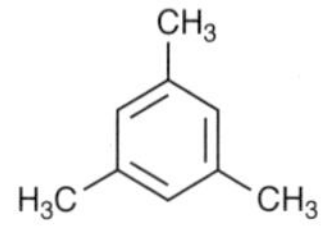

359. 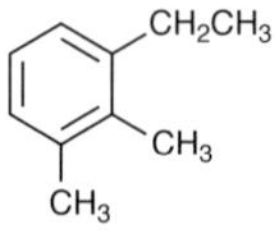

360. 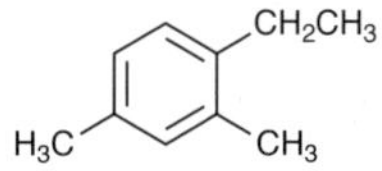

361. 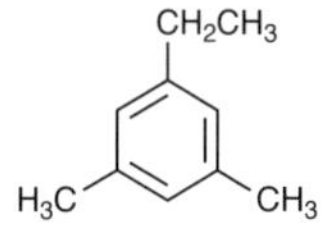

21　以下の化合物に何種類の炭素原子が含まれているか答えよ.　目安時間 15 分

Hint：ナフタレンの炭素原子は 3 種類だが，ナフタレン環に何種類の置換基が，どの位置に置換すれば，何種類の炭素原子を生じるかを考えよう.

362. 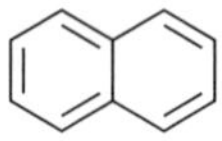

363. 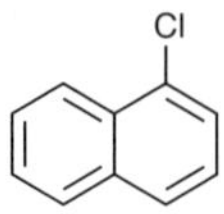

364. 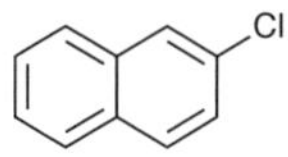

365. 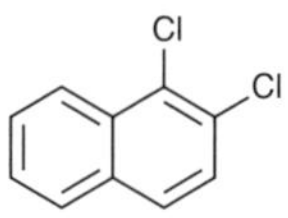

366. 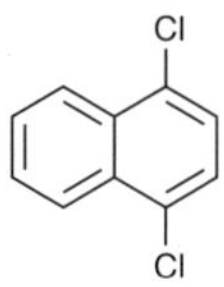

367. 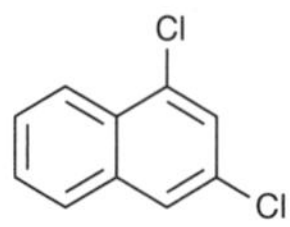

368. 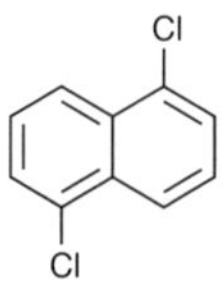

369. 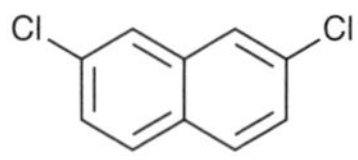

370. 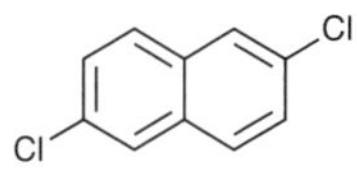

371. 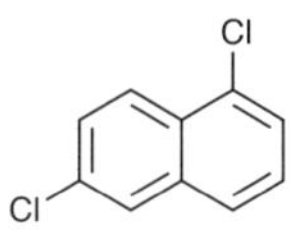

372. 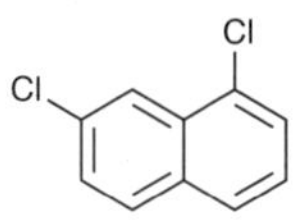

373. 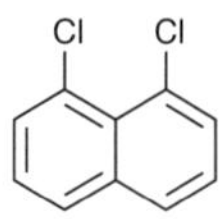

374. 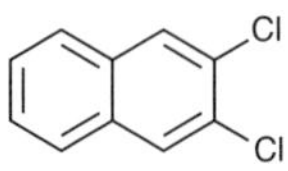

• 有機化合物の ^{13}C NMR の化学シフトは p. 33 に示した六つのカテゴリーに大別できる．22～26の問題では，矢印で示した炭素原子のピークが①～⑥のどこに現れるかを答えよ．

22　矢印で示した炭素原子のピークが p. 33 の①～⑥のどこに現れるかを答えよ．　目安時間 15 分

Hint：すべて sp^3 炭素であるが，その隣にどのような原子が結合しているか考えよう．

375. 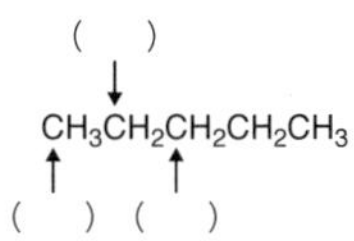

376. 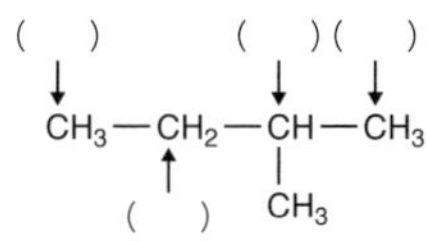

377. 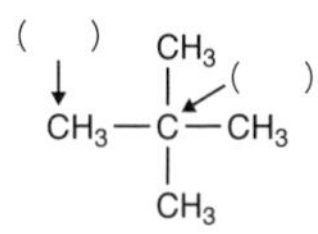

378. 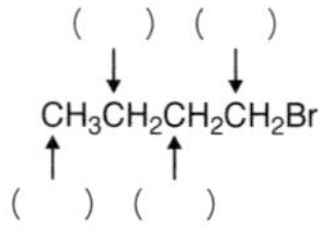

379. 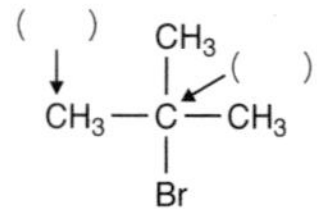

380. 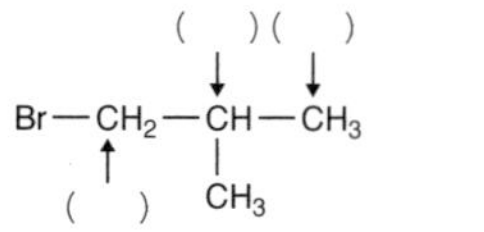

381. 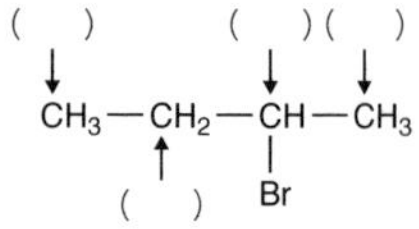

382. 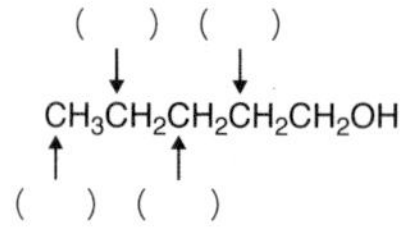

383. 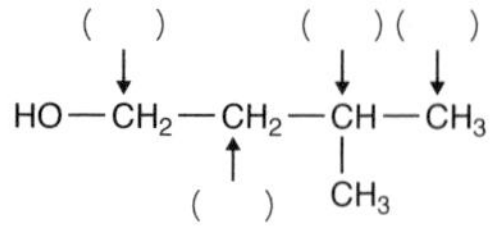

384. 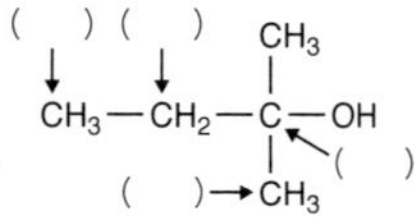

23 矢印で示した炭素原子のピークが p. 33 の①～⑥のどこに現れるかを答えよ.

目安時間 15 分

Hint：混成軌道の違いによって，異なる位置にピークが現れる.

385. 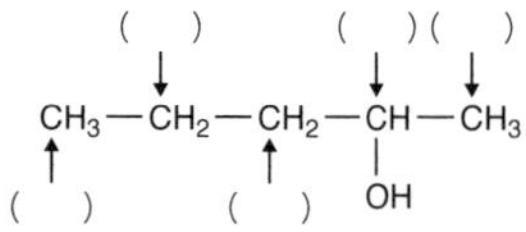

386. 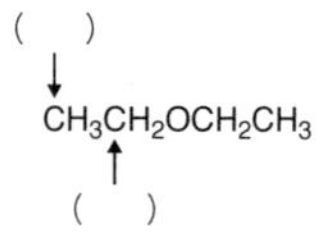

387. 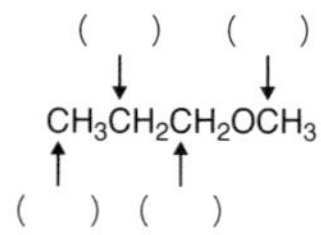

388. 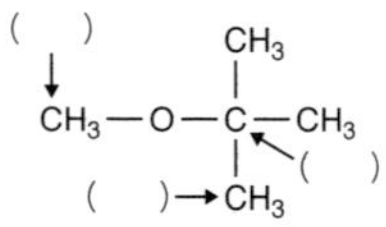

389. 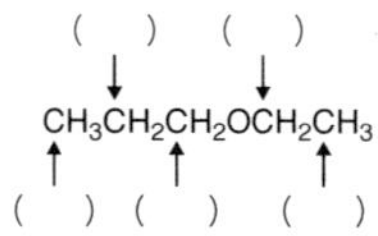

390. 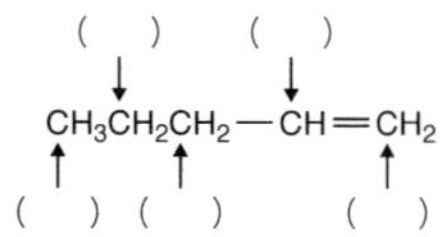

391. 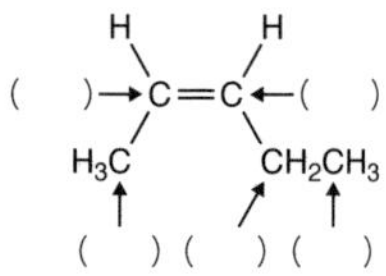

392. 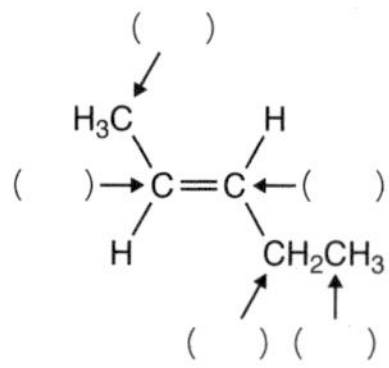

393. 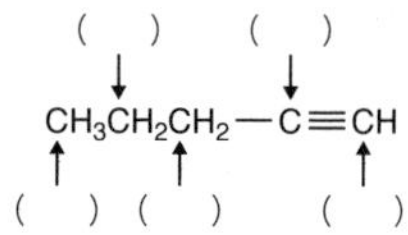

394. 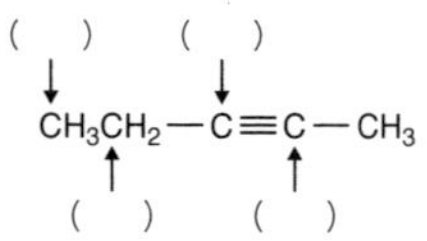

395. 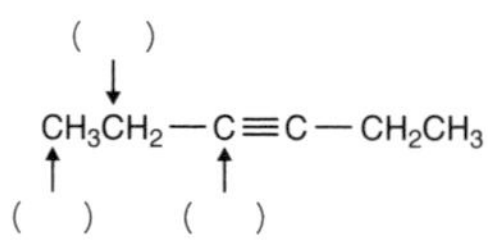

396. 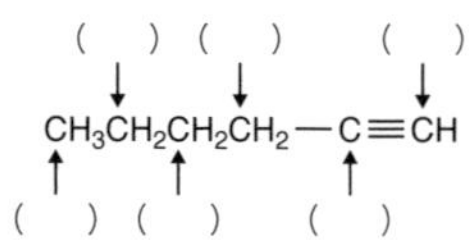

24 矢印で示した炭素原子のピークが p. 33 の①～⑥のどこに現れるかを答えよ.

目安時間 15 分

Hint：sp^2 炭素の場合は，その炭素が脂肪族，芳香族のどちらであるかを考えよう.

397. 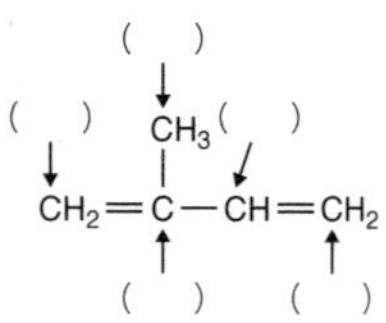

398. 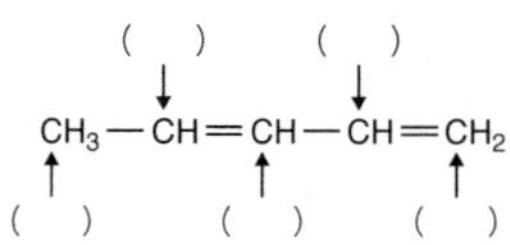

399. 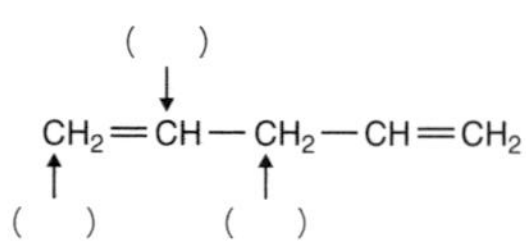

400. 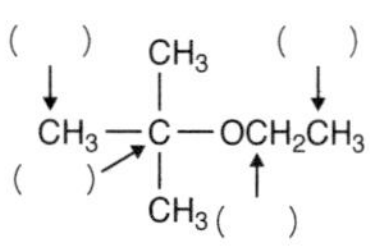

401. 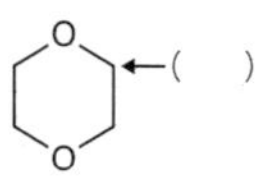

402. 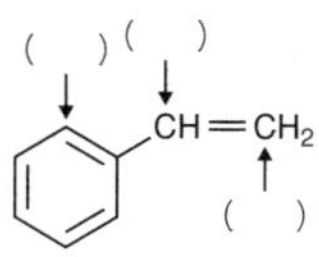

403. 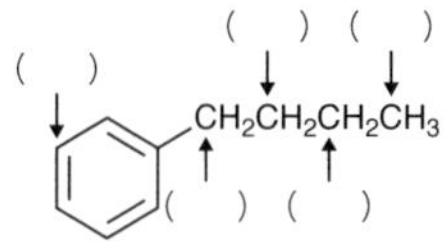

404. 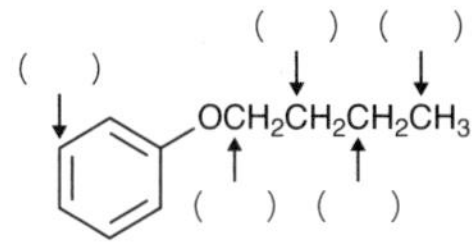

25 矢印で示した炭素原子のピークが p. 33 の①～⑥のどこに現れるかを答えよ.

目安時間 15 分

Hint：構造は複雑だが，基本的な考え方は同じ.

405. 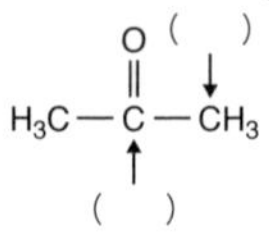

406. 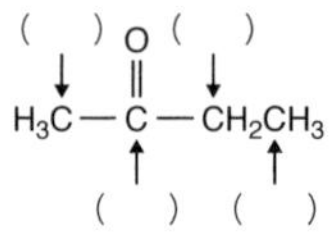

407. 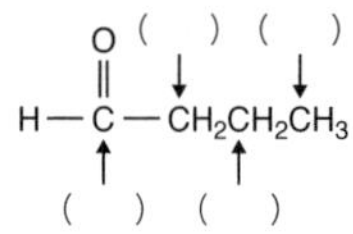

408. 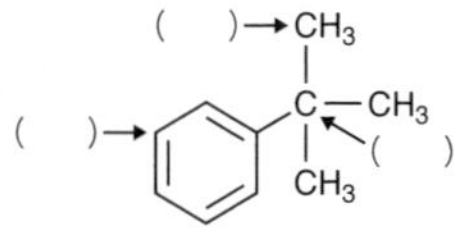

409. 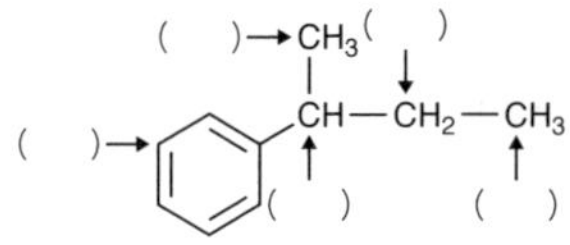

410. 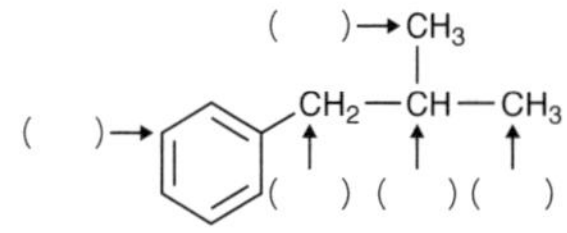

411. 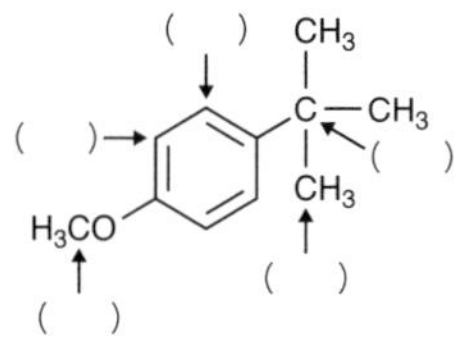

26 矢印で示した炭素原子のピークが p. 33 の①～⑥のどこに現れるかを答えよ.

目安時間 15 分

Hint：構造は複雑だが，基本的な考え方は同じ.

412. 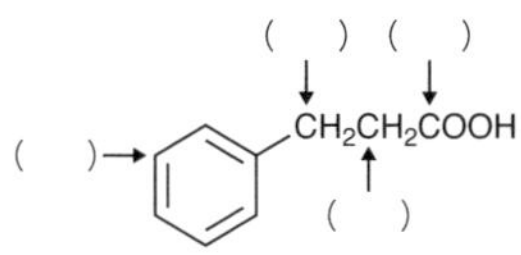

413. 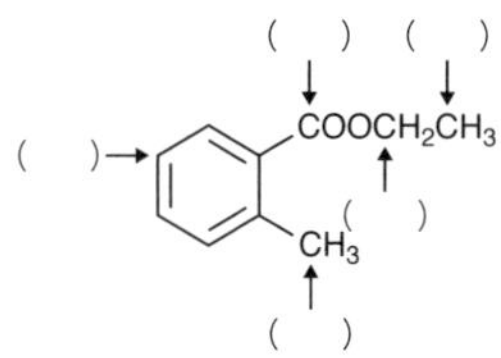

414. 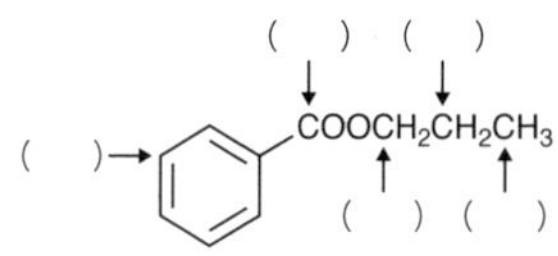

415. 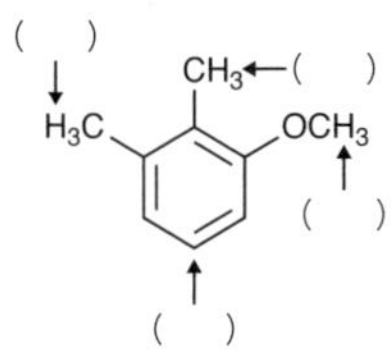

416. 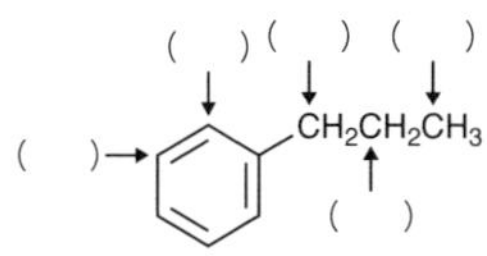

417. 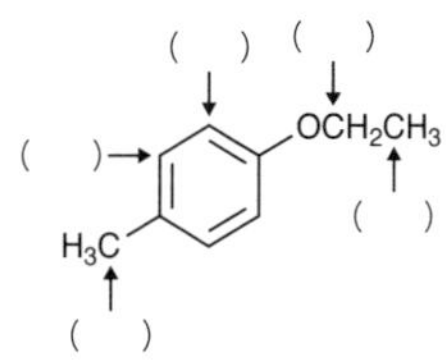

418. 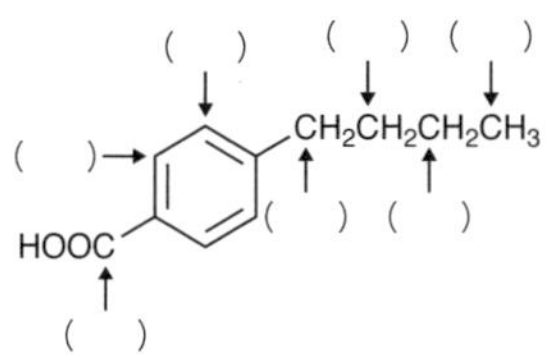

419. 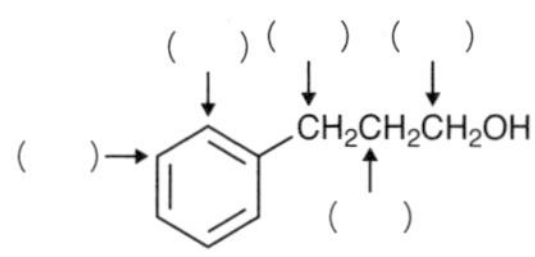

420. 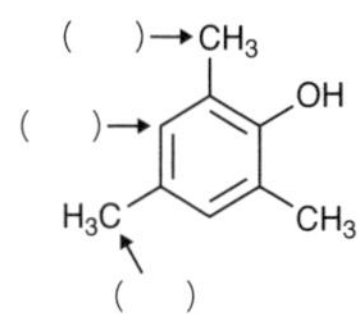

421. 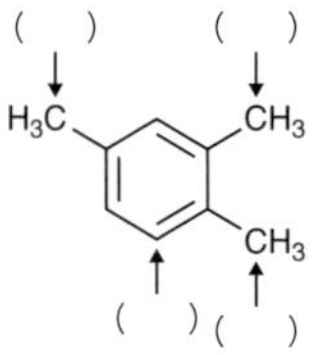

422. 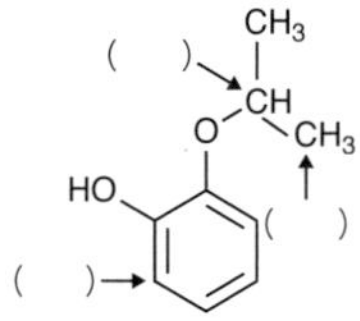

423. 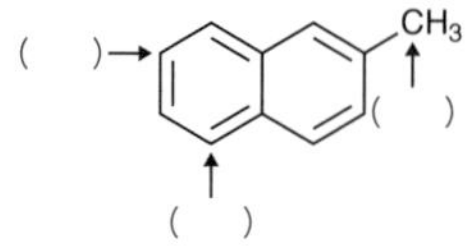

424. 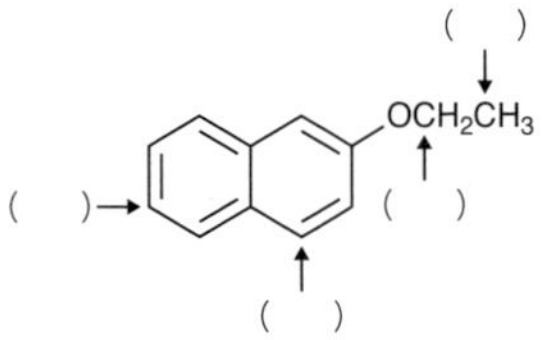

27

以下のカルボニル基は，どの種類のカルボニル化合物のものとして考えられるか．
また，そのカルボニル炭素はどの位置に吸収をもつか．

目安時間 15 分

Hint：カルボニル基の両端の原子の種類を見よう．アルデヒドとケトンのみが 190 ppm より低磁場側に吸収をもつ．

425. 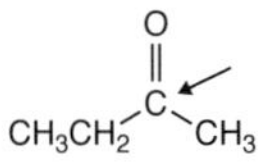
(1)（アルデヒド・ケトン・カルボン酸・エステル・アミド・酸無水物・酸塩化物・炭酸エステル）
(2) 190 ppm より（高磁場側・低磁場側）

426. 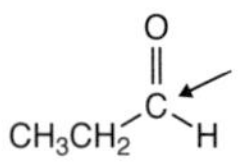
(1)（アルデヒド・ケトン・カルボン酸・エステル・アミド・酸無水物・酸塩化物・炭酸エステル）
(2) 190 ppm より（高磁場側・低磁場側）

427. 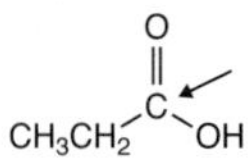
(1)（アルデヒド・ケトン・カルボン酸・エステル・アミド・酸無水物・酸塩化物・炭酸エステル）
(2) 190 ppm より（高磁場側・低磁場側）

428. 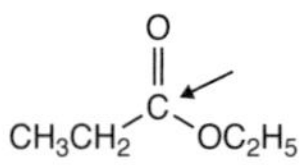
(1)（アルデヒド・ケトン・カルボン酸・エステル・アミド・酸無水物・酸塩化物・炭酸エステル）
(2) 190 ppm より（高磁場側・低磁場側）

429. 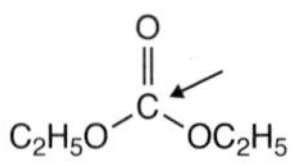
(1)（アルデヒド・ケトン・カルボン酸・エステル・アミド・酸無水物・酸塩化物・炭酸エステル）
(2) 190 ppm より（高磁場側・低磁場側）

430. 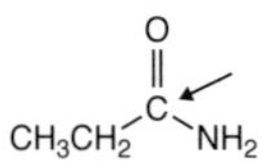
(1)（アルデヒド・ケトン・カルボン酸・エステル・アミド・酸無水物・酸塩化物・炭酸エステル）
(2) 190 ppm より（高磁場側・低磁場側）

431. 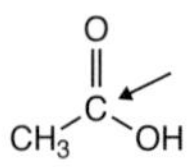
(1)（アルデヒド・ケトン・カルボン酸・エステル・アミド・酸無水物・酸塩化物・炭酸エステル）
(2) 190 ppm より（高磁場側・低磁場側）

432. 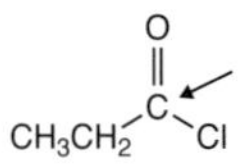
(1)（アルデヒド・ケトン・カルボン酸・エステル・アミド・酸無水物・酸塩化物・炭酸エステル）
(2) 190 ppm より（高磁場側・低磁場側）

28 以下のカルボニル基は，どの種類のカルボニル化合物のものとして考えられるか．また，そのカルボニル炭素はどの位置に吸収をもつか．

目安時間 15 分

Hint：カルボニル基の両端の原子の種類を見よう．アルデヒドとケトンのみが 190 ppm より低磁場側に吸収をもつ．

433.
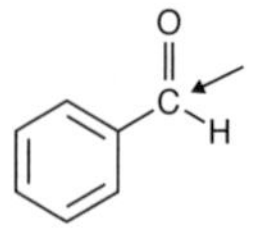
(1)（アルデヒド・ケトン・カルボン酸・エステル・アミド・酸無水物・酸塩化物・炭酸エステル）
(2) 190 ppm より（高磁場側・低磁場側）

434.
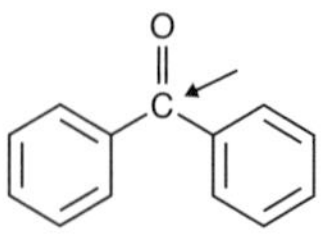
(1)（アルデヒド・ケトン・カルボン酸・エステル・アミド・酸無水物・酸塩化物・炭酸エステル）
(2) 190 ppm より（高磁場側・低磁場側）

435.
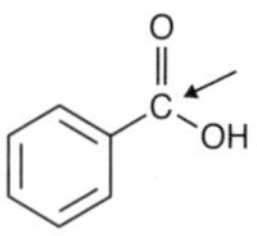
(1)（アルデヒド・ケトン・カルボン酸・エステル・アミド・酸無水物・酸塩化物・炭酸エステル）
(2) 190 ppm より（高磁場側・低磁場側）

436.
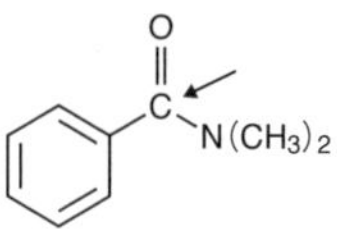
(1)（アルデヒド・ケトン・カルボン酸・エステル・アミド・酸無水物・酸塩化物・炭酸エステル）
(2) 190 ppm より（高磁場側・低磁場側）

437.
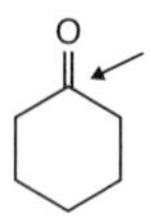
(1)（アルデヒド・ケトン・カルボン酸・エステル・アミド・酸無水物・酸塩化物・炭酸エステル）
(2) 190 ppm より（高磁場側・低磁場側）

438.
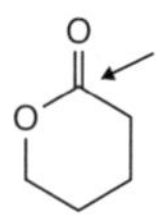
(1)（アルデヒド・ケトン・カルボン酸・エステル・アミド・酸無水物・酸塩化物・炭酸エステル）
(2) 190 ppm より（高磁場側・低磁場側）

439.
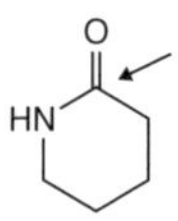
(1)（アルデヒド・ケトン・カルボン酸・エステル・アミド・酸無水物・酸塩化物・炭酸エステル）
(2) 190 ppm より（高磁場側・低磁場側）

440.
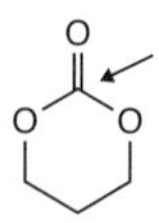
(1)（アルデヒド・ケトン・カルボン酸・エステル・アミド・酸無水物・酸塩化物・炭酸エステル）
(2) 190 ppm より（高磁場側・低磁場側）

29 以下のカルボニル基は，どの種類のカルボニル化合物のものとして考えられるか．また，そのカルボニル炭素はどの位置に吸収をもつか．

目安時間 20 分

Hint：複数のカルボニル基をもつ化合物の場合は，それぞれのカルボニル基について順番に考えよう．

441. (1)（アルデヒド・ケトン・カルボン酸・エステル・アミド・酸無水物・酸塩化物・炭酸エステル）
(2) 190 ppm より（高磁場側・低磁場側）

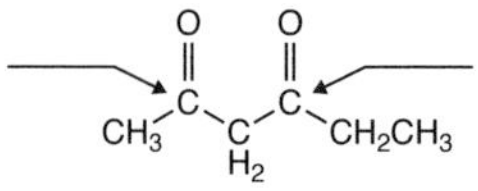

(3)（アルデヒド・ケトン・カルボン酸・エステル・アミド・酸無水物・酸塩化物・炭酸エステル）
(4) 190 ppm より（高磁場側・低磁場側）

442. (1)（アルデヒド・ケトン・カルボン酸・エステル・アミド・酸無水物・酸塩化物・炭酸エステル）
(2) 190 ppm より（高磁場側・低磁場側）

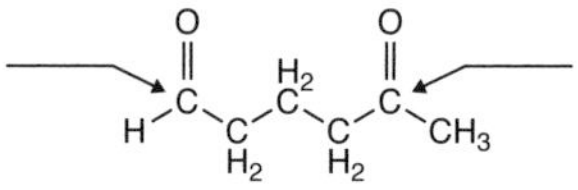

(3)（アルデヒド・ケトン・カルボン酸・エステル・アミド・酸無水物・酸塩化物・炭酸エステル）
(4) 190 ppm より（高磁場側・低磁場側）

443. (1)（アルデヒド・ケトン・カルボン酸・エステル・アミド・酸無水物・酸塩化物・炭酸エステル）
(2) 190 ppm より（高磁場側・低磁場側）

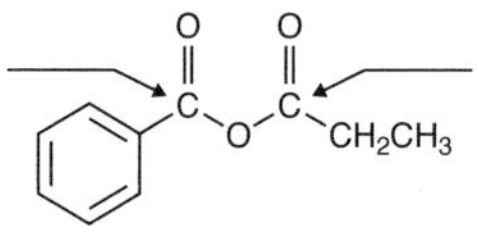

(3)（アルデヒド・ケトン・カルボン酸・エステル・アミド・酸無水物・酸塩化物・炭酸エステル）
(4) 190 ppm より（高磁場側・低磁場側）

444. (1)（アルデヒド・ケトン・カルボン酸・エステル・アミド・酸無水物・酸塩化物・炭酸エステル）
(2) 190 ppm より（高磁場側・低磁場側）

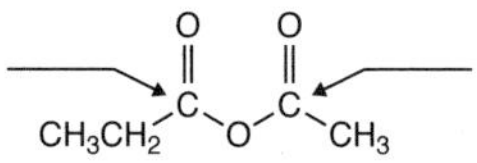

(3)（アルデヒド・ケトン・カルボン酸・エステル・アミド・酸無水物・酸塩化物・炭酸エステル）
(4) 190 ppm より（高磁場側・低磁場側）

445. (1)（アルデヒド・ケトン・カルボン酸・エステル・アミド・酸無水物・酸塩化物・炭酸エステル）
(2) 190 ppm より（高磁場側・低磁場側）

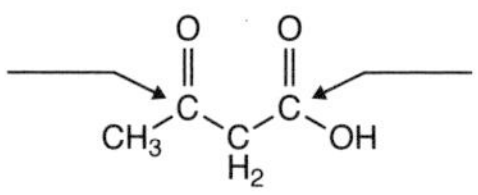

(3)（アルデヒド・ケトン・カルボン酸・エステル・アミド・酸無水物・酸塩化物・炭酸エステル）
(4) 190 ppm より（高磁場側・低磁場側）

446. (1)（アルデヒド・ケトン・カルボン酸・エステル・アミド・酸無水物・酸塩化物・炭酸エステル）
(2) 190 ppm より（高磁場側・低磁場側）

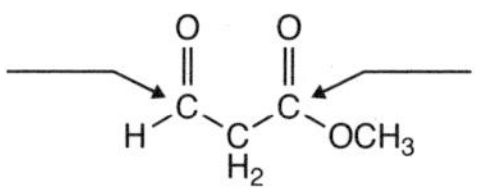

(3)（アルデヒド・ケトン・カルボン酸・エステル・アミド・酸無水物・酸塩化物・炭酸エステル）
(4) 190 ppm より（高磁場側・低磁場側）

447. (1)（アルデヒド・ケトン・カルボン酸・エステル・アミド・酸無水物・酸塩化物・炭酸エステル）
(2) 190 ppm より（高磁場側・低磁場側）

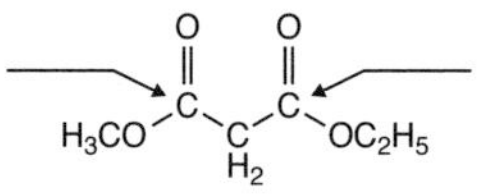

(3)（アルデヒド・ケトン・カルボン酸・エステル・アミド・酸無水物・酸塩化物・炭酸エステル）
(4) 190 ppm より（高磁場側・低磁場側）

448. (1)（アルデヒド・ケトン・カルボン酸・エステル・アミド・酸無水物・酸塩化物・炭酸エステル）
(2) 190 ppm より（高磁場側・低磁場側）

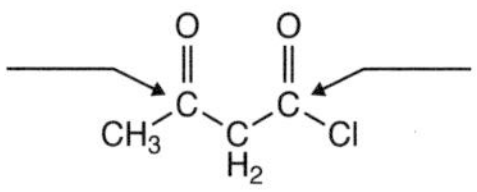

(3)（アルデヒド・ケトン・カルボン酸・エステル・アミド・酸無水物・酸塩化物・炭酸エステル）
(4) 190 ppm より（高磁場側・低磁場側）

449. (1)（アルデヒド・ケトン・カルボン酸・エステル・アミド・酸無水物・酸塩化物・炭酸エステル）
(2) 190 ppm より（高磁場側・低磁場側）

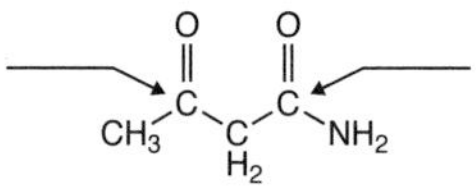

(3)（アルデヒド・ケトン・カルボン酸・エステル・アミド・酸無水物・酸塩化物・炭酸エステル）
(4) 190 ppm より（高磁場側・低磁場側）

30 以下に，ある化合物の ^{13}C NMR スペクトルと化学シフトの値を示す．与えられた情報とスペクトルから，各問に答えよ．

目安時間 30 分

Hint：まず IHD を計算し，^{13}C NMR スペクトルのピークの本数を数えよう．そこから，その化合物が何種類の炭素原子を含むかがわかる．次にピークの化学シフトから，炭素原子のおかれている環境を読み取ろう．そして，IHD の値，他の分光法からの情報，^{13}C NMR スペクトルから得られる情報をリンクさせよう．

450.

- 分子式：C_6H_{14}

IHD＝（　　）

含まれる炭素は全部で（　　　）種類

炭素—炭素多重結合を（もつ・もたない）

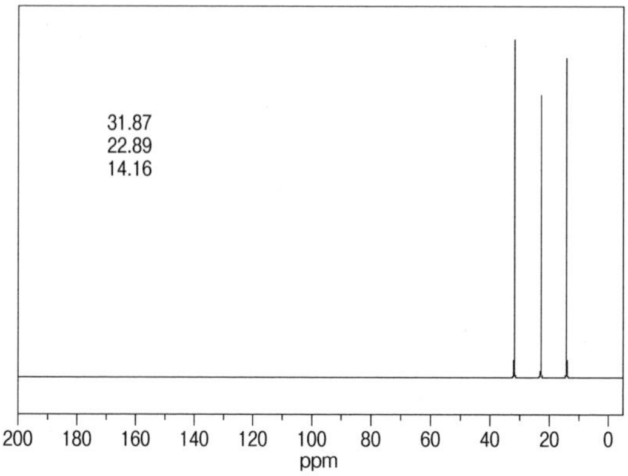

451.

- 分子式：C_6H_{14}

IHD＝（　　）

含まれる炭素は全部で（　　　）種類

炭素—炭素多重結合を（もつ・もたない）

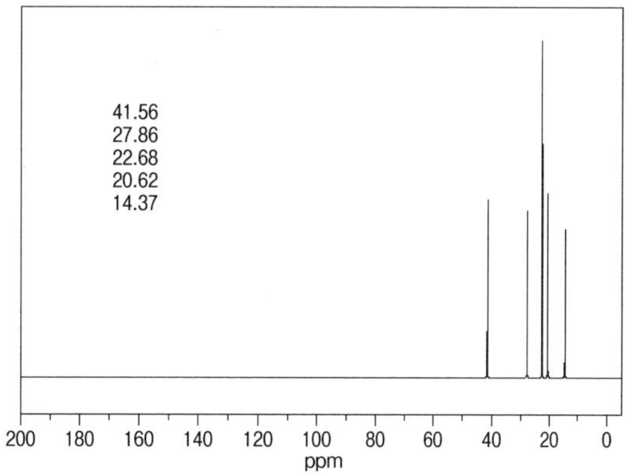

452.

- 分子式：C_6H_{12}

IHD＝（　　）

含まれる炭素は全部で（　　　）種類

そのうち，sp^3 炭素は（　　　）種類

炭素—炭素多重結合を（もつ・もたない）

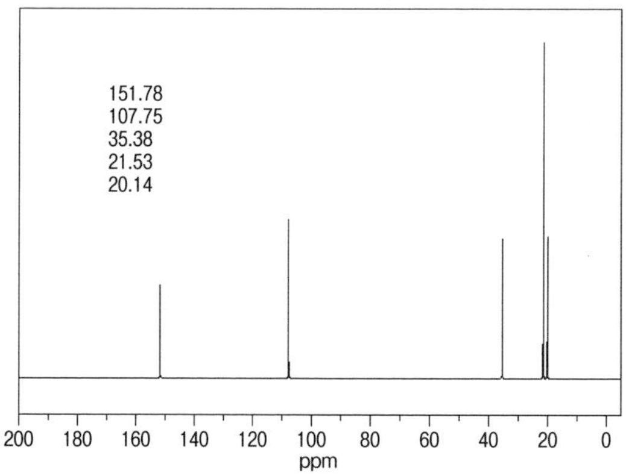

453.

- 分子式：C_6H_{12}

IHD＝（　　）

含まれる炭素は全部で（　　　）種類

そのうち，sp^3 炭素は（　　　）種類

多重結合をもつ炭素は（　　　）種類

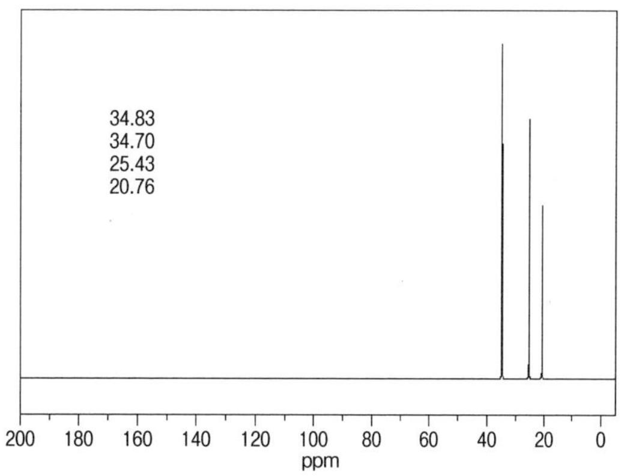

454.

• 分子式：C_6H_{12}

IHD＝（　　）

含まれる炭素は全部で（　　　）種類

そのうち，sp^3 炭素は（　　　）種類

多重結合をもつ炭素は（　　　）種類

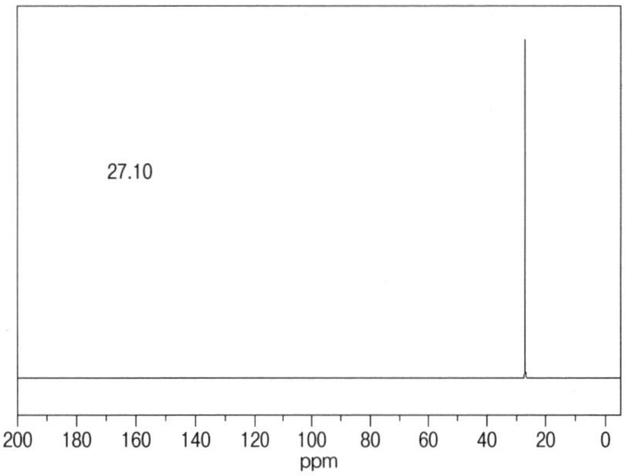

455.

• 分子式：$C_4H_{10}O$

IHD＝（　　）

含まれる炭素は全部で（　　　）種類

そのうち，sp^3 炭素は（　　　）種類

酸素原子に結合している炭素原子は（A・B）

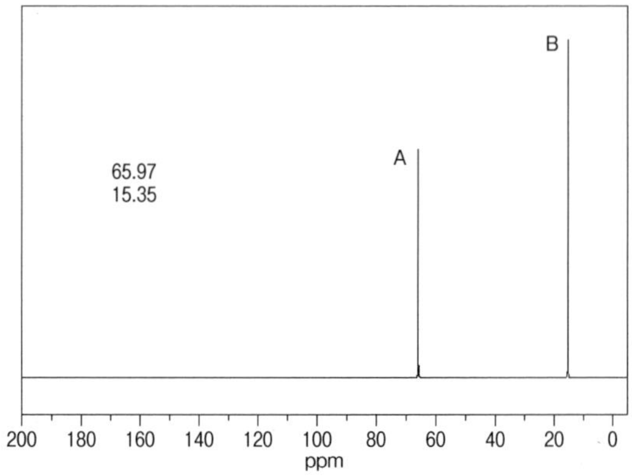

456.

• 分子式：$C_5H_{12}O$

IHD＝（　　）

含まれる炭素は全部で（　　　）種類

そのうち，酸素原子に結合している炭素は（　）種類

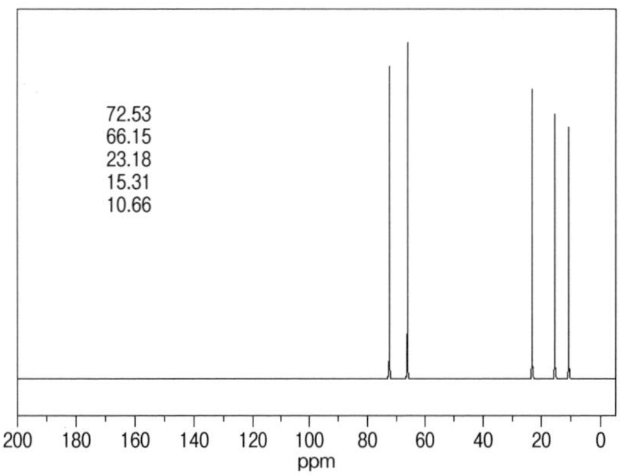

457.

• 分子式：$C_5H_{12}O$

• IR：3400 cm^{-1}（ブロード）

IHD＝（　　）

含まれる炭素は全部で（　　　）種類

酸素原子に結合している炭素は（A・B・C）

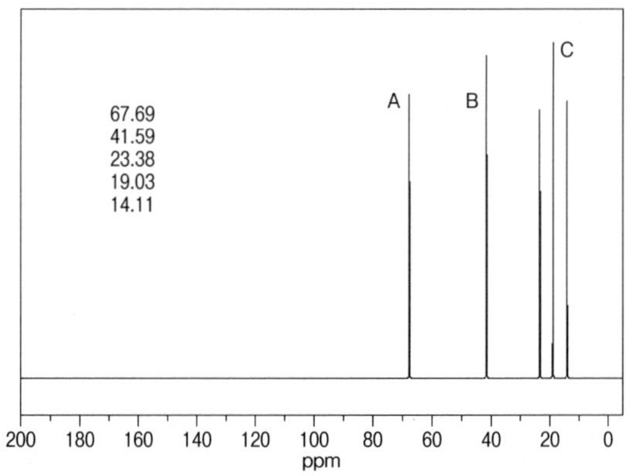

458.

• 分子式：$C_6H_{14}O$

• IR：3400 cm^{-1}（ブロード）

IHD＝（　　）

含まれる炭素は全部で（　　　）種類

酸素原子に結合している炭素は（A・B・C）

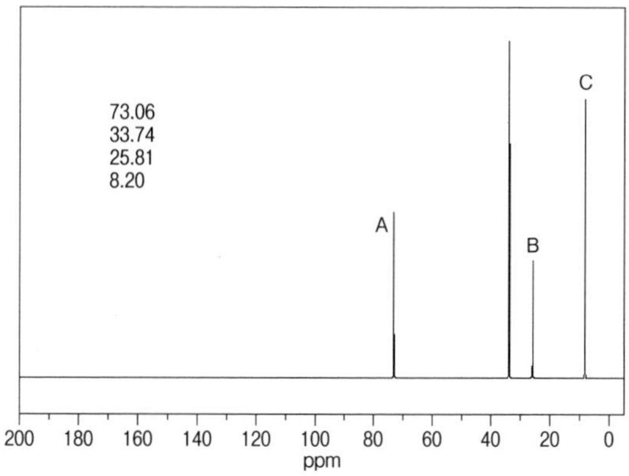

459.

• 分子式：$C_{10}H_{14}$

• 芳香環をもつ

IHD＝（　　）

含まれる炭素は全部で（　　　）種類

そのうち，sp^3 炭素は（　　　）種類，sp^2 炭素は（　　　）種類

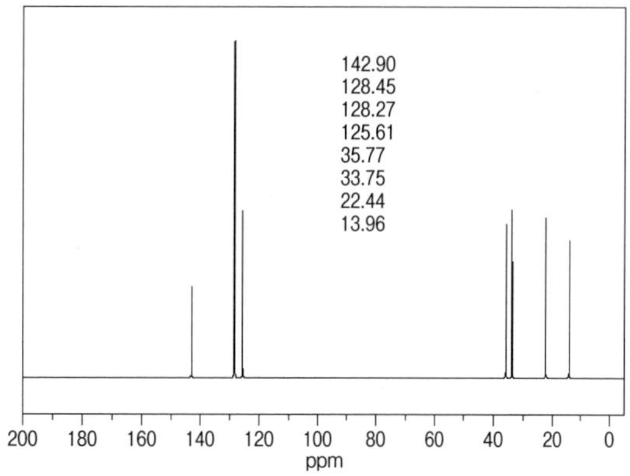

460.

• 分子式：$C_{10}H_{14}$

• 芳香環をもつ

IHD＝（　　）

含まれる炭素は全部で（　　　）種類

そのうち，sp^3 炭素は（　　　）種類，sp^2 炭素は（　　　）種類

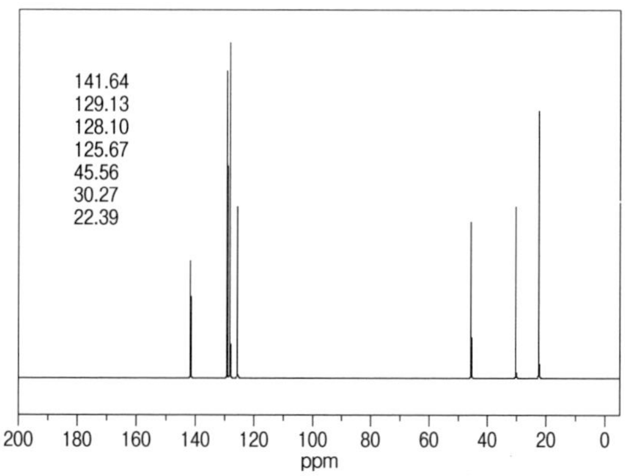

461.

• 分子式：$C_{10}H_{14}$

• 芳香環をもつ

IHD＝（　　）

含まれる炭素は全部で（　　　）種類

そのうち，sp^3 炭素は（　　　）種類，sp^2 炭素は（　　　）種類

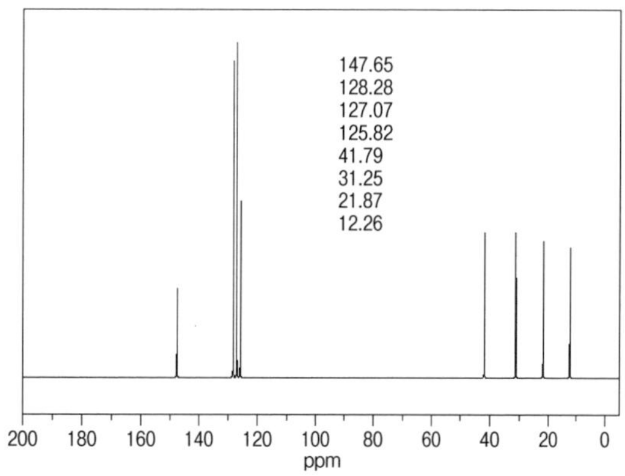

462.

- 分子式：$C_{10}H_{14}$
- 芳香環をもつ

IHD＝（　　）

含まれる炭素は全部で（　　　）種類

そのうち，sp^3 炭素は（　　　）種類，sp^2 炭素は（　　　）種類

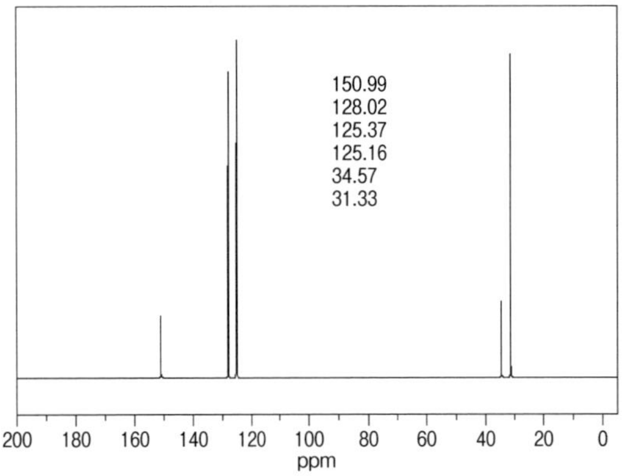

463.

- 分子式：$C_{10}H_{14}$
- 芳香環をもつ

IHD＝（　　）

含まれる炭素は全部で（　　　）種類

そのうち，sp^3 炭素は（　　　）種類，sp^2 炭素は（　　　）種類

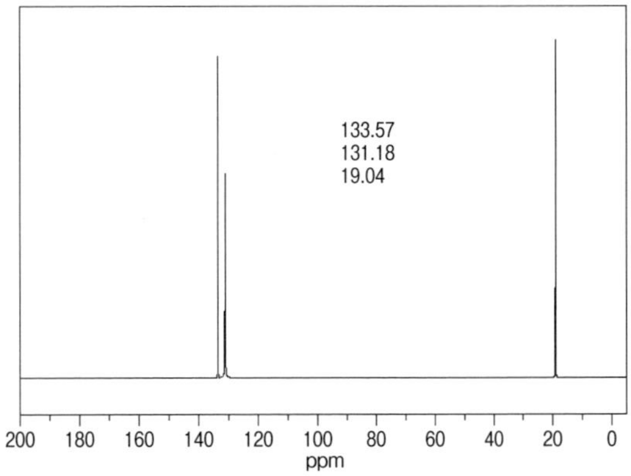

464.

- 分子式：$C_{10}H_{14}$
- 芳香環をもつ

IHD＝（　　）

含まれる炭素は全部で（　　　）種類

そのうち，sp^3 炭素は（　　　）種類，sp^2 炭素は（　　　）種類

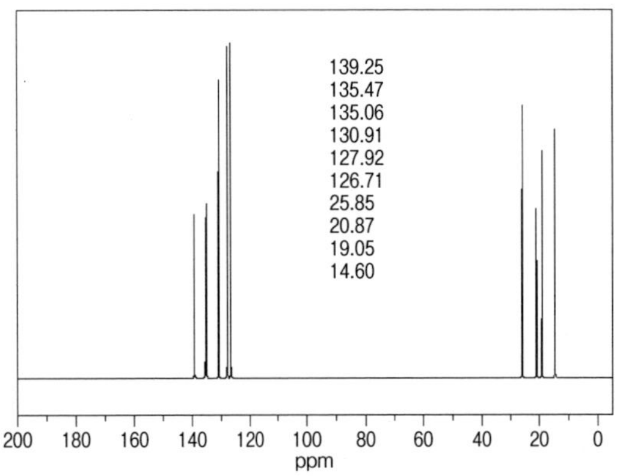

465.

- 分子式：$C_{10}H_{14}$
- 芳香環をもつ

IHD＝（　　）

含まれる炭素は全部で（　　　）種類

そのうち，sp^3 炭素は（　　　）種類，sp^2 炭素は（　　　）種類

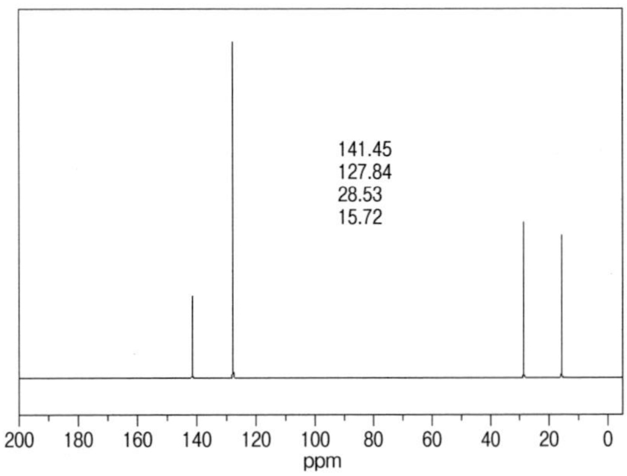

466.

• 分子式：$C_5H_{10}O$

• IR：1717 cm^{-1}（強い）

IHD＝（　　）

含まれる炭素は全部で（　　　）種類

カルボニル基を（もつ・もたない）

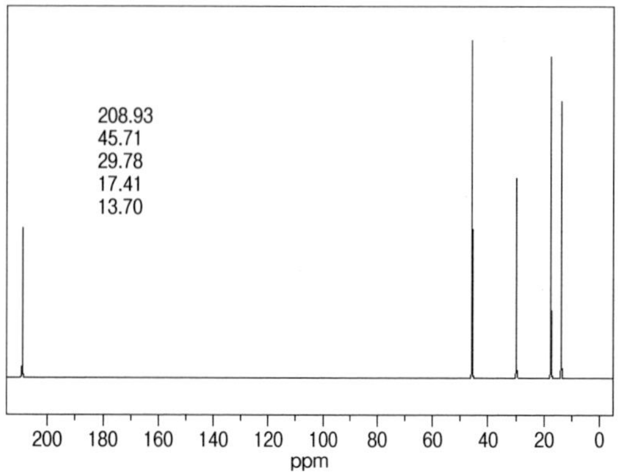

467.

• 分子式：$C_5H_{10}O$

IHD＝（　　）

含まれる炭素は全部で（　　　）種類

カルボニル基を（もつ・もたない）

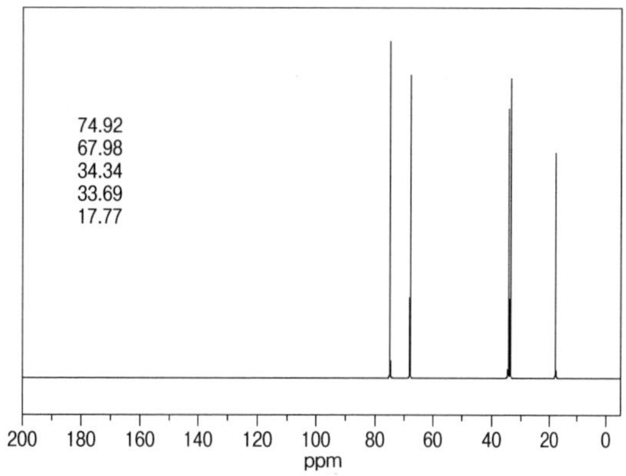

468.

• 分子式：$C_5H_{10}O$

• IR：3350 cm^{-1}（ブロード）

IHD＝（　　）

含まれる炭素は全部で（　　　）種類

カルボニル基を（もつ・もたない）

sp^2 炭素を（もつ・もたない）

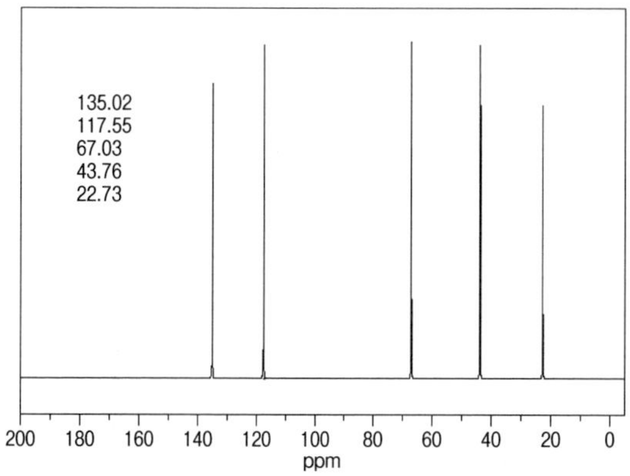

469.

• 分子式：$C_5H_{10}O$

• IR：3350 cm^{-1}（ブロード）

IHD＝（　　）

含まれる炭素は全部で（　　　）種類

カルボニル基を（もつ・もたない）

sp^2 炭素を（もつ・もたない）

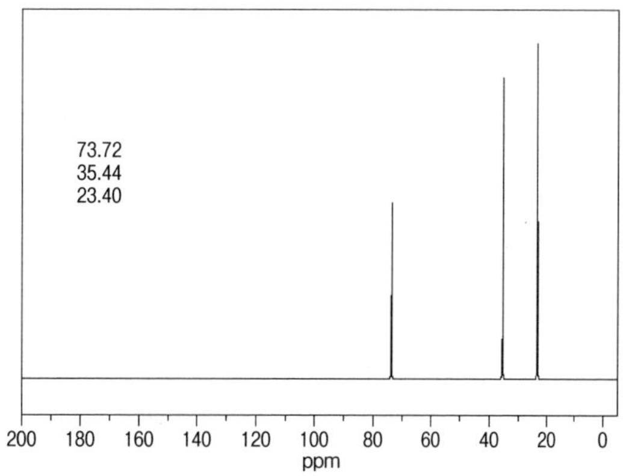

470.

• 分子式：$C_7H_{14}O_2$

• IR：3000 cm^{-1}（ブロード），1711 cm^{-1}（強い）

IHD＝（　　）

含まれる炭素は全部で（　　　）種類

カルボニル基を（もつ・もたない）

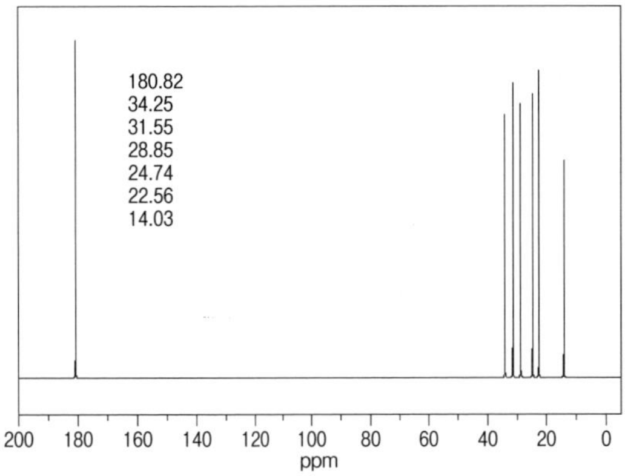

471.

• 分子式：$C_7H_{14}O_2$

• カルボニル基をもつ

IHD＝（　　）

含まれる炭素は全部で（　　　）種類

カルボニル基は（ケトンもしくはアルデヒド・それ以外のカルボニル化合物）

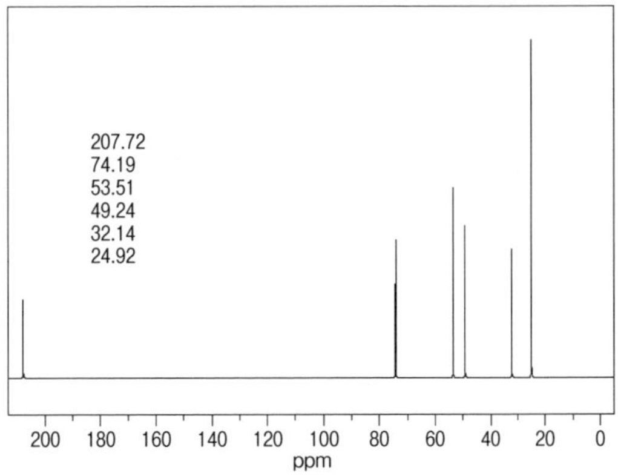

472.

• 分子式：$C_7H_{14}O_2$

• カルボニル基をもつ

IHD＝（　　）

含まれる炭素は全部で（　　　）種類

カルボニル基は（ケトンもしくはアルデヒド・それ以外のカルボニル化合物）

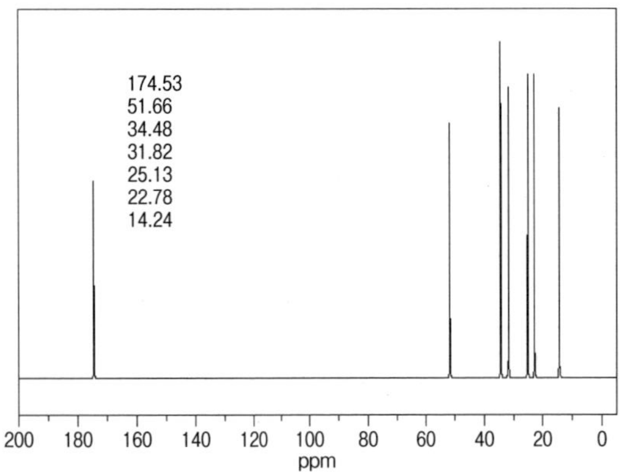

473.

• 分子式：C_7H_{12}

• 三重結合をもつ

IHD＝（　　）

含まれる炭素は全部で（　　　）種類

sp 炭素原子は（　　　）種類

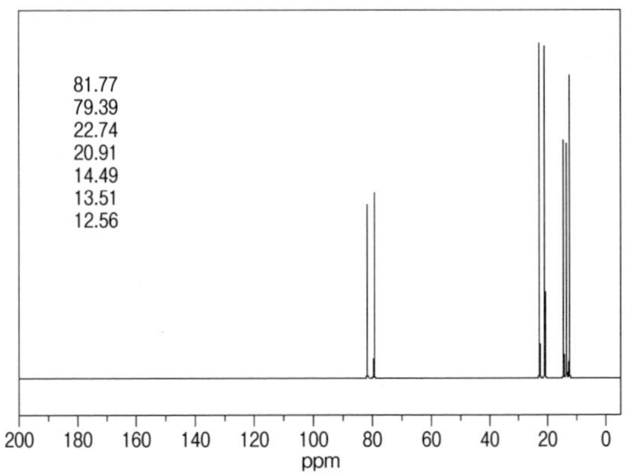

474.

• 分子式：C_7H_{12}

IHD＝（　　）

含まれる炭素は全部で（　　　）種類

そのうち sp^2 炭素原子は（　　　）種類

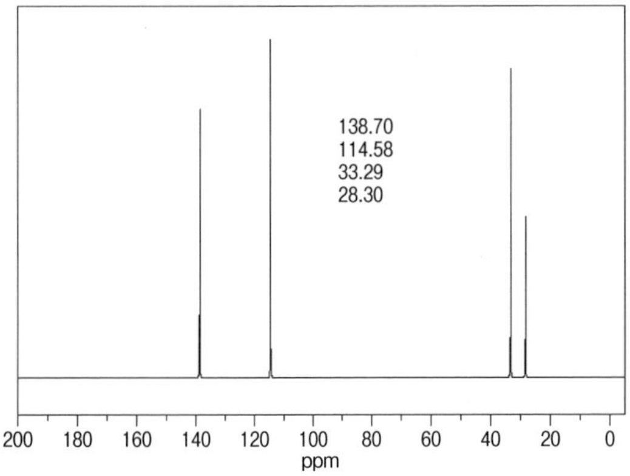

475.

• 分子式：C_7H_{12}

IHD＝（　　）

含まれる炭素は全部で（　　　）種類

そのうち sp^2 炭素原子は（　　　）種類

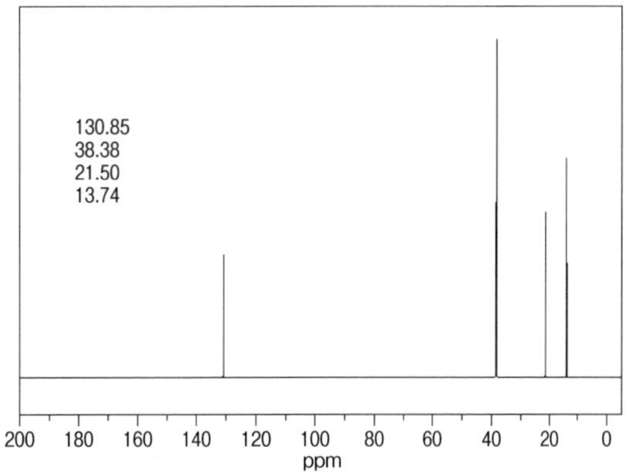

476.

• 分子式：C_7H_{12}

IHD＝（　　）

含まれる炭素は全部で（　　　）種類

そのうち sp^3 炭素原子は（　　　）種類

そのうち sp^2 炭素原子は（　　　）種類

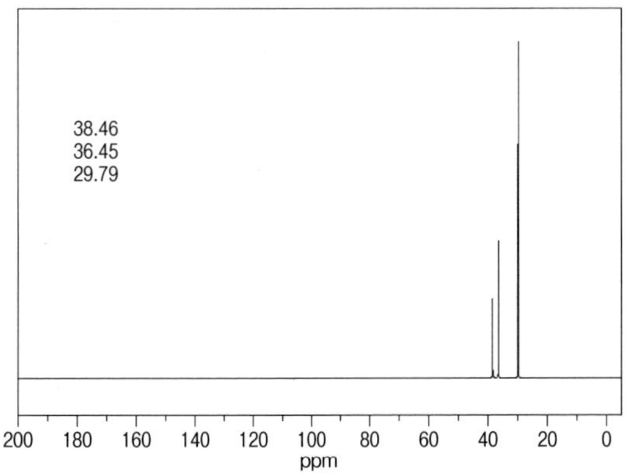

477.

• 分子式：$C_8H_{14}O_3$

• カルボニル基をもつ

IHD＝（　　）

含まれる炭素は全部で（　　　）種類

カルボニル基は（ケトンもしくはアルデヒド・それ以外のカルボニル化合物）

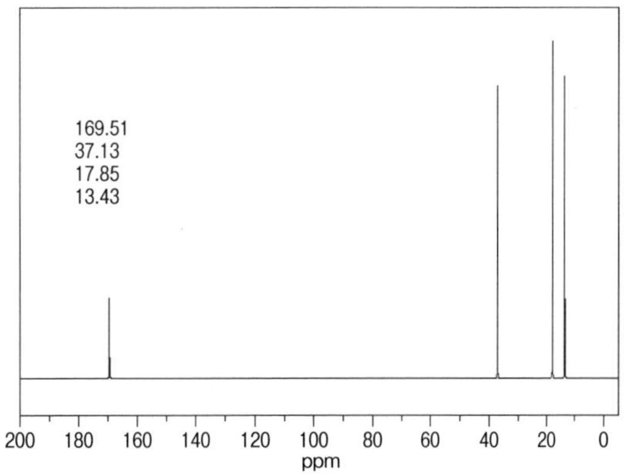

478.
- 分子式：$C_8H_{14}O_3$
- カルボニル基をもつ

IHD＝（　　）
含まれる炭素は全部で（　　　）種類
A のカルボニル基は（ケトンもしくはアルデヒド・それ以外のカルボニル化合物）
B のカルボニル基は（ケトンもしくはアルデヒド・それ以外のカルボニル化合物）

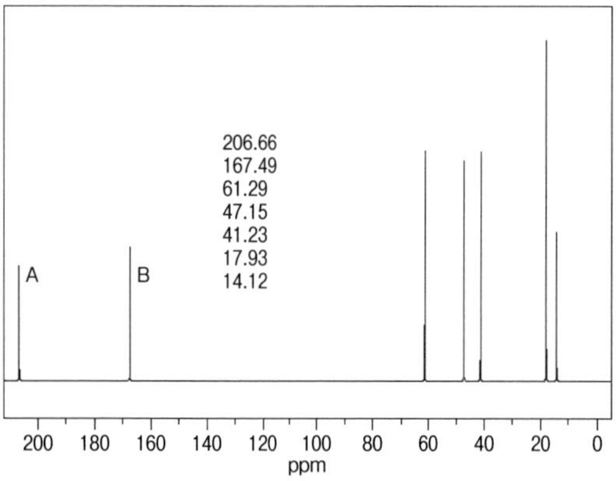

479.
- 分子式：$C_8H_{14}O_3$
- カルボニル基をもつ

IHD＝（　　）
含まれる炭素は全部で（　　　）種類
A のカルボニル基は（ケトンもしくはアルデヒド・それ以外のカルボニル化合物）
B のカルボニル基は（ケトンもしくはアルデヒド・それ以外のカルボニル化合物）

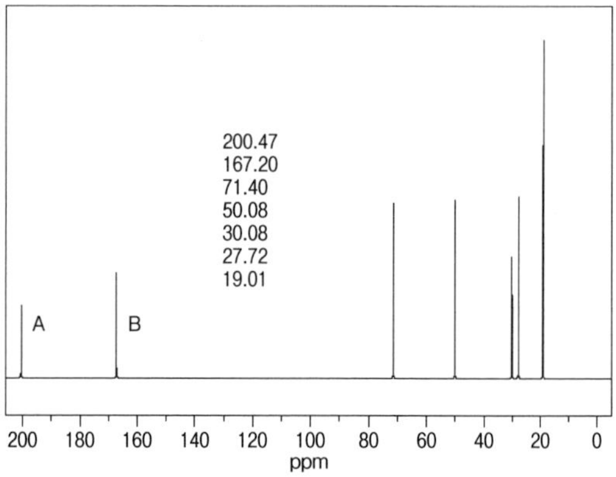

31 以下に，二つの化合物の構造式と，その ^{13}C NMR を示す．どちらのスペクトルがどちらの構造式に対応するかを答えよ．

目安時間 30 分

Hint：まず二つの構造式を見て，含まれる官能基を比較しよう．次に ^{13}C NMR スペクトルから，特徴的な吸収ピークを探そう．

480.
① $CH_3CH_2CH_2CH_2CH_2CH_3$　② 

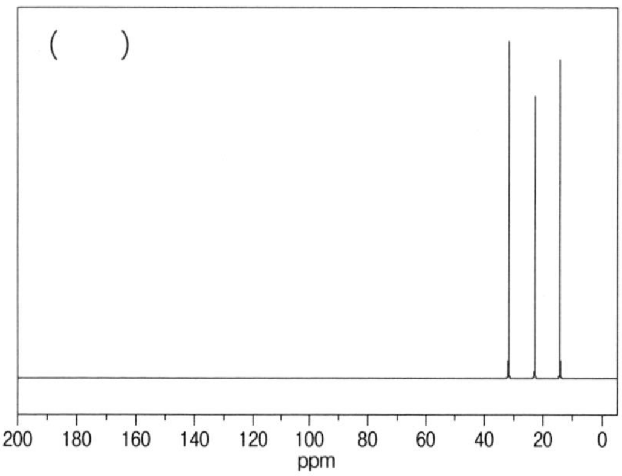

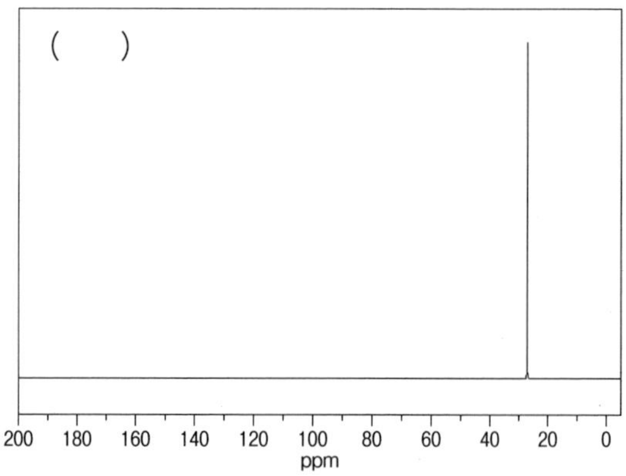

481.　① $CH_3CH_2CH_2CH_2-CH=CH_2$　②

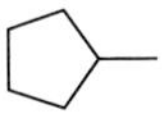

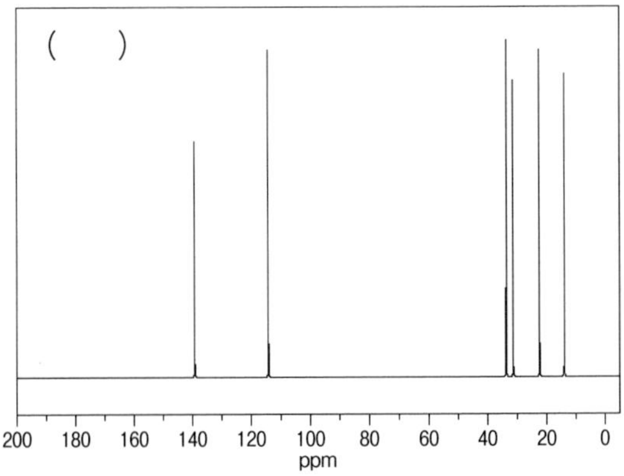

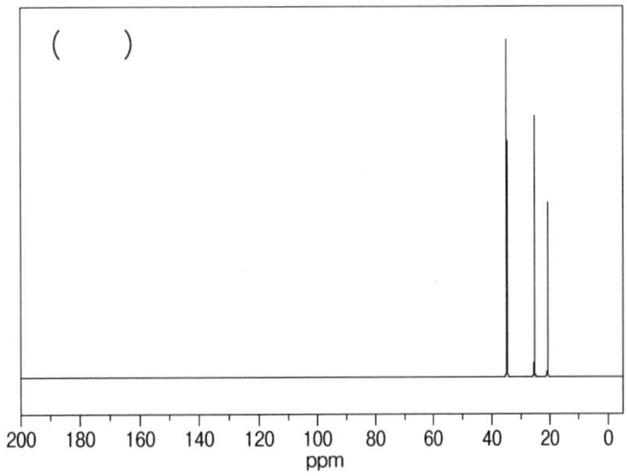

482.　① $CH_3CH_2CH_2CH_2CH_3$　② $CH_3CH(CH_3)CH_2CH_3$

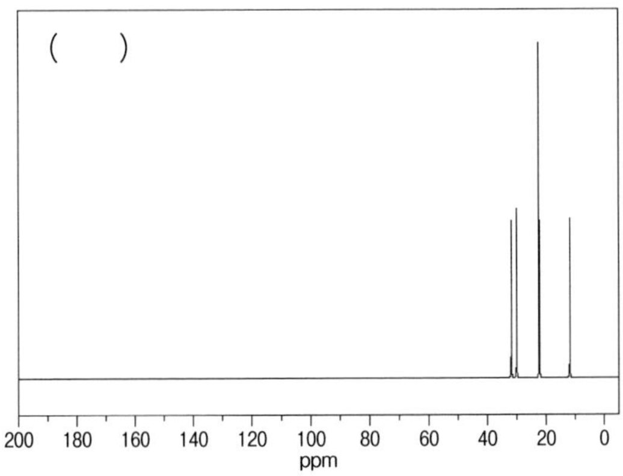

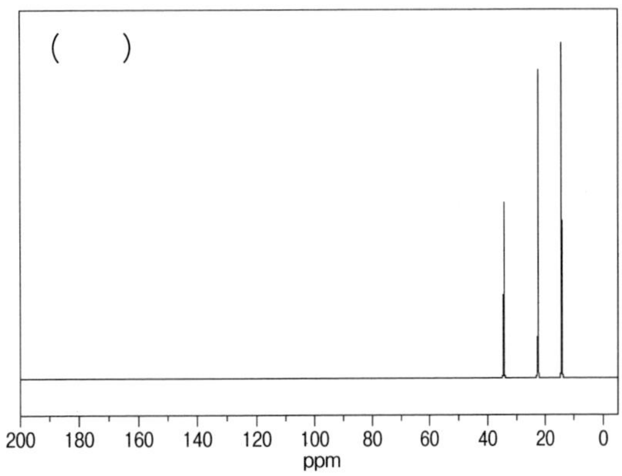

483.　① $CH_3CH_2CH_2CH_2CH_2CH_3$　② $CH_3CH(CH_3)CH_2CH_2CH_3$

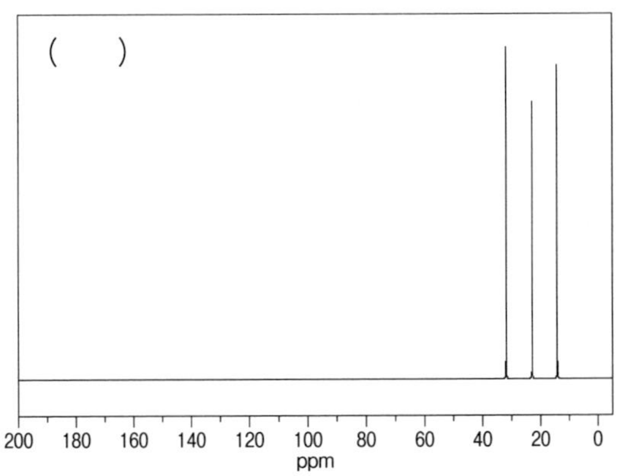

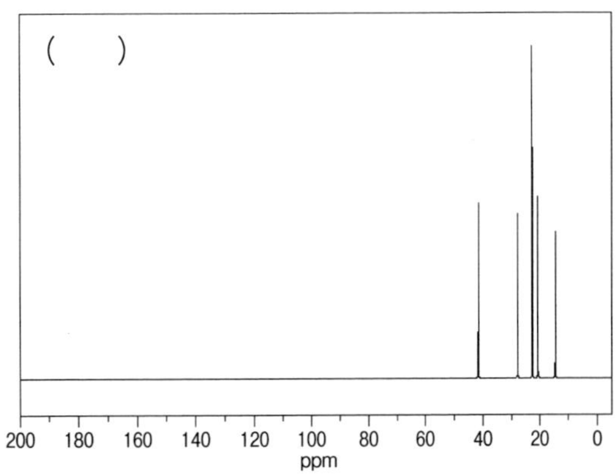

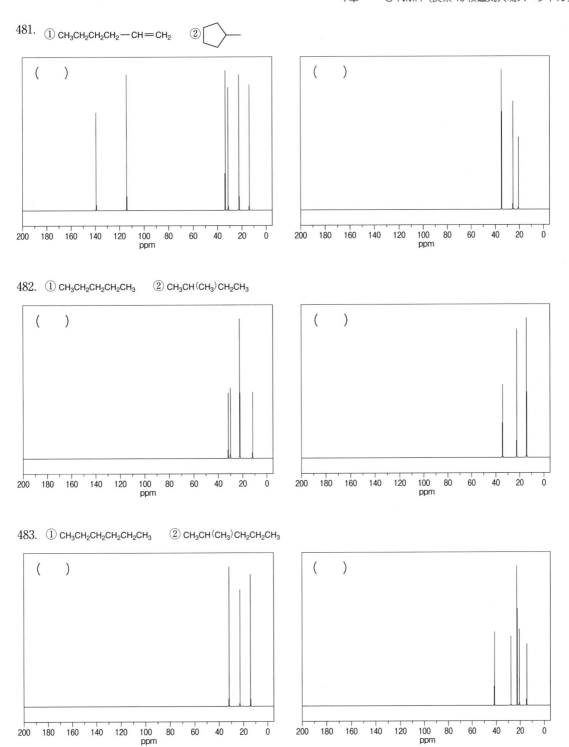

484.　① $CH_3CH_2CH_2CH_2OH$　　② $CH_3CH_2OCH_2CH_3$

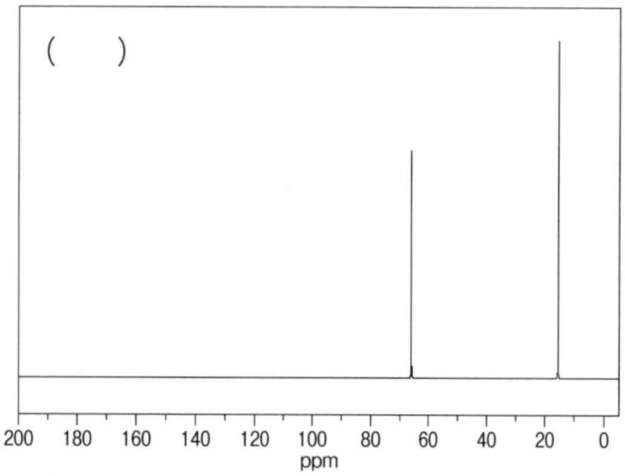

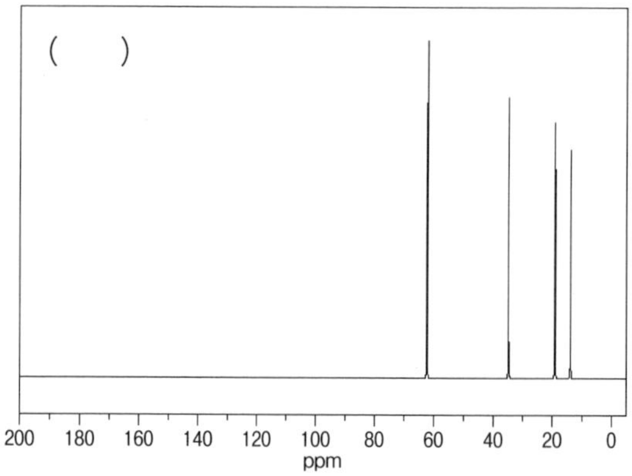

485.　① $CH_3CH_2CH_2CH_2OH$　　② $CH_3CH_2CH_2OCH_3$

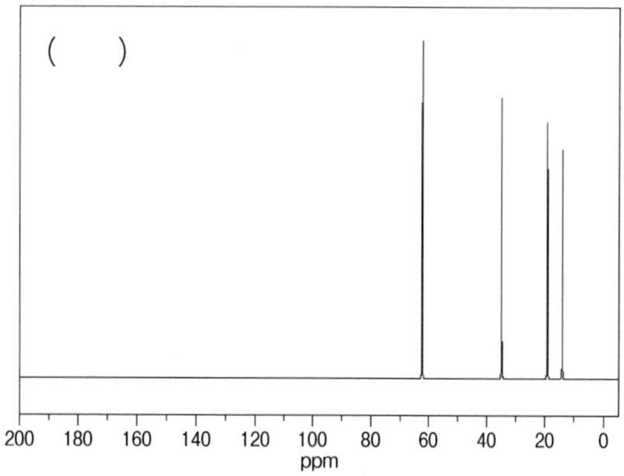

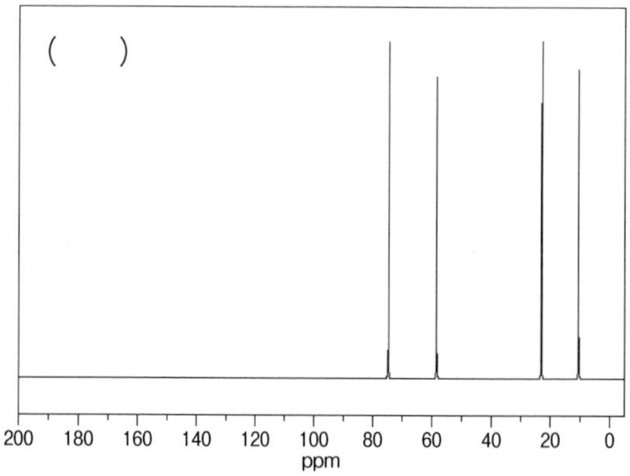

486.　① $H_3C-C(=O)-CH_2CH_3$　　② $H_3C-C(=O)-OCH_2CH_3$

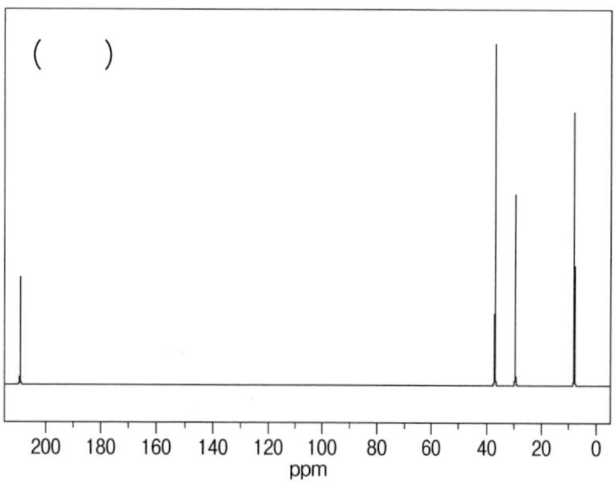

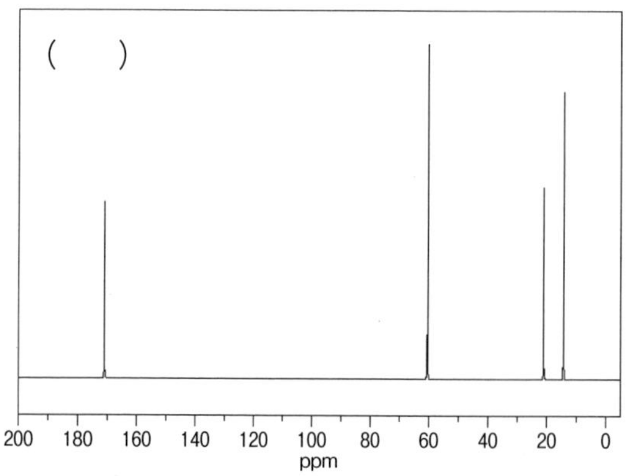

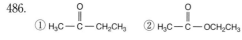

487. ① 　② 

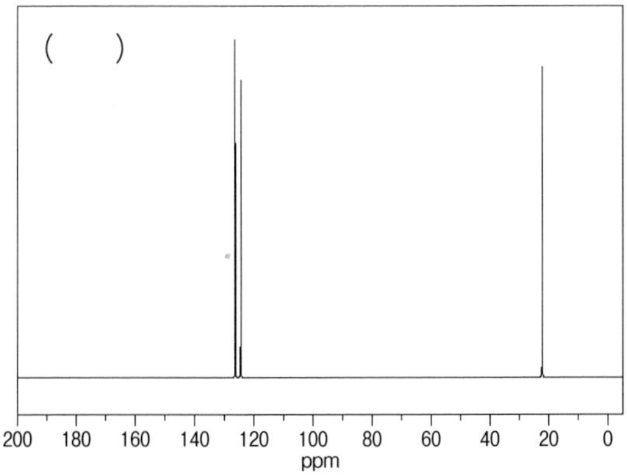

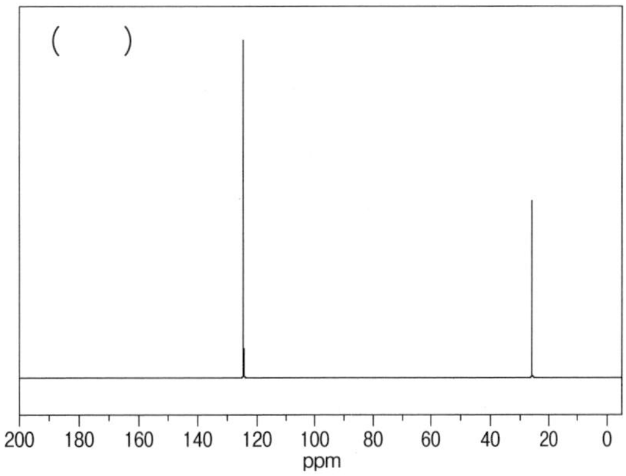

488. ① 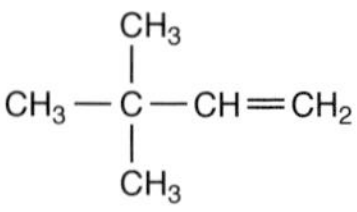　② 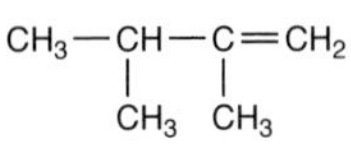

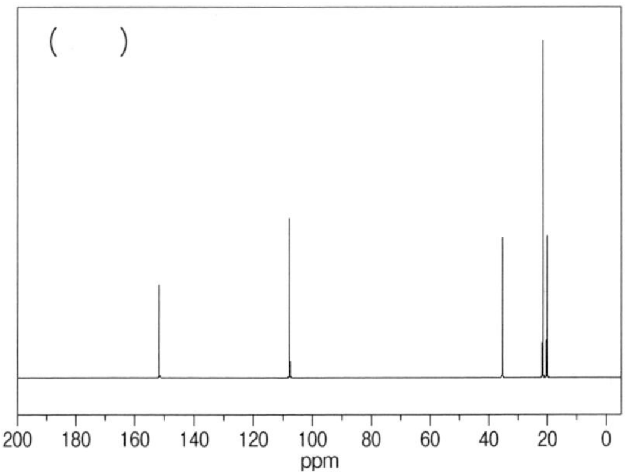

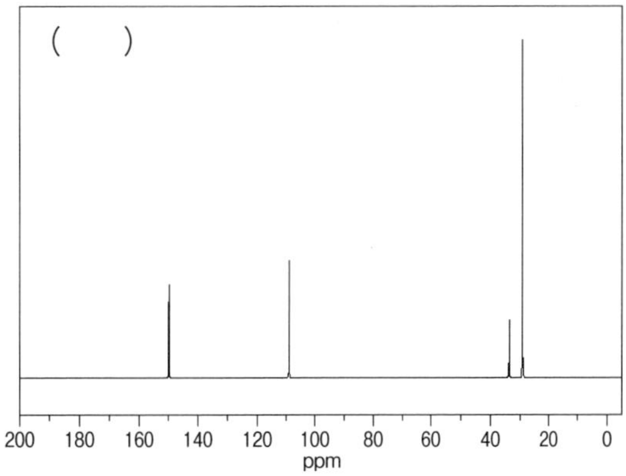

489. ① 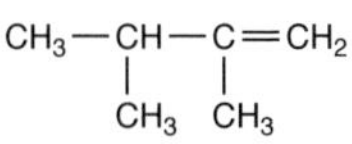　② 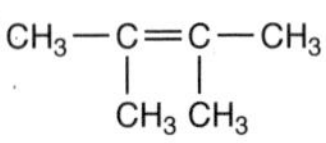

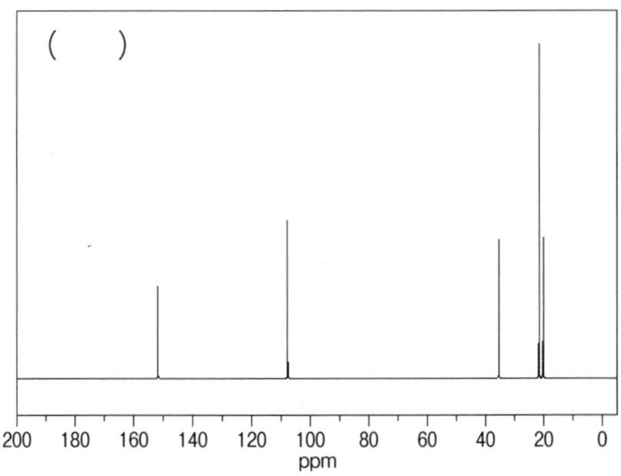

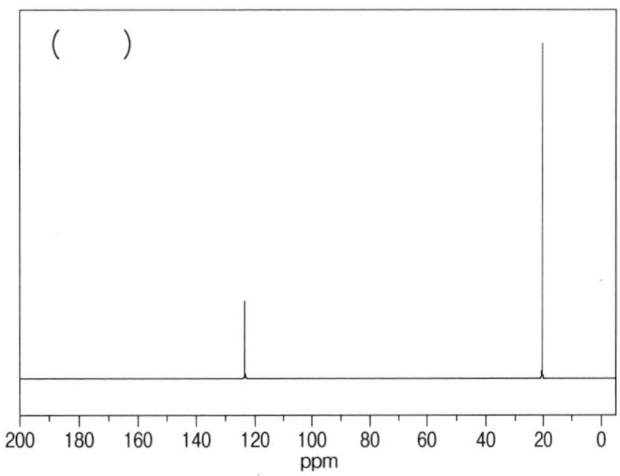

490.　① $H_3C-C(=O)-OCH_2CH_3$　② $CH_3CH_2CH_2-C(=O)-OH$

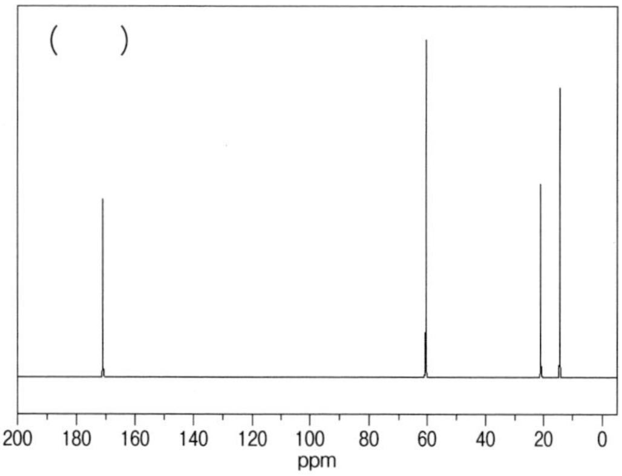

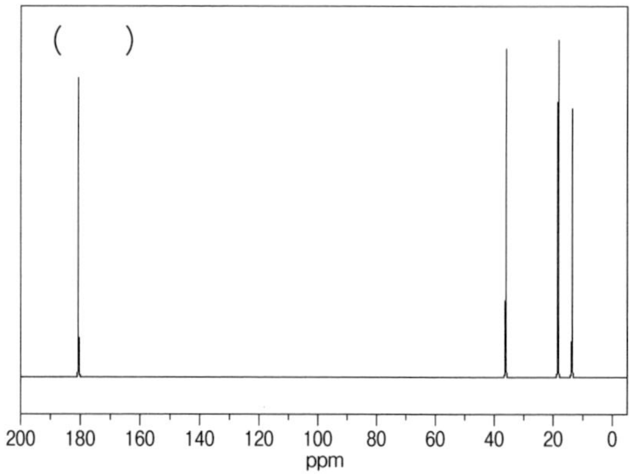

491.　① $H-C(=O)-OCH(CH_3)_2$　② $(CH_3)_2CH-C(=O)-OH$

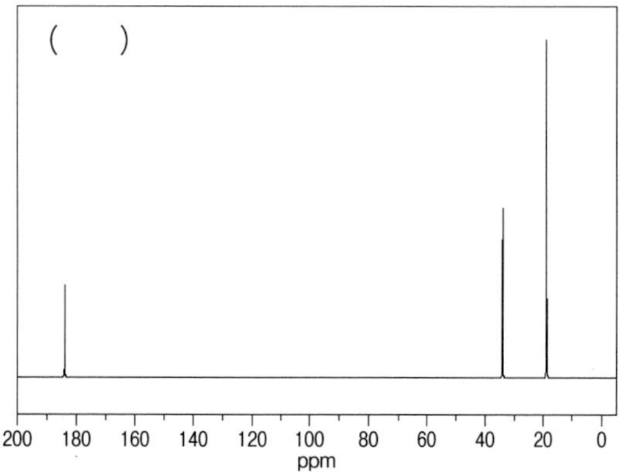

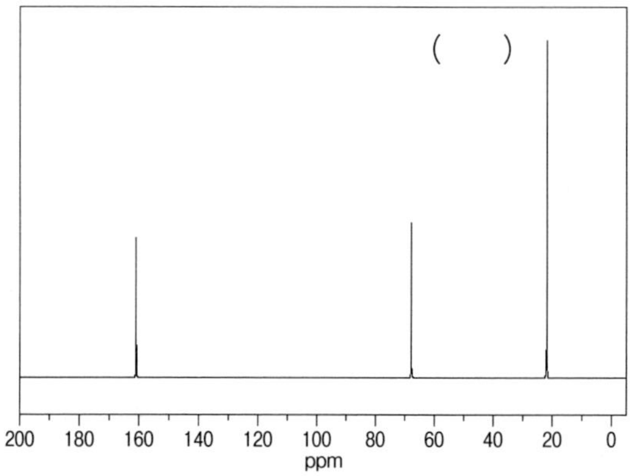

492.　①

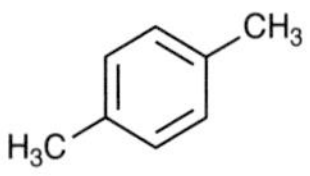

②

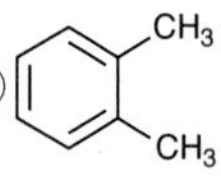

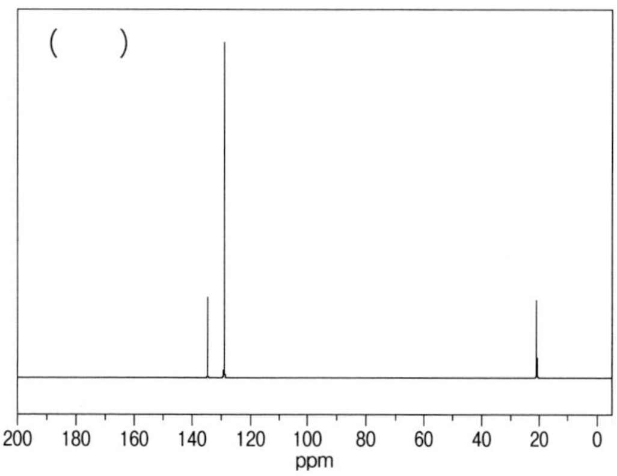

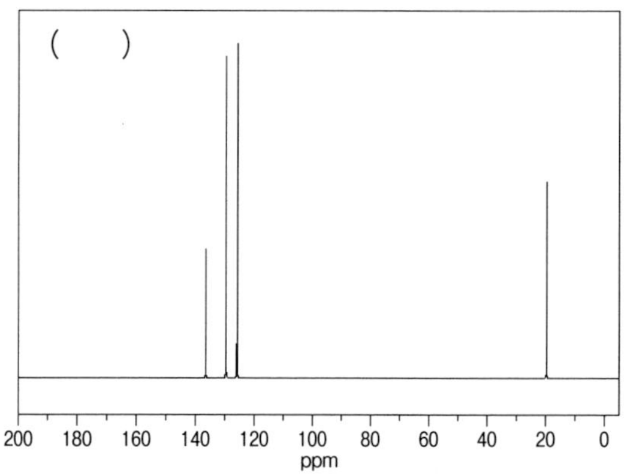

493. ① 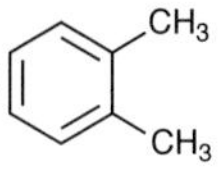 ② 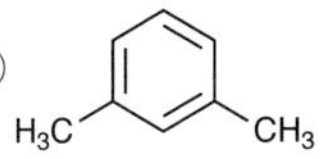

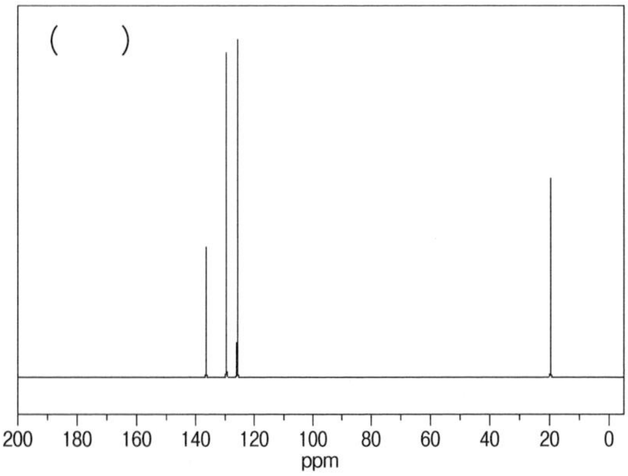

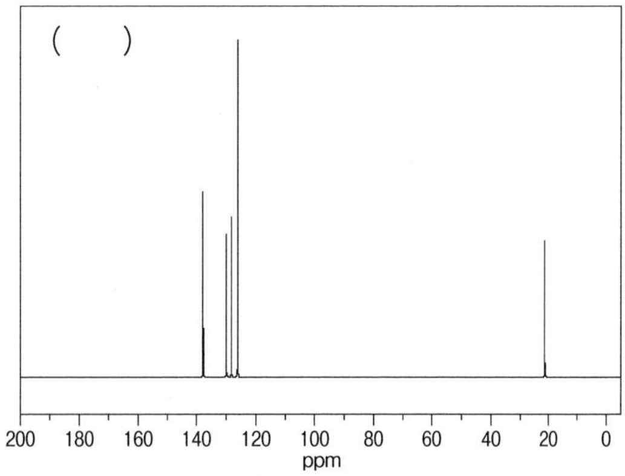

494. ① $CH_3CH_2CH_2CH_2CH_2CH_3$　② $CH_3CH_2CH_2CH_2CH_2CH_2CH_3$

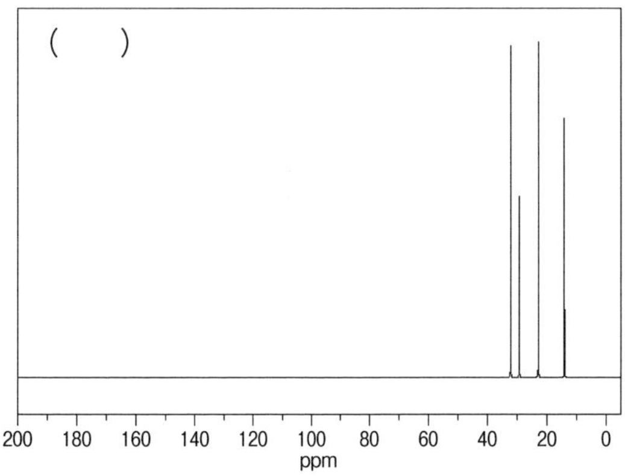

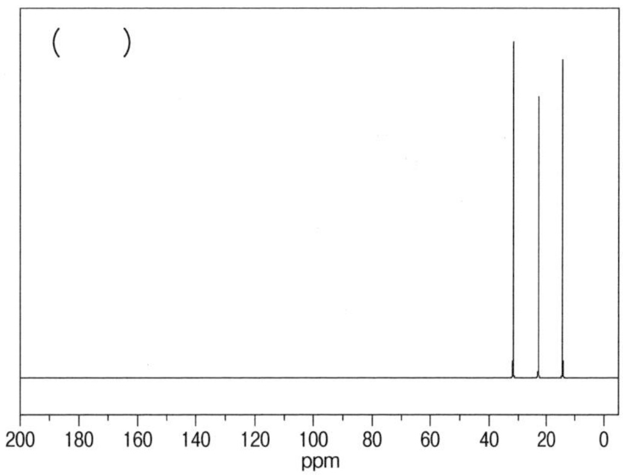

495. ① 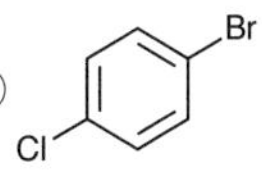 ② 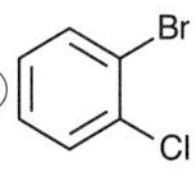

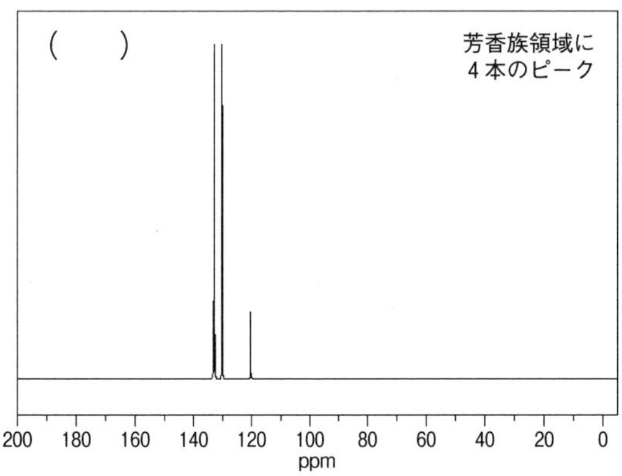

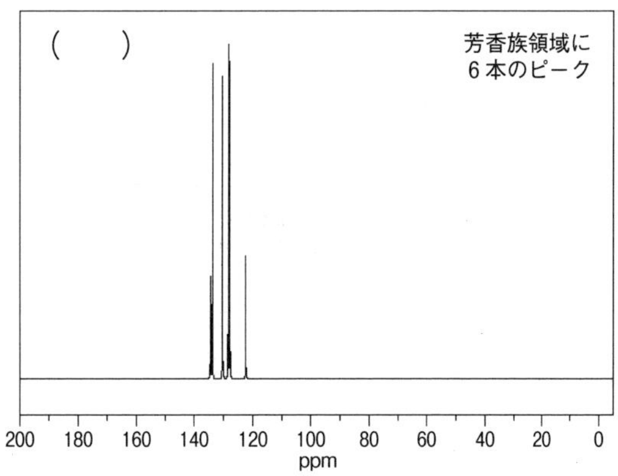

496.

① 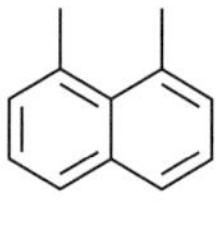　② 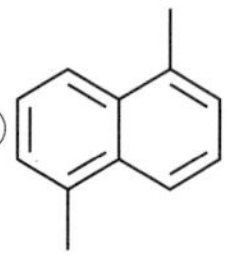

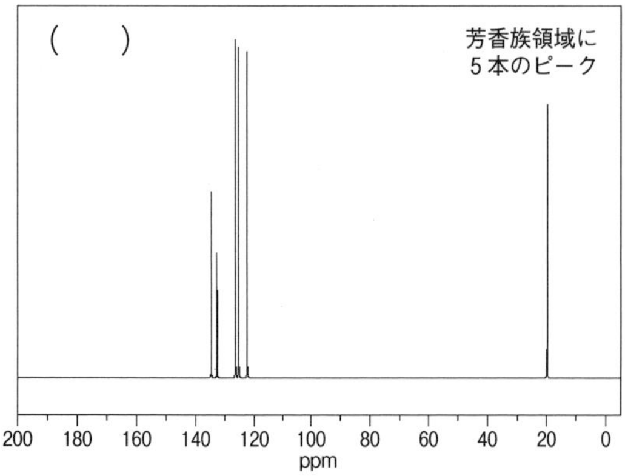

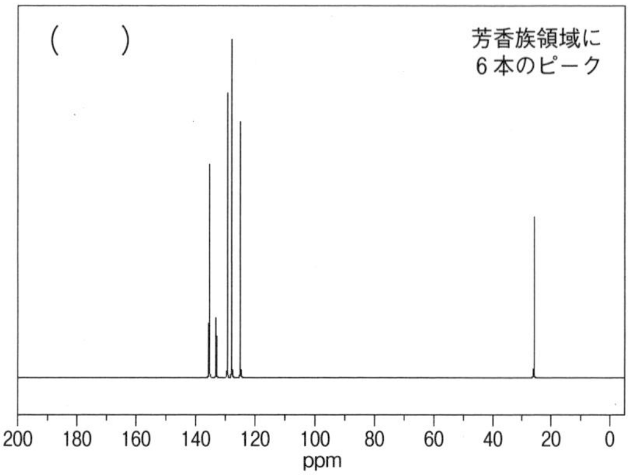

497.

① 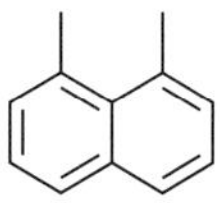　② 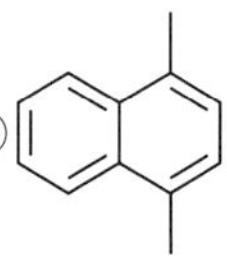

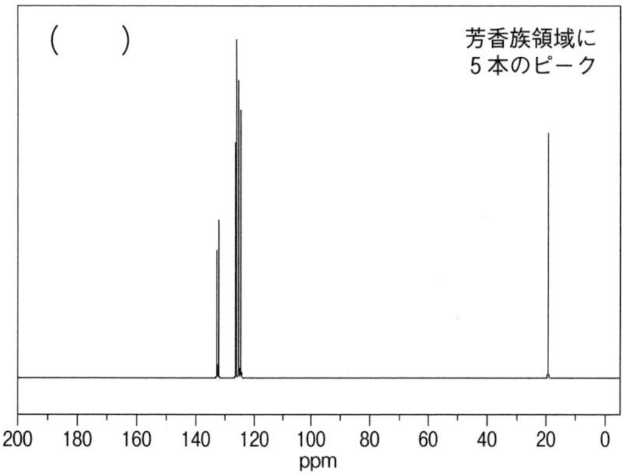

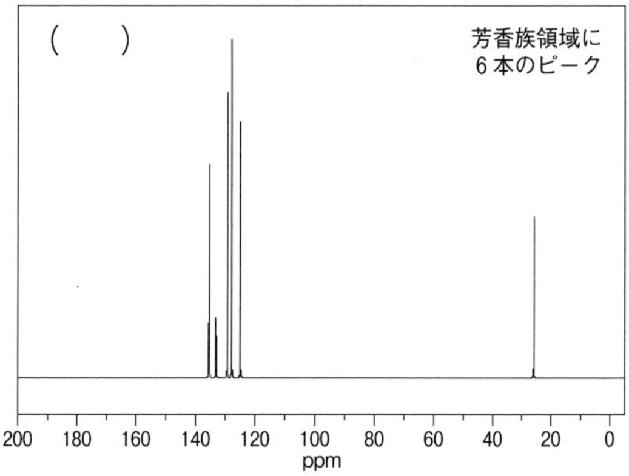

498.

① 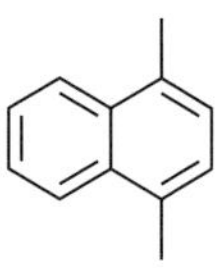　② 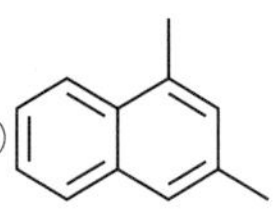

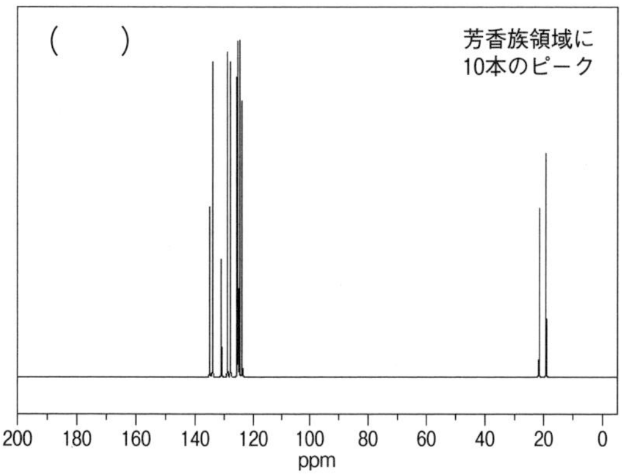

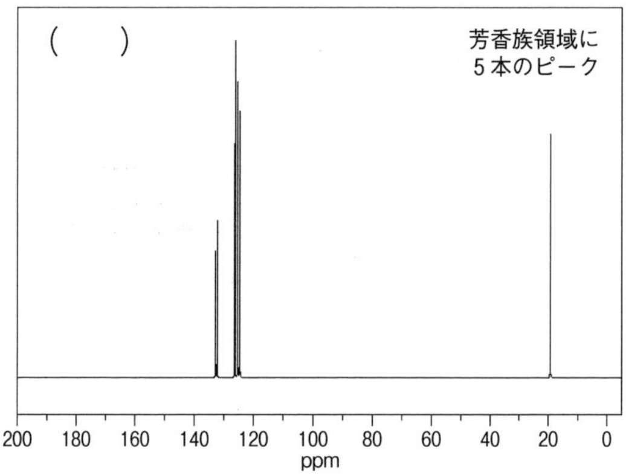

499.

① $CH_3CH_2CH_2-C(=O)-OH$　② $(CH_3)_2CH-C(=O)-OH$

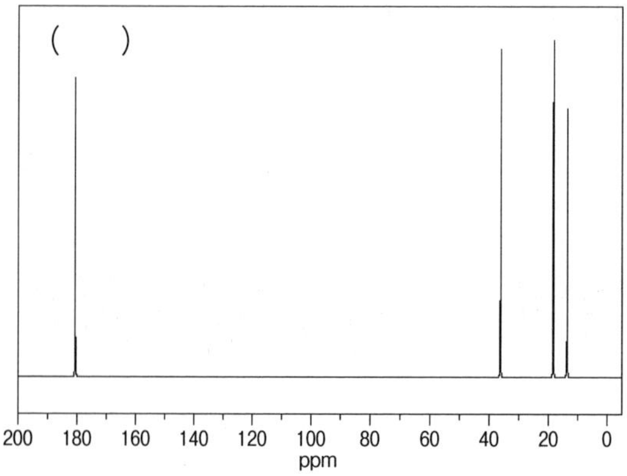

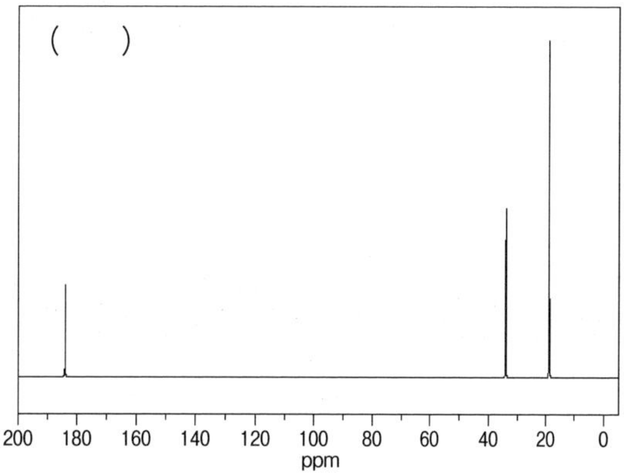

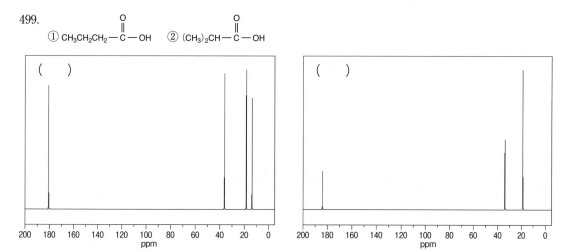

^{1}H NMR（プロトン核磁気共鳴スペクトル）

実施日：　　月　　日

解析のポイント

ここでは，構造決定に必要な情報を ^{1}H NMR スペクトルからどのように読み取るかを説明する．^{1}H NMR スペクトルの測定原理および装置の詳細については成書を参照していただきたい．例として，4-メチル安息香酸エチルの ^{1}H NMR スペクトルを示す．

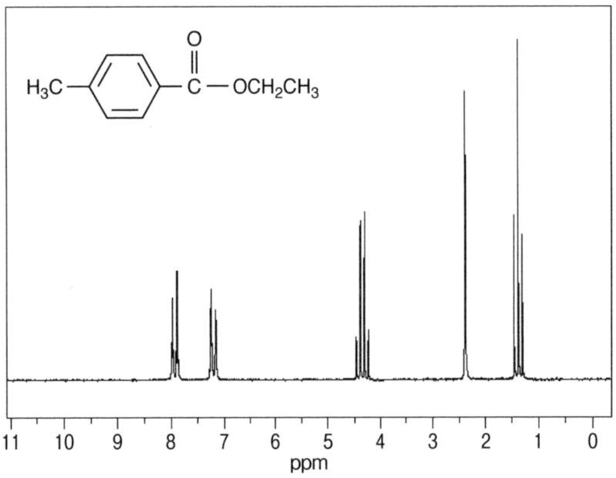

^{13}C NMR スペクトルと同じく，^{1}H NMR スペクトルでも横軸に化学シフトを ppm で示す．^{13}C NMR とは異なり，各ピークは分裂したかたちでも現れる．これはカップリングと呼ばれ，構造決定のために重要な情報となる．

(1) ピークの本数

まず，ピークの数を数えよう．^{1}H NMR スペクトルではピークの分裂があるので，本数ではなく，「何カ所にピークが現れているか」を見る．たとえば，上に示した 4-メチル安息香酸エチルでは，1.4，2.4，4.4，7.2，7.9（ppm）の 5 カ所にピークが出ている．これは「この分子は 5 種類の水素原子をもつ」ことを示している（構造式と比較してみよう）．この情報と，目的化合物の分子式から，目的化合物の対称性の高低などを予想する．

(2) ピークの位置

次に各ピークの化学シフト（横軸の値）を読み取ろう．ピークがどこに出るかは，それぞれの水素がおかれている環境で決まる．有機化合物の ^{1}H NMR スペクトル化学シフトは以下の六つのカテゴリーに大別できる．

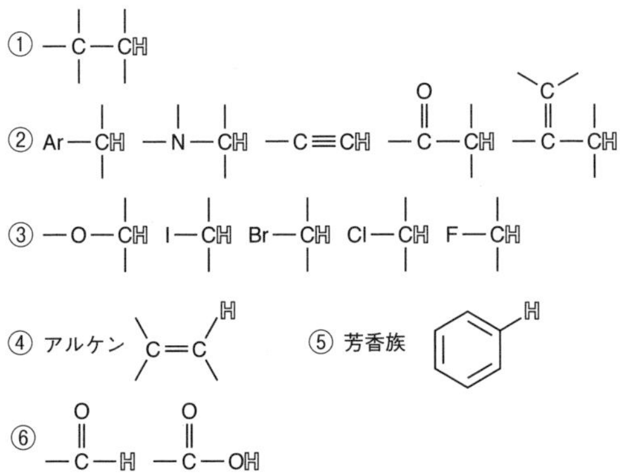

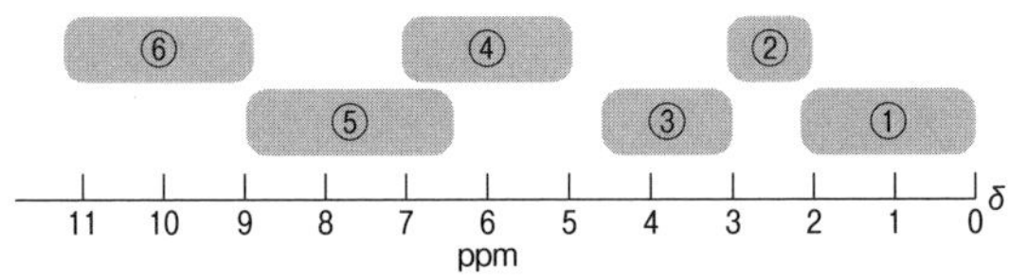

左に示した安息香酸エチルの ^{1}H NMR スペクトルでは，①②③⑤に相当する場所にピークが現れている．ここから，それぞれの水素原子がどのような環境におかれているかを予想できる（構造式と比較してみよう）．

また，推算式から化学シフトの位置を予測する方法もある．以下，計算の具体例を示す．基本的には，水素原子の基準値に置換基のパラメーターを順番に足していけばよい．置換基の種類も重要だが，化学シフトを求めたい水素原子から見て，その置換基がどの位置にあるかで用いるパラメーターが異なる．演習を重ねて慣れていこう．

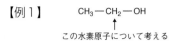

【例 1】 $CH_3—CH_2—OH$
↑
この水素原子について考える

推測値＝1.25（$-CH_2-$の基準値）
　+0.0（アルキル基のパラメーター）
　+1.7（$-OH$ のパラメーター）＝2.95 pmn
（実測値：3.69 pmn）

【例 2】

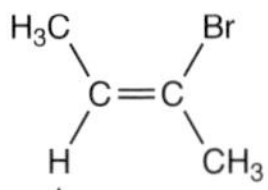

↑
この水素原子について考える

推測値＝5.25（アルケンの基準値）
　+0.45（ジェミナル位のアルキル基のパラメーター）
　−0.22（シス位のアルキル基のパラメーター）
　+0.55（トランス位のブロモ基のパラメーター）＝6.03 pmn
（実測値：5.70 pmn）

【例 3】

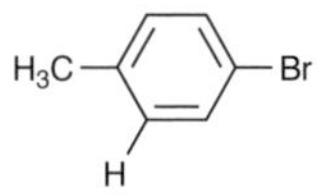

↑
この水素原子について考える

推測値＝7.26（ベンゼン水素の基準値）
　−0.18（この水素から見てオルト位のメチル基のパラメーター）
　−0.08（この水素から見てメタ位のブロモ基のパラメーター）
　＝7.00 pmn（実測値：6.96 pmn）

以下に，本章の問題 41～45 を解くために必要なデータを三つ掲載する．

▶データ① メチレンとメチンプロトンの化学シフトδの概算のための増分値

$R^1—CH_2—R^2$ $\delta = 1.25 + I_1 + I_2$ 置換基	$R^1—CH(R^3)—R^2$ $\delta = 1.50 + I_1 + I_2 + I_3$ 増分 I
—alkyl	0.0
—C＝C—	0.8
—C≡C—	0.9
$—C_6H_5$	1.3
—CO—H, —CO—alkyl	1.2
$—CO—C_6H_5$	1.6
—COOH	0.8
—CO—O—alkyl	0.7
—C≡N	1.2
$—NH_2$, NH—alkyl, $N(alkyl)_2$	1.0
$—NO_2$	3.0
—SH, —S—alkyl	1.3
—OH	1.7
—O—alkyl	1.5
$—O—C_5H_5$	2.3
—O—CO—alkyl	2.7
$—O—CO—C_6H_5$	2.9
—Cl	2.0
—Br	1.9
—I	1.4

▶データ② オレフィンプロトンの化学シフトの概算のための増分値

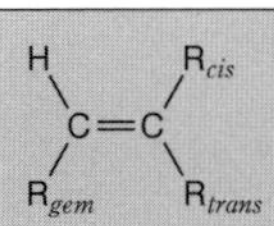

$\delta = 5.25 + I_{gem} + I_{cis} + I_{trans}$

置換基	増分 I_{gem}	I_{cis}	I_{trans}
—H	0	0	0
—alkyl	0.45	−0.22	−0.28
—alkyl 環*	0.69	−0.25	−0.28
$—CH_2—aryl$	1.05	−0.29	−0.32
$—CH_2OR$	0.64	−0.01	−0.02
$—CH_2NR_2$	0.58	−0.10	−0.08
$—CH_2—Hal$	0.70	0.11	−0.04
$—CH_2—CO—R$	0.69	−0.08	−0.06
$—C(R)＝CR_2$（ジエン）	1.00	−0.09	−0.23
拡張共役	1.24	0.02	−0.05
—C≡C—	0.47	0.38	0.12
—aryl	1.38	0.36	−0.07
—CHO	1.02	0.95	1.17
—CO—R（エノン）	1.10	1.12	0.87
拡張共役	1.06	0.91	0.74
—CO—OH（α，β-不飽和カルボン酸）	0.97	1.41	0.71
拡張共役	0.80	0.98	0.32
—CO—OR（α，β-不飽和カルボン酸エステル）	0.80	1.18	0.55
拡張共役	0.78	1.01	0.46
$—CO—NR_2$	1.37	0.98	0.46
—CO—Cl	1.11	1.46	1.01
—C≡N	0.27	0.75	0.55
—OR（飽和）	1.22	−1.07	−1.21
—OR（その他）	1.21	−0.60	−1.00
—O—CO—R	2.11	−0.35	−0.64
—S—R	1.11	−0.29	−0.13
$—SO_2—R$	1.55	1.16	0.93
$—NR_2$（飽和）	0.80	−1.26	−1.21
$—NR_2$（その他）	1.17	−0.53	−0.99
—N(—)—CO—R	2.08	−0.57	−0.72
$—NO_2$	1.87	1.32	0.62
—F	1.54	−0.40	−1.02
—Cl	1.08	0.18	0.13
—Br	1.07	0.45	0.55
—I	1.14	0.81	0.88

▶データ③　ベンゼンプロトンの化学シフトδの概算のための増分値

$\delta = 7.26 + \Sigma I$

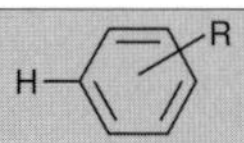

置換基	I_{ortho}	I_{meta}	I_{para}
—H	0	0	0
—CH_3	−0.18	−0.10	−0.20
—CH_2CH_3	−0.15	−0.06	−0.18
—$CH(CH_3)_2$	−0.13	−0.08	−0.18
—$C(CH_3)_3$	0.02	−0.09	−0.22
—CH_2Cl	0.00	0.01	0.00
—CH_2OH	−0.07	−0.07	−0.07
—CH_2NH_2	0.01	0.01	0.01
—$CH{=}CH_2$	0.06	−0.03	−0.10
—$C{\equiv}CH$	0.15	−0.02	−0.01
—C_6H_5	0.30	0.12	0.10
—CHO	0.56	0.22	0.29
—CO—CH_3	0.62	0.14	0.21
—CO—CH_2—CH_3	0.63	0.13	0.20
—CO—C_6H_5	0.47	0.13	0.22
—COOH	0.85	0.18	0.25
—$COOCH_3$	0.71	0.11	0.21
—CO—O—C_6H_5	0.90	0.17	0.27
—CO—NH_2	0.61	0.10	0.17
—COCl	0.84	0.20	0.36
—CN	0.36	0.18	0.28
—NH_2	−0.75	−0.25	−0.65
—NH—CH_3	−0.80	−0.22	−0.68
—$N(CH_3)_2$	−0.66	−0.18	−0.67
—$N^+(CH_3)_3I^-$	0.69	0.36	0.31
—NH—$COCH_3$	0.12	−0.07	−0.28
—NO	0.58	0.31	0.37
—NO_2	0.95	0.26	0.38
—SH	−0.08	−0.16	−0.22
—SCH_3	−0.08	−0.10	−0.24
—S—C_6H_5	0.06	−0.09	−0.15
—SO_2—OH	0.64	0.26	0.36
—SO_2—NH_2	0.66	0.26	0.36
—OH	−0.56	−0.12	−0.45
—OCH_3	−0.48	−0.09	−0.44
—OCH_2—CH_3	−0.46	−0.10	−0.43
—O—C_6H_5	−0.29	−0.05	−0.23
—O—CO—CH_3	−0.25	0.03	−0.13
—O—CO—C_6H_5	−0.09	0.09	−0.08
—F	−0.26	0.00	−0.20
—Cl	0.03	−0.02	−0.09
—Br	0.18	−0.08	−0.04
—I	0.39	−0.21	−0.03

データ①〜③は，M. Hesse ほか著，市川厚監，『有機化学のためのスペクトル解析法　第2版　UV，IR，NMR，MS の解説と演習』，化学同人（2010）より引用．

(3) ピークが何本に分裂しているか

¹H NMR スペクトルでは，ピークは 1 本の場合もあれば，分裂する場合もある．何本に分裂するかは，その水素原子の置かれた環境に依存する．

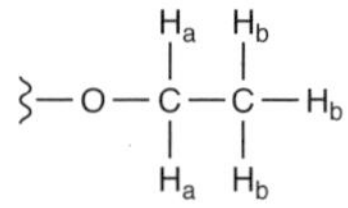

例として 4-メチル安息香酸エチルのエトキシ基の水素原子のカップリングについて考えてみよう．この置換基は五つの水素原子をもち，次の H_a と H_b の 2 種類に分けられる．

次に「隣の炭素に結合した水素原子の数」を考えよう．H_a から見ると，H_b がこれに相当する．H_a は「隣の炭素に結合した水素原子（H_b）の数 +1 本」に分裂する（n+1 則）．H_b は三つあるので，H_a は 4 本（四重線）に分裂する．H_b について同様に考えよう．H_b は「隣の炭素に結合した水素原子（H_a）の数 +1 本」に分裂するので三重線になる．

このように n+1 則は，その水素原子が何本に分裂するかを簡単に知ることができる便利な法則である．

カップリングの様子は，次ページの図のように樹形図を書けばより深く理解できる．水素原子 H_a のピークが X（ppm）に現れるとする．カップリングする相手の水素原子がないなら，H_a は一重線（シングレット）として現れる（A）．次に，H_a と H_b がカップリングする場合を考えよう．ここで示した J_1 はカップリング定数（単位は Hz）と呼ばれ，二つの水素原子がどの程度影響しあっているかを表す数値である．H_b の影響を受け，H_a は X（ppm）を中心にして J_1（Hz）の幅で分裂し，二重線（ダブレット）になる（B）．

これは，二つの水素原子がカップリングしている最も単純な例である．さらに別の水素原子がカップリングする場合は，この作業を繰り返し，樹形図を下に延ばしていく．

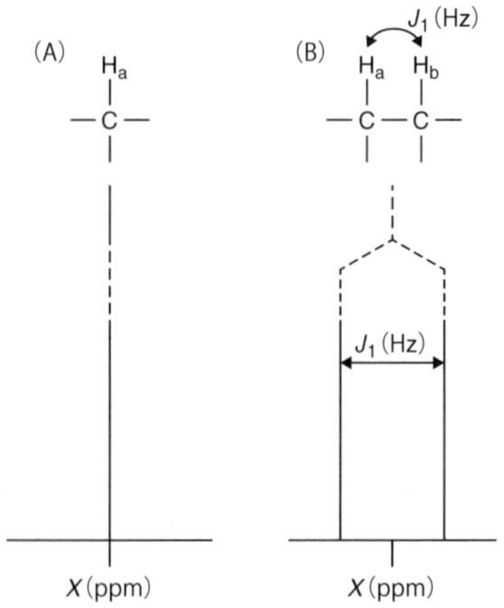

¹H NMR のピークは非常に複雑に分裂することもある．その際は，①何個の水素原子がカップリングに関与しているのかと，②それぞれのカップリング定数の大きさはどの程度かを考えるようにすれば，より正確に構造を解析できる．「4 本に割れているピーク」がカルテットなのか，ダブルダブレットなのかを理解できるように，たくさんの問題を解いていこう．

(4) ピークの面積比を決める．

(1) で何種類の水素原子が含まれているかを考えたが，これは水素原子の個数ではない．ここでは，それぞれの水素原子が何個あるかを積分曲線を用いて求める方法を示す．積分曲線は下図のように，各ピークの上部に階段状の折れ線として示される．この高さは各ピークの面積を示し，水素原子の数に比例する．

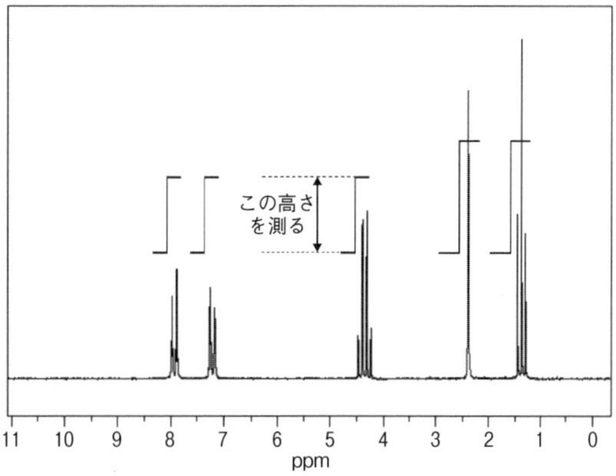

それぞれのピークについて階段の高さを測って，その比を求めよう．このスペクトルでは左から，1：1：1：1.5：1.5 となる．分子式が与えられていれば，全水素数をこの比に応じて割り振ればよい．たとえば，分子式から H_{12} が与えられたら，水素数は左から 2H：2H：2H：3H：3H とわかる（構造式と比較してみよう）．

¹H NMR スペクトルからは多くの情報が得られるため，目的化合物の構造決定のための非常に強力な手段になる．読み取る必要のある情報は多いが，以下，問題を解いて慣れていこう．さらに，ここまで学んできた IHD，IR，MS，¹³C NMR スペクトルの情報を組み合わせれば，より確実な構造解析が可能になる．

32 以下の化合物には何種類の水素原子が含まれているか.

目安時間 15 分

Hint：分子の立体構造を思い浮かべよう.

500. CH_4

501. CH_3-CH_3

502. $CH_3-CH_2-CH_3$

503. $CH_3-CH_2-CH_2-CH_3$

504. 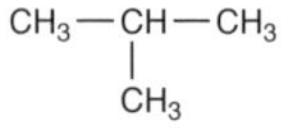

505. $CH_3-CH_2-CH_2-CH_2-CH_3$

506. 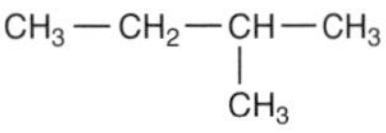

507. 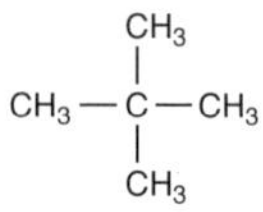

508. $CH_3-CH_2-CH_2-CH_2-CH_2-CH_3$

509. 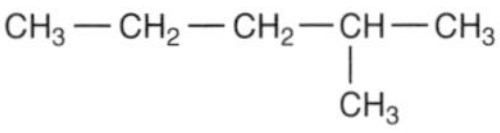

510. 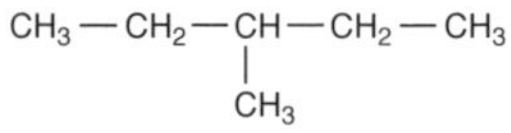

511. 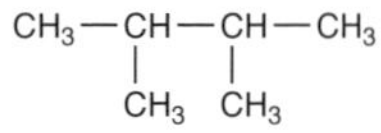

512. 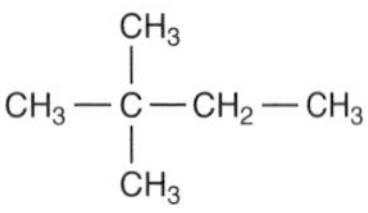

513. 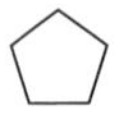

514. 

515. CH_3-F

516. CH_3-Cl

517. $CH_3-CH_2-CH_2-Cl$

518. 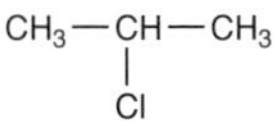

519. $CH_3-CH_2-CH_2-CH_2-Cl$

520. 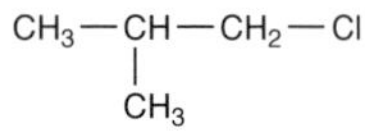

521. 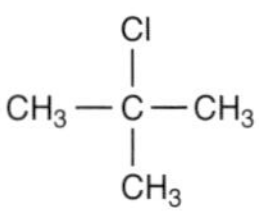

33 以下の化合物には何種類の水素原子が含まれているか.

目安時間 15 分

Hint：基本の考え方は同じ. 分子の立体構造を思い浮かべよう.

522. $Cl-CH_2-CH_2-Cl$

523. 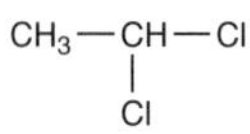

524. $Br-CH_2-CH_2-Cl$

525. 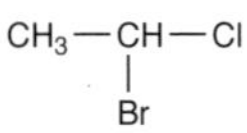

526. $Br-CH_2-CH_2-CH_2-Cl$

527. 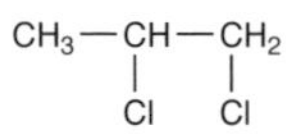

528. 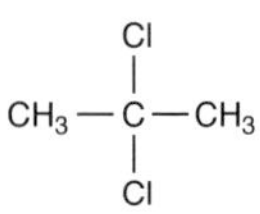

529. 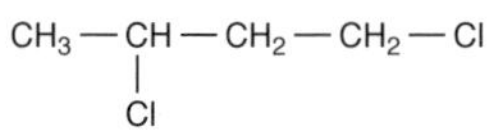

530. 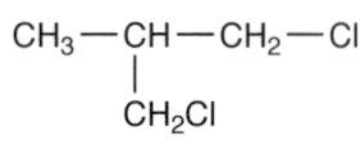

531. 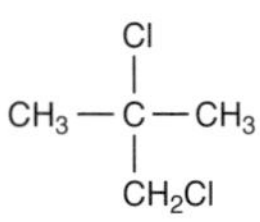

532. $Cl-CH_2-CH_2-CH_2-CH_2-Cl$

533. 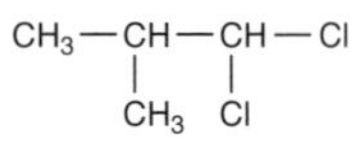

534. 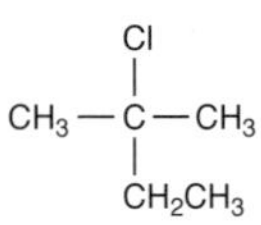

535. $CH_3-CH_2-CH_2-CH_2-CH_2-Cl$

536. 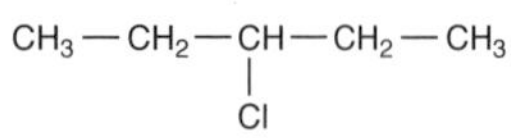

537. 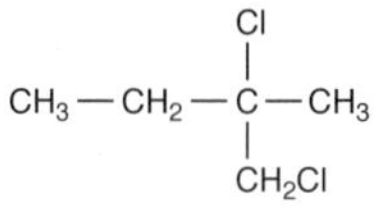

538. 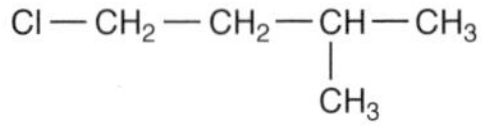

539. 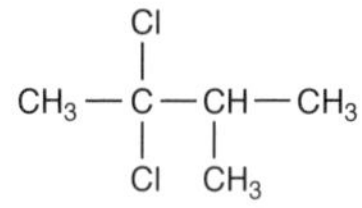

540. 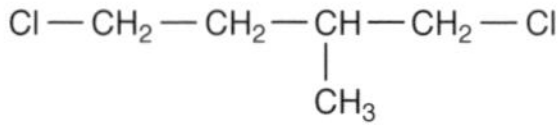

34 以下の化合物には何種類の水素原子が含まれているか.

目安時間 15 分

! *Hint*：炭素-炭素二重結合は自由回転できないので，同じ sp^2 炭素に結合している同一の置換基が非等価になることがある.

541. CH_3-O-CH_3

542. CH_3-CH_2-OH

543. $CH_3-CH_2-O-CH_3$

544. $CH_3-CH_2-CH_2-OH$

545. 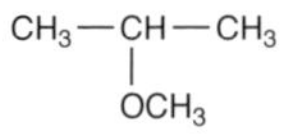

546. $CH_3-CH_2-CH_2-O-CH_3$

547. $CH_3-CH_2-CH_2-CH_2-O-CH_3$

548. 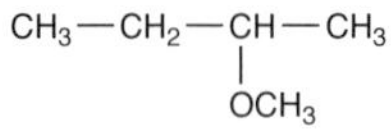

549. 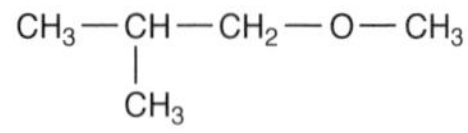

550. 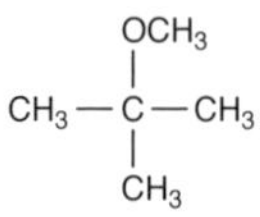

551. 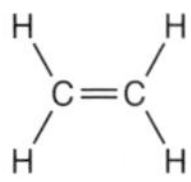

552. 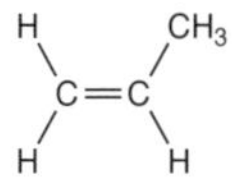

553. 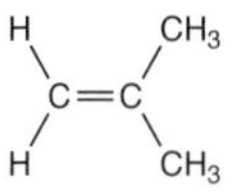

554. 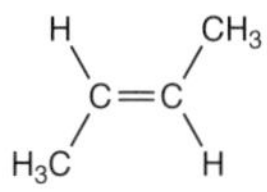

555. 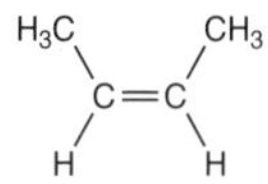

556. 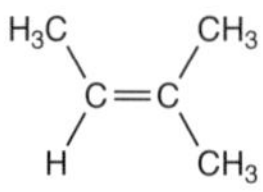

557. 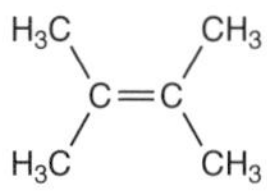

558. 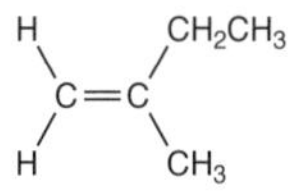

559. 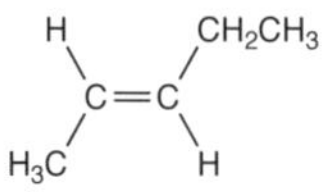

560. 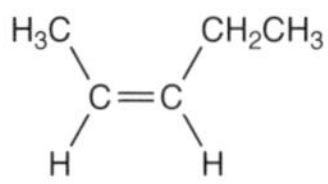

561. 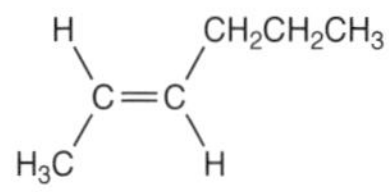

562. 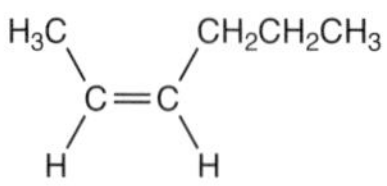

563. 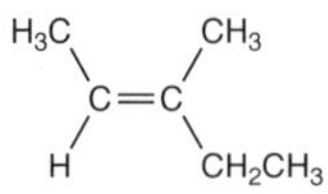

564. 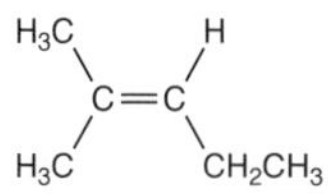

565. 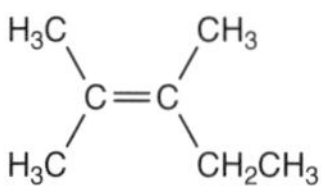

35 以下の化合物には何種類の水素原子が含まれているか.

目安時間 15 分

! *Hint*：ベンゼンの水素原子はすべて等価だが，ベンゼン環に何種類の置換基が，どの位置に置換すれば，分子全体の対称性がどうなるか考えよう.

566. 

567. 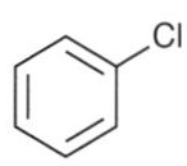

568. 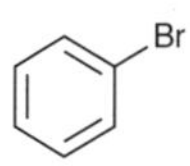

569. 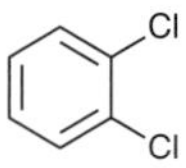

570. 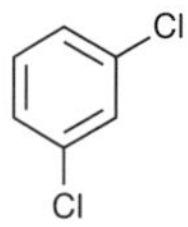

571. 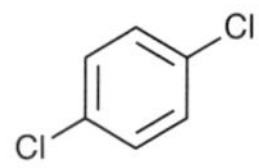

572. 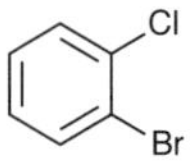

573. 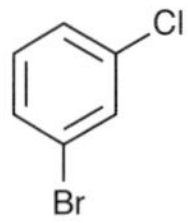

574. 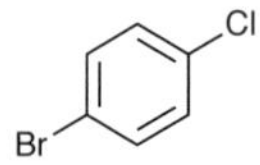

575. 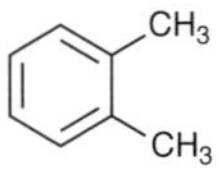

576. 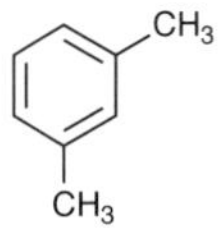

577. 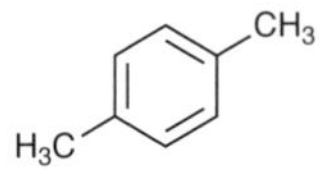

578. 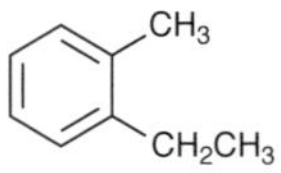

579. 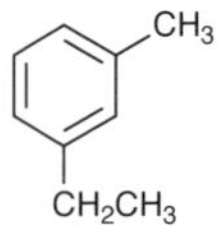

580. 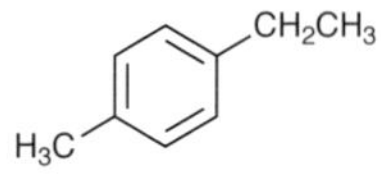

581. 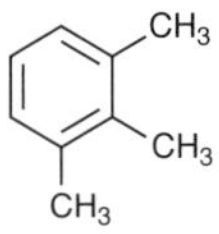

582. 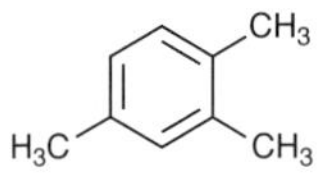

583. 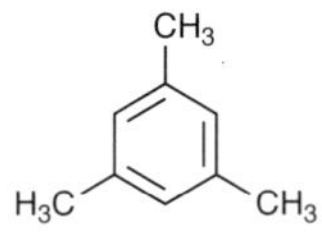

584. 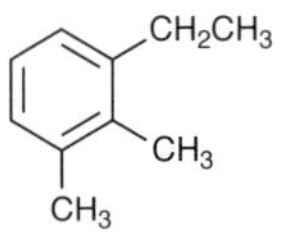

585. 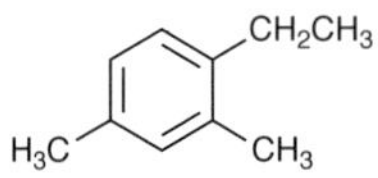

586. 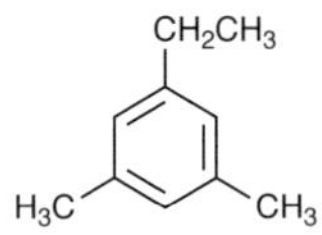

36 以下の化合物には何種類の水素原子が含まれているか．

目安時間 15 分

! *Hint*：ナフタレンの水素原子は２種類だが，ナフタレン環に何個のクロロ基が，どの位置に置換すれば，何種類の水素原子が生じるかを考えよう．

587. 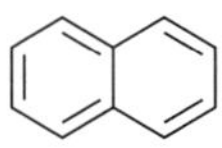

588. 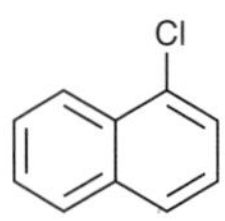

589. 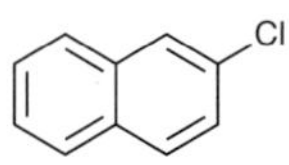

590. 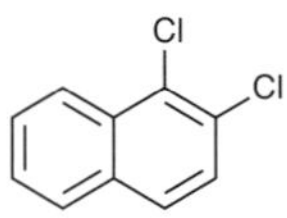

591. 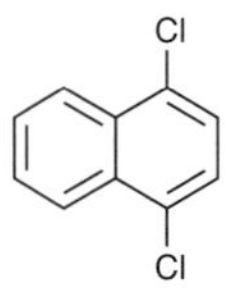

592. 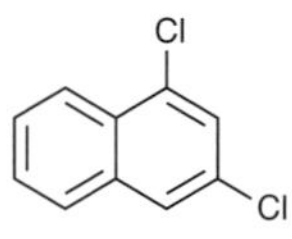

593. 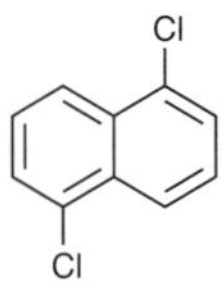

594. 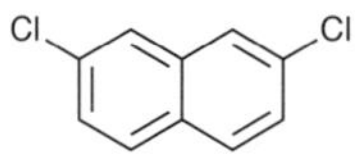

595. 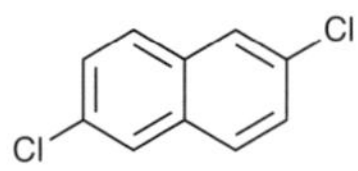

596. 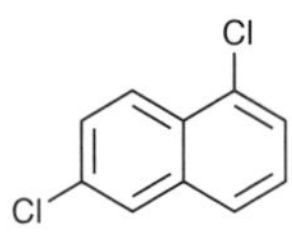

597. 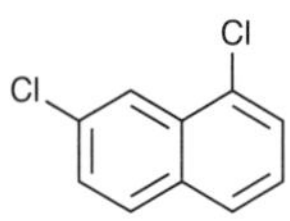

598. 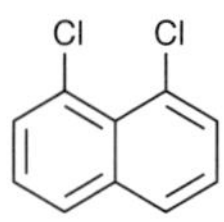

599. 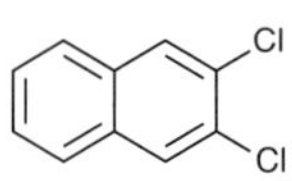

- 有機化合物の ¹H NMR の化学シフトは，p. 58 の（2）で示した六つのカテゴリーに大別できる．37～40の問題では，矢印で示した水素原子のピークが①～⑥のどこに現れるかを答えよ．

37　矢印で示した水素原子のピークが p. 58 の①～⑥のどこに現れるかを答えよ．　目安時間 15 分

! *Hint*：すべて sp^3 炭素に結合した水素原子であるが，周辺にどのような原子が結合しているかを考えよう．

600. 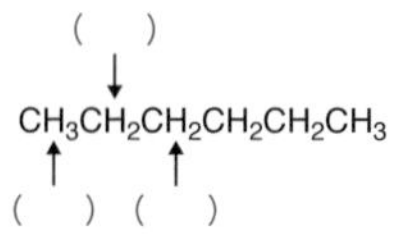

601. 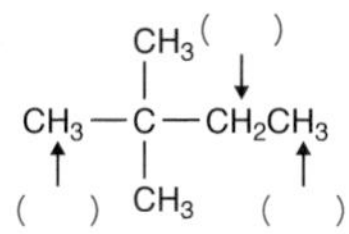

602. 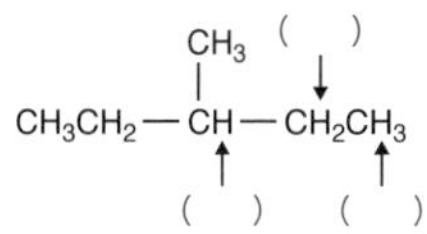

603. 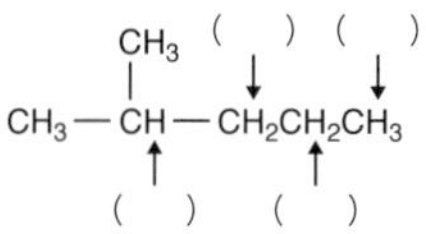

604. 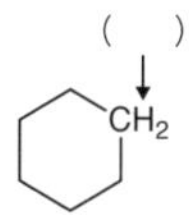

605. 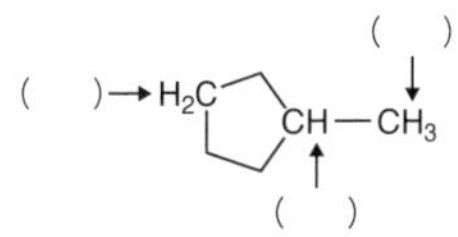

606. 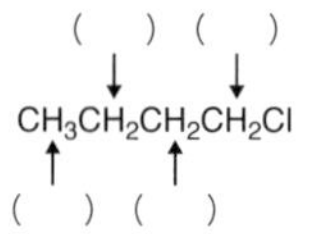

607. 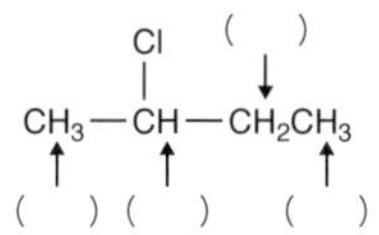

608. 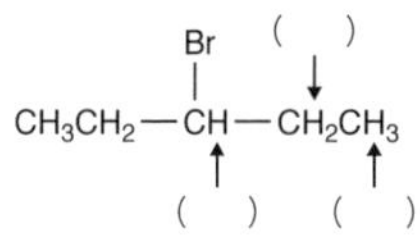

609. 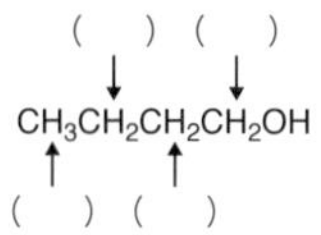

610. 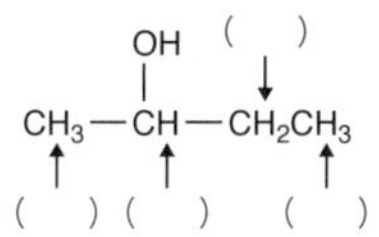

611. 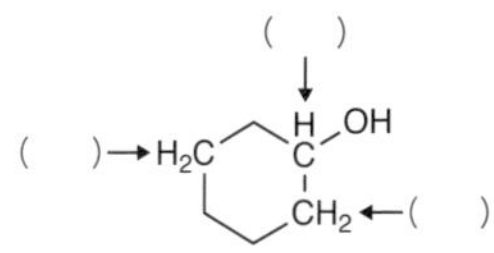

612. 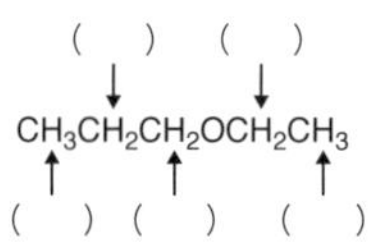

613. 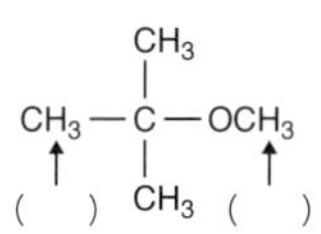

614. 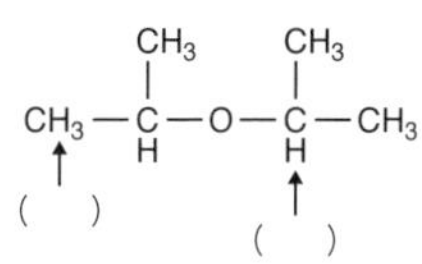

615. 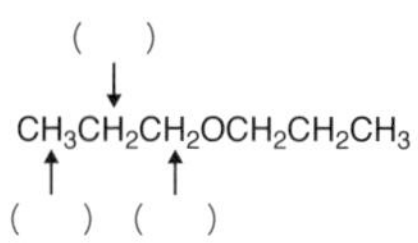

38　矢印で示した水素原子のピークが p. 58 の①～⑥のどこに現れるかを答えよ．　目安時間 15 分

! *Hint*：同じ水素原子でも，どの混成軌道をもつ炭素原子に結合しているかによって，異なる位置にピークが現れる．

616. 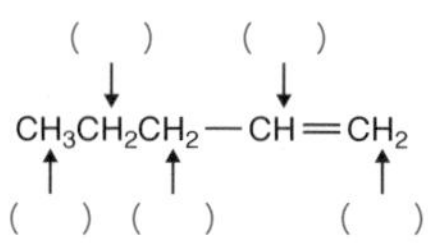

617. 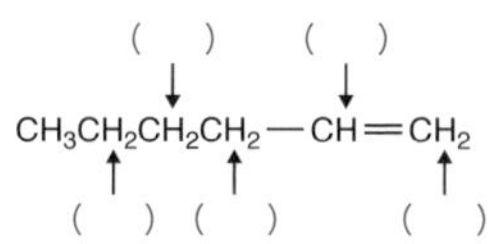

618. 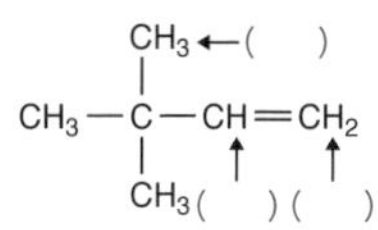

619. 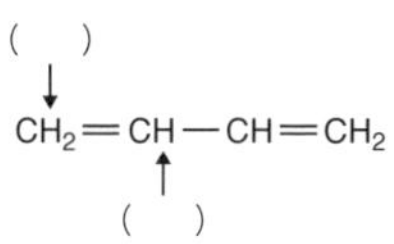

620. 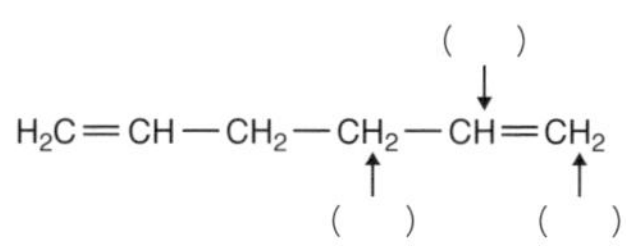

621. 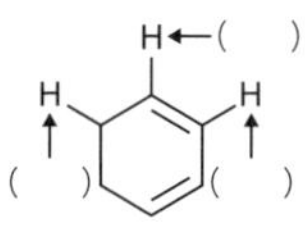

622. 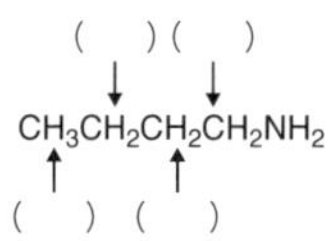

623. 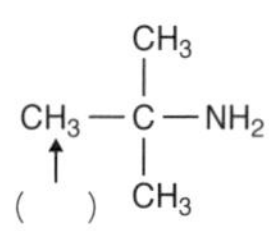

624. 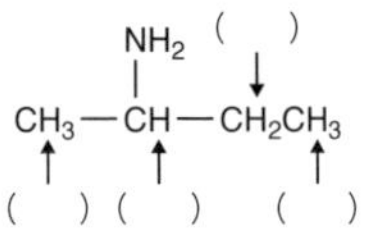

625. 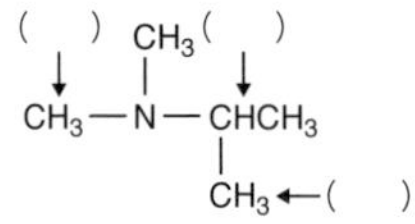

626. 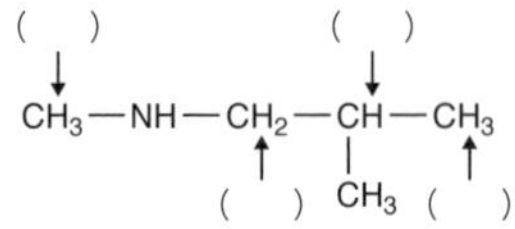

39 矢印で示した水素原子のピークが p. 58 の①～⑥のどこに現れるかを答えよ.

目安時間 15 分

Hint：基本的な考え方は同じ．その水素原子がどのような炭素原子に結合しているか，およびその周りの環境を考えよう．

627. 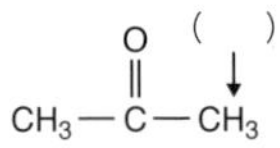

628. 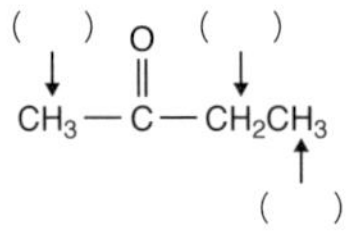

629. 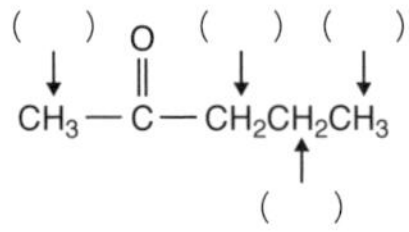

630. 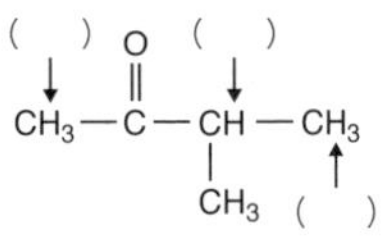

631. 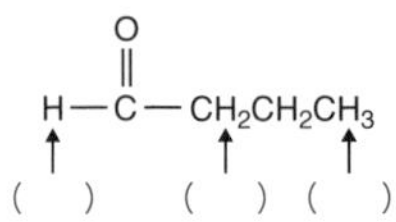

632. 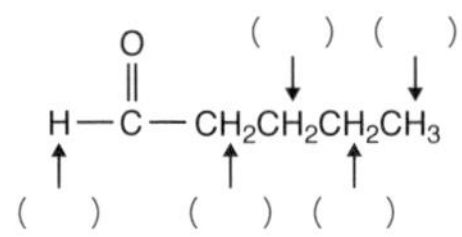

633. 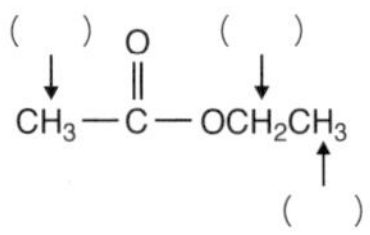

634. 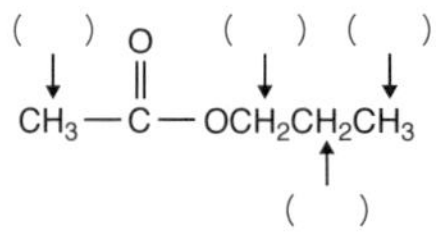

635. 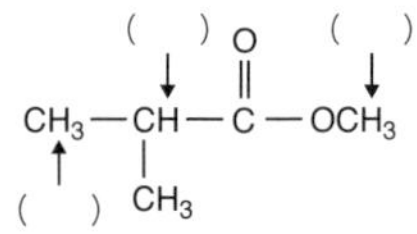

636. 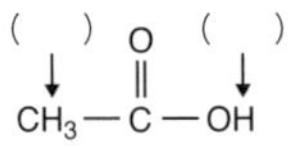

637. 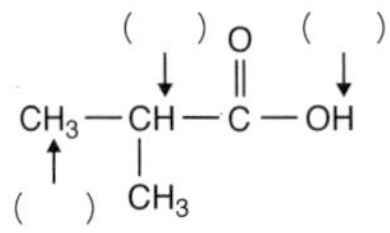

40 矢印で示した水素原子のピークが p. 58 の①～⑥のどこに現れるかを答えよ.

目安時間 15 分

Hint：芳香環に直接，結合した水素原子は低磁場側にピークが現れる．

638. 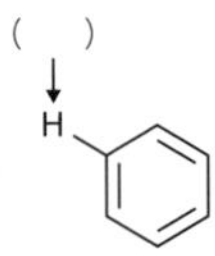

639. 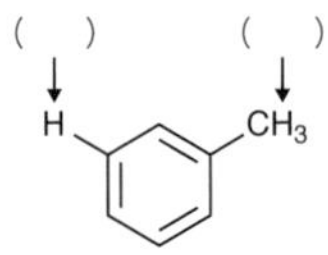

640. 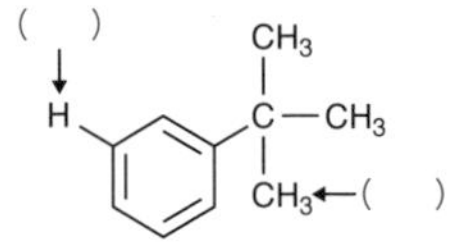

641. 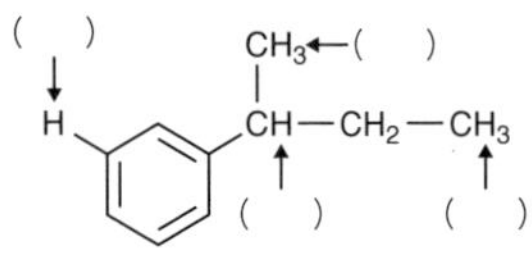

642. 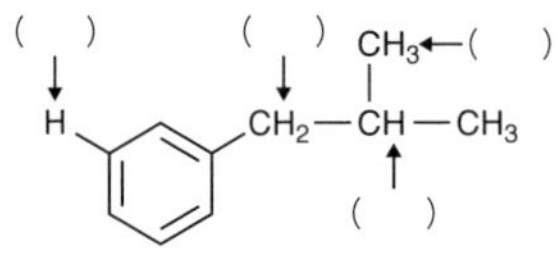

643. 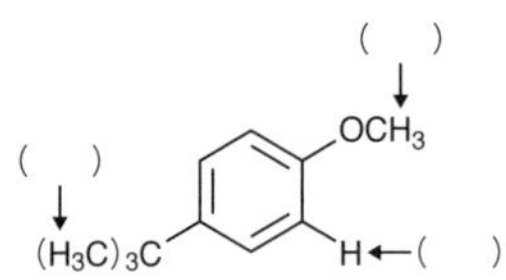

644. 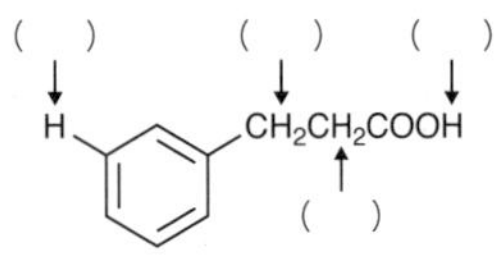

645. 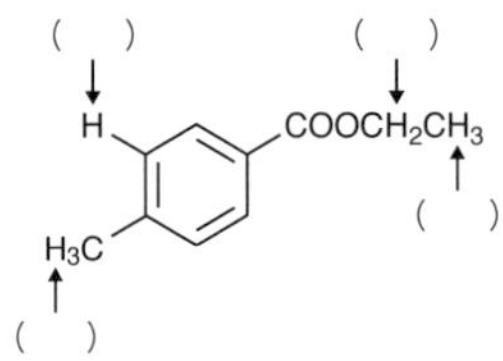

646. 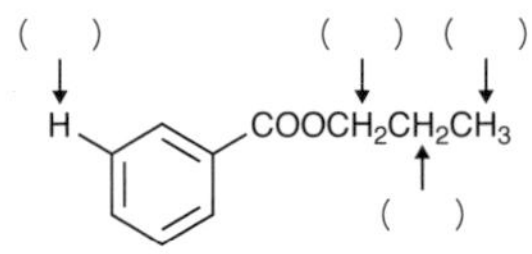

647. 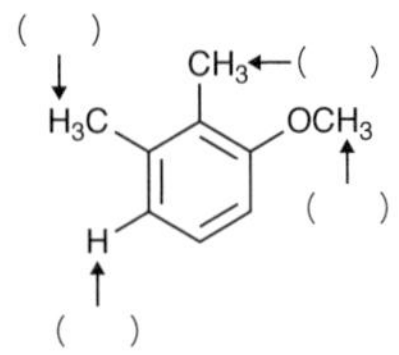

648. 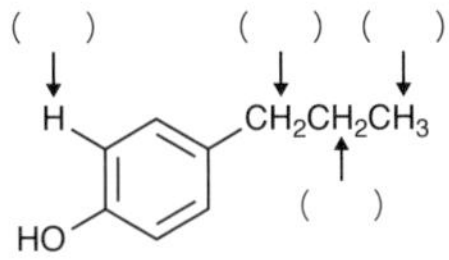

649. 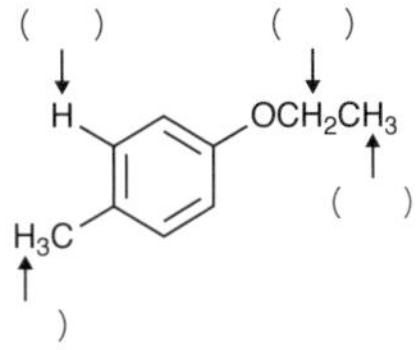

41 p. 59, 60 のデータを用いて，矢印で示した水素原子のピークの予想位置を計算せよ．

目安時間 30 分

! *Hint*：化学シフトを求めたいプロトンの結合した炭素原子に隣接する二つもしくは三つの置換基のパラメーターを基準値（メチレンは 1.25，メチンは 1.50）に足し合わせよう．

650. 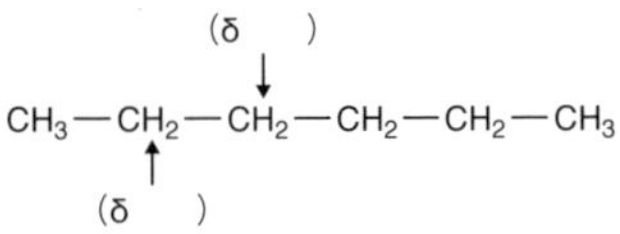

651. 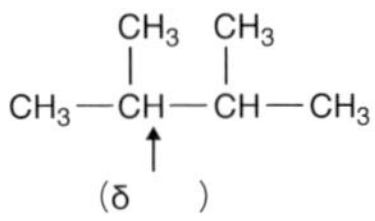

652. 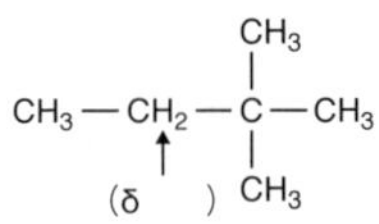

653. 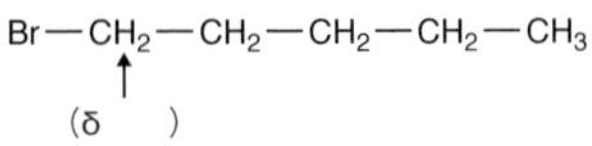

654. 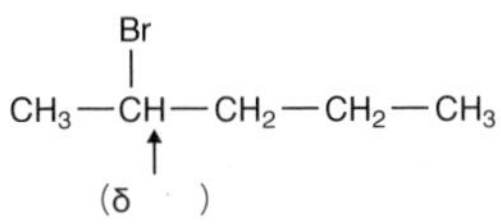

655. 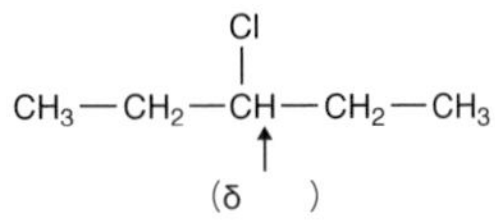

656. 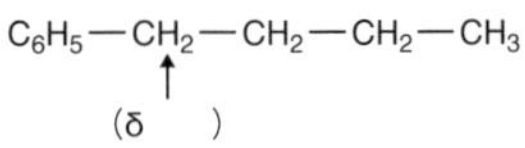

657. 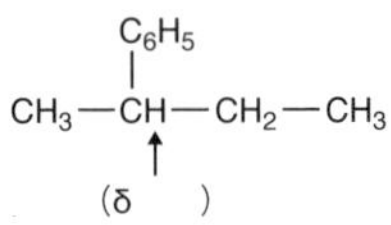

658. 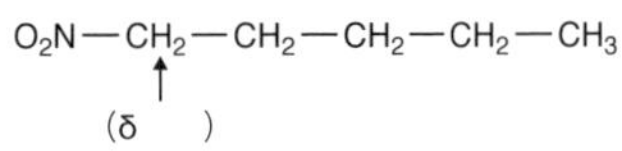

659. 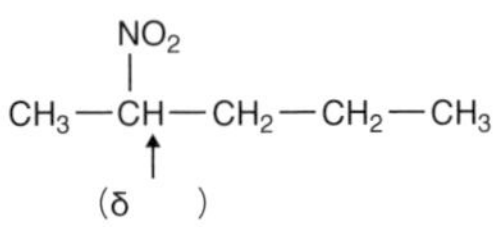

660. 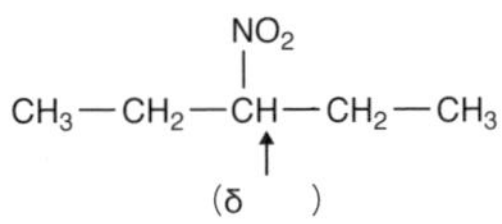

661. 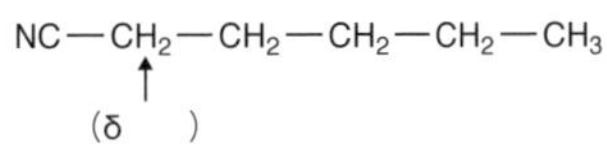

662. 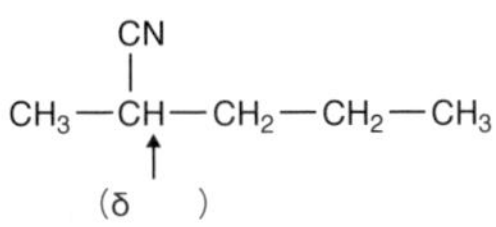

663. 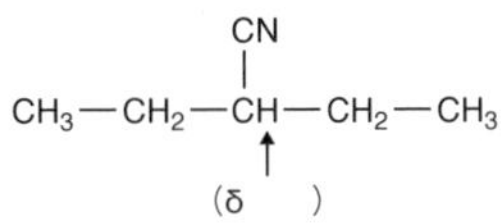

664. 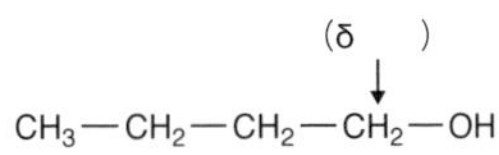

665. 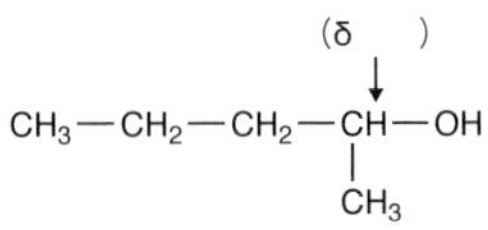

666. 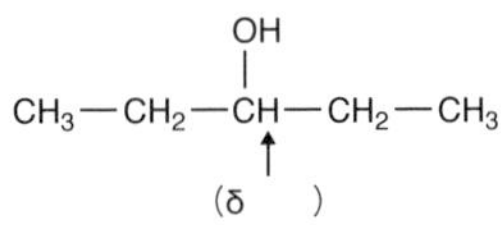

667. 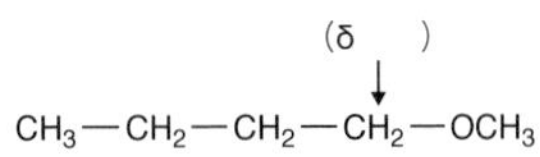

668. 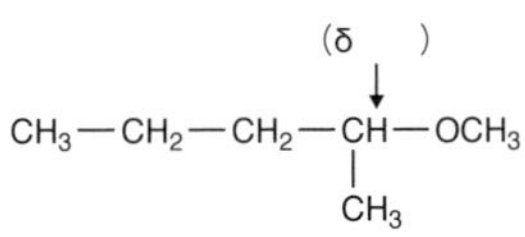

669. 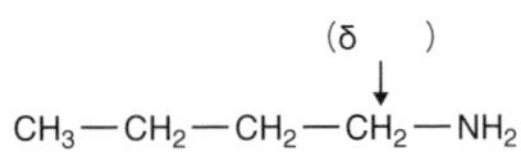

670. 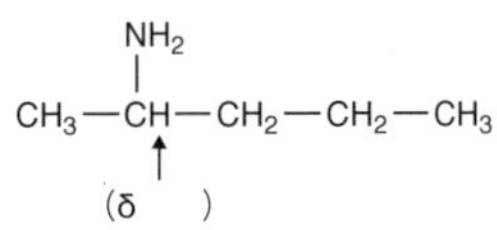

671. 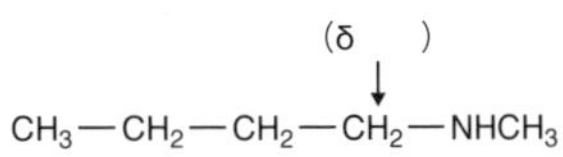

672. 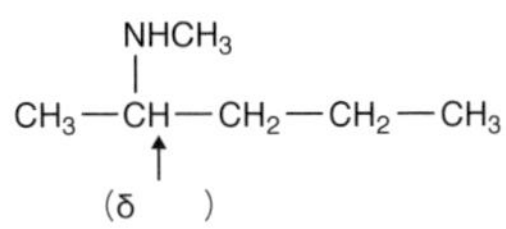

673. 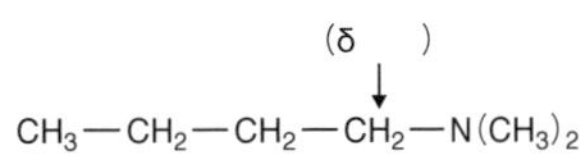

674. 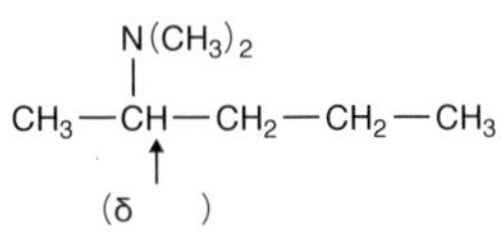

675. 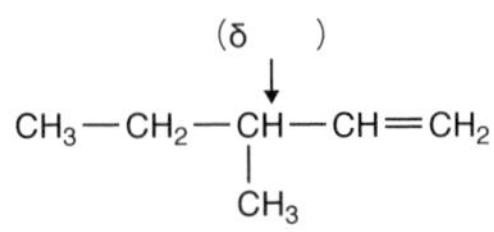

676. 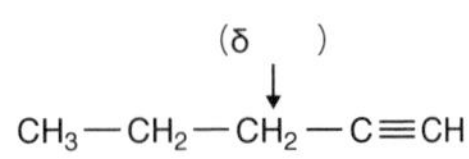

677. 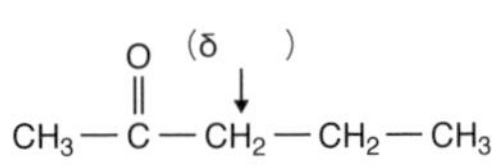

678. 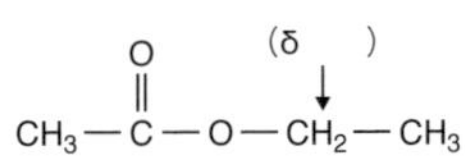

679. 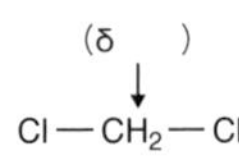

680. 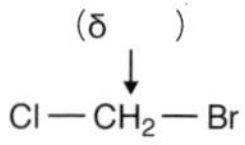

681. 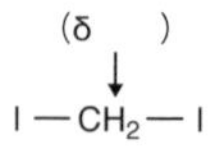

682. 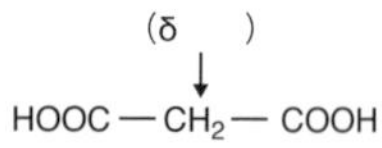

683. 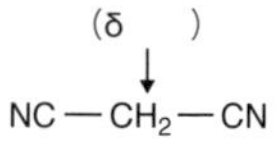

684. 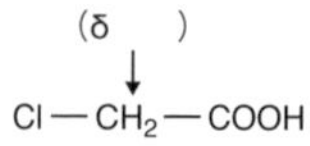

685. 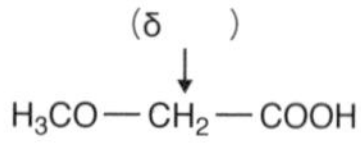

686. 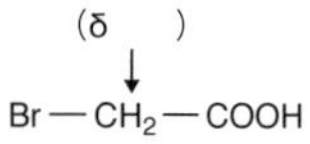

687. 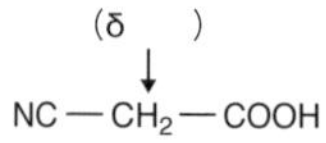

688. 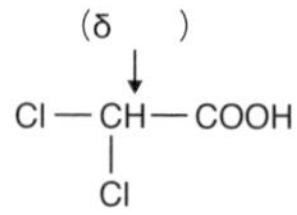

689. 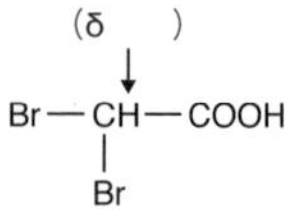

690. 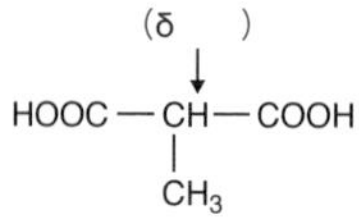

691. 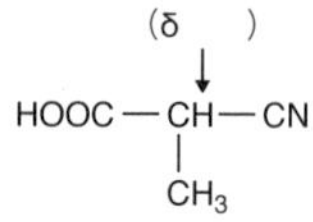

692. 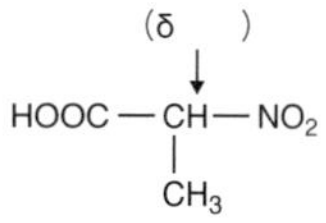

42 p. 59, 60 のデータを用いて，矢印で示した水素原子のピーク予想位置を計算せよ．

目安時間 30 分

! *Hint*：化学シフトを求めたいプロトンから見て，三箇所の置換基のパラメーターを基準値 5.25 に足し合わせる．ジェミナル，シス，トランスの関係に注意して，どのパラメーターを使えばいいかを考えよう．

693. 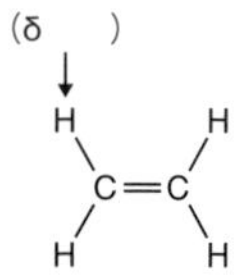

694. 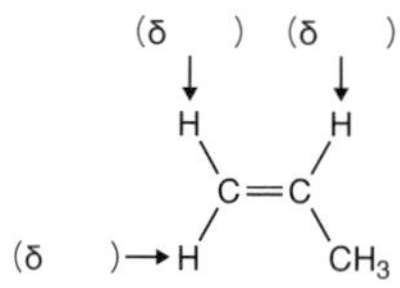

695. 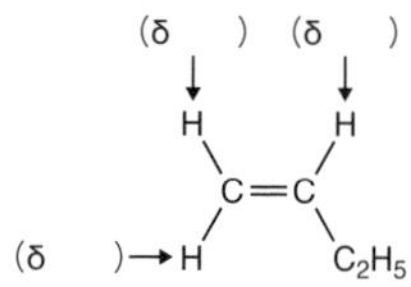

696. 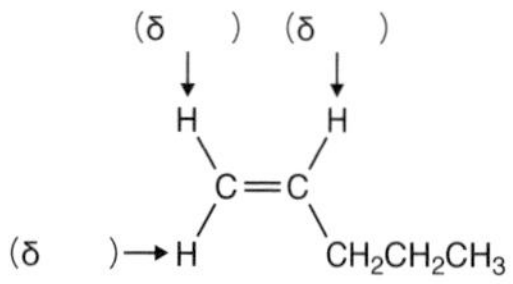

697. 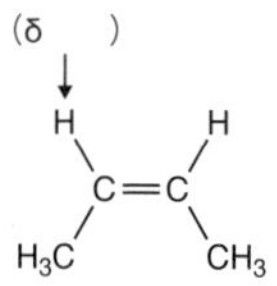

698. 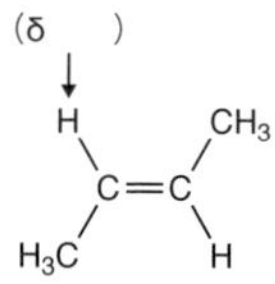

699. 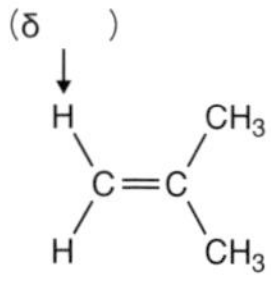

700. 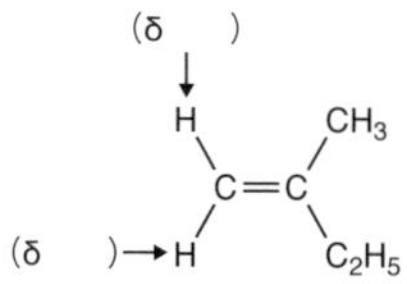

701. 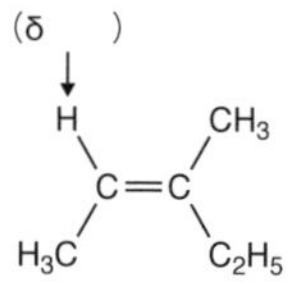

702. 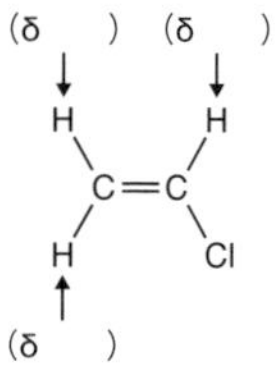

703. 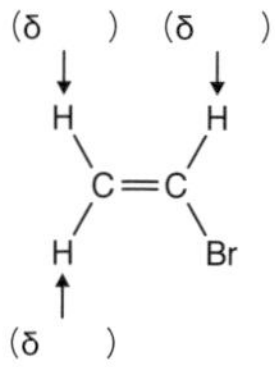

704. 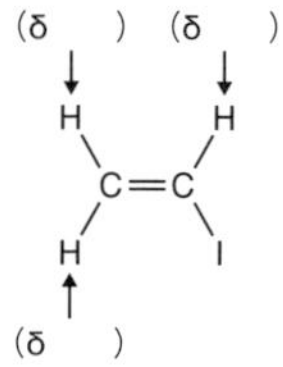

705. 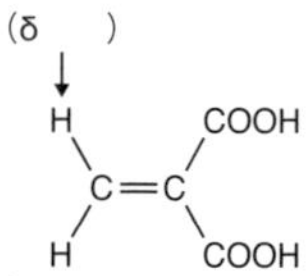

706. 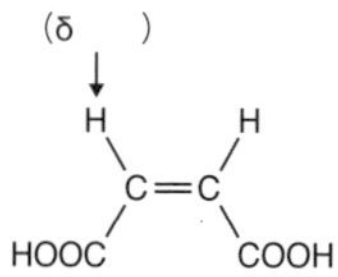

707. 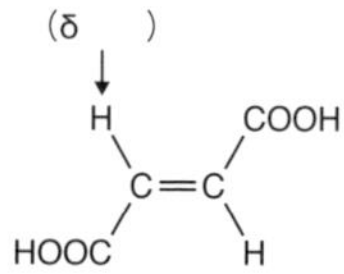

708. 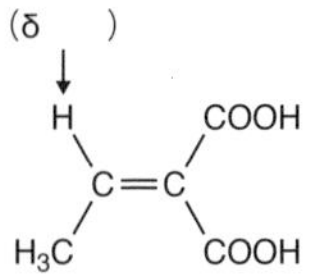

709. 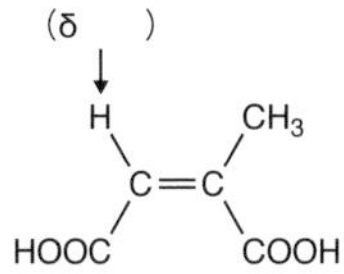

710. 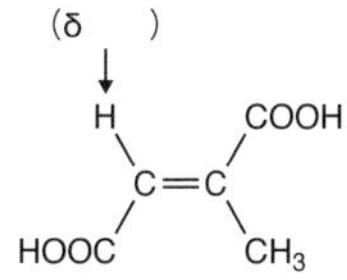

711. 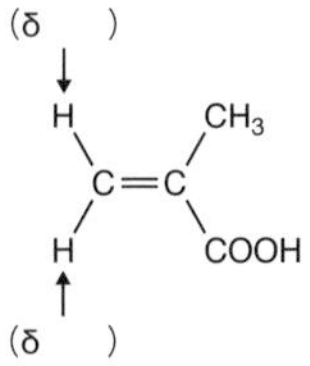

712. 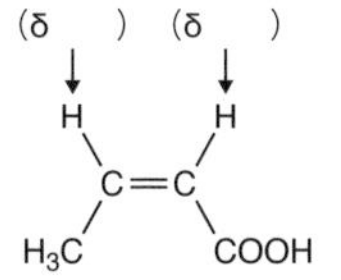

713. 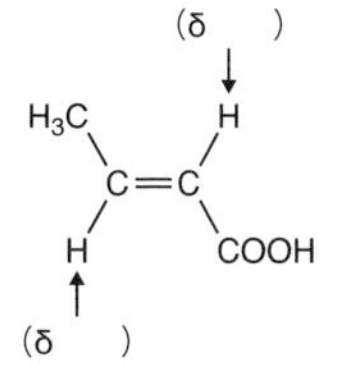

714. 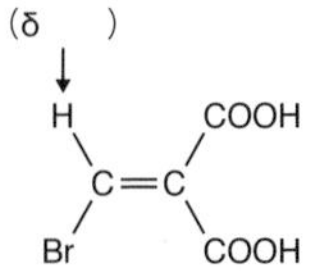

715. 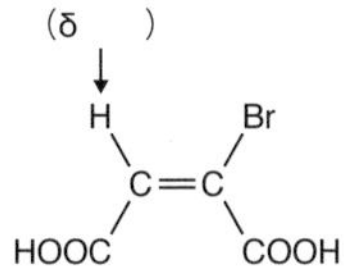

716. 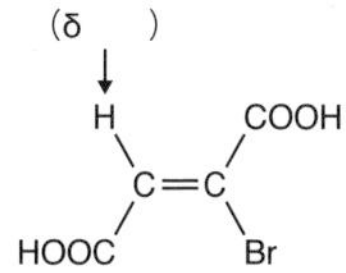

717. 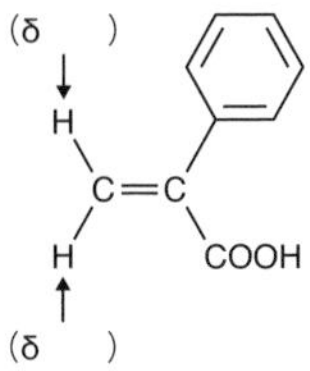

718. 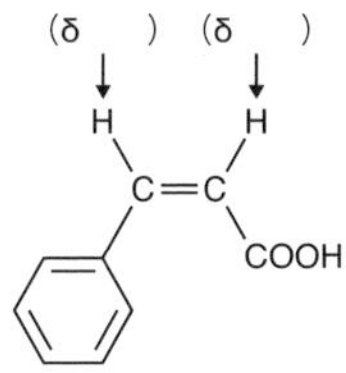

719. 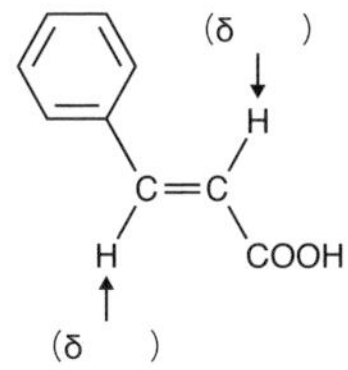

43 p. 59, 60 のデータを用いて，矢印で示した水素原子のピーク予想位置を計算せよ．

目安時間 30 分

! *Hint*：化学シフトを求めたいプロトンから見て，芳香環上の置換基は，オルト，メタ，パラのどの関係になるかを意識して，どのパラメーターを使えばいいかを考えよう．

720. 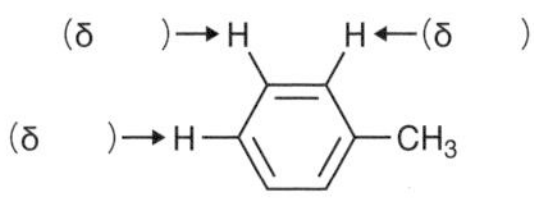

721. 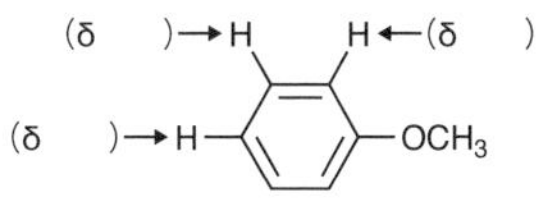

722. 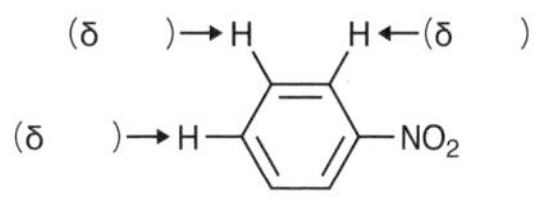

723. 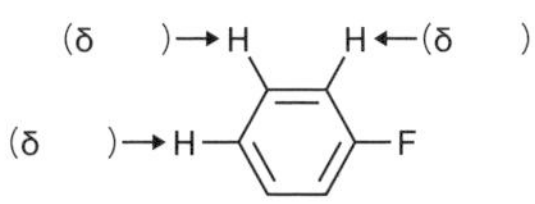

724. 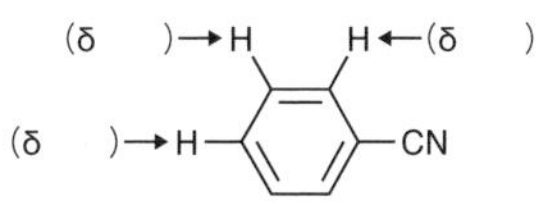

725. 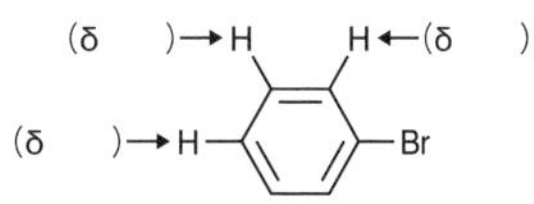

726. 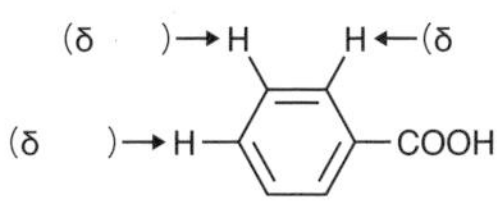

727. 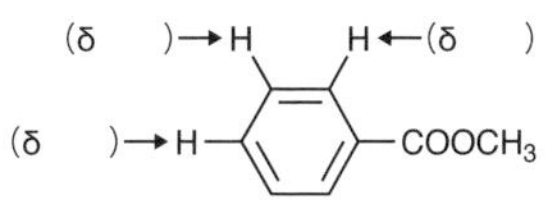

728. 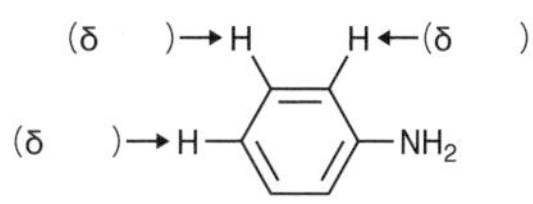

729. 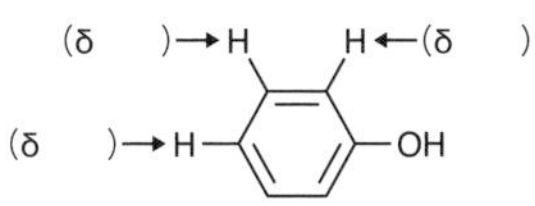

44 p. 59, 60 のデータを用いて，矢印で示した水素原子のピーク予想位置を計算せよ． 目安時間 30 分

Hint：基本の考え方は同じ．化学シフトを求めたい水素原子から見て，芳香環上の二つの置換基は，オルト，メタ，パラのどの関係になるかを考えよう．

730.
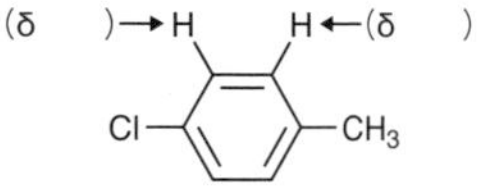

731.
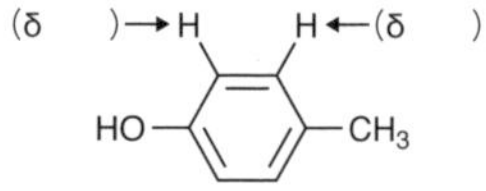

732.
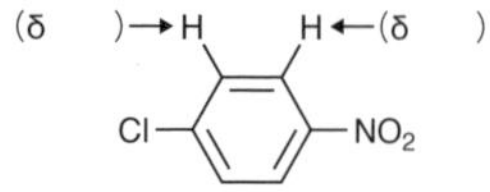

733.
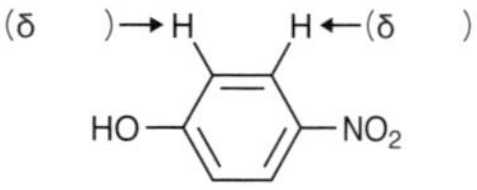

734.
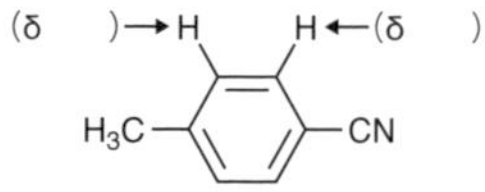

735.
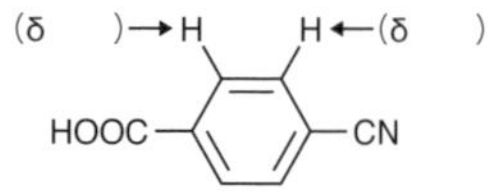

736.
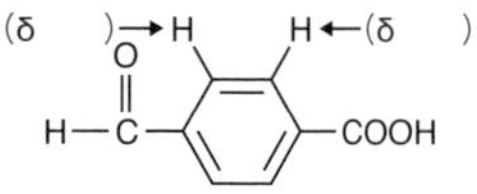

737.
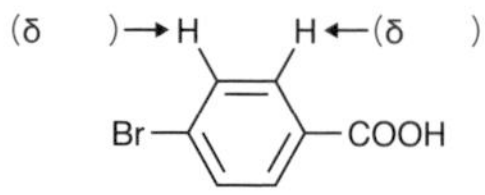

738.
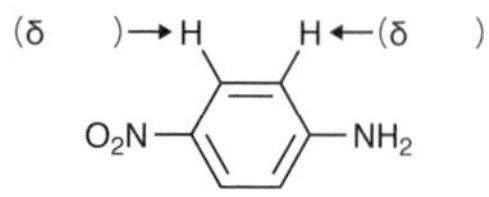

739.
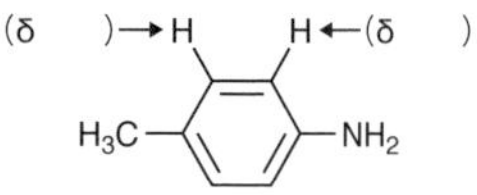

45 p. 59, 60 のデータを用いて，矢印で示した水素原子のピーク予想位置を計算せよ． 目安時間 30 分

Hint：基本の考え方は同じ．化学シフトを求めたい水素原子から見て，芳香環上の二つの置換基は，オルト，メタ，パラのどの関係になるかを考えよう．

740.
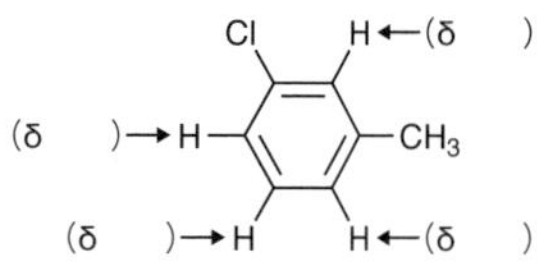

741.
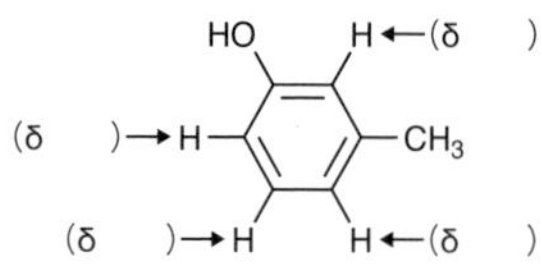

742.
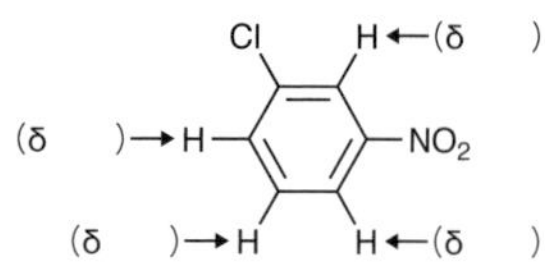

743.
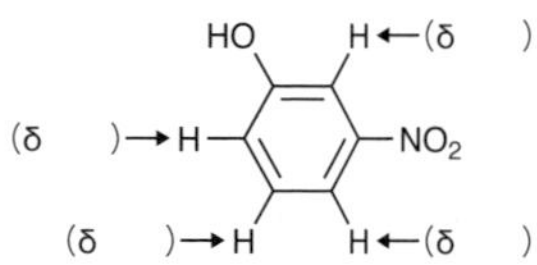

744.
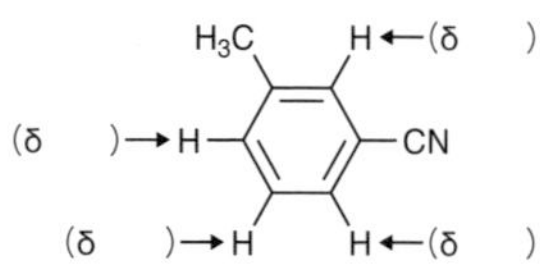

745.
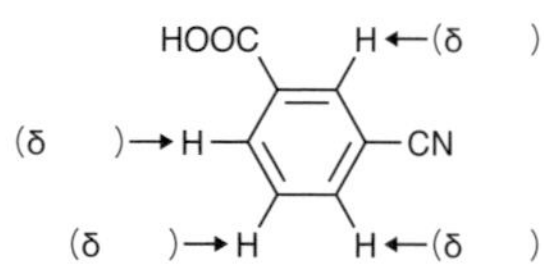

746.
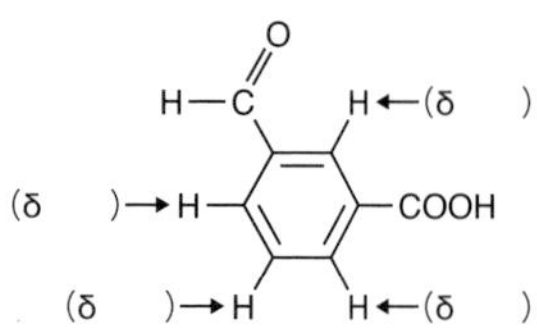

747.
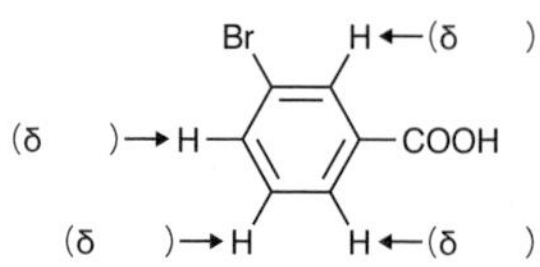

748.
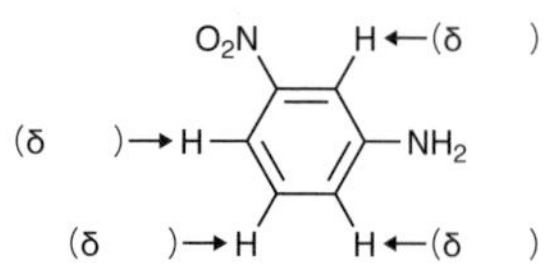

749.
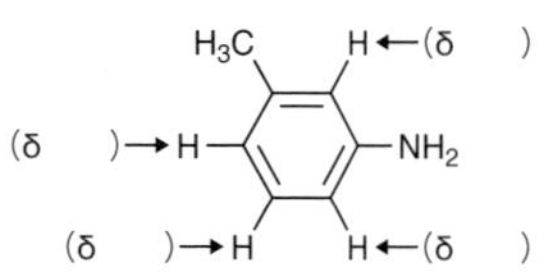

- 46～48の問題では，$n+1$ 則を用いて，¹H NMR で水素原子のピークが何本に分裂するかを考える．解答する際は，以下の括弧内の記号を用いること．

1本：singlet（s） 2本：doublet（d） 3本：triplet（t） 4本：quartet（q） 5本：quintet（qui）
6本：sextet（sext） 7本：septet（sept） 8本：octet（oct） 9本：nonet（non）

46 $n+1$ 則を用いて，矢印で示した水素原子のピークが ¹H NMR で何本に分裂するかを答えよ． 目安時間 15 分

Hint：（隣接する炭素原子に結合した水素の数＋1）本に分裂する．

750.
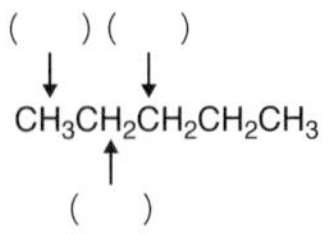

751.
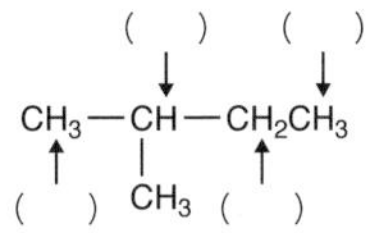

752.
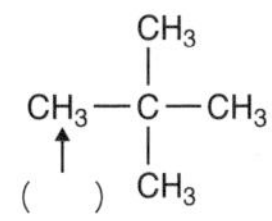

753.
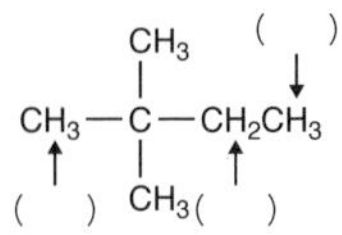

754.
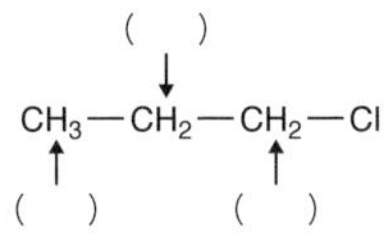

755.
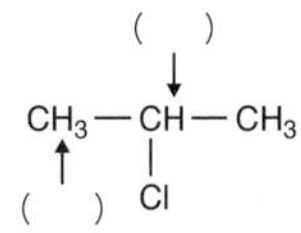

756.
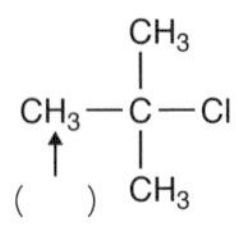

757.
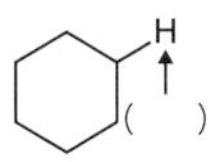

758.
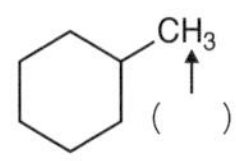

759.
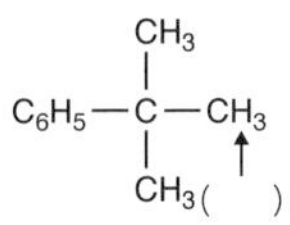

760.
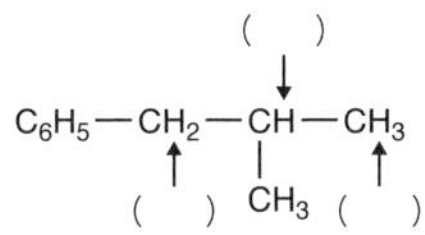

761.
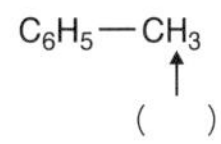

762.
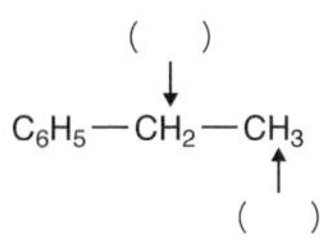

763.
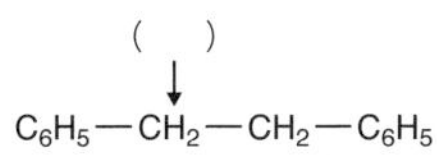

764.
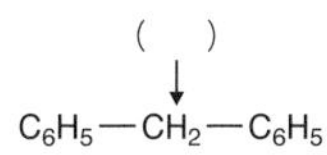

765.
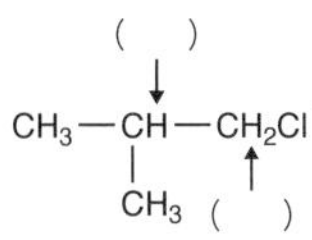

766.
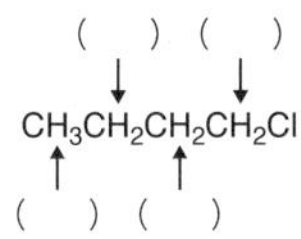

767.
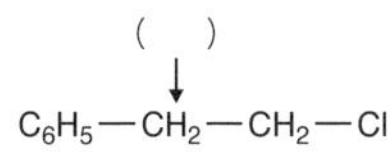

768.
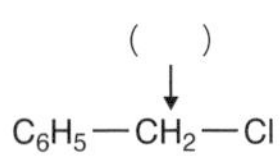

769.
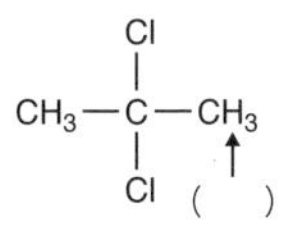

770.
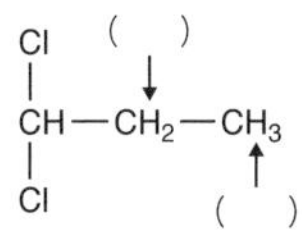

47 $n+1$ 則を用いて，矢印で示した水素原子のピークが ¹H NMR で何本に分裂するかを答えよ． 目安時間 15 分

Hint：一般に，酸素原子および窒素原子に結合した水素原子は $n+1$ 則の n に含めない．

771.
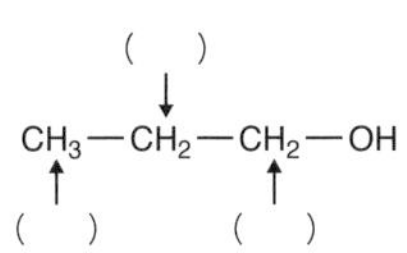

772.
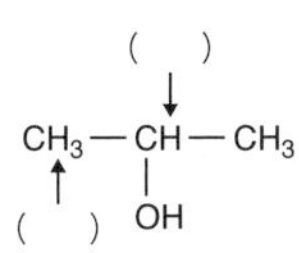

773.
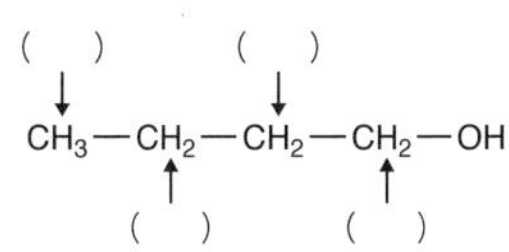

774.
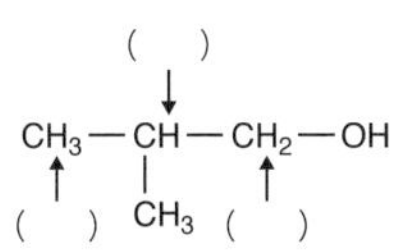

775.
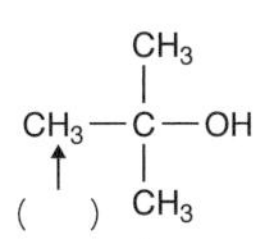

776.
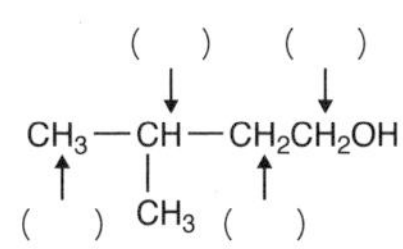

777.
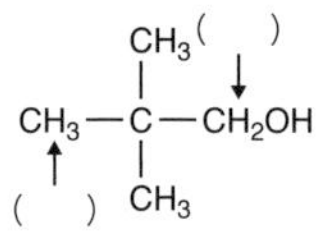

778.
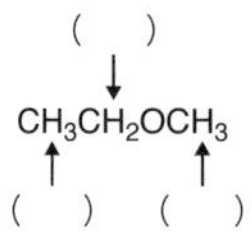

779.
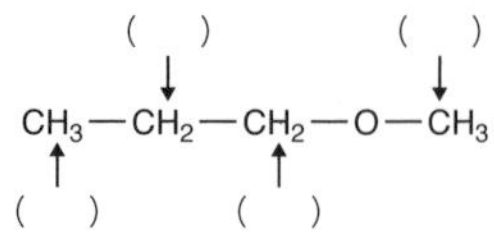

780.
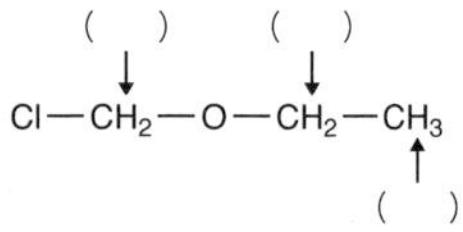

781.
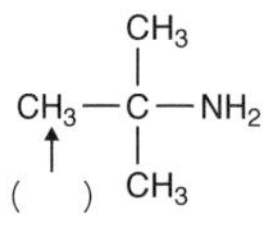

782.
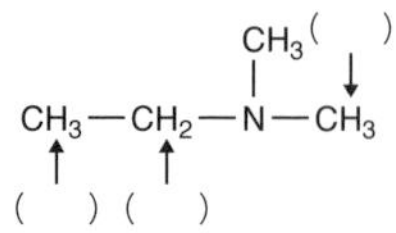

783.
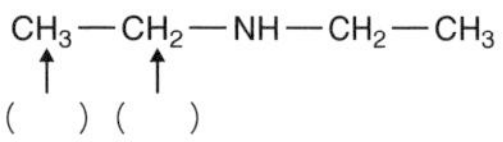

784.
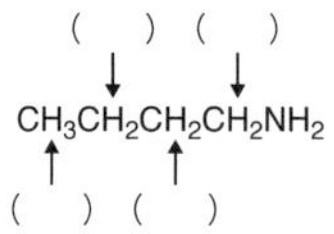

785.
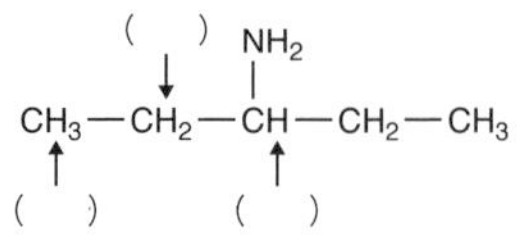

48 $n+1$ 則を用いて，矢印で示した水素原子のピークが ¹H NMR で何本に分裂するかを答えよ． 目安時間 15 分

! *Hint*：基本の考え方は同じ．（隣接する炭素原子に結合した水素の数+1）本に分裂する．

786.
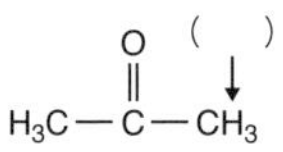

787.
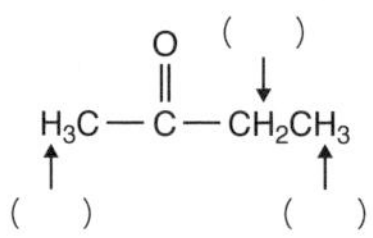

788.
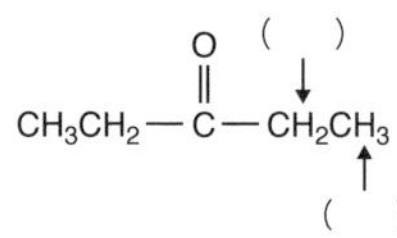

789.
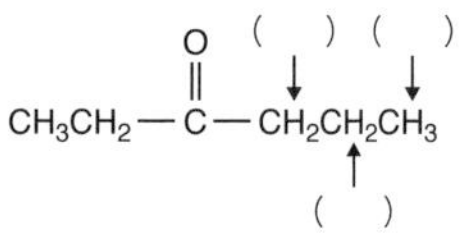

790.
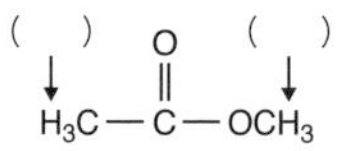

791.
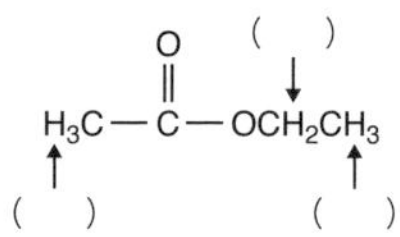

792.
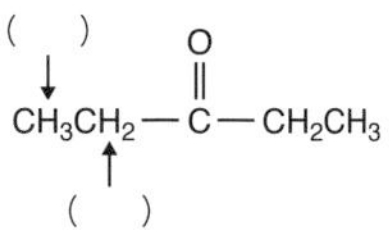

793.
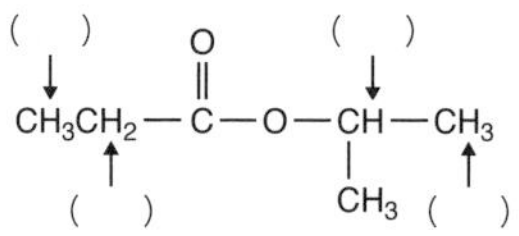

794.
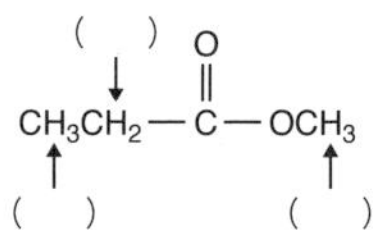

795.
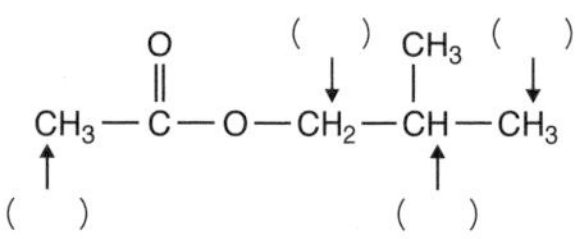

796.
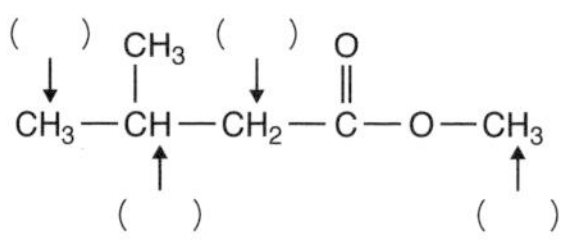

797.
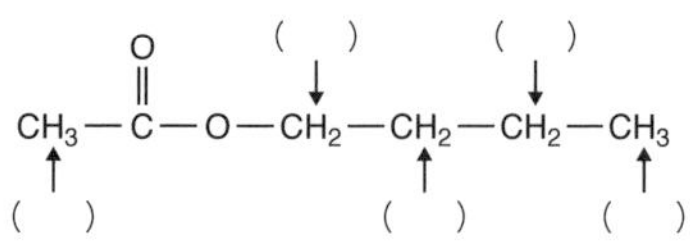

798.
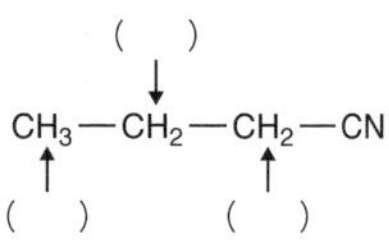

799.
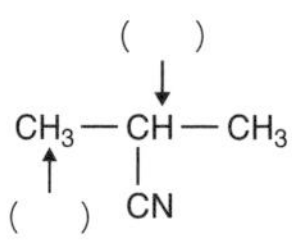

49 カップリングの樹形図を書け．方眼紙の1マスは2.5 Hzとする．

目安時間 30 分

Hint：二つ以上のカップリング定数がかかわる場合は，大きいほうのカップリング定数を最初に考えて，順番にピークを分裂させていくほうが書きやすい．

- 回答欄は次ページ．

問題番号	J_1	J_2	J_3	J_4
800	5			
801	10			
802	15			
803	20			
804	5	5		
805	10	10		
806	15	15		
807	10	5		
808	15	5		
809	15	10		
810	20	5		
811	5	5	5	
812	10	10	10	
813	10	10	5	
814	15	15	5	
815	5	5	5	5
816	10	10	10	10
817	15	10	5	
818	20	15	10	
819	20	15	5	

800 801 802 803

804 805 806

807 808 809

810 811

812

813

814

815

816

817

818

819

50 次のダブレットピークのピーク中心とカップリング定数（J）を求めよ.　目安時間 15 分

Hint：カップリングが 1 回だけなので，二つのピークの中点（ppm）がピーク中心．カップリング定数は二つのピークの差（ppm）をとり，測定装置の周波数を掛けて算出する．

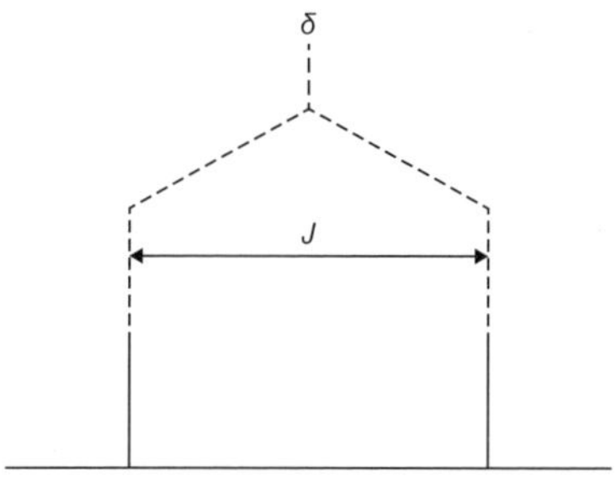

問題番号	820	821	822	823	824	825	826	827	828	829
ピーク（ppm）	5.037	3.588	4.192	4.140	4.158	5.150	7.762	1.487	5.845	1.183
	5.063	3.612	4.208	4.260	4.243	5.250	7.838	1.513	5.855	1.218
周波数（MHz）	300	300	300	100	200	100	100	300	200	200
ピーク中心(ppm)										
J（Hz）										

51 次のトリプレットピークのピーク中心とカップリング定数（J）を求めよ.　目安時間 15 分

Hint：カップリングが 2 回起こるが，$J_1=J_2$ なので，三重線（トリプレット）になる．なぜ，その形のピークになるのかを樹形図を用いて考えよう．

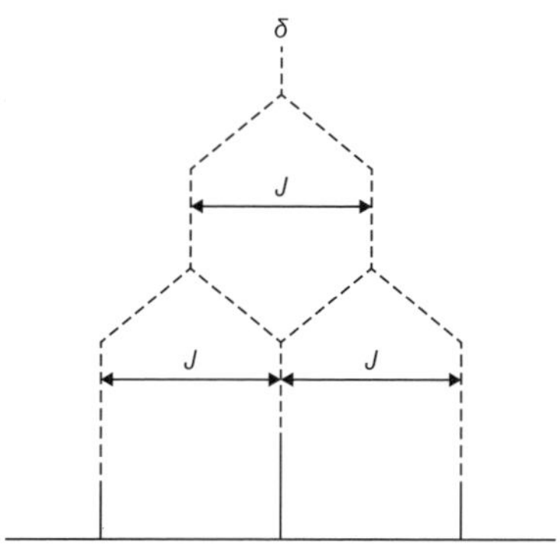

問題番号	830	831	832	833	834	835	836	837	838	839
ピーク（ppm）	4.781	3.778	7.173	1.494	3.248	2.082	4.541	5.170	6.788	6.790
	4.800	3.800	7.200	1.520	3.260	2.100	4.560	5.200	6.800	6.800
	4.819	3.822	7.227	1.546	3.272	2.118	4.579	5.230	6.812	6.810
周波数（MHz）	300	300	300	300	600	400	400	400	400	400
ピーク中心（ppm）										
J（Hz）										

52 次のダブルダブレットのピーク中心とカップリング定数（J_1, J_2）を求めよ．

目安時間 15 分

Hint：カップリングが2回起こり $J_1 \neq J_2$ なので，1：1：1：1の強度比のダブルダブレットになる．樹形図を見ながら，どこからどこを差し引けば，J_1, J_2 が得られるかを考えよう．

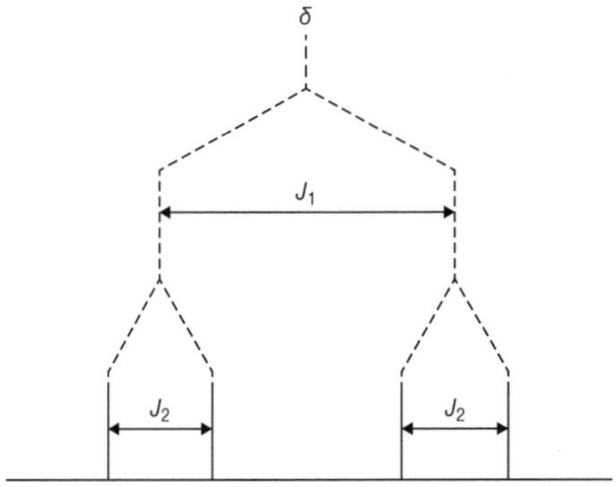

問題番号	840	841	842	843	844	845	846	847	848	849
ピーク（ppm）	5.988	7.186	5.567	5.552	5.428	5.988	7.793	6.470	3.749	6.486
	5.994	7.191	5.577	5.592	5.438	5.993	7.798	6.490	3.779	6.490
	6.006	7.209	5.623	5.608	5.462	6.008	7.803	6.510	3.821	6.510
	6.012	7.214	5.633	5.648	5.472	6.013	7.808	6.530	3.851	6.514
周波数（MHz）	400	300	300	300	500	500	500	100	100	300
ピーク中心（ppm）										
J_1（Hz）										
J_2（Hz）										

• 下線で示した水素原子がどの水素原子とカップリングするかを以下のように示す.

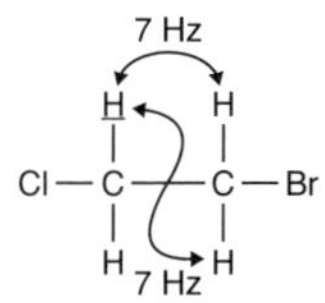

53

以下のアルケンについて，pXX の例にならって，下線で示した水素原子がカップリングする相手の水素原子と矢印で結び，カップリング定数を記入せよ．アルケンの二重結合回りのカップリング定数は次の通りとする.

目安時間 15 分

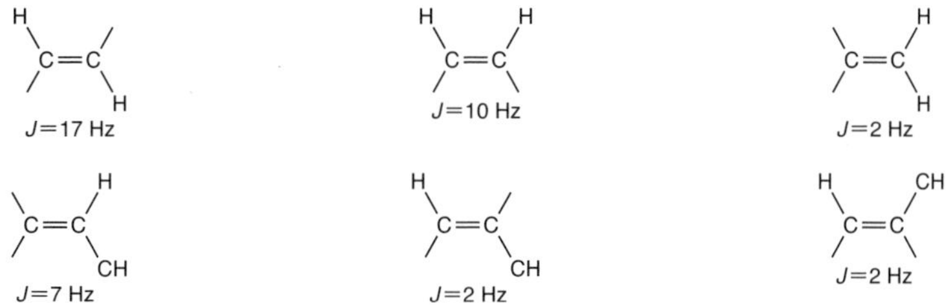

> **!** *Hint*：二つの水素原子がジェミナル，シス，トランスのどの関係であるかによってカップリング定数が異なる．さらに，ロングレンジカップリングも忘れないようにしよう.

850. 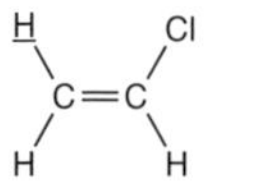

851. 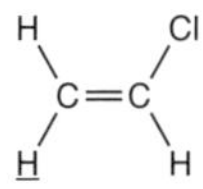

852. 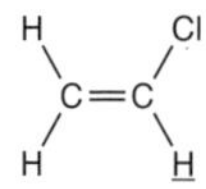

853. 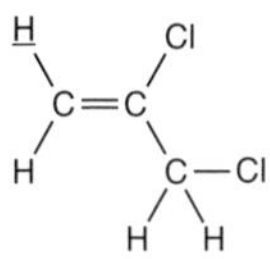

854. 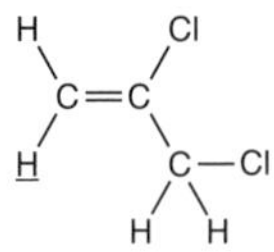

855. 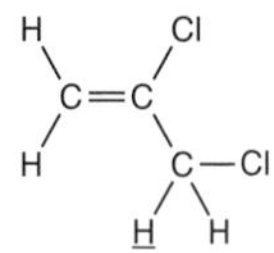

54

以下の置換ベンゼンについて，pXX の例にならって，下線で示した水素原子がカップリングする相手の水素原子と矢印で結び，カップリング定数を記入せよ．ベンゼンの水素のカップリング定数は次の通りとする.

目安時間 15 分

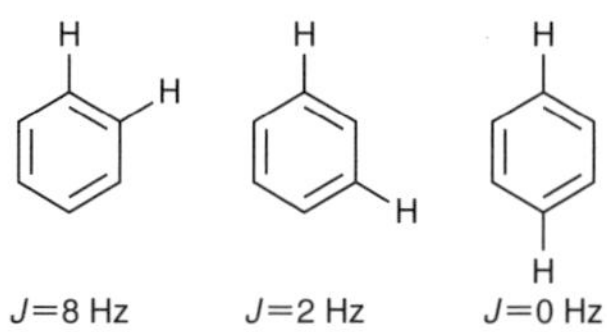

> **!** *Hint*：二つの水素原子がオルト，メタのどちらの関係であるかによってカップリング定数が異なる．パラの関係にある場合は，その二つの水素原子が非等価でもカップリングしない.

856.
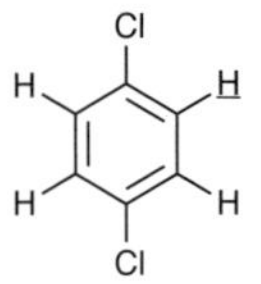

857.
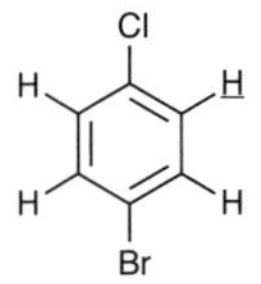

858.
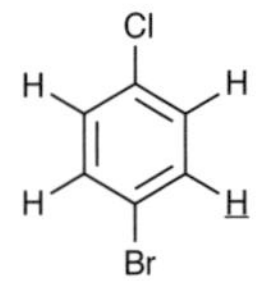

859.
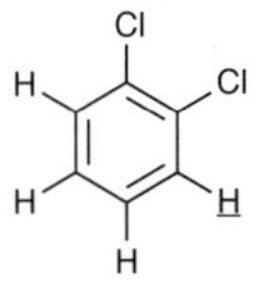

860.
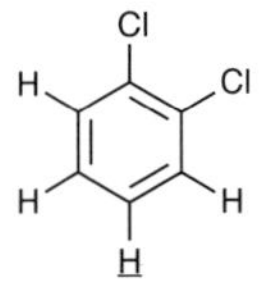

861.
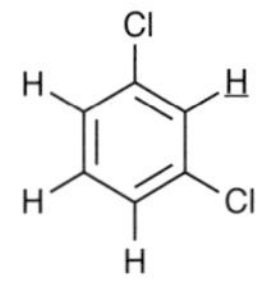

862.
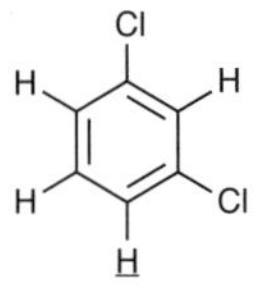

863.
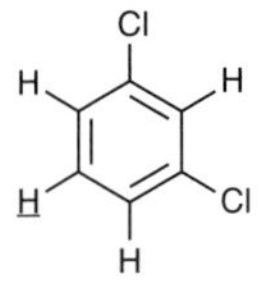

864.
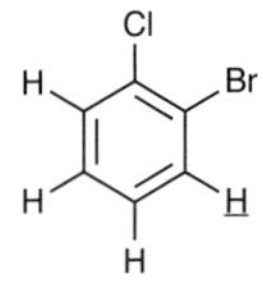

865.
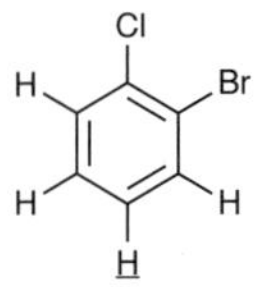

866.
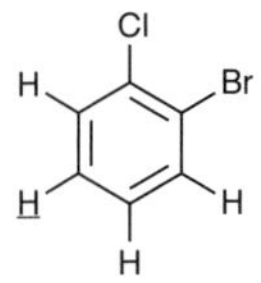

867.
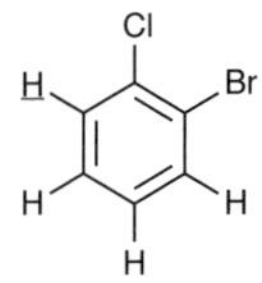

868.
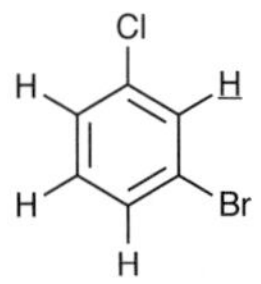

869.
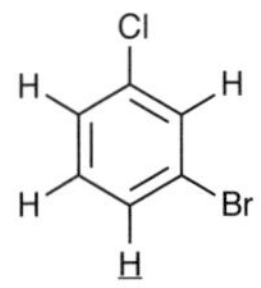

870.
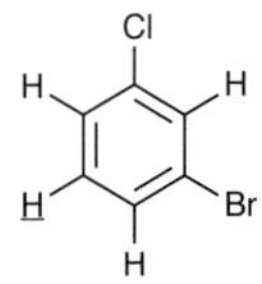

871.
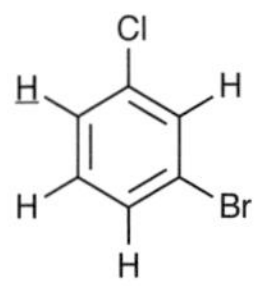

872.
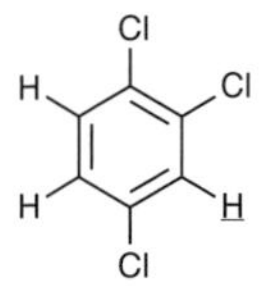

873.
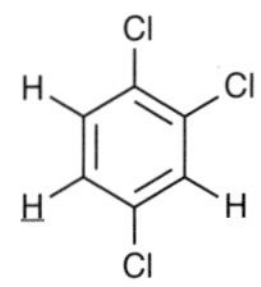

874.
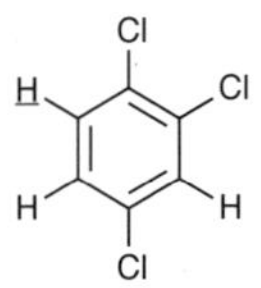

55 化合物の構造式と ¹H NMR スペクトルを示す．下の例にならって積分曲線と水素比を書き込め．

目安時間 30分

Hint：まず，どのピークが構造式中のどの水素原子に対応するかを帰属しよう．等価な水素原子は同じ位置にピークが出ることを忘れないように．

【例】

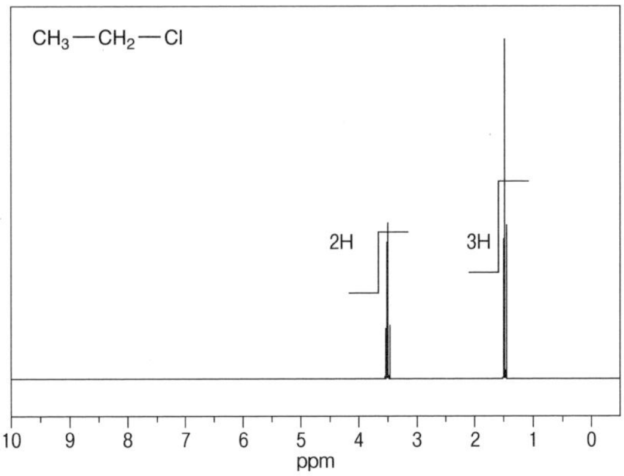

875. 臭化メチル

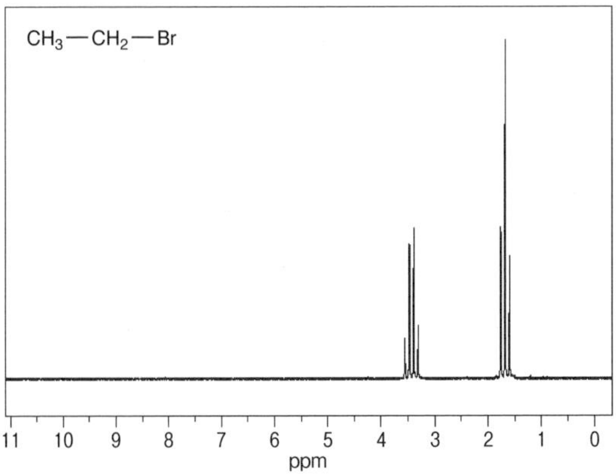

876. 3-ヒドロキシ-2-ブタノン

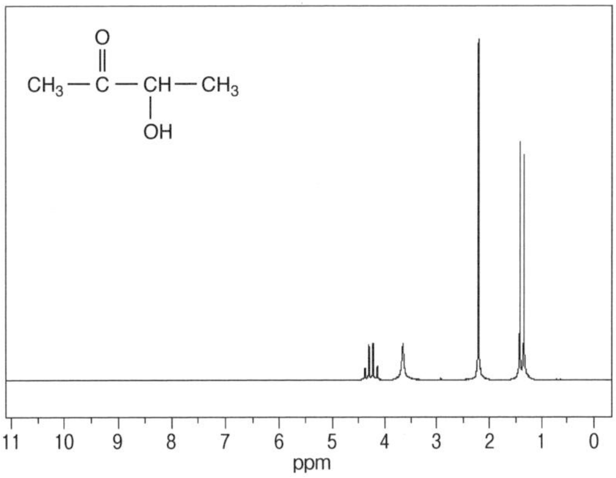

877. ギ酸イソプロピル

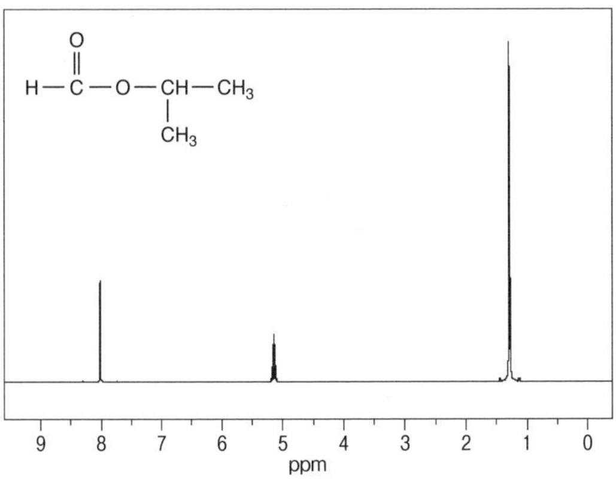

878. 酢酸エチル

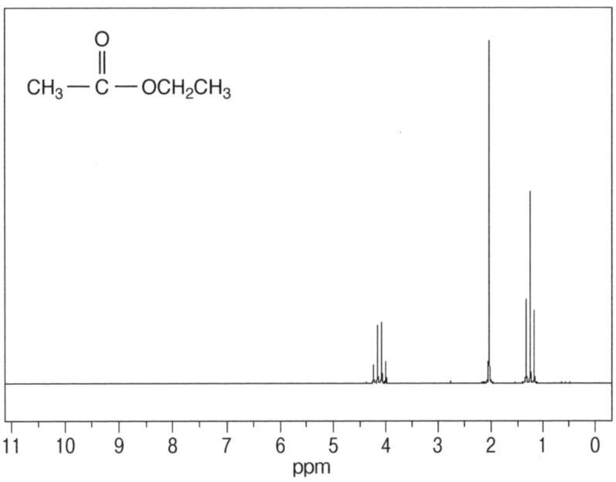

879. プロパン酸メチル

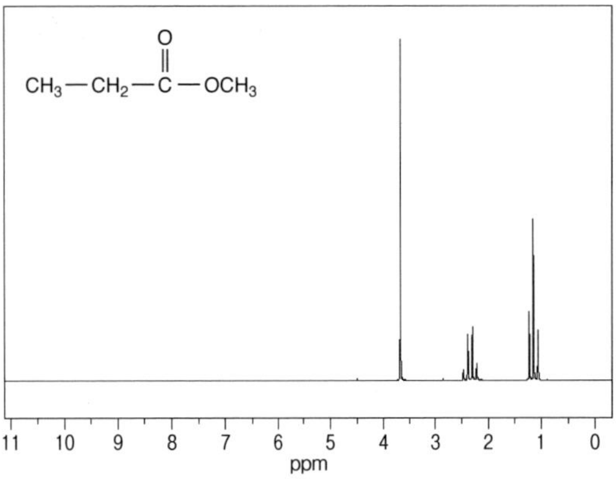

880. メトキシアセトン

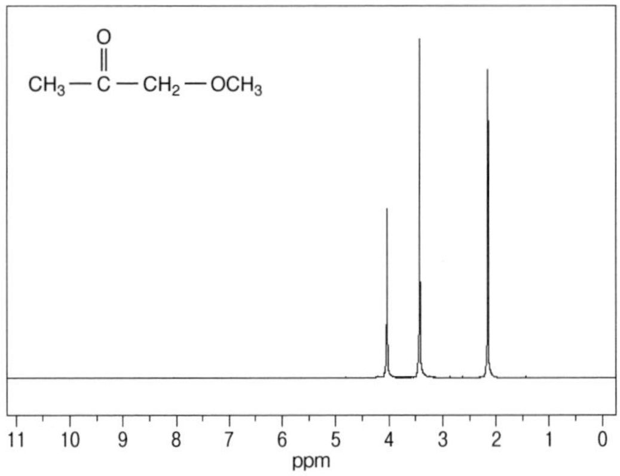

881. 4-ヒドロキシ-2-ブタノン

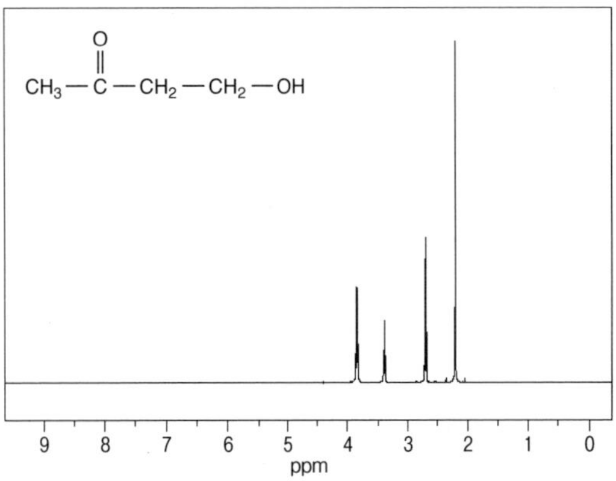

882. 4-メトキシトルエン（芳香環領域は二つに分けて積分曲線を書くこと）

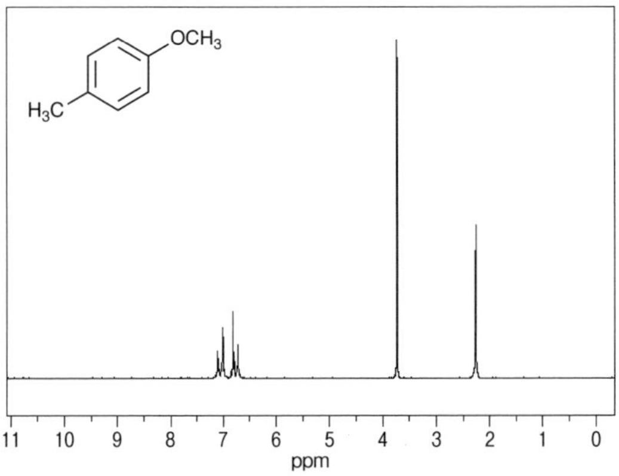

883. エトキシベンゼン（芳香環領域はひとまとめにして積分曲線を書くこと）

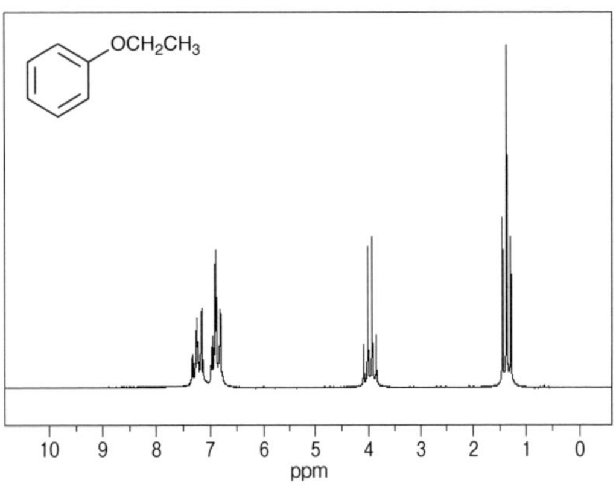

884. トルエン（芳香環領域はひとまとめにして積分曲線を書くこと）

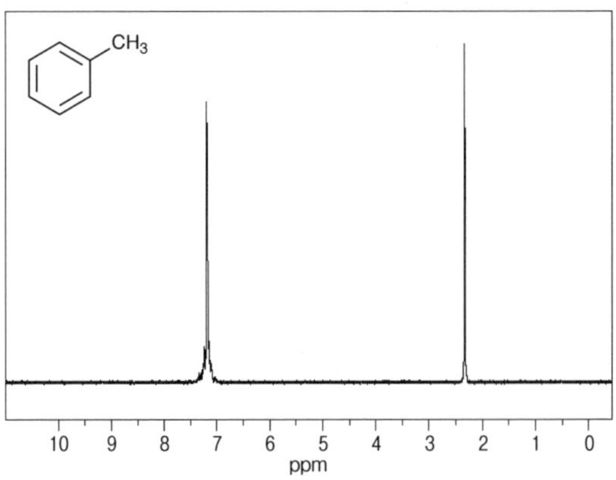

885. エチルベンゼン（芳香環領域はひとまとめにして積分曲線を書くこと）

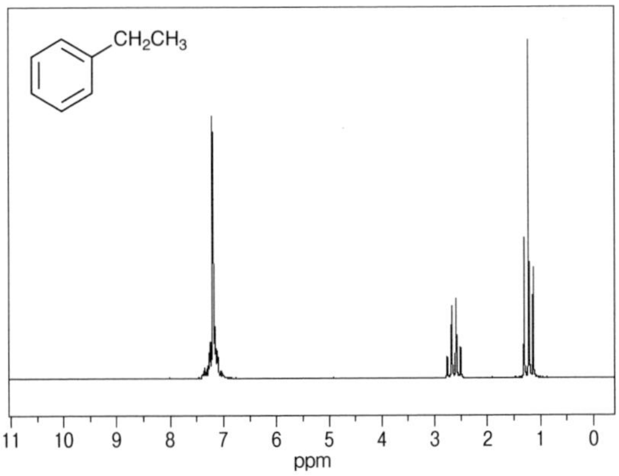

886. イソプロペニルベンゼン（芳香環領域はひとまとめにして積分曲線を書くこと）

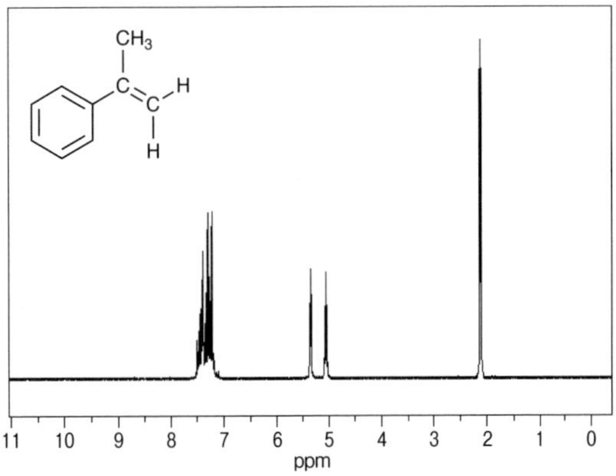

887. 4-メチル安息香酸（芳香環領域は二つに分けて積分曲線を書くこと）

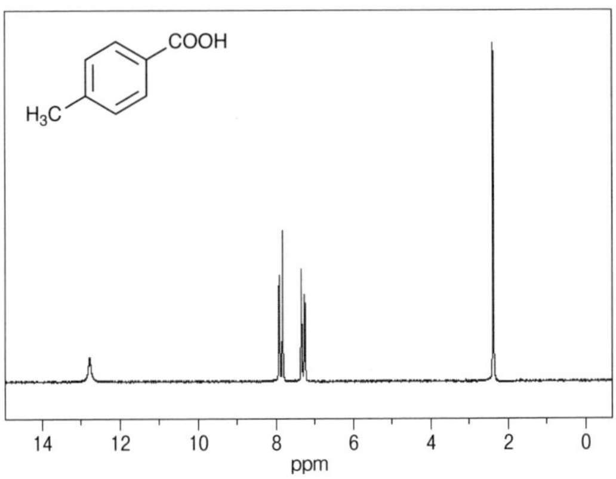

888. 4-メトキシ安息香酸エチル（芳香環領域は二つに分けて積分曲線を書くこと）

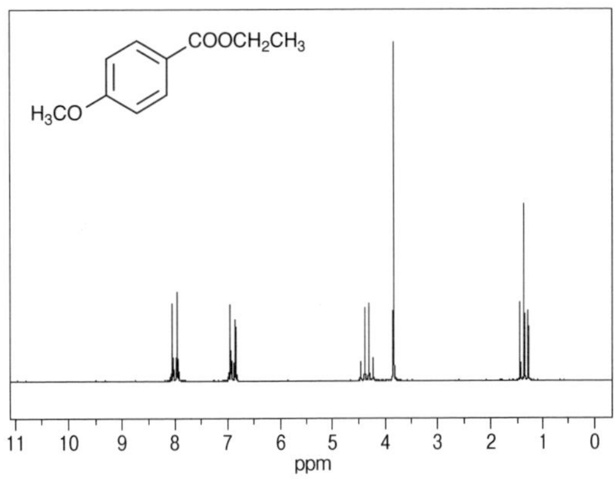

889. イソニコチン酸エチル（芳香環領域は二つに分けて積分曲線を書くこと）

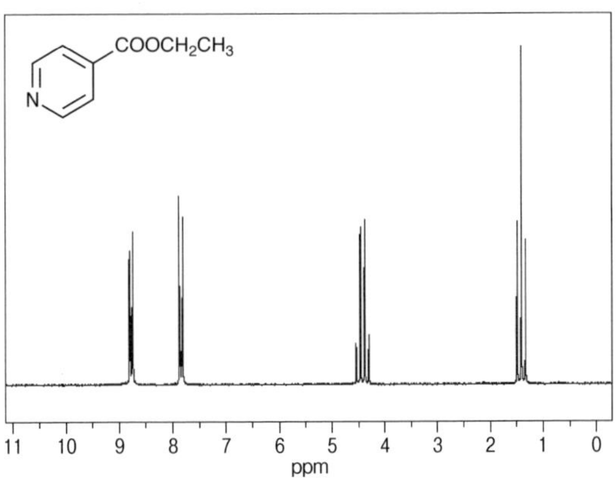

890. プロパン酸

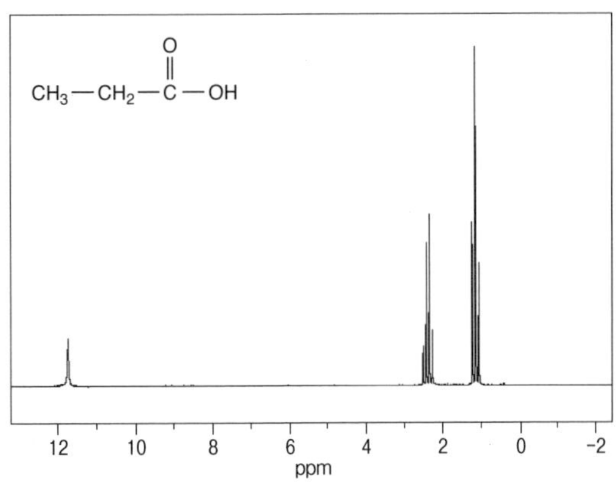

891. プロパナール

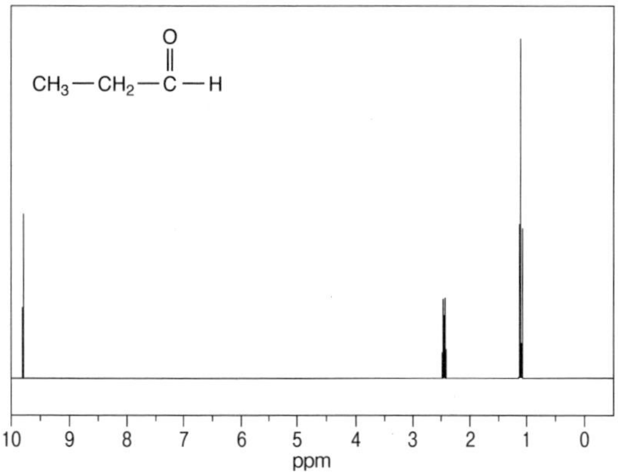

892. 2,6-ジブロモ-4-メチルフェノール

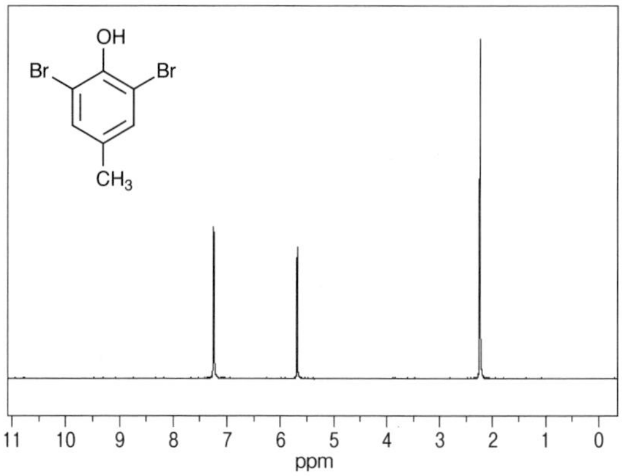

893. 1,3-シクロヘキサジエン

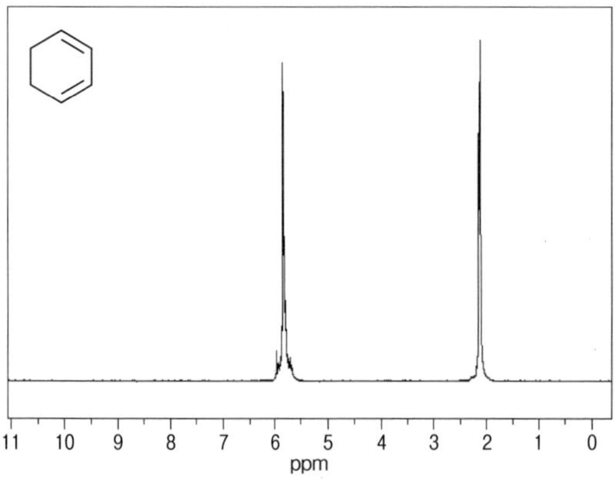

894. 4-クロロ-3,5-ジメチルフェノール

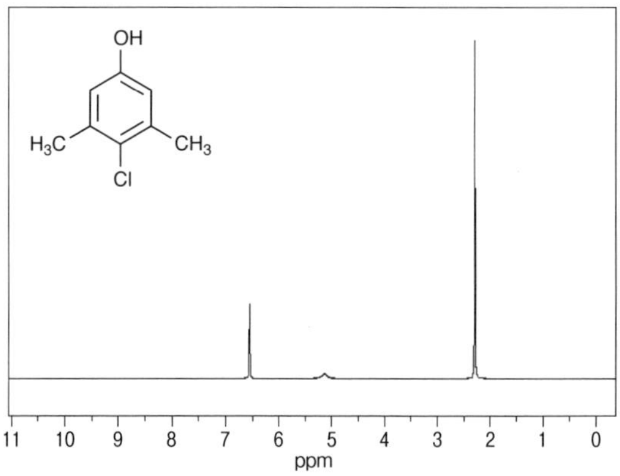

895. *p*-ジイソプロピルベンゼン

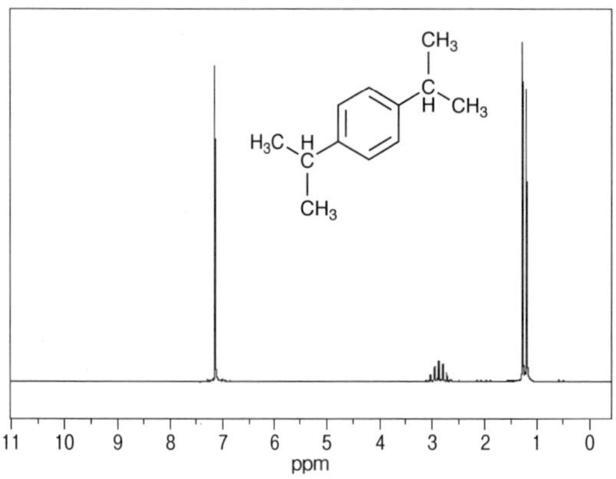

896. 4-イソプロピルアニソール（芳香環領域は二つに分けて積分曲線を書くこと）

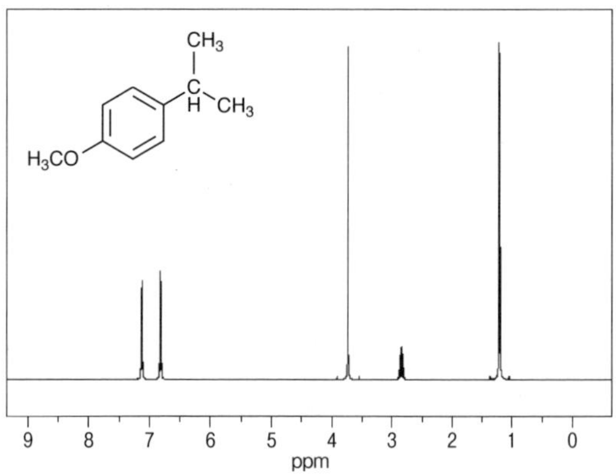

897. *p*-ビス（メトキシメチル）ベンゼン

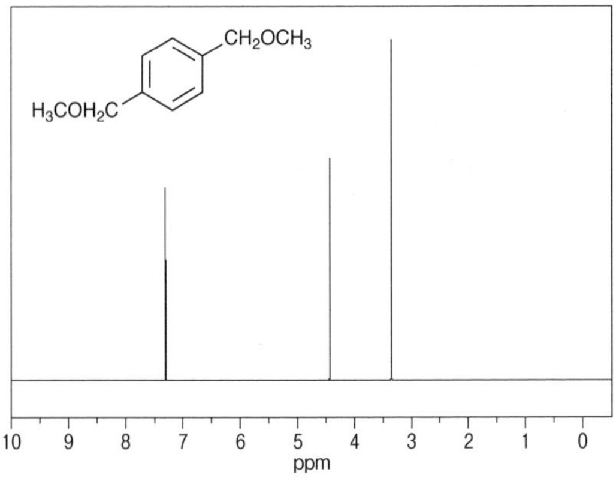

898. *p*-ジエトキシベンゼン

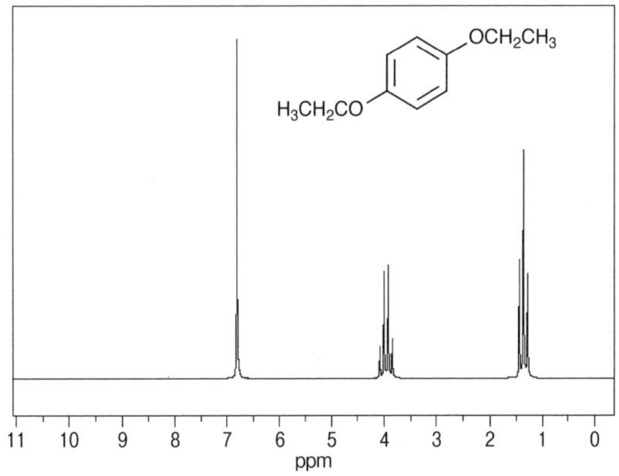

899. 1,2,3-トリメトキシベンゼン（芳香環領域は二つに分けて積分曲線を書くこと）

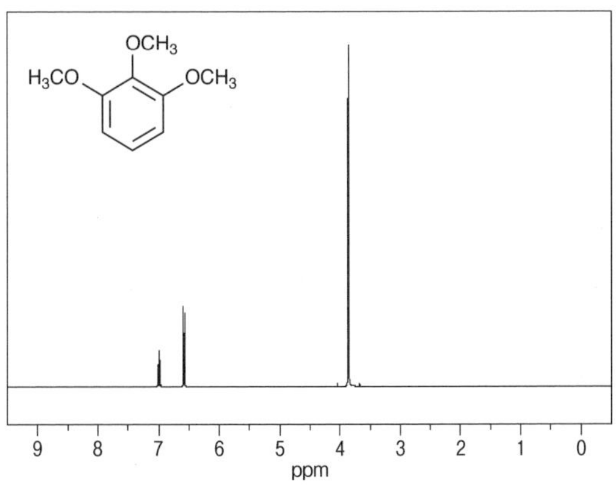

56 ある化合物の ¹H NMR スペクトルを示す．与えられた情報とスペクトルから，各問に答えよ．

目安時間 30 分

Hint：まず IHD を計算しよう．次に ¹H NMR スペクトルから化学シフト，多重度，面積比などの情報を読み取ろう．さらに，IHD の値や他の分光法からの情報と，¹H NMR スペクトルから得られる情報をリンクさせよう．

900. • 分子式 C_4H_8O
• IR 1718 cm^{-1}（強い）
• ^{13}C NMR 209 ppm
IHD＝（　　）
芳香環を（もつ・もたない）
カップリングしている水素原子は（　　　　）と（　　　　）

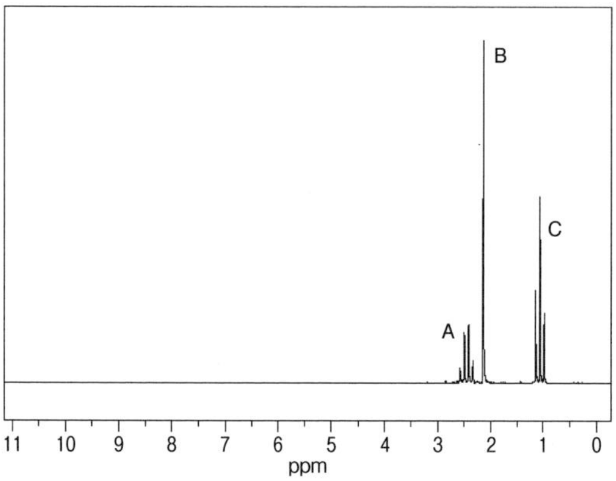

901. • 分子式 $C_5H_{10}O$
• IR 1716 cm^{-1}（強い）
• ^{13}C NMR 212 ppm
IHD＝（　　）
C のピークは 2 本に分裂している．C の水素原子とカップリングしている水素原子の数は（　　　　）個
A のピークは 7 本に分裂している．A の水素原子とカップリングしている水素原子の数は（　　　　）個

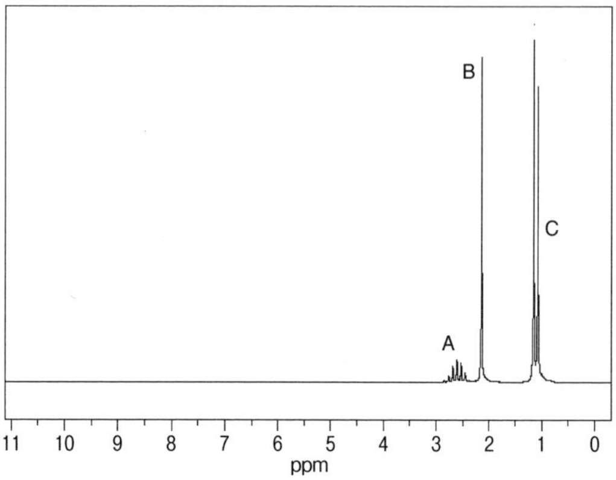

902. • 分子式 C_4H_8O
• IR 1731 cm^{-1}（強い）
• ^{13}C NMR 203 ppm
IHD＝（　　）
これらの情報と ^{1}H NMR から判断すると，この化合物は（アルデヒド・ケトン）である．

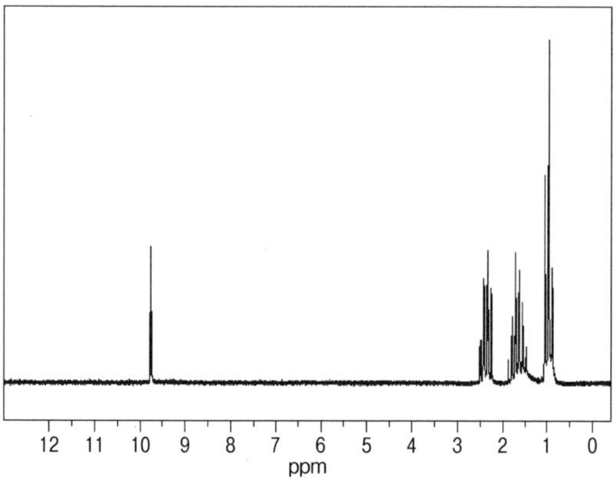

903. • 分子式 $C_4H_8O_2$
• IR 3000 cm^{-1}（ブロード），1712 cm^{-1}（強い）
• ^{13}C NMR 181 ppm
IHD＝（　　）
これらの情報と ^{1}H NMR から判断すると，この化合物は（アルデヒド・ケトン・エステル・カルボン酸）である．

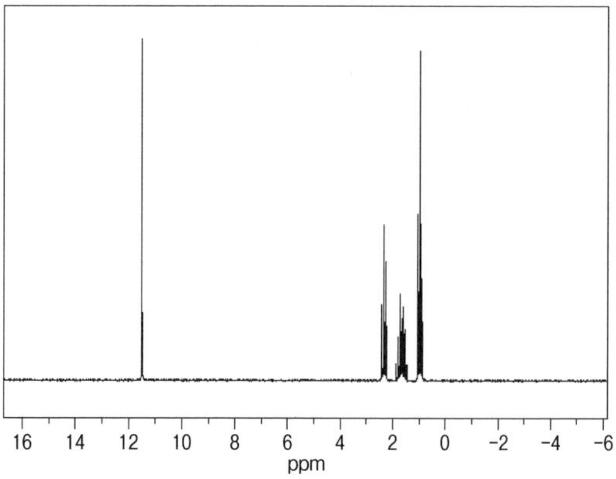

904. • 分子式 $C_4H_8O_2$

• IR 1743 cm^{-1}（強い）

• ^{13}C NMR 171 ppm

• エステル

IHD＝（　　）

アルコール由来の酸素原子に隣接した炭素原子に結合している水素原子は（　　　　）である.

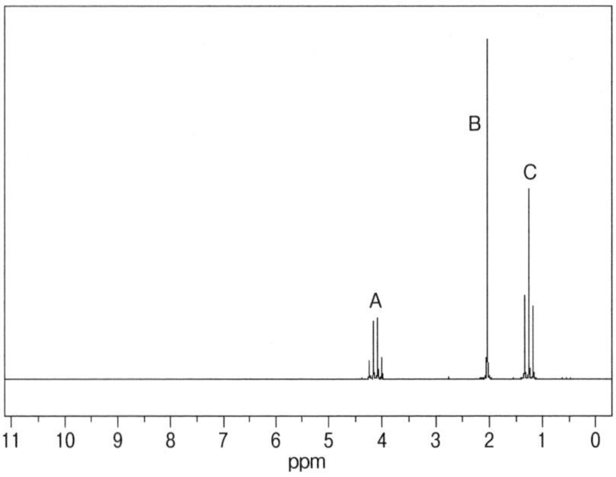

905. • 分子式 $C_6H_{12}O_2$

• IR 1743 cm^{-1}（強い）

• ^{13}C NMR 174 ppm

• エステル

IHD＝（　　）

アルコール由来の酸素原子に隣接した炭素原子に結合している水素原子は（　　　　）である.

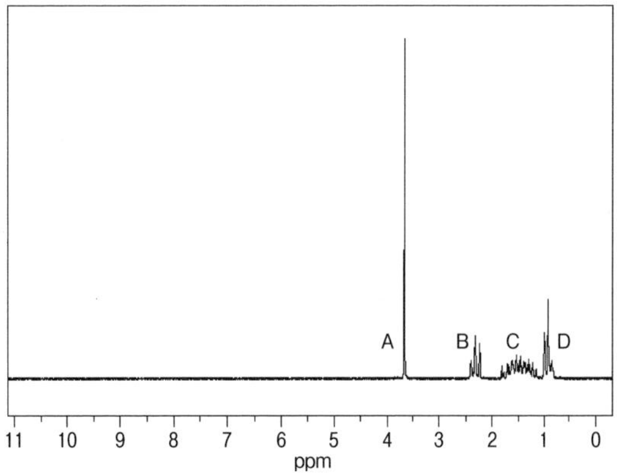

906. • 分子式 $C_4H_8O_2$

• IR 1741 cm^{-1}（強い）

• ^{13}C NMR 175 ppm

• エステル

IHD＝（　　）

アルコール由来の酸素原子に隣接した炭素原子に結合している水素原子は（　　　　）である.

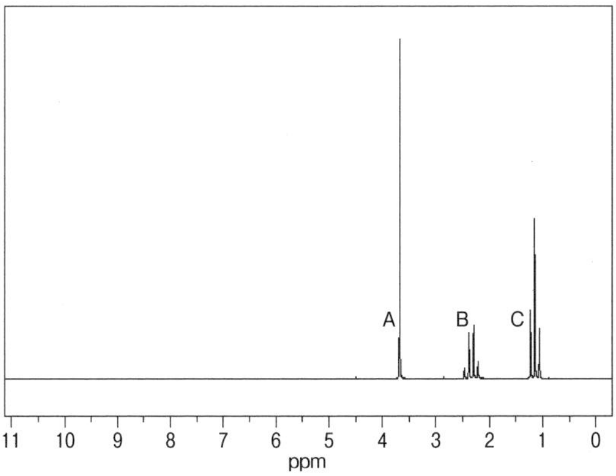

907. • 分子式 $C_8H_{10}O_2$

• *p*-二置換ベンゼン

IHD＝（　　）

ベンゼン環に置換した二つの置換基は同一で（ある・ない）

ベンゼン環上の置換基の一つは（電子供与性基・電子求引性基）で，もう一つ（電子供与性基・電子求引性基）である.

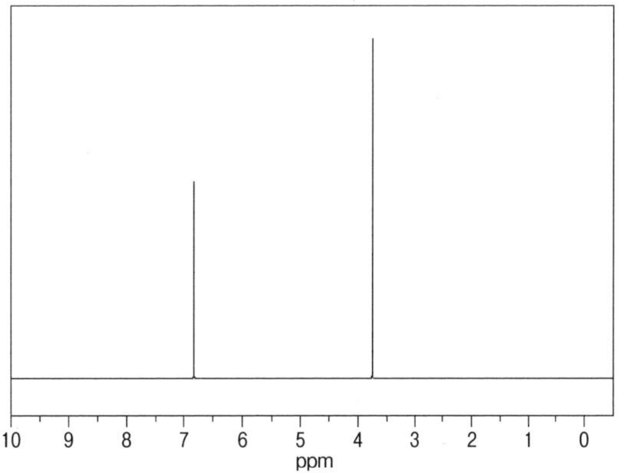

908. • 分子式 $C_8H_4N_2$
• *p*-二置換ベンゼン
IHD＝（　　）
ベンゼン環に置換した二つの置換基は同一で（ある・ない）
ベンゼン環上の置換基の一つは（電子供与性基・電子求引性基）で，もう一つは（電子供与性基・電子求引性基）である．

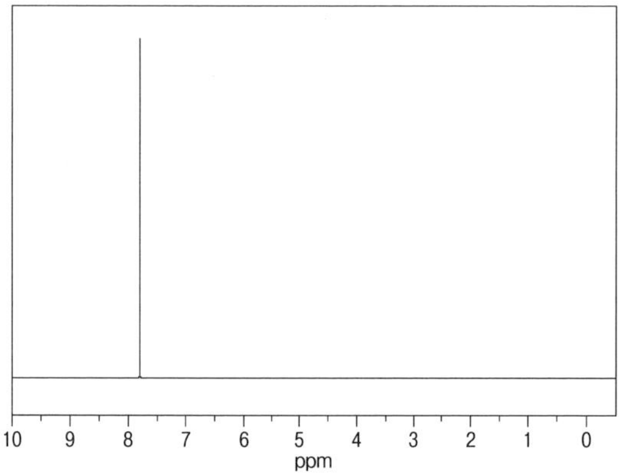

909. • 分子式 $C_8H_{10}O$
• *p*-二置換ベンゼン
IHD＝（　　）
ベンゼン環に置換した二つの置換基は同一で（ある・ない）
ベンゼン環上の置換基の一つは（電子供与性基・電子求引性基）で，もう一つは（電子供与性基・電子求引性基）である．

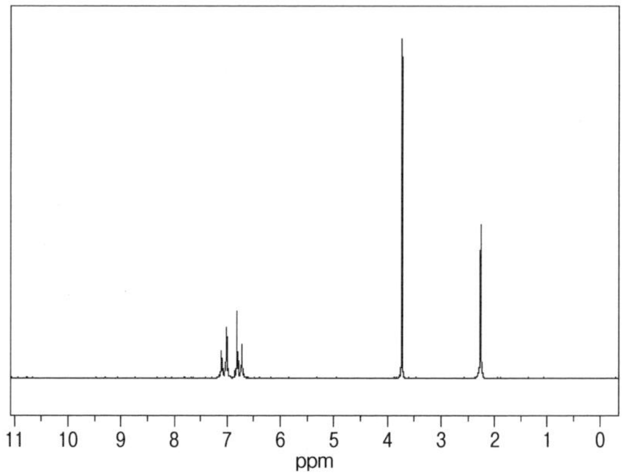

910. • 分子式 C_7H_5NO
• *p*-二置換ベンゼン
IHD＝（　　）
ベンゼン環に置換した二つの置換基は同一で（ある・ない）
ベンゼン環上の置換基の一つは（電子供与性基・電子求引性基）で，もう一つは（電子供与性基・電子求引性基）である．

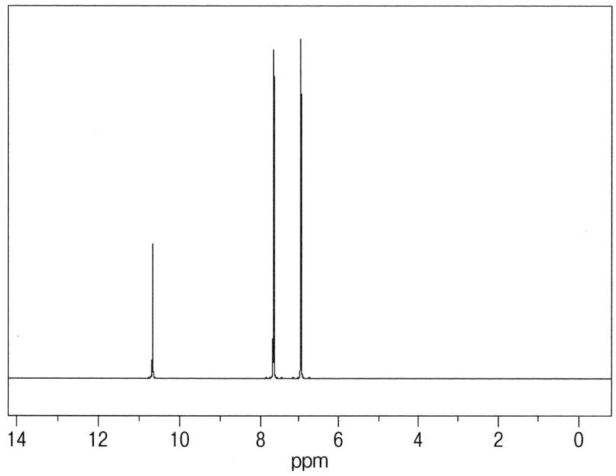

911. • 分子式 $C_7H_4N_2O_2$
• *p*-二置換ベンゼン
IHD＝（　　）
ベンゼン環に置換した二つの置換基は同一で（ある・ない）
ベンゼン環上の置換基の一つは（電子供与性基・電子求引性基）で，もう一つは（電子供与性基・電子求引性基）である．

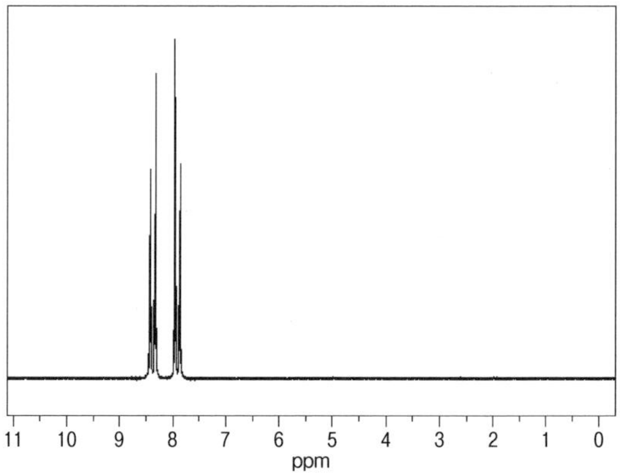

912. • 分子式 C_5H_{10}

• アルケン

IHD＝（　　）

アルケンの sp^2 炭素に結合した水素は全部で（　　　）個

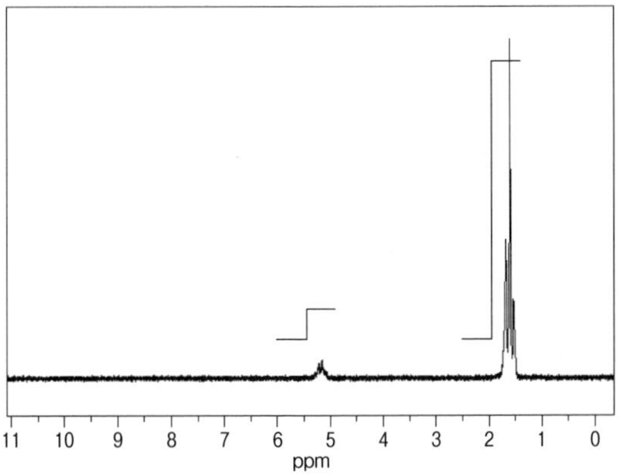

913. • 分子式 C_4H_8

• アルケン

IHD＝（　　）

アルケンの sp^2 炭素に結合した水素は全部で（　　　）個

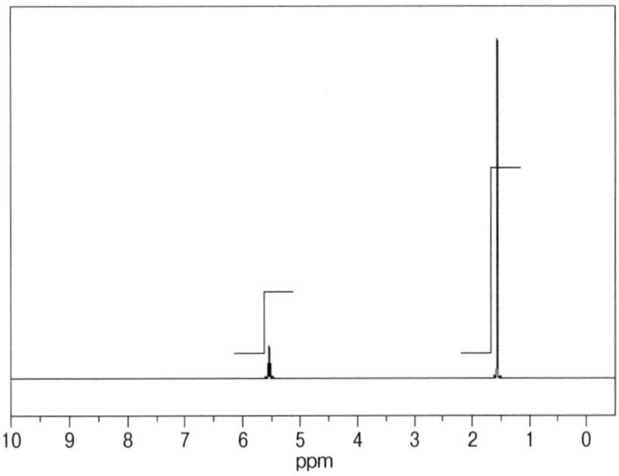

914. • 分子式 C_5H_{10}

• アルケン

IHD＝（　　）

アルケンの sp^2 炭素に結合した水素は全部で（　　　）個

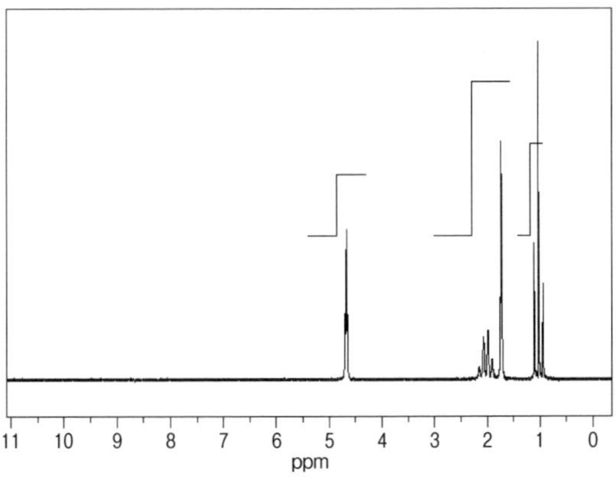

915. • 分子式 $C_{10}H_{14}$

• 芳香環をもつ

IHD＝（　　）

芳香環に結合した水素は全部で（　　　）個

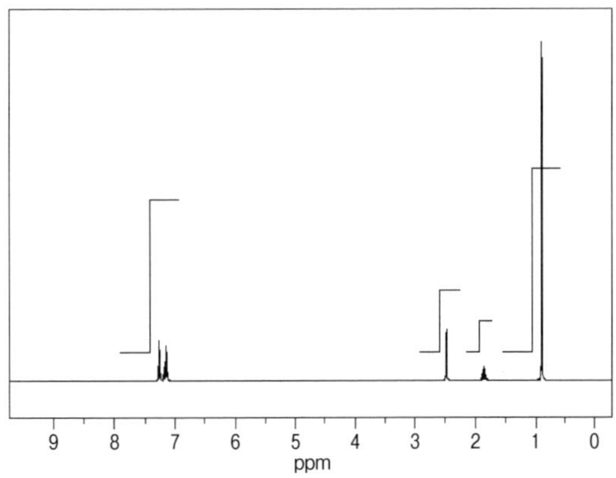

916.　• 分子式 C_9H_{12}

• 芳香環をもつ

IHD＝（　　）

芳香環に結合した水素は全部で（　　　）個

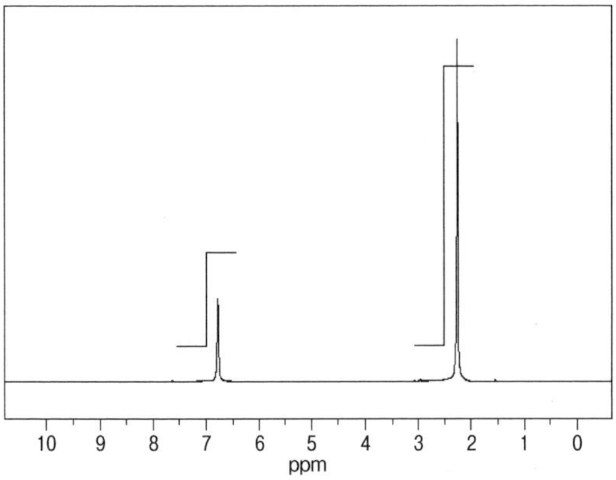

917.　• 分子式 $C_{10}H_{14}$

• 芳香環をもつ

IHD＝（　　）

芳香環に結合した水素は全部で（　　　）個

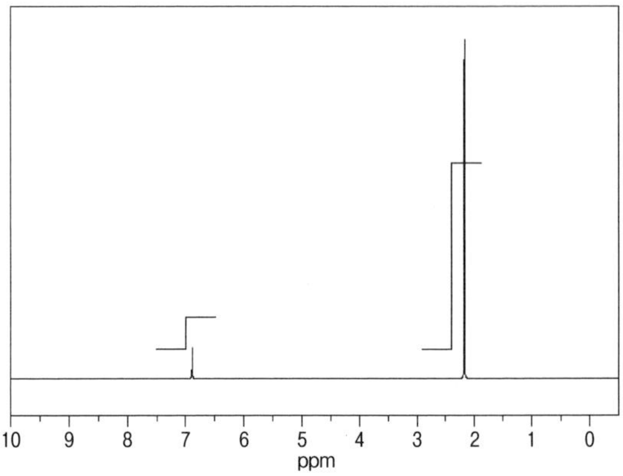

918.　• 分子式 $C_{10}H_{14}$

• 芳香環をもつ

IHD＝（　　）

芳香環に結合した水素は全部で（　　　）個

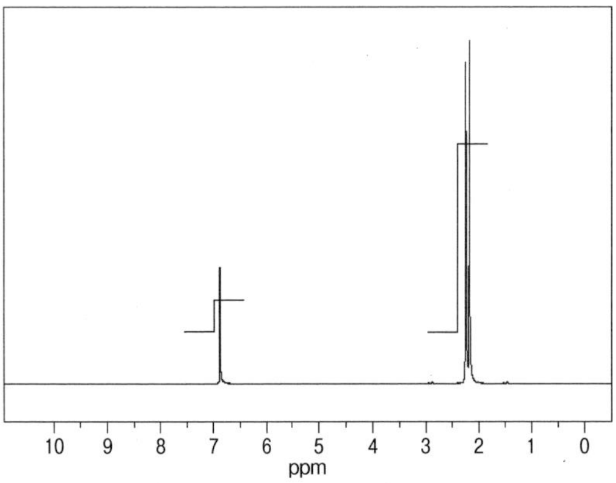

919.　• 分子式 $C_{10}H_{14}$

• 芳香環をもつ

IHD＝（　　）

芳香環に結合した水素は全部で（　　　）個

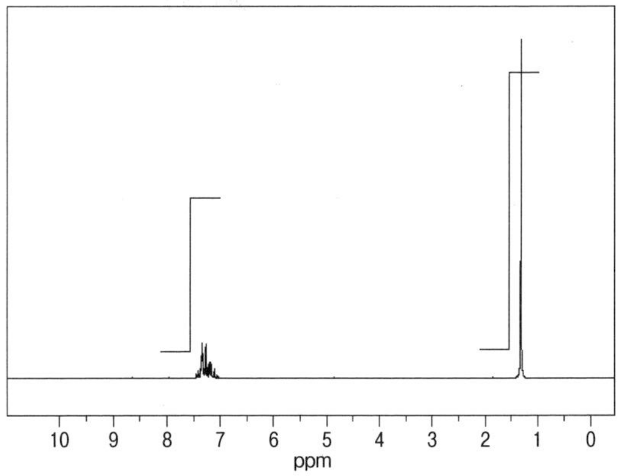

920.　• 分子式 C_9H_{12}
　　• 芳香環をもつ
　IHD＝（　　）
　芳香環に結合した水素は全部で（　　　）個

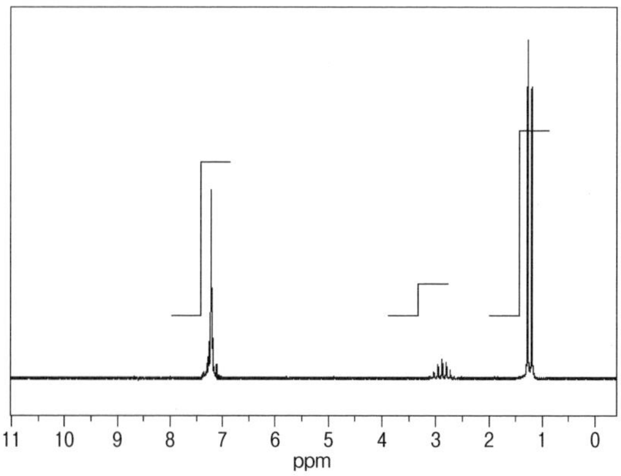

921.　• 分子式 $C_5H_{12}O$
　　• IR 2960 cm^{-1}（ブロード）
　IHD＝（　　）
　酸素原子に結合した炭素原子に結合した水素原子は（　　　）

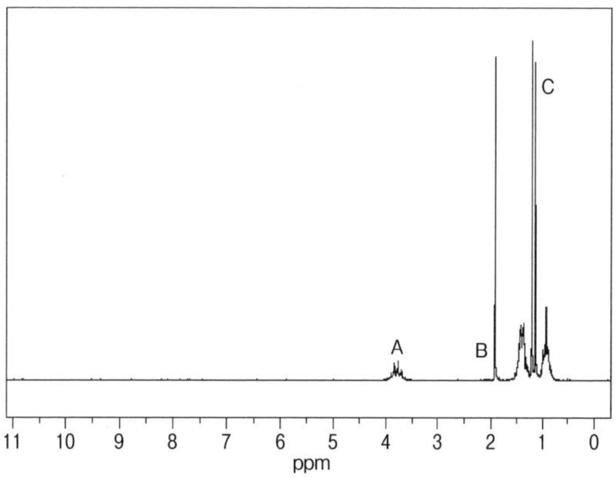

922.　• 分子式 $C_5H_{12}O$
　　• IR 2955 cm^{-1}（ブロード）
　IHD＝（　　）
　酸素原子に結合した炭素原子に結合した水素原子は（　　　）

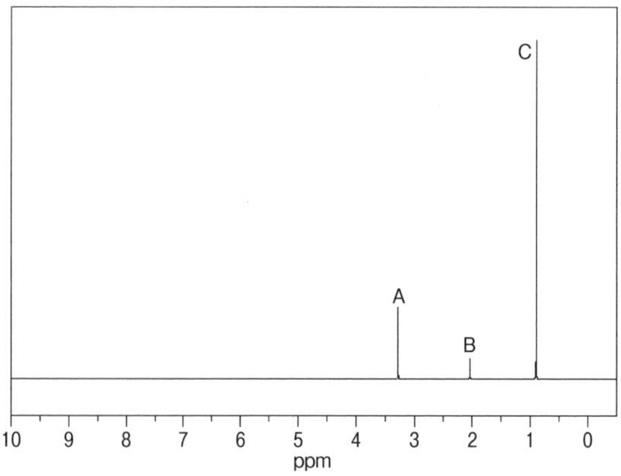

923.　• 分子式 $C_5H_{12}O$
　IHD＝（　　）
　酸素原子に結合した炭素原子に結合した水素原子は（　　　）

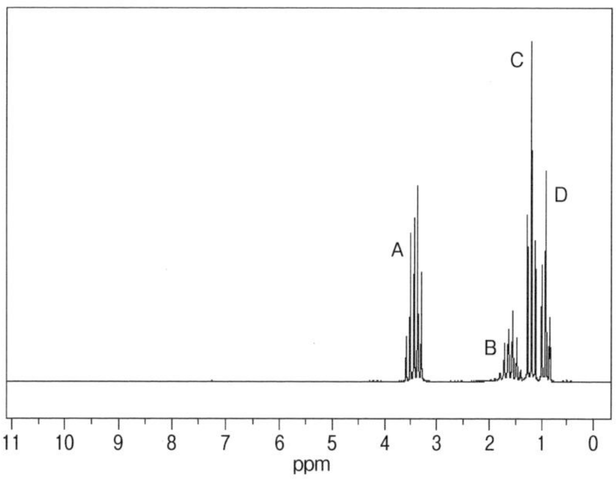

924. • 分子式 $C_5H_{12}O$

• IR 2959 cm^{-1}（ブロード）

IHD＝（　　）

酸素原子に結合した炭素原子に結合した水素原子は（　　　）

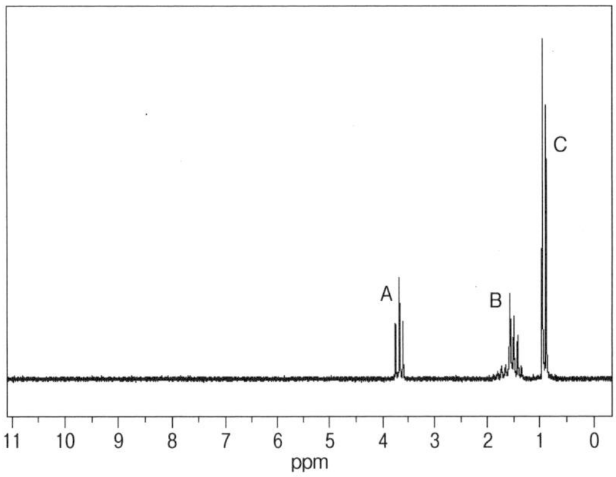

925. • 分子式 $C_5H_{12}O$

IHD＝（　　）

酸素原子に結合した炭素原子に結合した水素原子は（　　　）

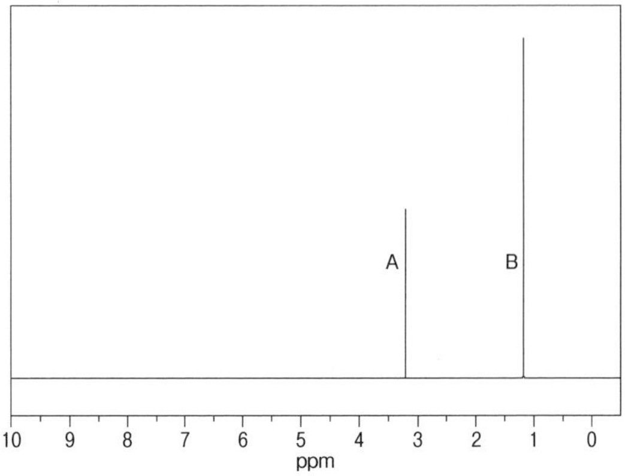

926. 1-クロロブタンの ^{1}H NMR を示す．それぞれのピークの情報は次の通り．

A：δ3.42（t, 2H）　B：δ1.68（qui, 2H）

C：δ1.41（sext, 2H）　D：δ0.92（t, 3H）

A ～ D のピークがどの水素原子に対応するかを括弧に示せ．

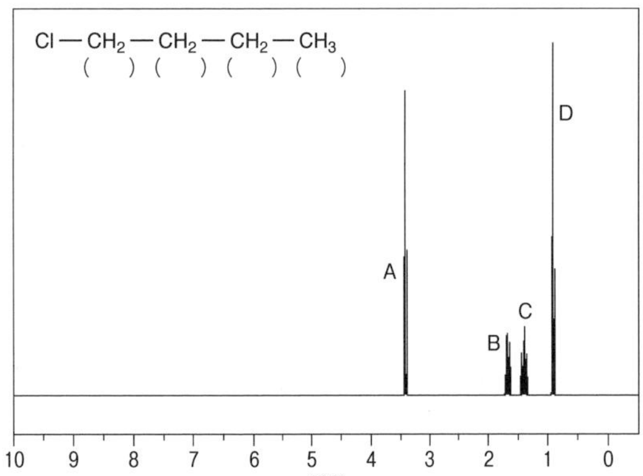

927. 1-クロロプロパンの ^{1}H NMR を示す．それぞれのピークの情報は次の通り．

A：δ3.30（t, 2H）　B：δ1.61（sext, 2H）

C：δ0.86（t, 3H）

A ～ C のピークがどの水素原子に対応するかを括弧に示せ．

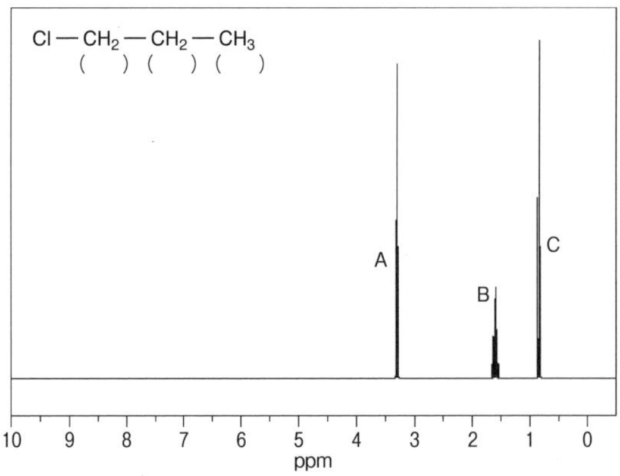

928. 1-ニトロブタンの 1H NMR を示す．それぞれのピークの情報は次の通り．

A：δ4.47（t, 2H）　B：δ2.07（qui, 2H）

C：δ1.50（sext, 2H）　D：δ1.07（t, 3H）

A～D のピークがどの水素原子に対応するかを括弧に示せ．

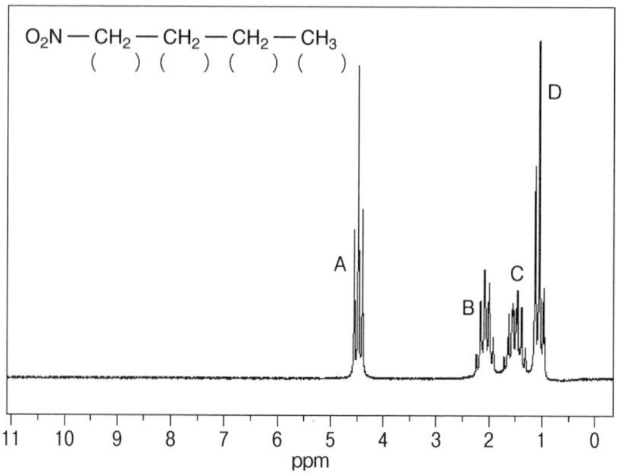

929. 1-ニトロプロパンの 1H NMR を示す．それぞれのピークの情報は次の通り

A：δ4.36（t, 2H）

B：δ2.03（sext, 2H）

C：δ1.03（t, 3H）

A～C のピークがどの水素原子に対応するかを括弧に示せ．

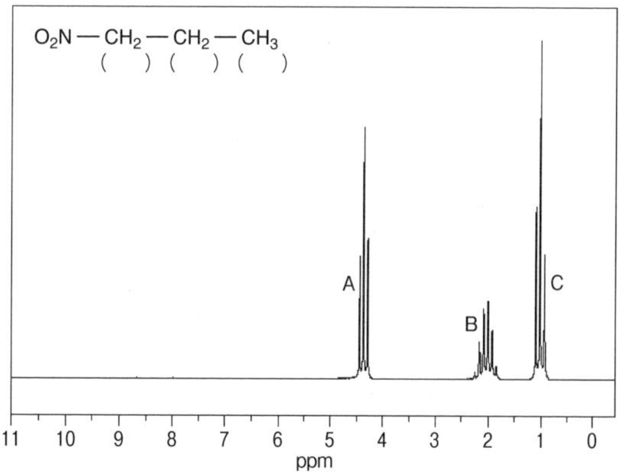

930. 3-ブロモペンタンの 1H NMR を示す．それぞれのピークの情報は次の通り．

A：δ3.94（qui, 1H）　B：δ1.84（qui, 4H）

C：δ1.04（t, 6H）

A～C のピークがどの水素原子に対応するかを括弧に示せ．

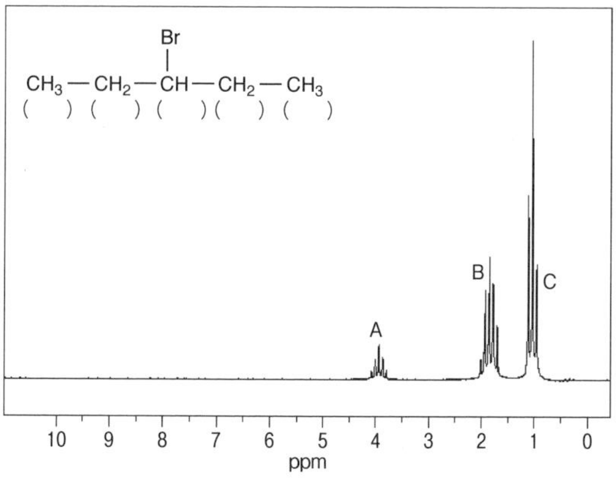

57 二つの化合物の構造式と，その ¹H NMR を示す．どちらのスペクトルがどちらの構造式に対応するかを答えよ．

目安時間 30 分

Hint：まず二つの構造式を見て，含まれる官能基を比較しよう．次に ¹H NMR スペクトルから，特徴的な吸収ピークを探そう．

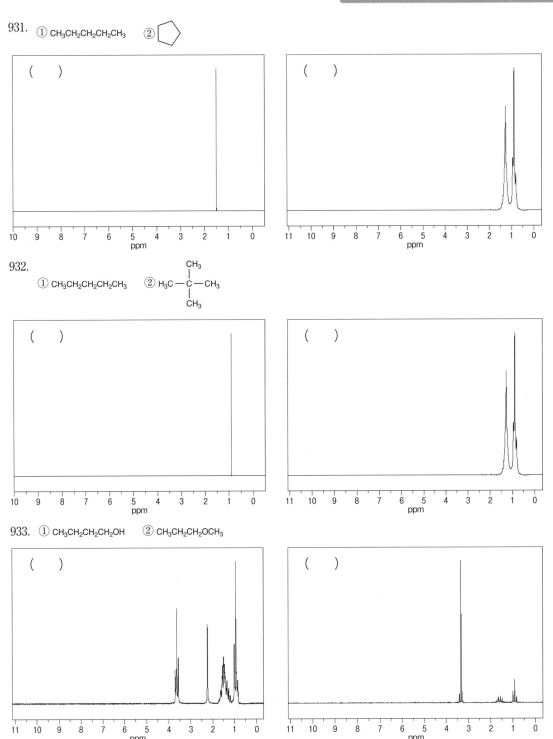

931. ① $CH_3CH_2CH_2CH_2CH_3$　② 

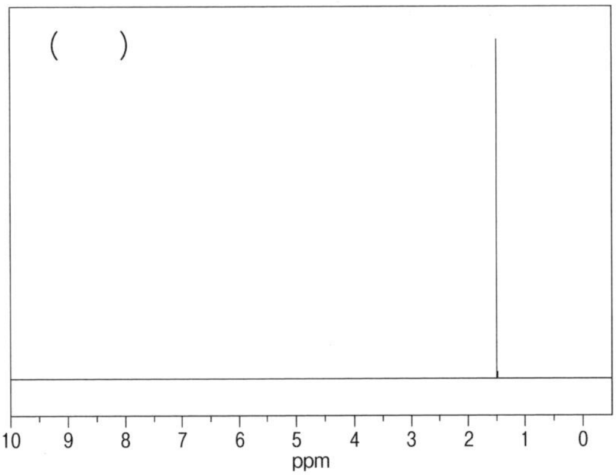

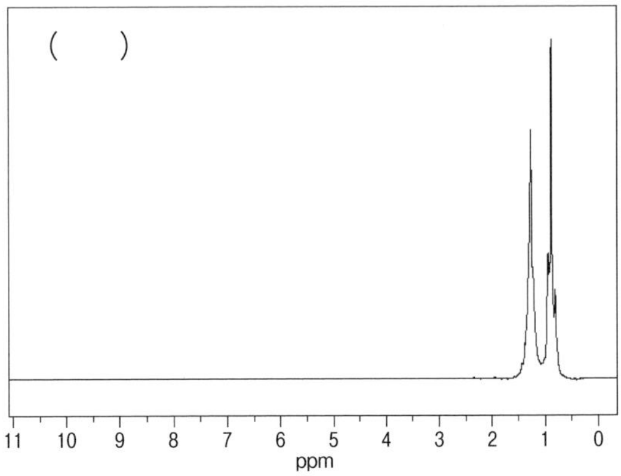

932.

① $CH_3CH_2CH_2CH_2CH_3$　② 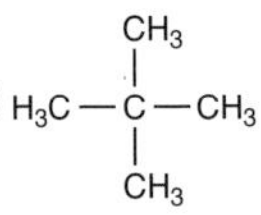

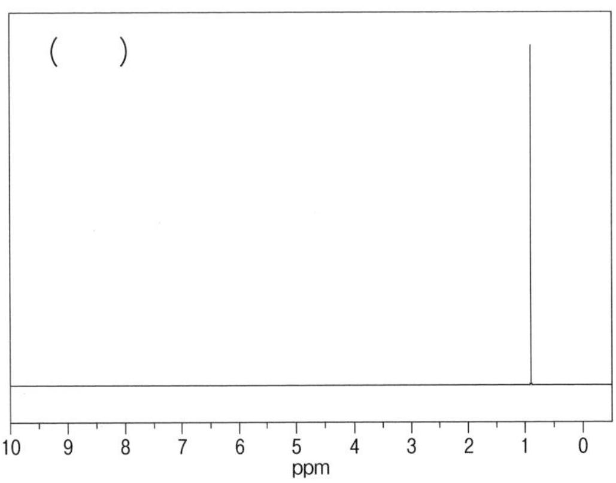

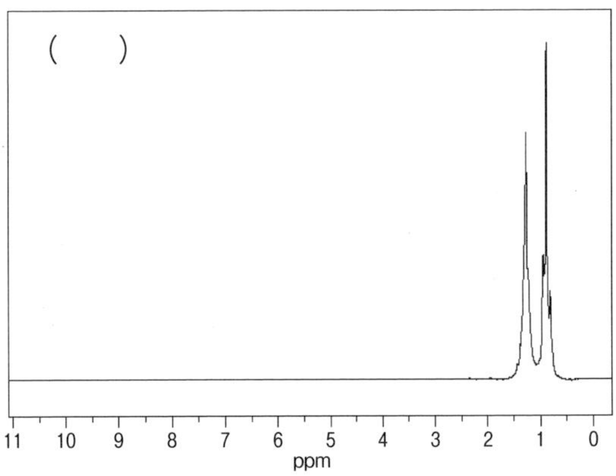

933. ① $CH_3CH_2CH_2CH_2OH$　② $CH_3CH_2CH_2OCH_3$

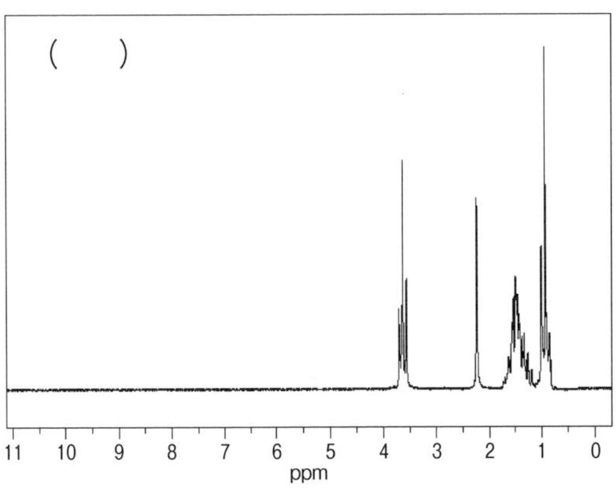

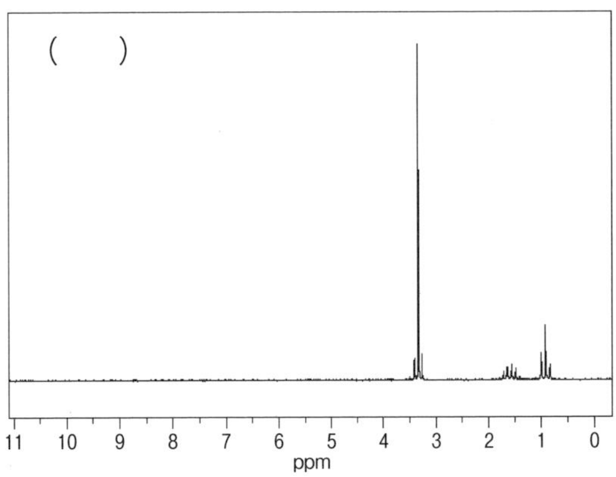

934. ① $CH_3CH_2OCH_2CH_3$ ② $CH_3CH_2CH_2OCH_3$

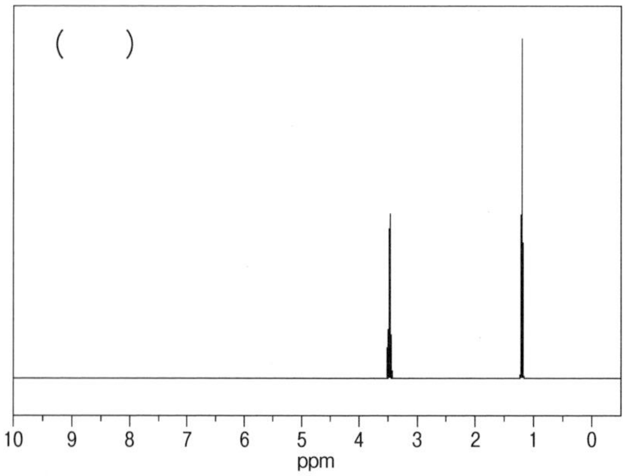

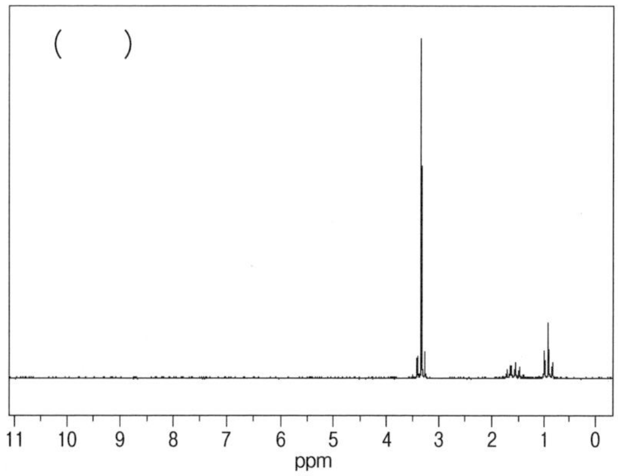

935. ①

②

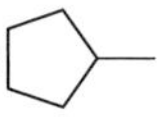

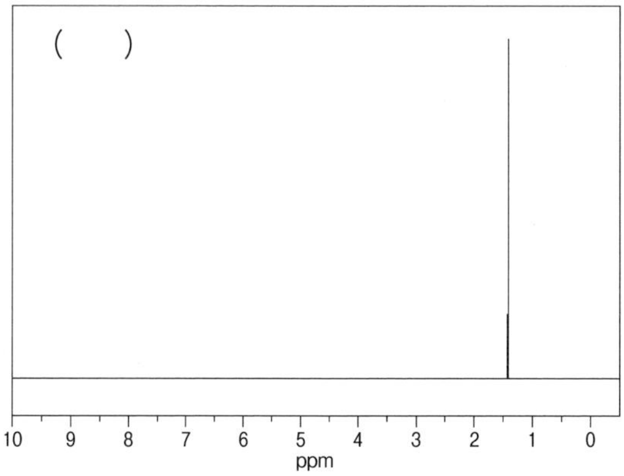

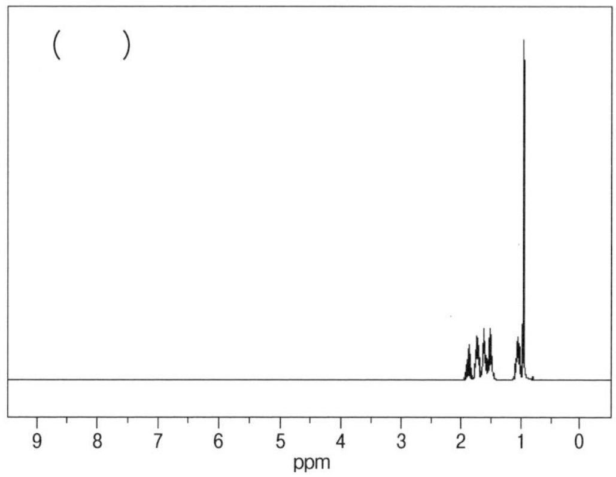

936. ①

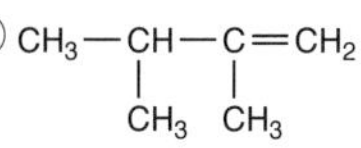

②

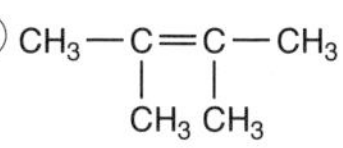

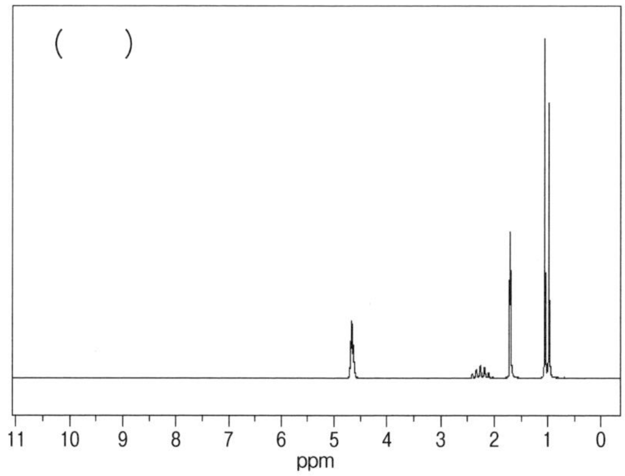

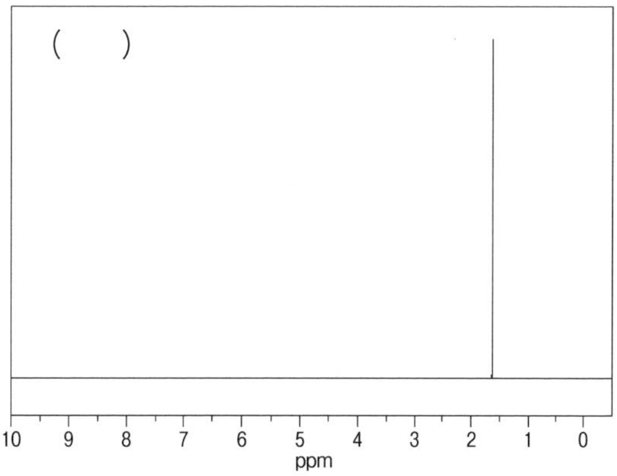

937. ① 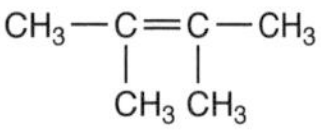　② $CH_3CH_2CH_2CH_2-CH=CH_2$

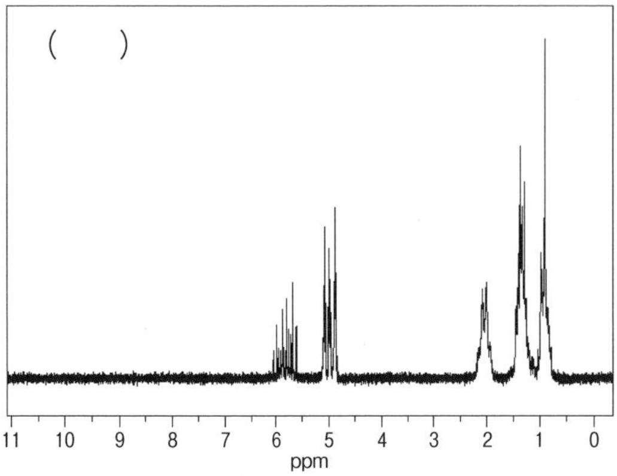

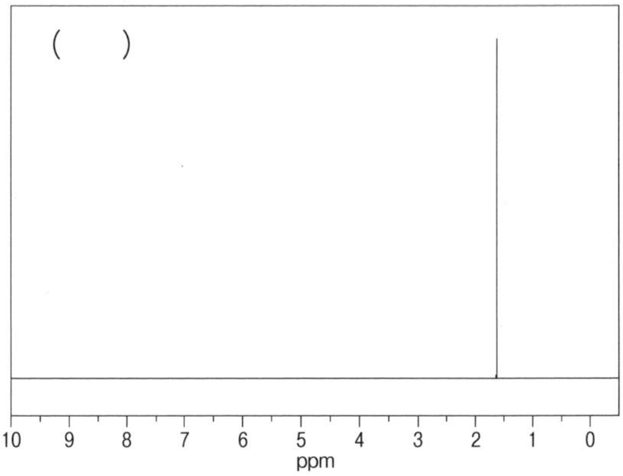

938. ① $HC\equiv C-CH_2CH_2CH_2CH_3$　② $CH_2=CH-CH_2-CH=CHCH_3$

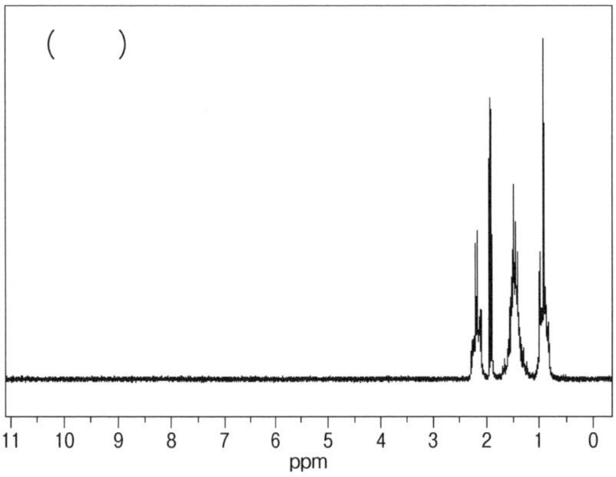

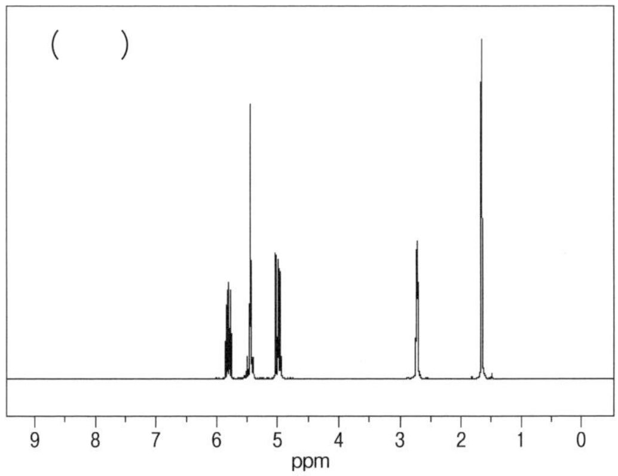

939. ① 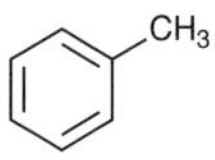　② 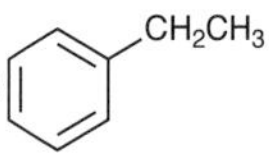

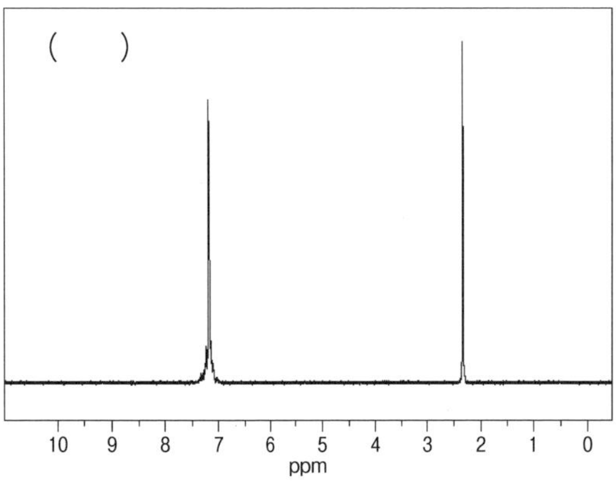

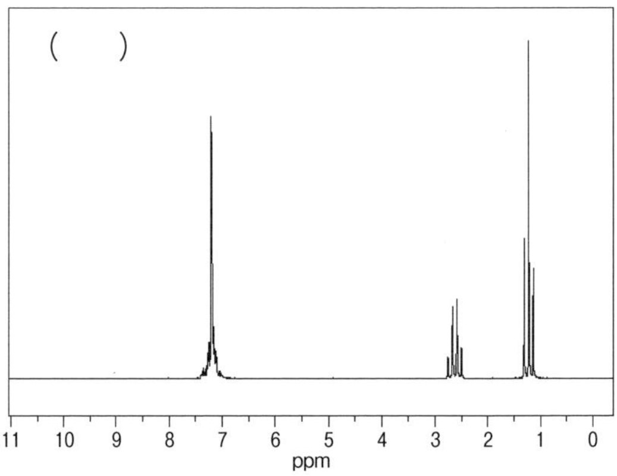

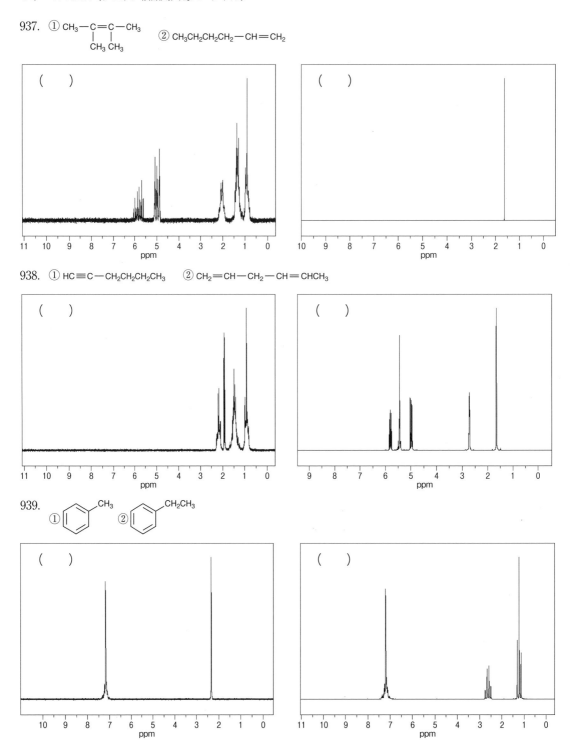

940.

① 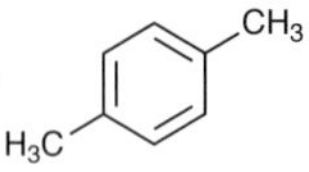

② 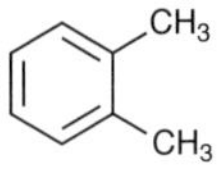

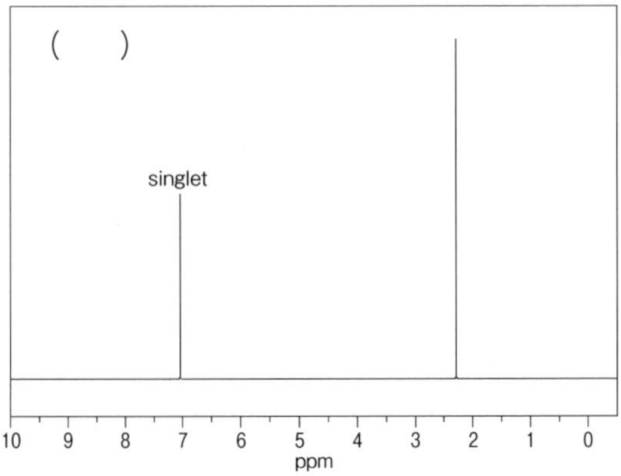

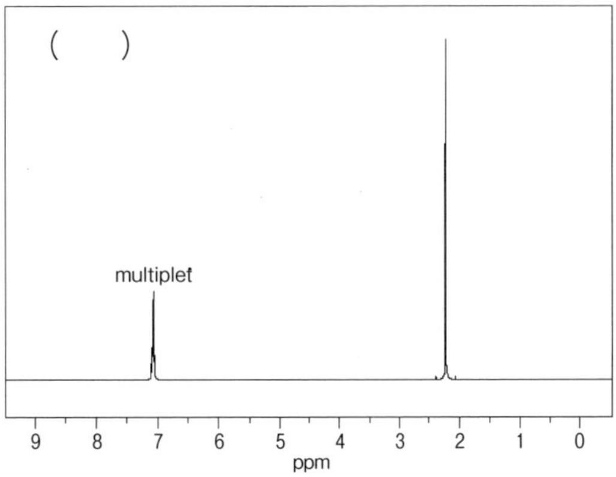

941.

① $H_3C-C(=O)-C(=O)-CH_2CH_2CH_3$　② $H_3C-C(=O)-CH_2CH_2-C(=O)-CH_3$

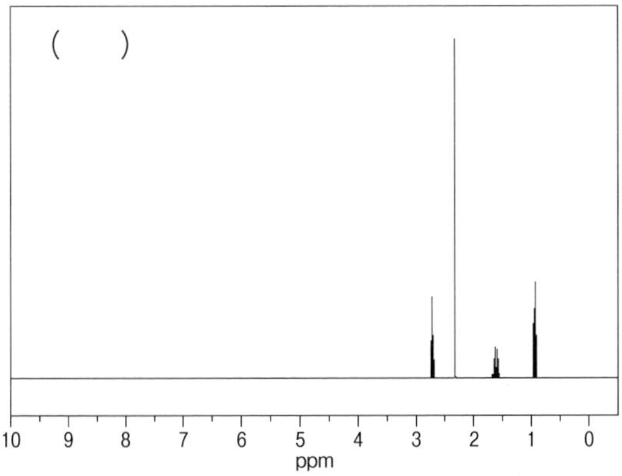

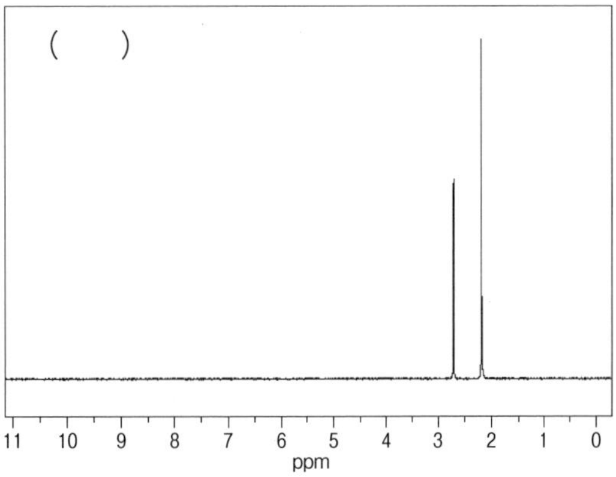

942.

① $H_3C-C(=O)-OCH_2CH_3$　② $CH_3CH_2-C(=O)-OCH_3$

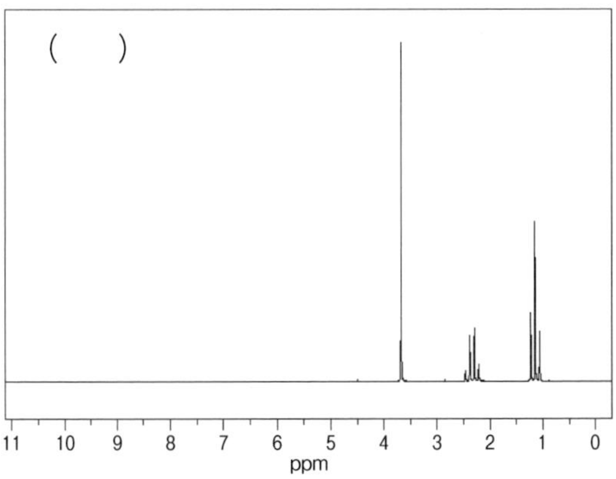

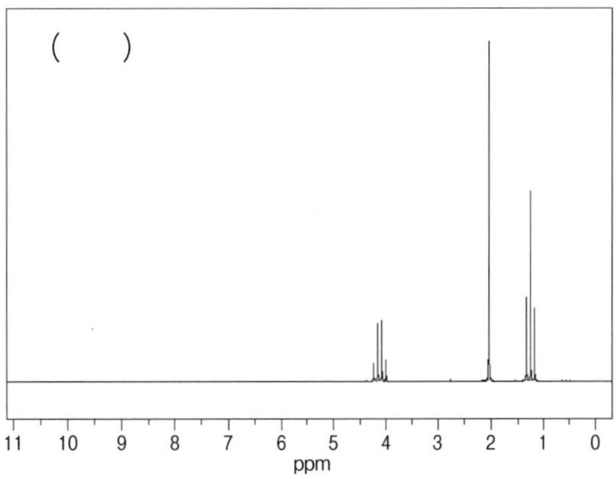

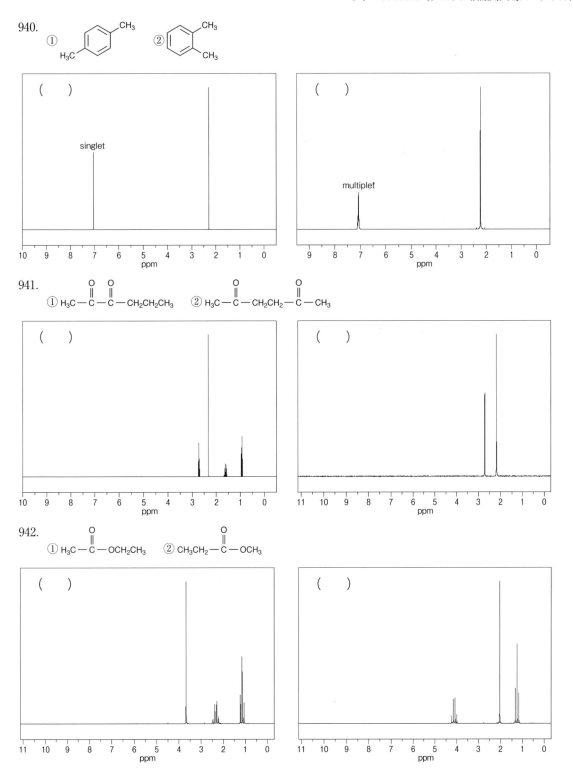

943. ① 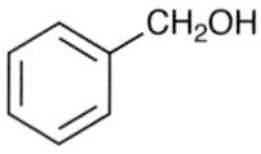

② 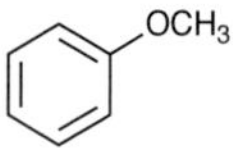

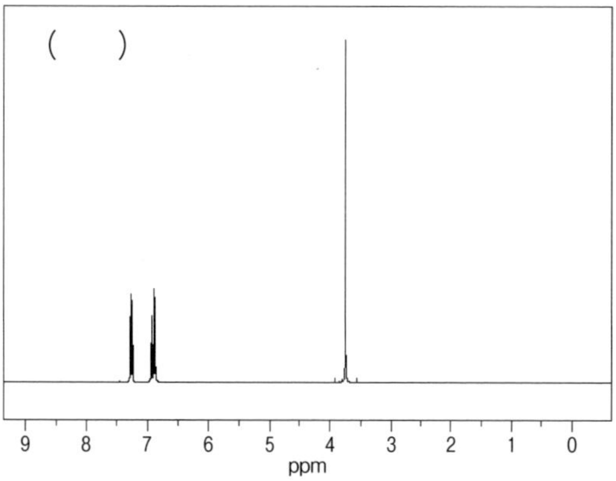

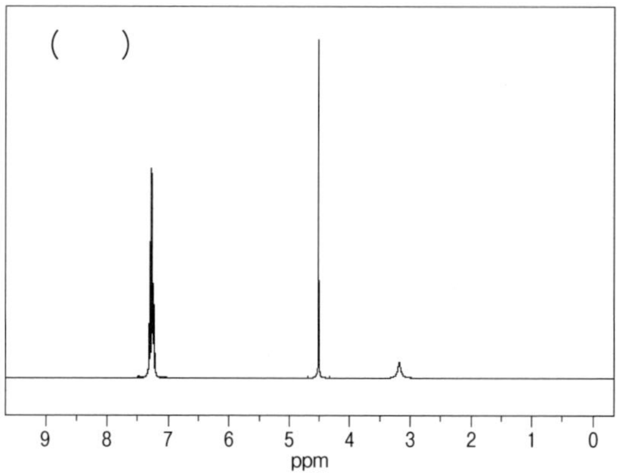

944. ① 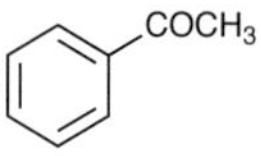

② 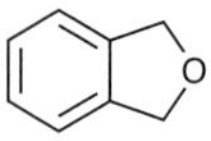

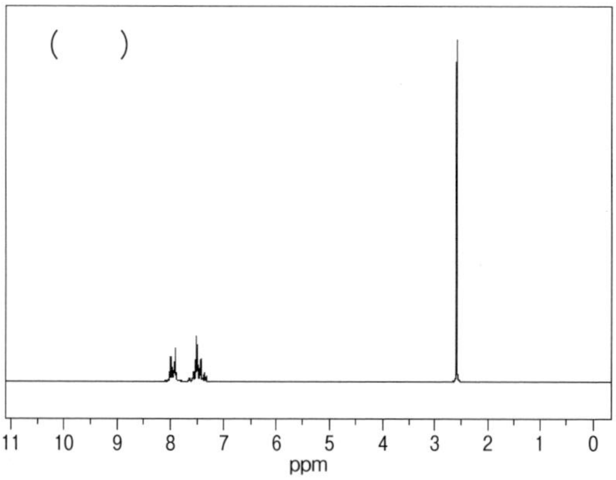

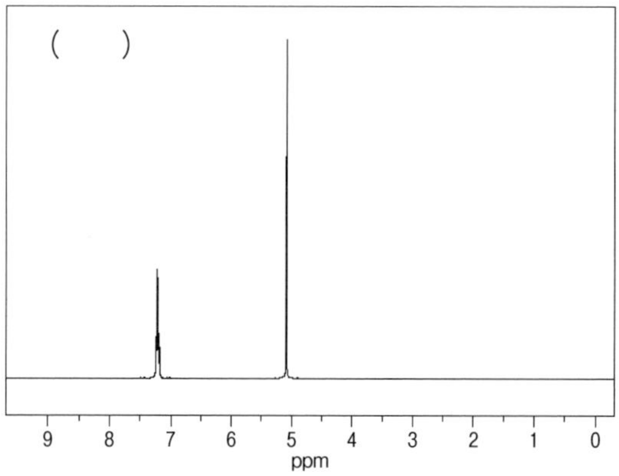

945. ① 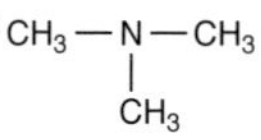

② $CH_3CH_2CH_2NH_2$

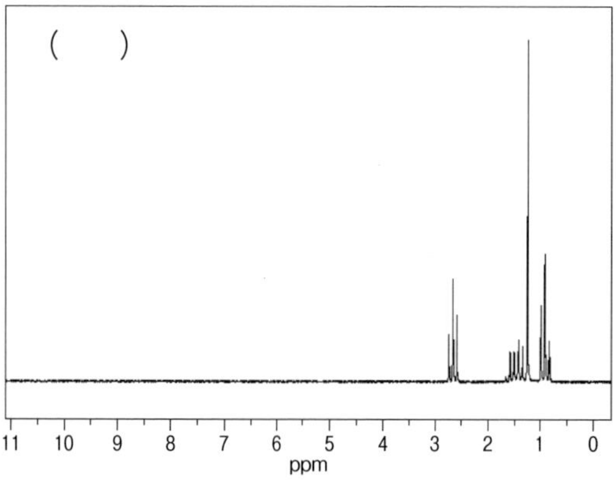

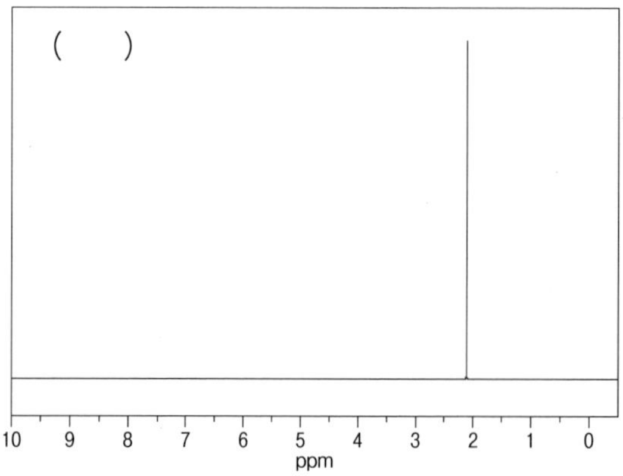

946.

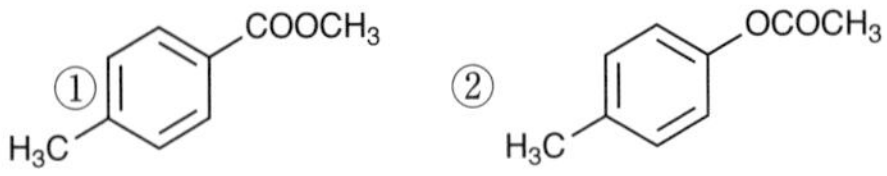
①
COOCH3
H3C
②
OCOCH3
H3C

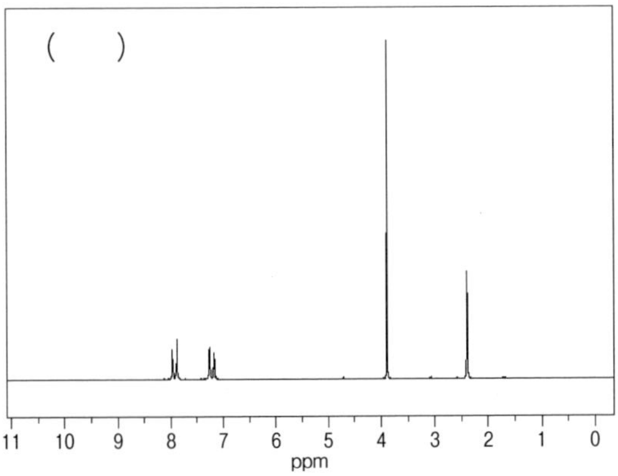
ppm

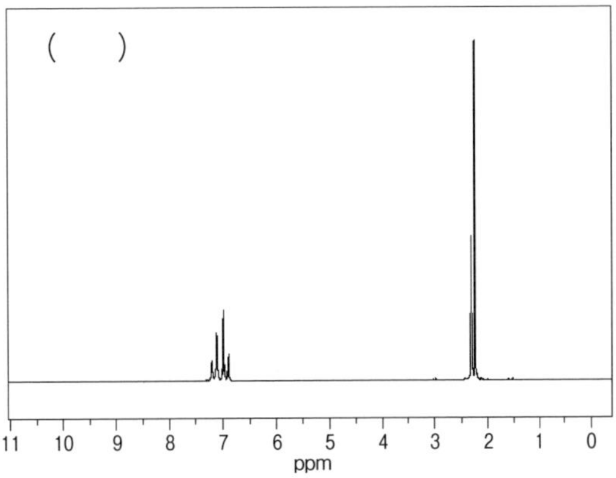
ppm

947.

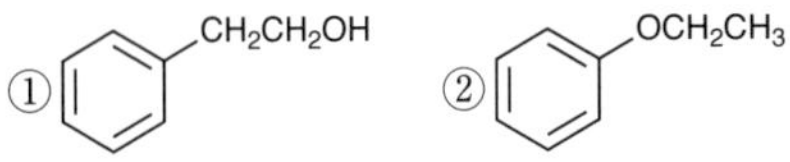
①
CH2CH2OH
②
OCH2CH3

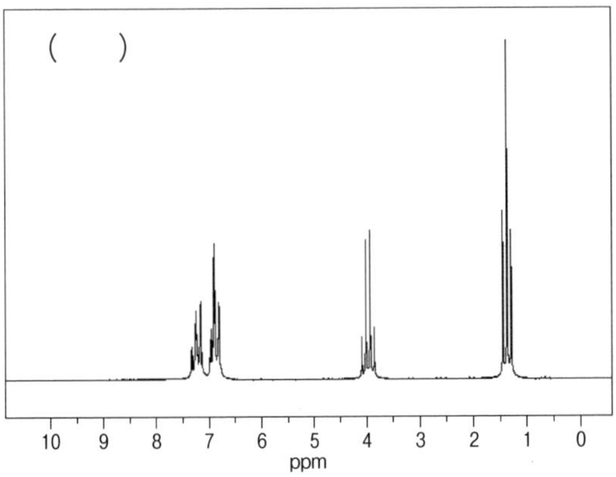
ppm

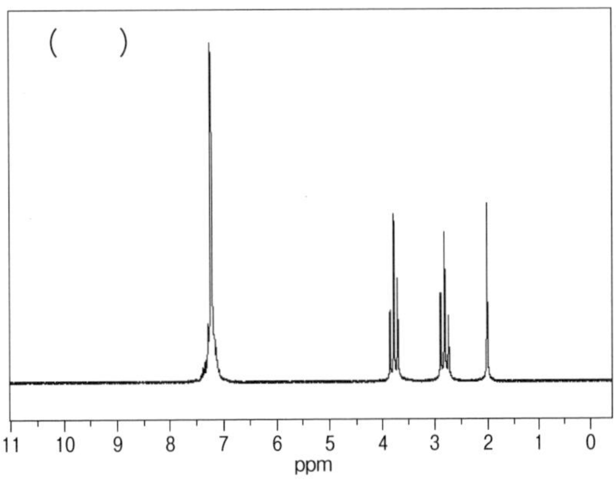
ppm

948.

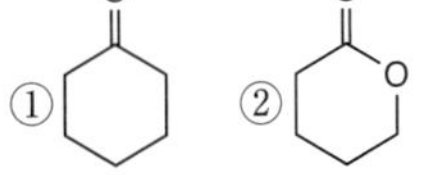
①
O
②
O
O

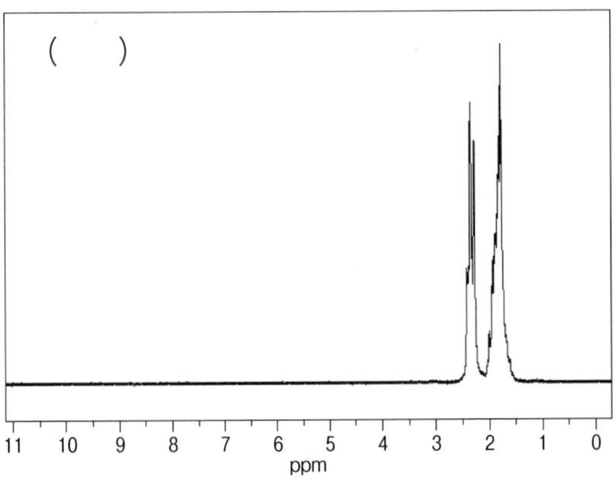
ppm

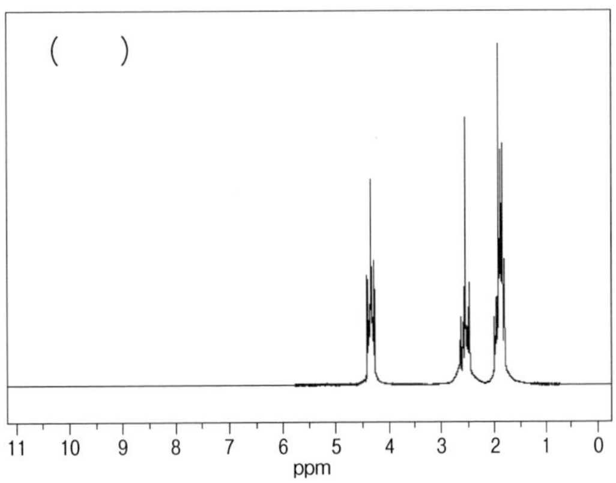
ppm

949.

①
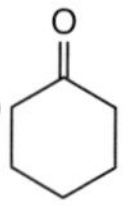
②
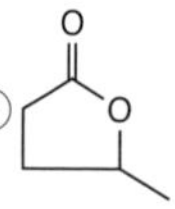

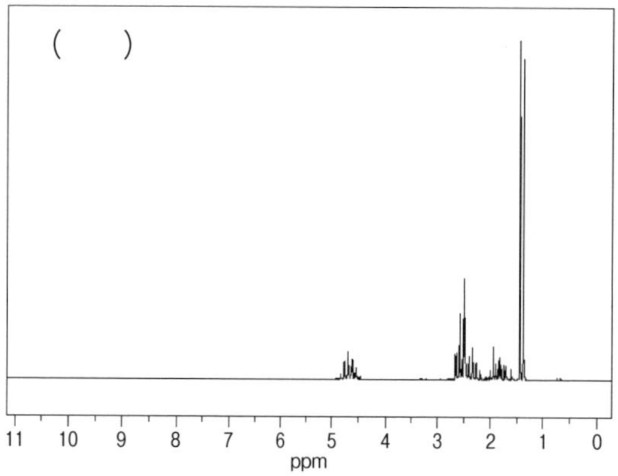

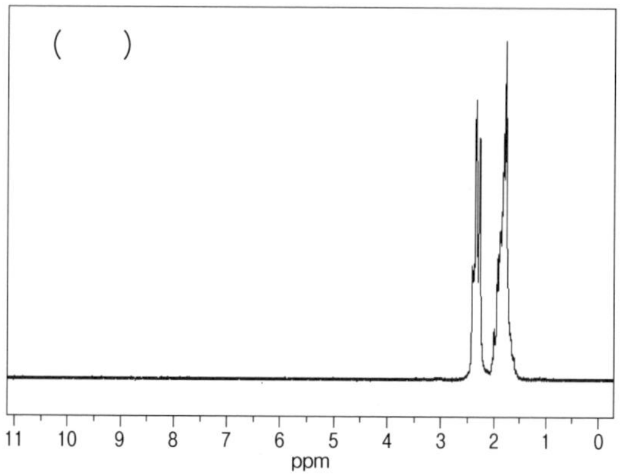

950.

① $H_3C-C(=O)-CH_2CH_2-C(=O)-CH_3$　② $CH_3CH_2-C(=O)-C(=O)-CH_2CH_3$

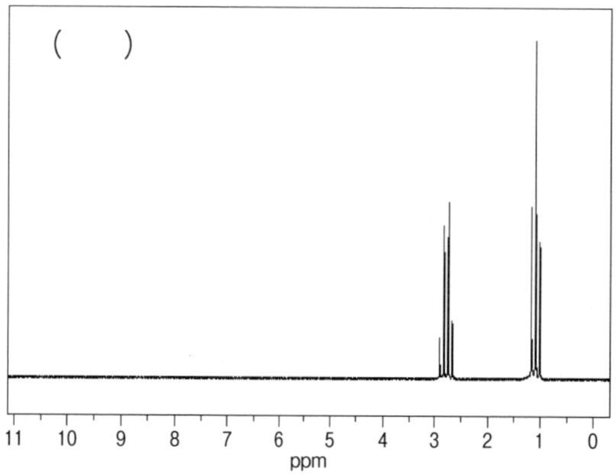

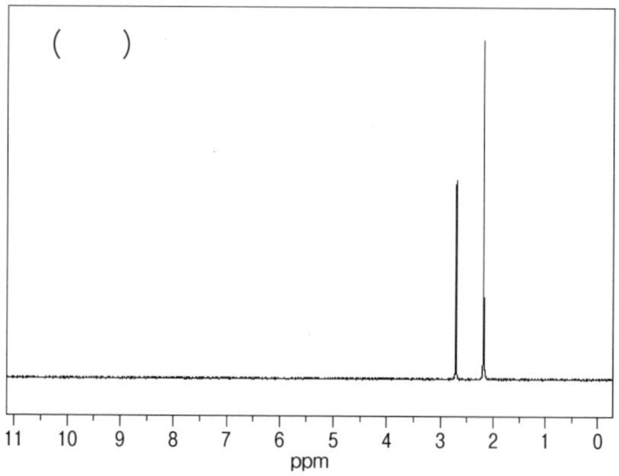

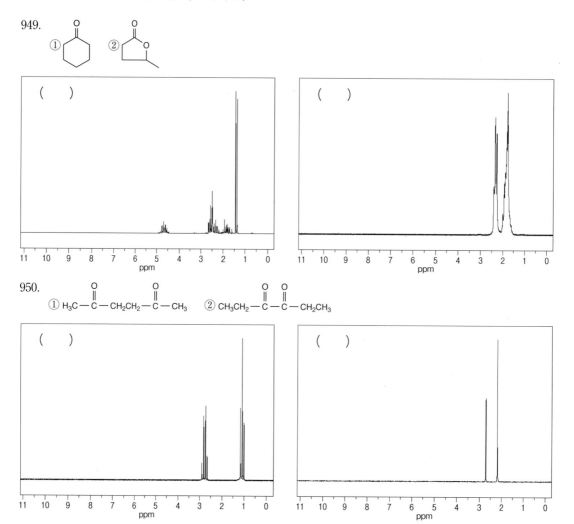

1000本ノック 6 IHD, IR, MS, ^{13}C NMR, ^{1}H NMR を総動員して構造を決定する

実施日：　　月　　日

解析のポイント

最後の章では，ここまで学んできたIHD，IR，MS，^{13}C NMR，^{1}H NMRの知識を用いて，化合物の構造を決定してみよう．全部で50題ある．分子式が与えられているので，まずIHDを計算し，その値から，ある程度，構造を予想しよう．次いで，IRとMSからは構造決定につながる特徴的なピークを探し出してほしい．最後に，^{13}C NMRと^{1}H NMRから骨格を組み立てていく．

なかなか正解にたどり着かないかもしれないが，それでよい．何度も最初からやり直してみよう．スペクトル解析は，経験を積むほど上達していく．

58 以下の情報から，化合物の構造を推定せよ．

目安時間 10 分

Hint：特徴的なピークを追っていこう．^{1}H NMRで1本のピークしか出ていないので対称性の高い分子であることがわかる．

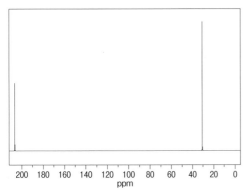

951．分子式：C_3H_6O

IR

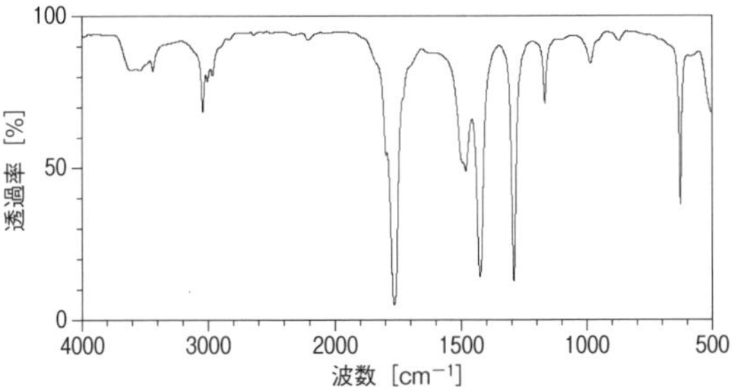

MS

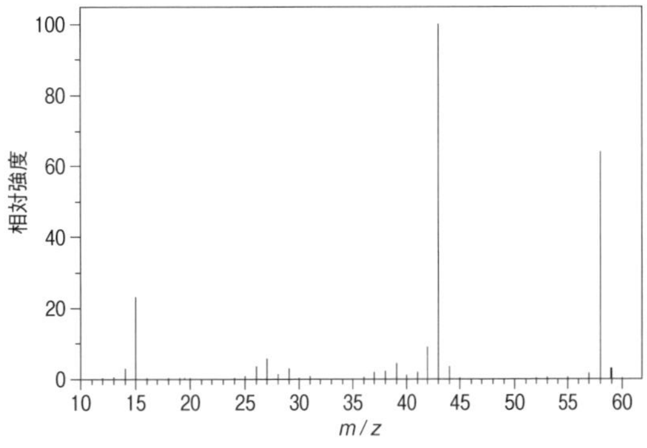

^{13}C NMR

^{1}H NMR

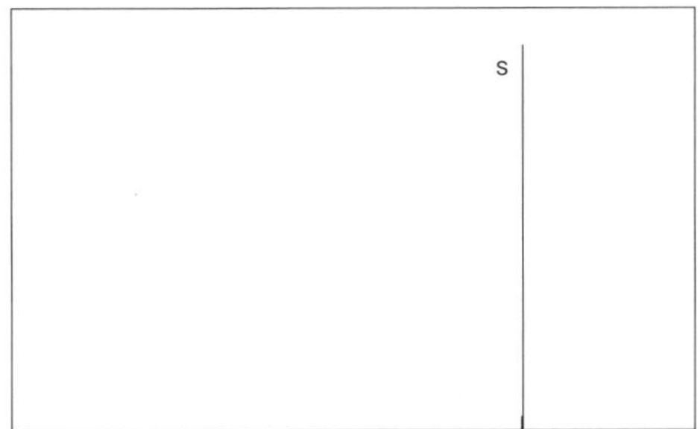

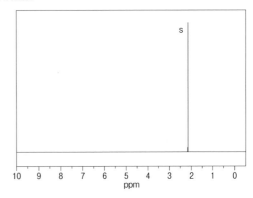

59　以下の情報から，化合物の構造を推定せよ．

目安時間 10 分

Hint：分子式は 951 番と同じ．^{1}H NMR で 3 種類のピークが見られる．最も低磁場のピークが何に由来するかを考えよう．

952．分子式：C_3H_6O

IR

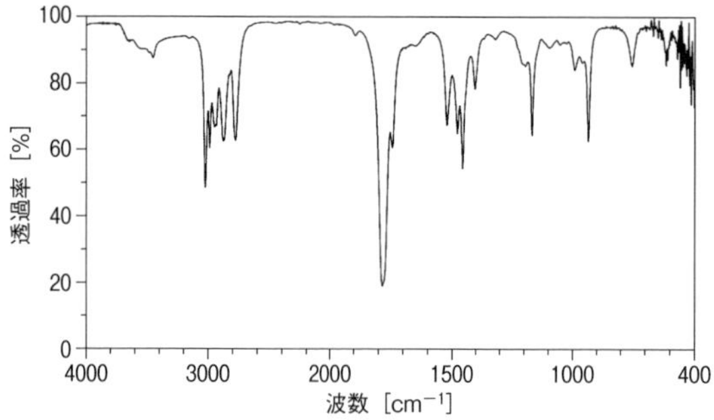

MS

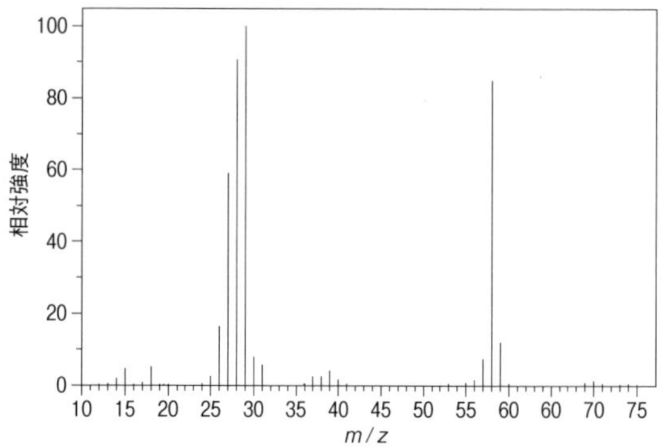

^{13}C NMR

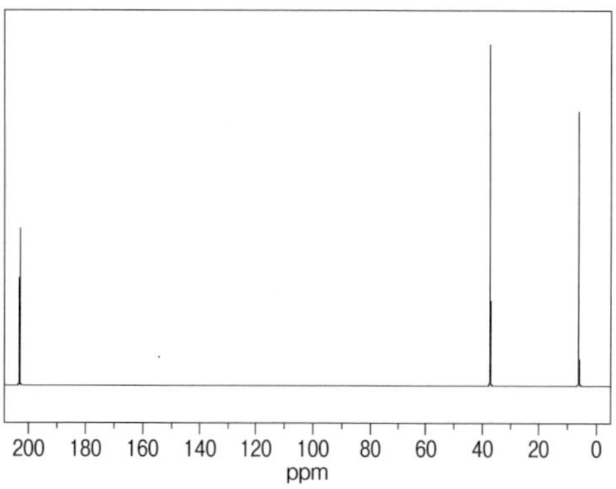

^{1}H NMR

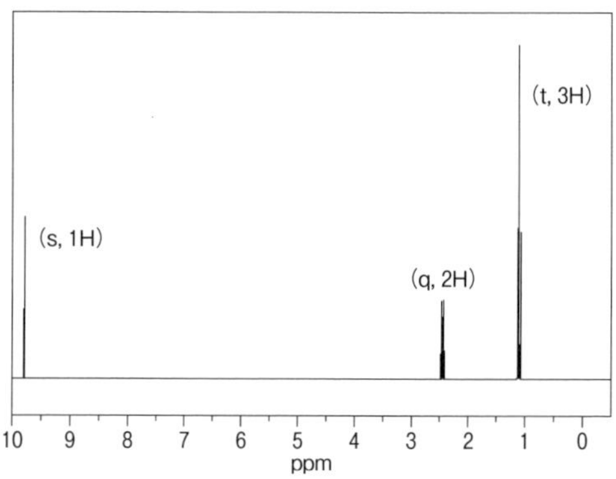

60　以下の情報から，化合物の構造を推定せよ．

目安時間 10 分

Hint：^{1}H NMR でどの水素原子どうしがカップリングしているかを考えて骨格を組み立てていこう．

953．分子式：C_4H_8O

IR

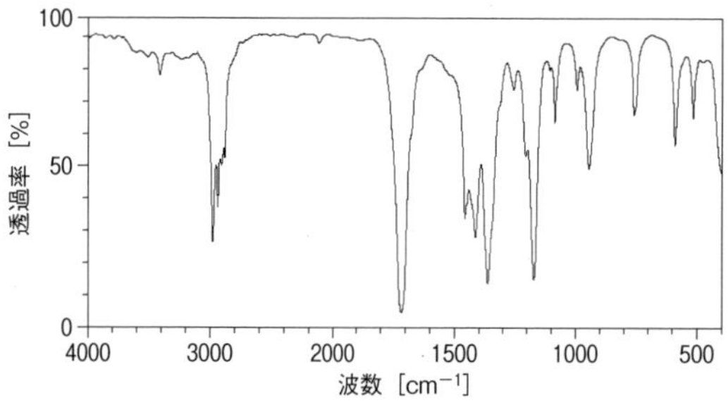

MS

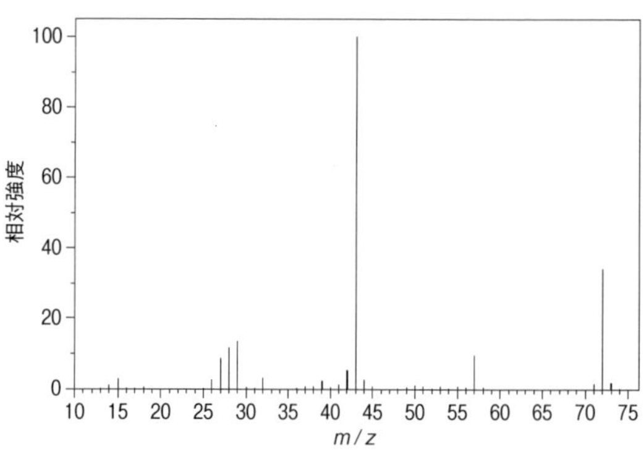

^{13}C NMR

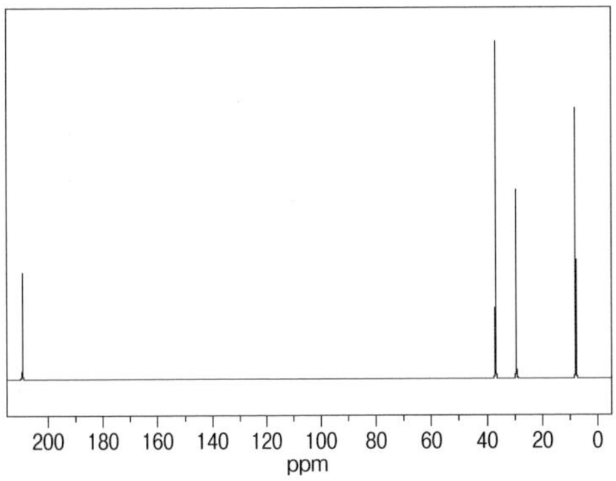

^{1}H NMR

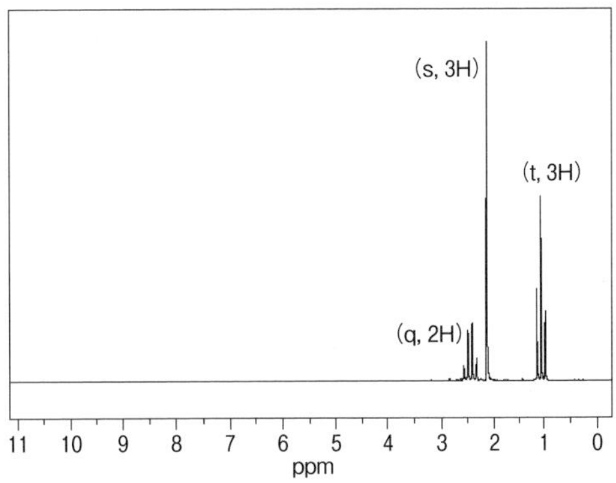

61　以下の情報から，化合物の構造を推定せよ．

目安時間 10 分

Hint：分子式は 953 番と同じ．^{1}H NMR で 4 種類のピークが見られる．最も低磁場のピークが何に由来するかを考えよう．

954.　分子式：C_4H_8O

IR

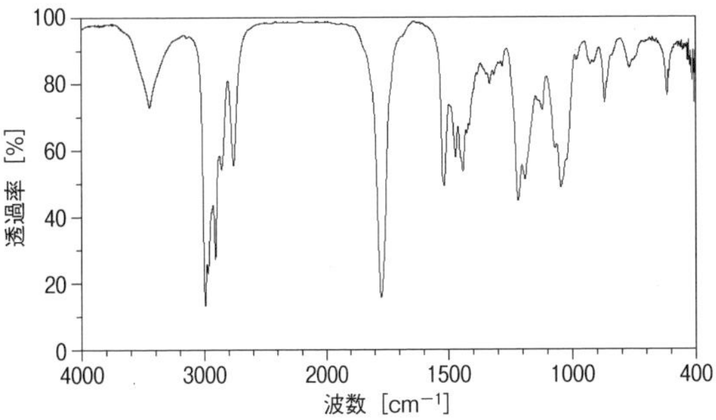

MS

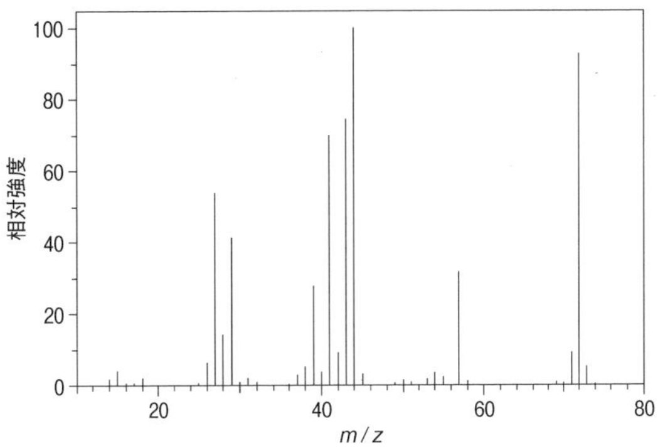

^{13}C NMR

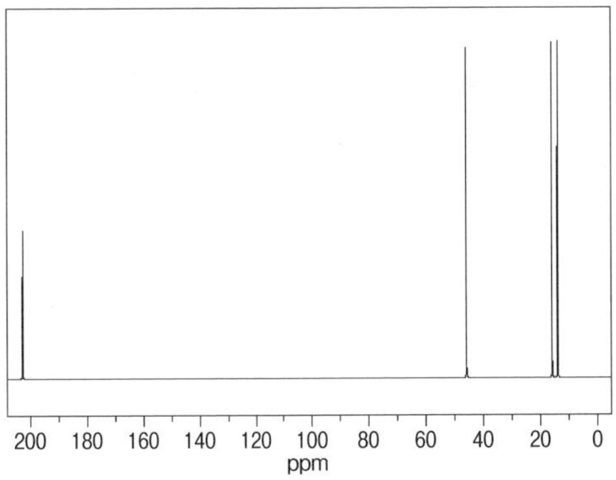

^{1}H NMR

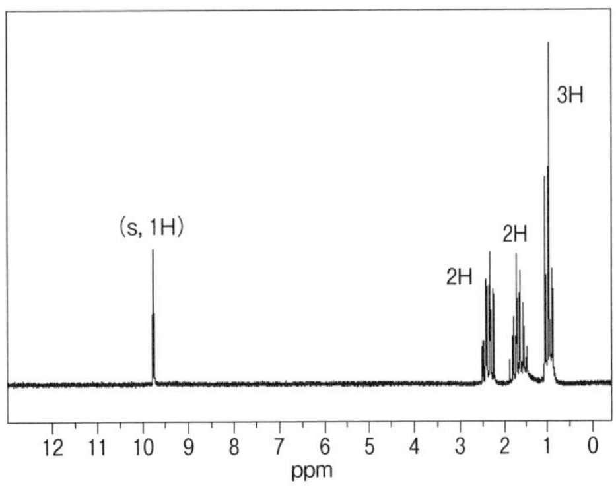

62 以下の情報から，化合物の構造を推定せよ．

目安時間 10 分

Hint：IR の 3300 cm^{-1} 付近のブロードな吸収が何に由来するか考えよう．分子式と ^{13}C NMR より，すべての炭素が非等価だとわかる．

955．分子式：$C_4H_{10}O$

IR

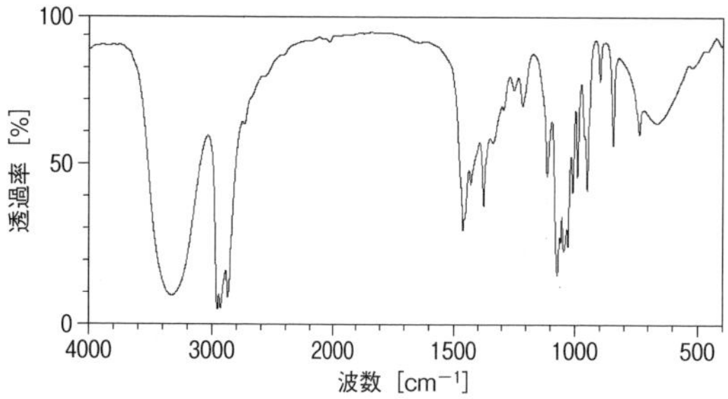

MS

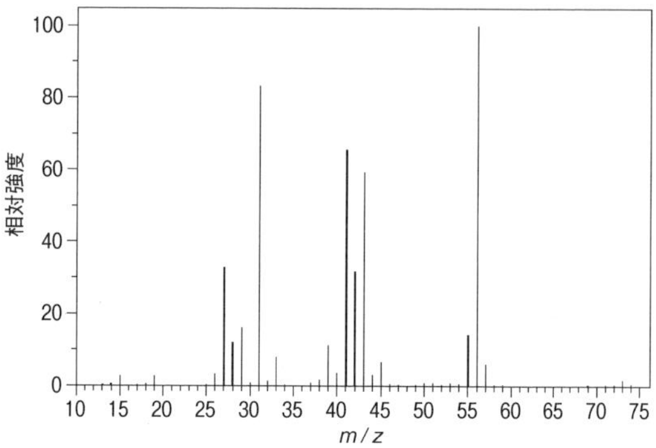

^{13}C NMR

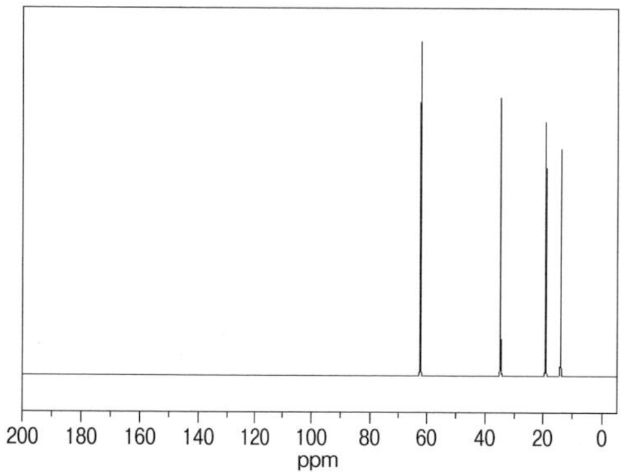

^{1}H NMR

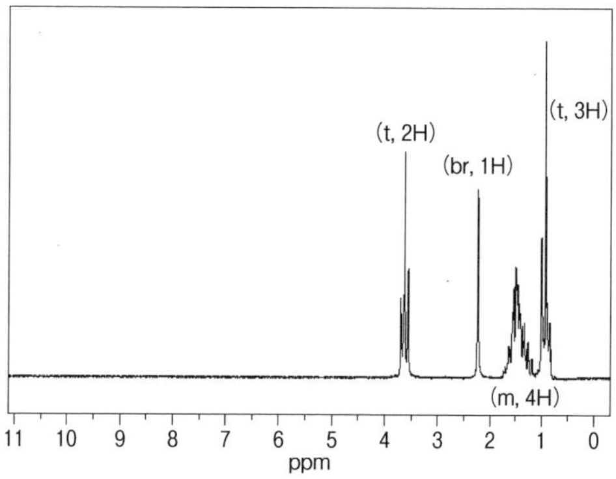

63　以下の情報から，化合物の構造を推定せよ．

目安時間 10 分

Hint：IR の 3300 cm^{-1} 付近のブロードな吸収が何に由来するか考えよう．
^{13}C NMR より，炭素原子は 3 種類とわかる．

956．分子式：C_3H_8O

IR

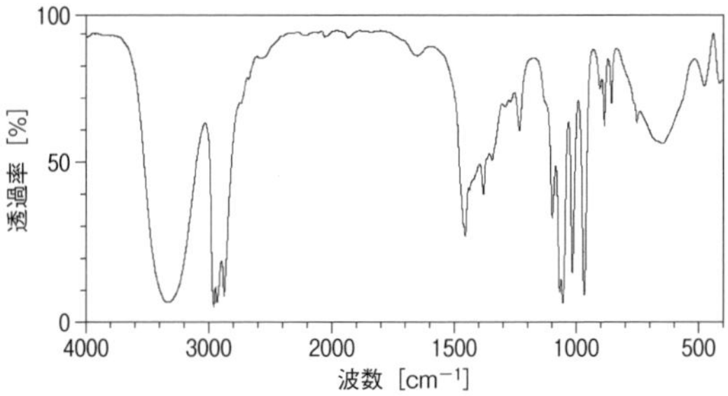

MS

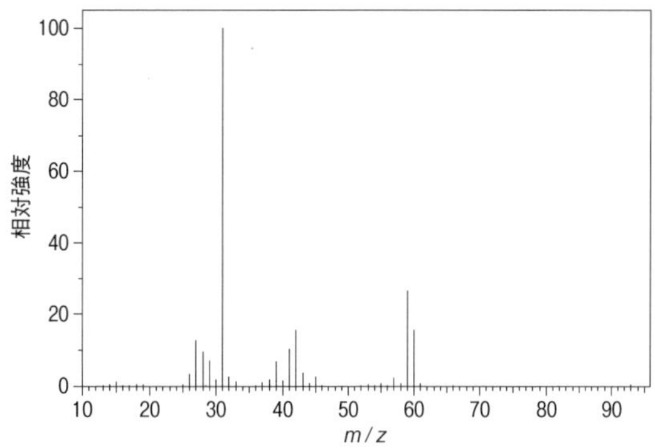

^{13}C NMR

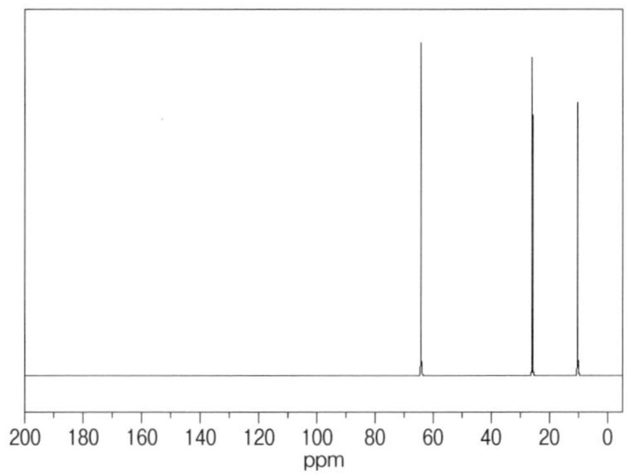

^{1}H NMR

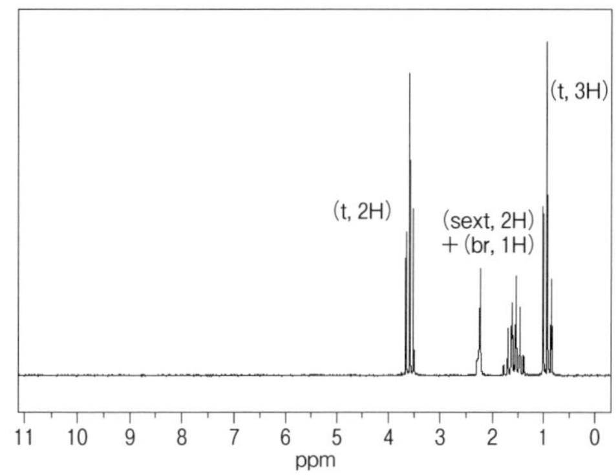

64　以下の情報から，化合物の構造を推定せよ．

目安時間 10 分

Hint：IR の 3300 cm^{-1} 付近のブロードな吸収が何に由来するか考えよう．
^{13}C NMR より，炭素原子は 2 種類とわかる．

957．分子式：C_3H_8O

IR

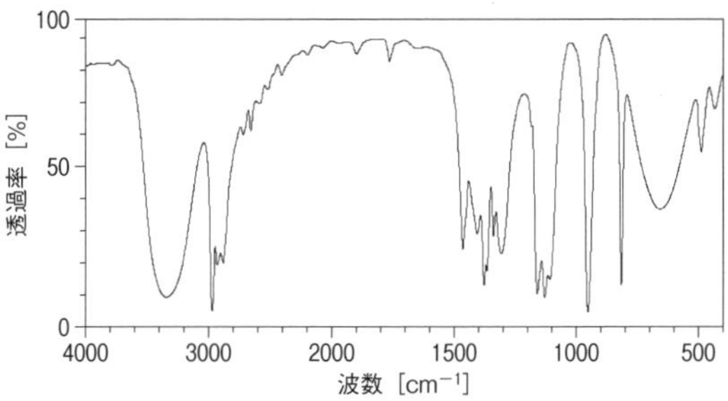

MS

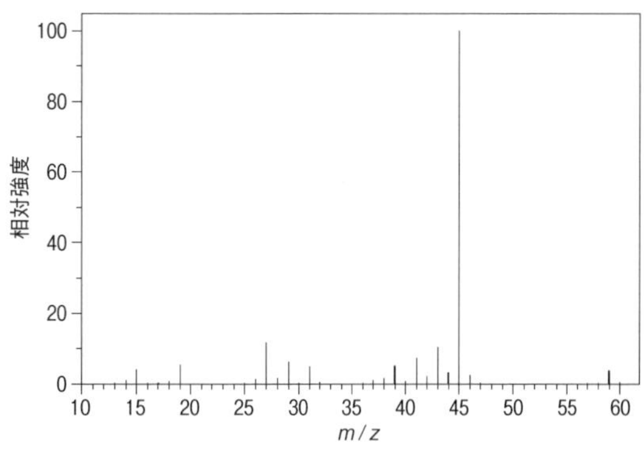

^{13}C NMR

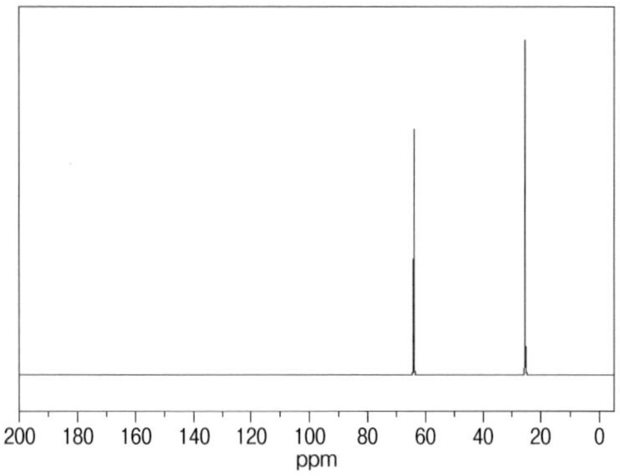

^{1}H NMR

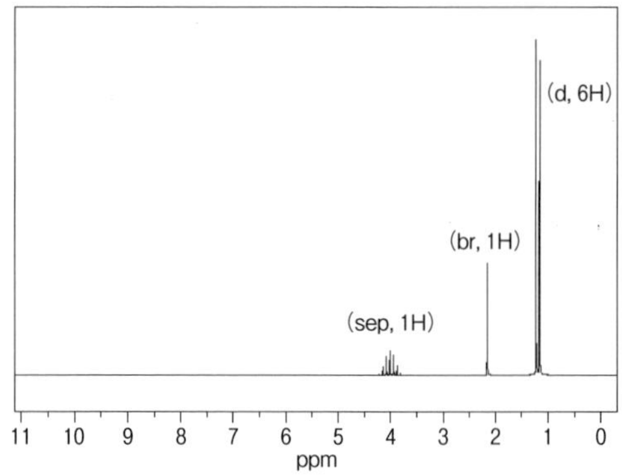

65 以下の情報から，化合物の構造を推定せよ．

目安時間 10 分

Hint：IR の 3300 cm^{-1} 付近のブロードな吸収が何に由来するか考えよう．^{13}C NMR より，炭素原子は 2 種類とわかる．

958．分子式：C_2H_6O

IR

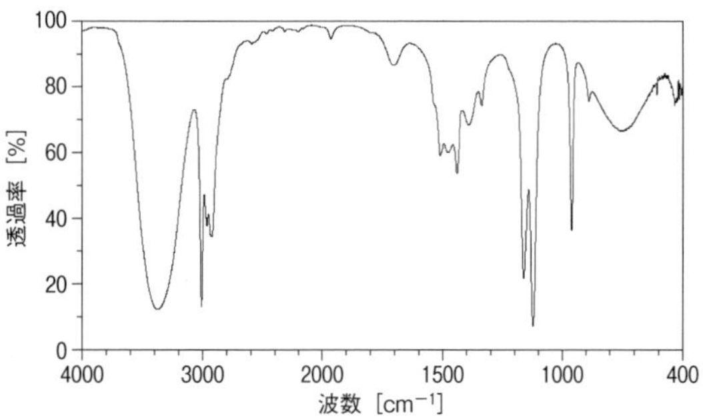

MS

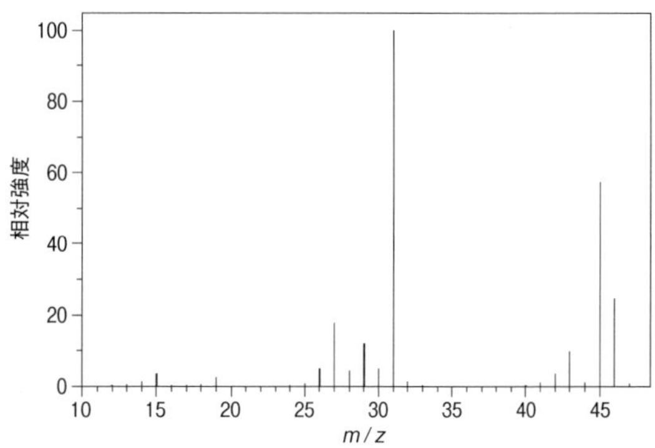

^{13}C NMR

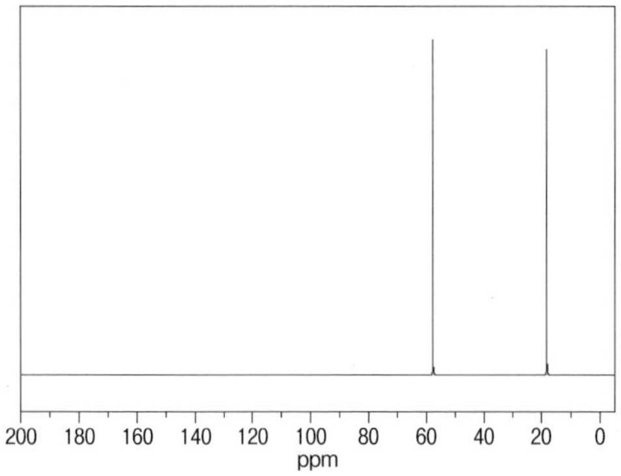

^{1}H NMR

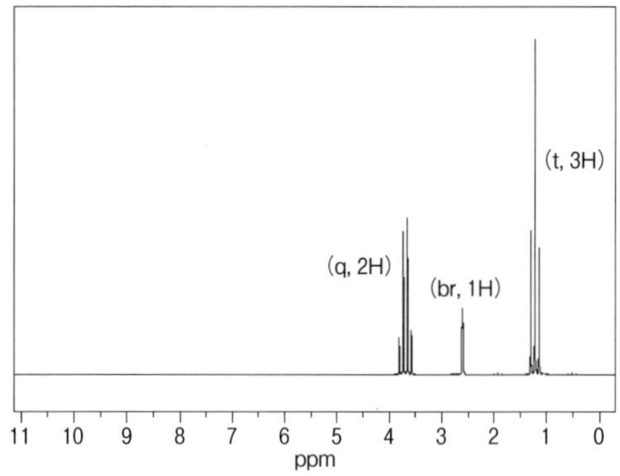

66　以下の情報から，化合物の構造を推定せよ．

目安時間 10 分

Hint：IR の 3300 cm^{-1} 付近のブロードな吸収が何に由来するか考えよう．

959.　分子式：CH_4O

IR

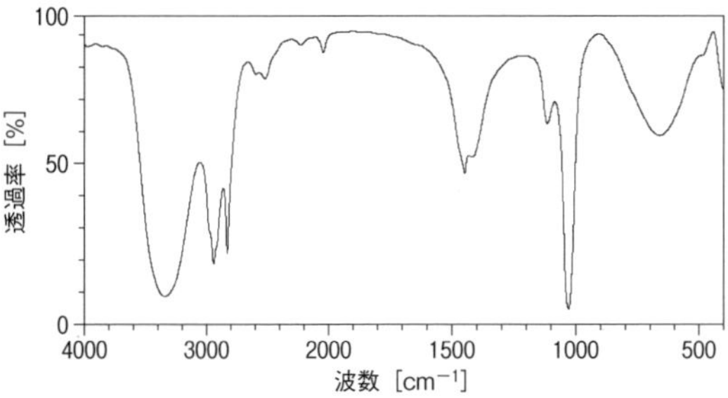

MS

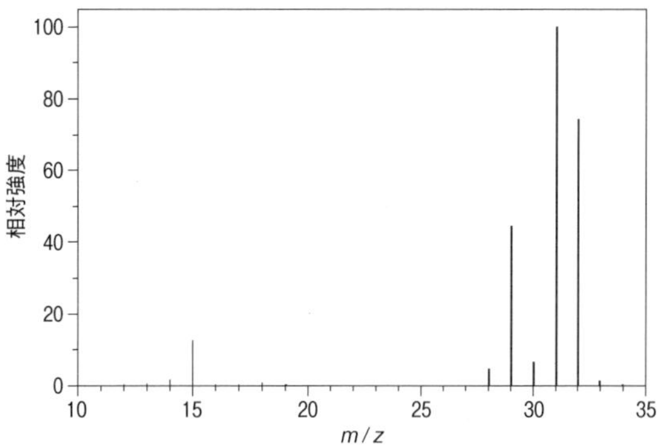

^{13}C NMR

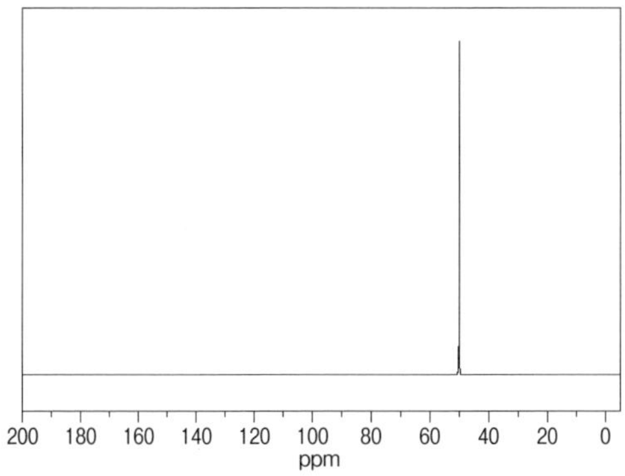

^{1}H NMR

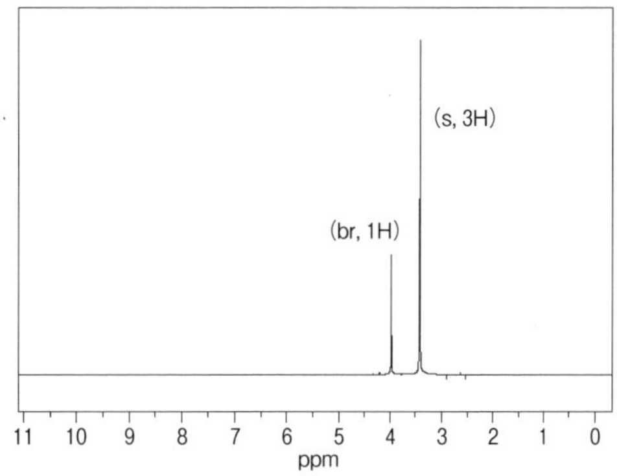

67　以下の情報から，化合物の構造を推定せよ．

目安時間 10 分

Hint：分子式から炭素原子は五つであることがわかり，二つの NMR から対称性の高い分子であると予想できる．

960.　分子式：$C_5H_{10}O$

IR

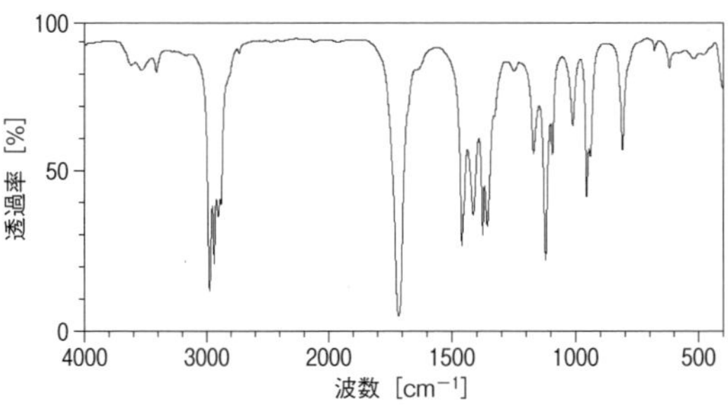

MS

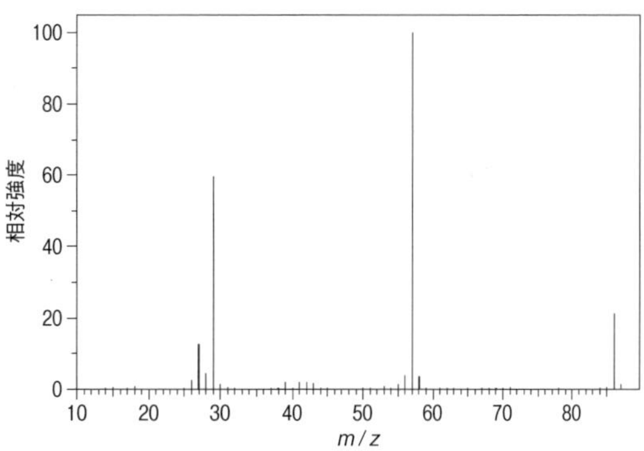

^{13}C NMR

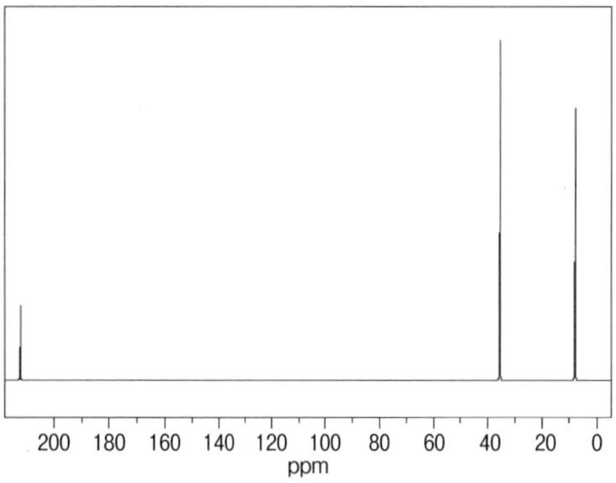

^{1}H NMR

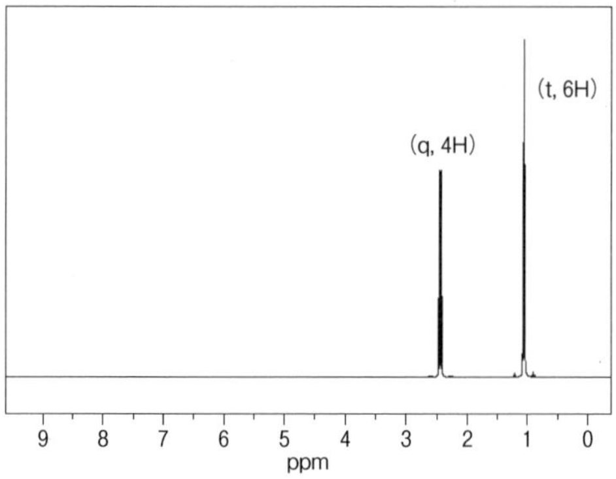

68 以下の情報から，化合物の構造を推定せよ．

目安時間 10 分

Hint：分子式は 960 番と同じであるが，二つの NMR のスペクトルがより複雑になっていることから，対称性の低い化合物と予想できる．

961．分子式：$C_5H_{10}O$

IR

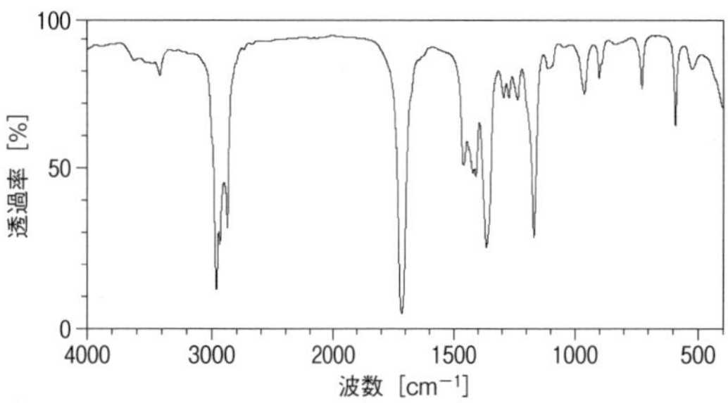

MS

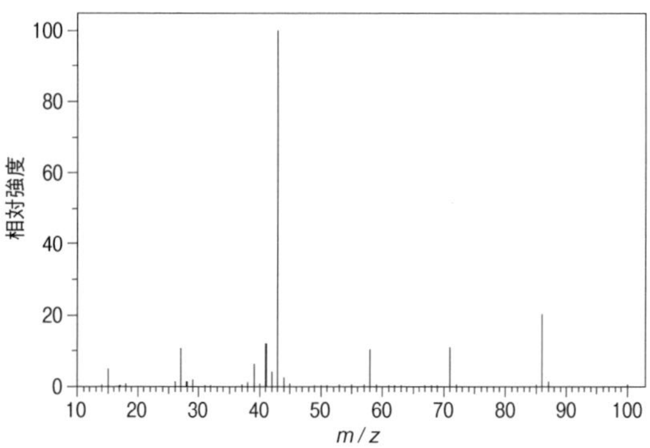

^{13}C NMR

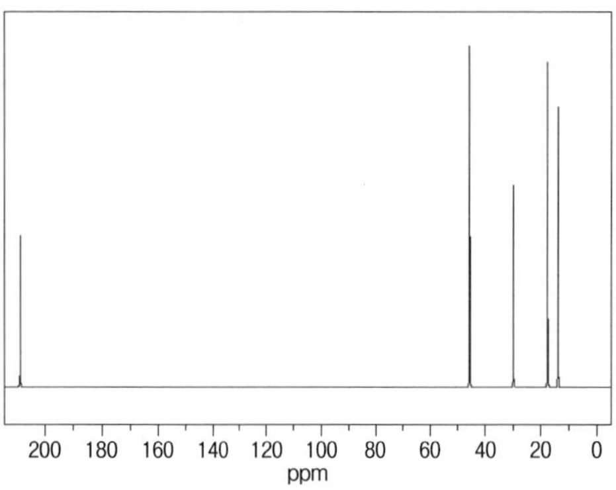

^{1}H NMR

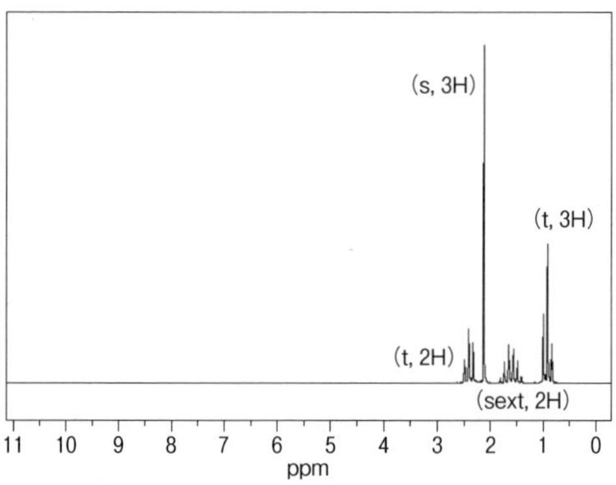

69　以下の情報から，化合物の構造を推定せよ．

目安時間 10 分

Hint：IHD から，芳香環の存在が示唆される．^{1}H NMR の 2.8 ppm 付近の七重線に注目して，どのような構造が含まれているかを考えよう．

962.　分子式：C_9H_{12}

IR

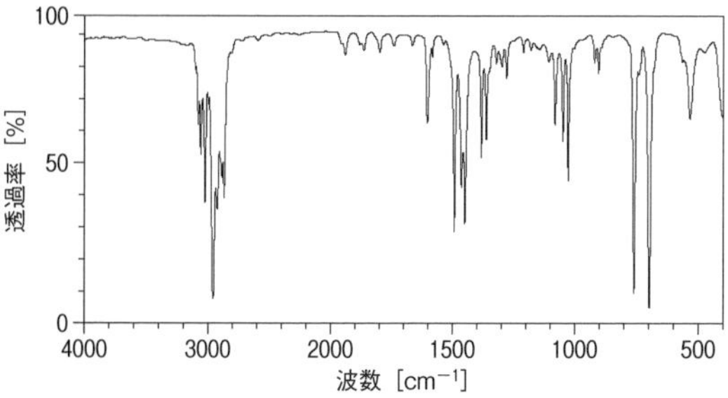

MS

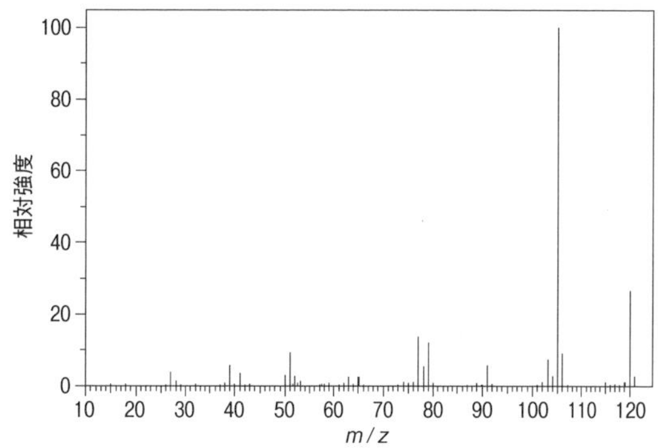

^{13}C NMR

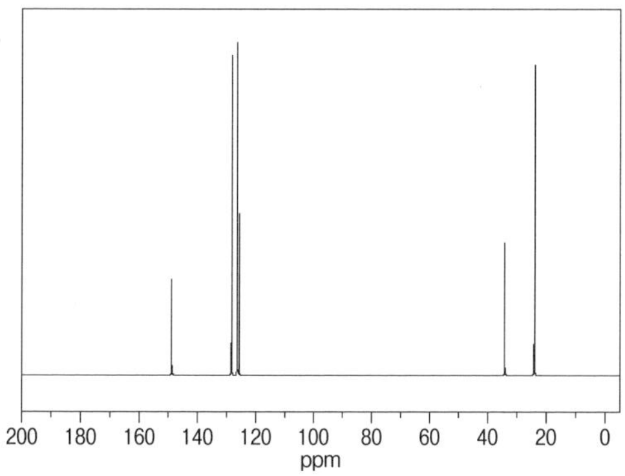

^{1}H NMR

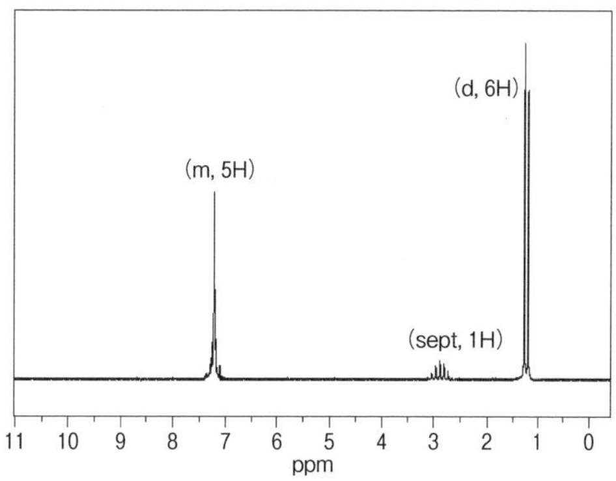

70　以下の情報から，化合物の構造を推定せよ．

目安時間 10 分

Hint：分子式は 962 番と同じ．^{1}H NMR の 0〜3 ppm 付近のピークのカップリングを読み取って，構造を組み立てよう．

963.　分子式：C_9H_{12}

IR

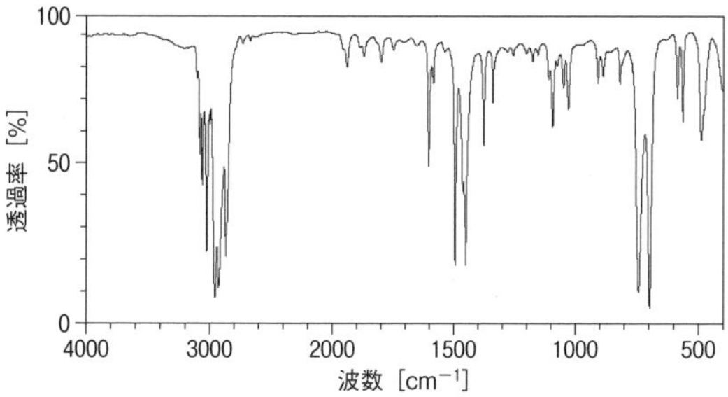

MS

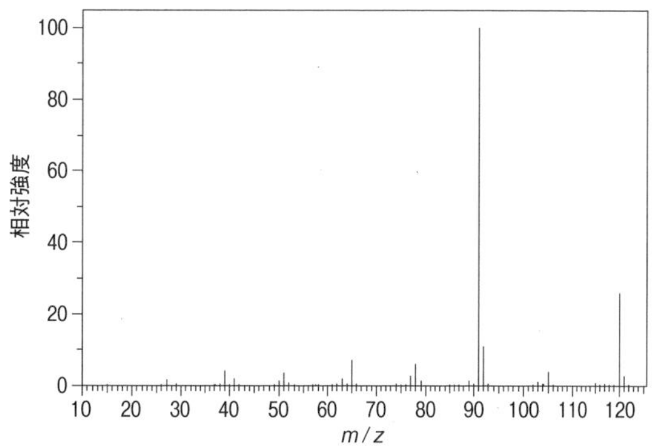

^{13}C NMR

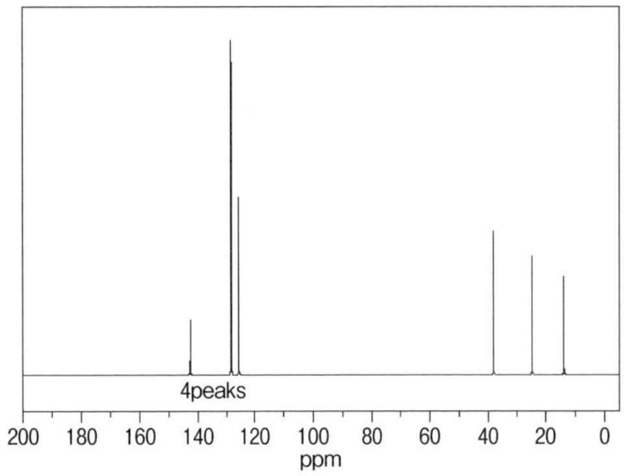

^{1}H NMR

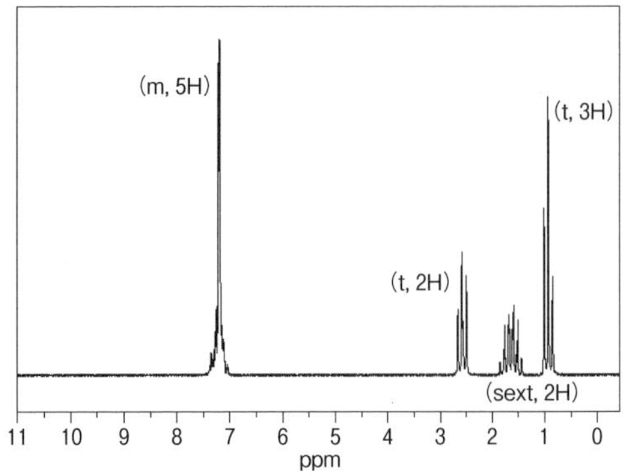

71　以下の情報から，化合物の構造を推定せよ．

目安時間 10 分

Hint：分子式は 962，963 番と同じ．ベンゼン環にいくつの置換基が，どこに付いているかは，どこから判断したらよいかを考えよう．

964.　分子式：C_9H_{12}

IR

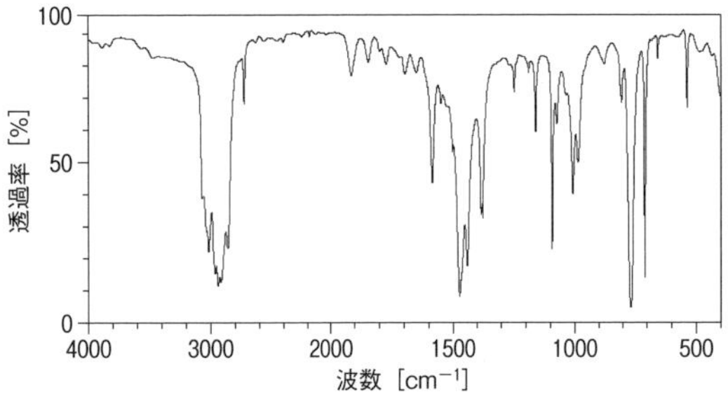

MS

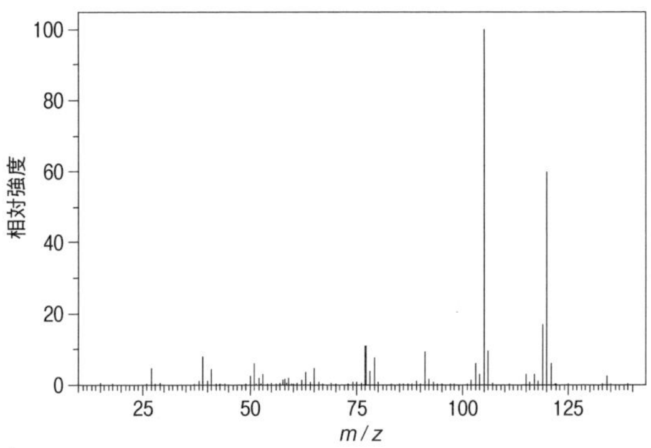

^{13}C NMR

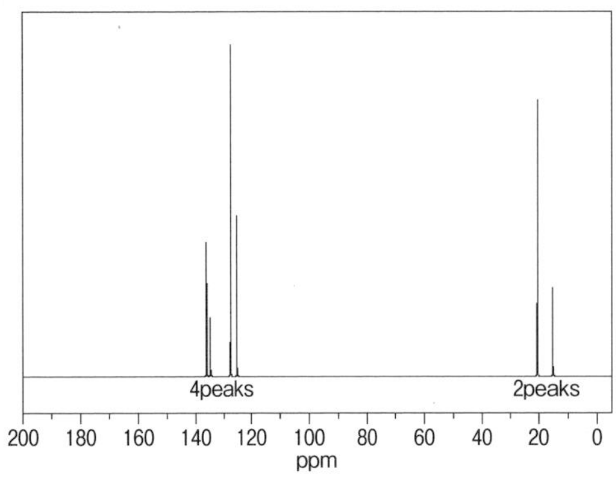

^{1}H NMR

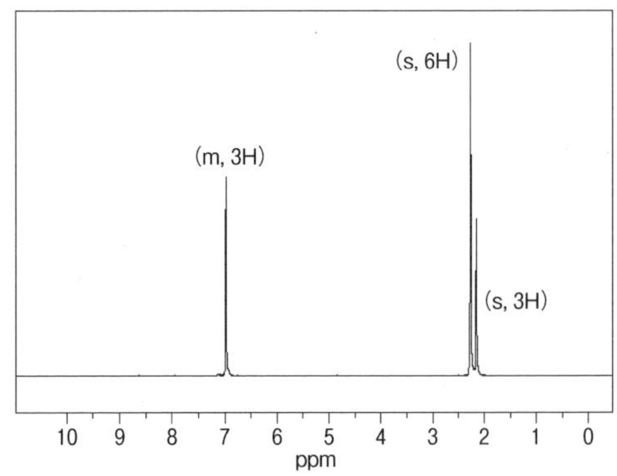

72　以下の情報から，化合物の構造を推定せよ．

目安時間 10 分

Hint：分子式は 964 番と同じ．ベンゼン環にいくつの置換基が，どこに付いているかは，どこから判断したらよいかを考えよう．

965. 分子式：C_9H_{12}

IR

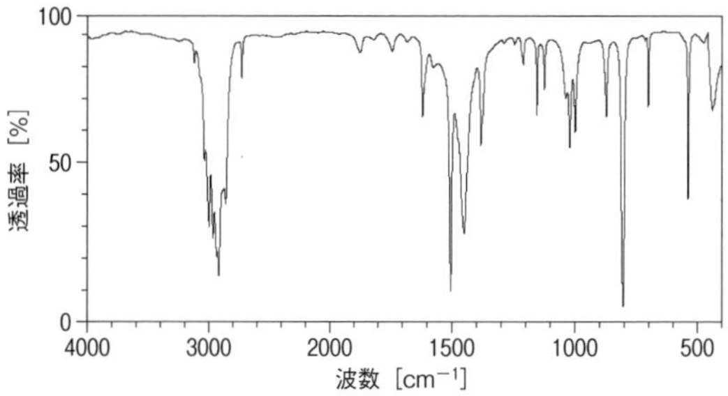

MS

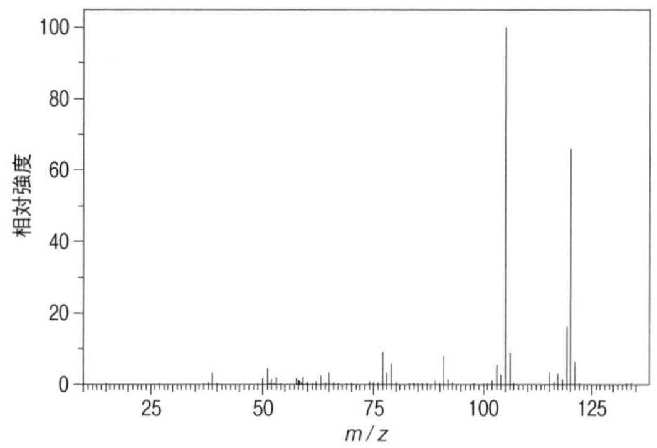

^{13}C-NMR

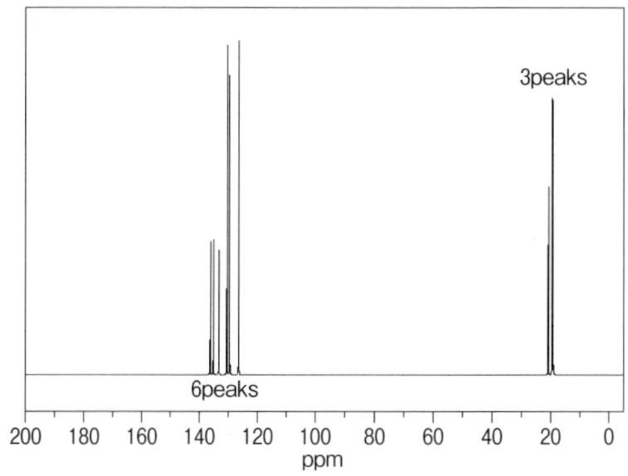

^{1}H-NMR

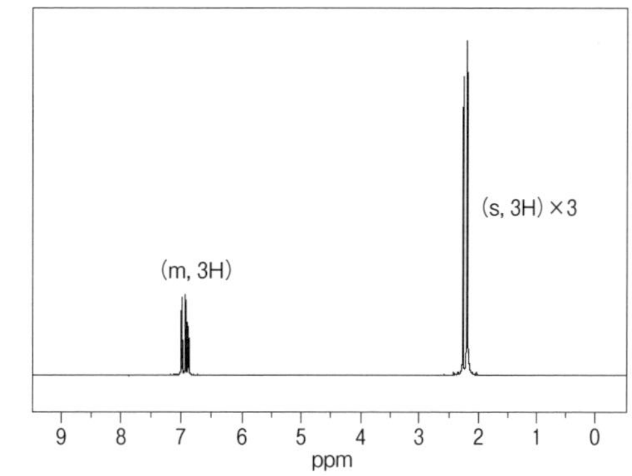

73　以下の情報から，化合物の構造を推定せよ．

目安時間 10 分

Hint：分子式は 964，965 番と分子式は同じ．ベンゼン環にいくつの置換基が，どこに付いているかは，どこで区別したらよいかを考えよう．

966. 分子式：C_9H_{12}

IR

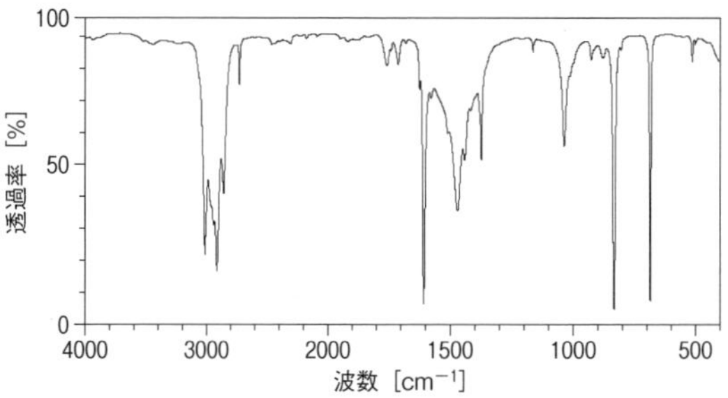

MS

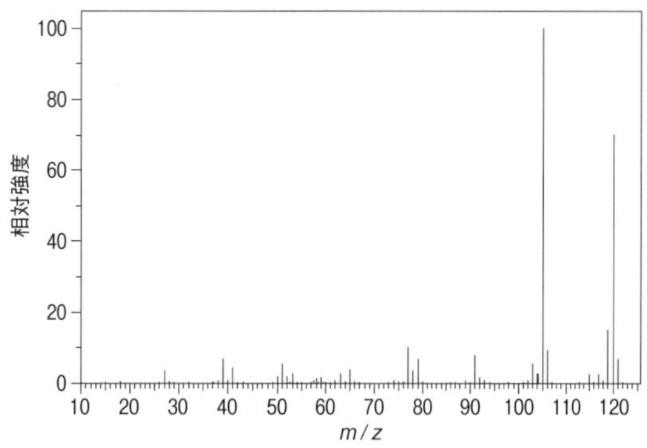

^{13}C NMR

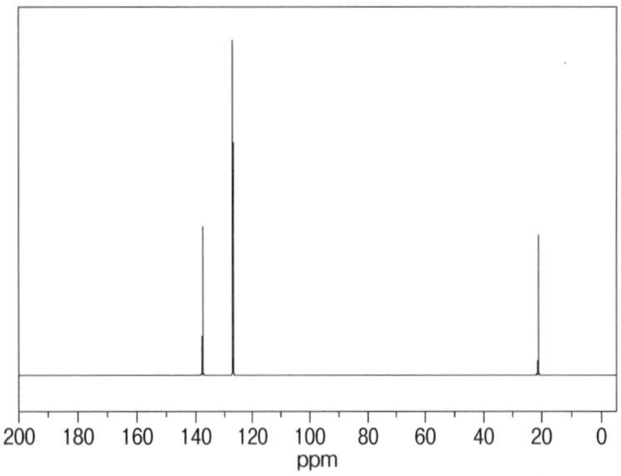

^{1}H NMR

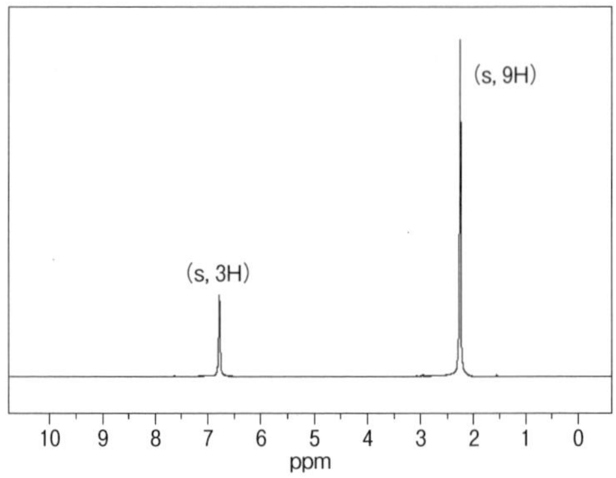

74　以下の情報から，化合物の構造を推定せよ．

目安時間 10 分

Hint：^{1}H NMR で見られる singlet で，9H を実現するにはどのような置換基が必要か考えよう．

967．分子式：$C_{10}H_{14}$

IR

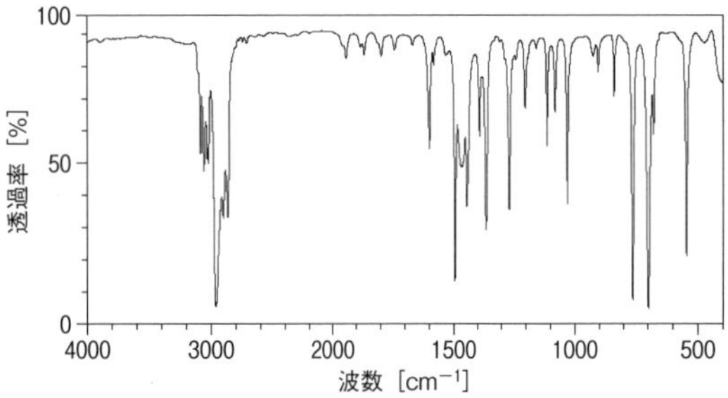

MS

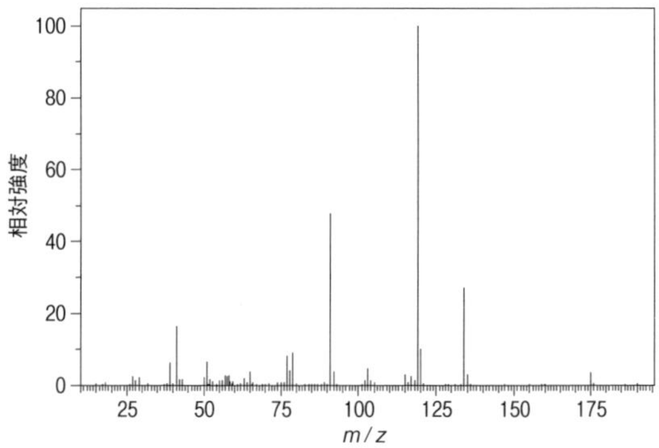

^{13}C NMR

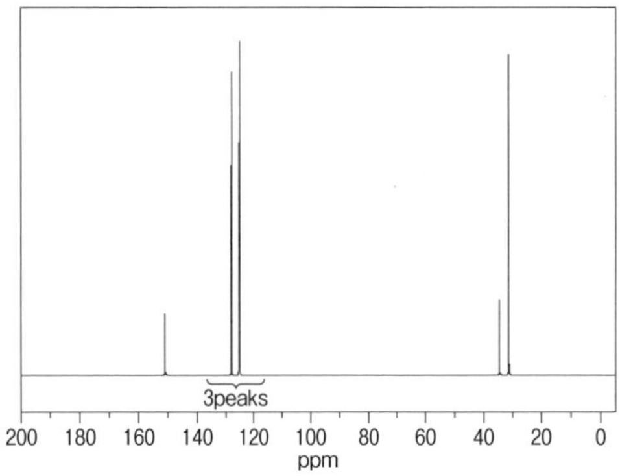

^{1}H NMR

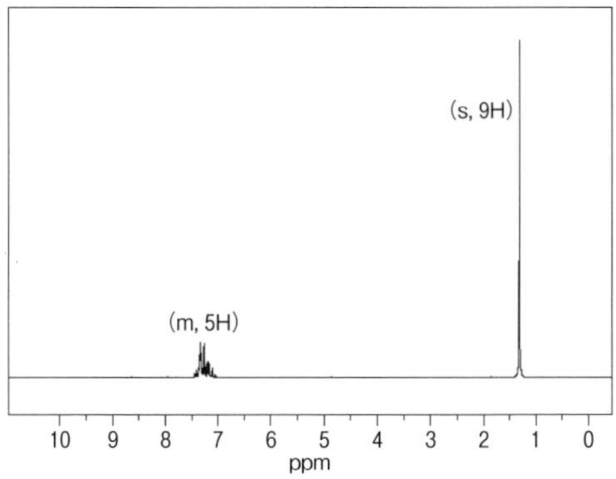

75 以下の情報から，化合物の構造を推定せよ．

目安時間 10 分

Hint：^{1}H NMR の九重線（non）に注目．隣接した炭素原子が合計 8 個の水素原子をもつ必要がある．

968. 分子式：$C_{10}H_{14}$

IR

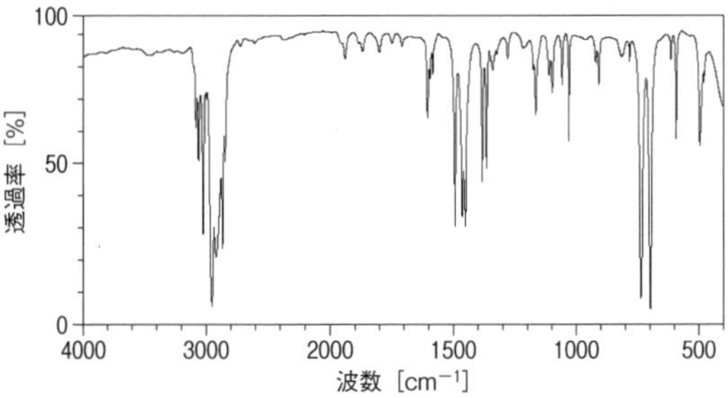

MS

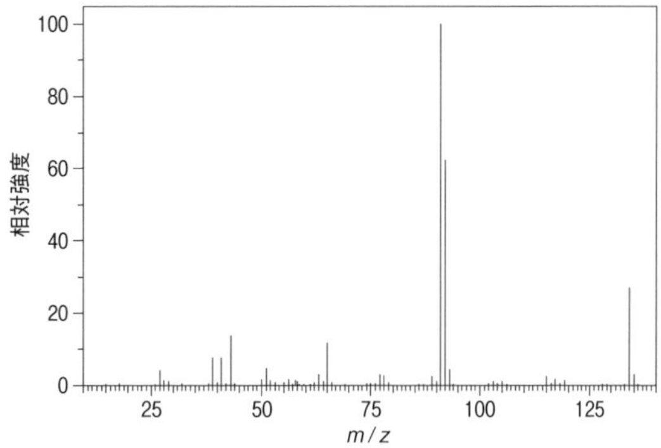

^{13}C NMR

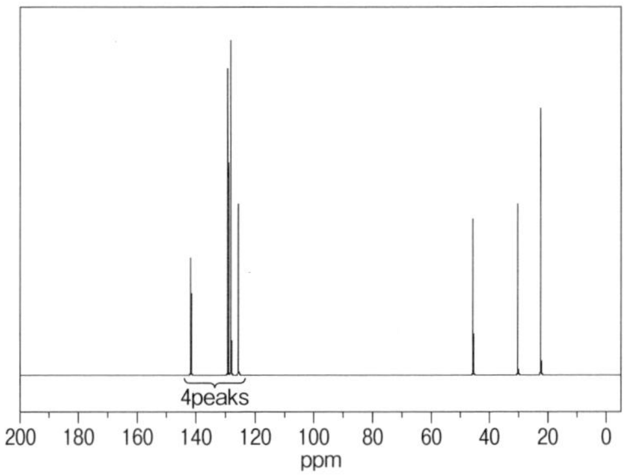

^{1}H-NMR

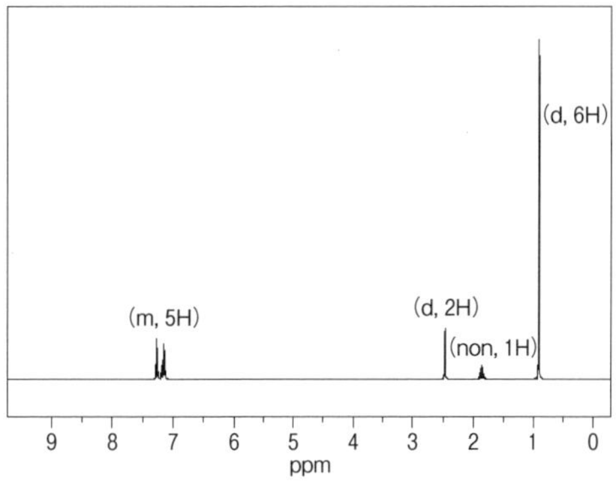

76 以下の情報から，化合物の構造を推定せよ．

目安時間 10 分

Hint：IHD の値と二つの NMR から一置換ベンゼンが導かれる．ベンゼンの側鎖の形をどう決めるかを考えよう．

969. 分子式：$C_{10}H_{14}$

IR

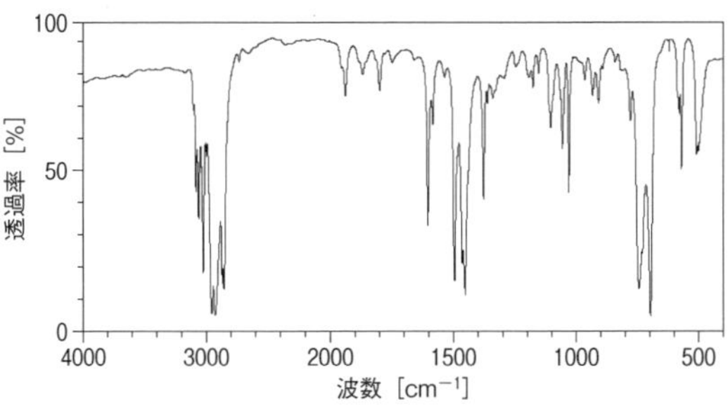

MS

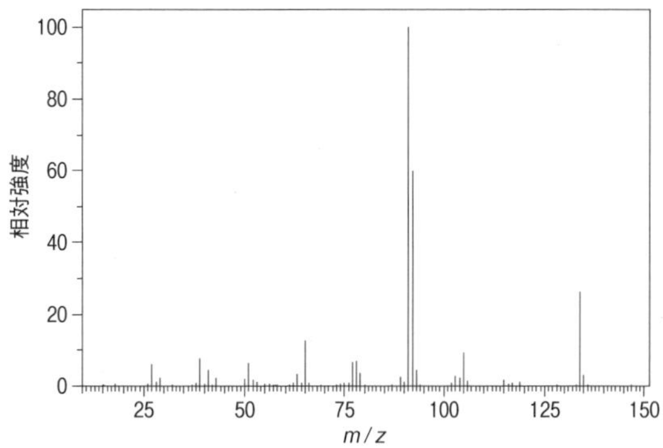

^{13}C NMR

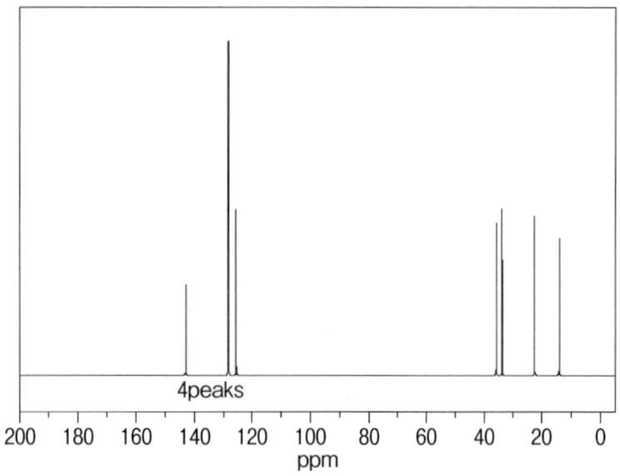

^{1}H NMR

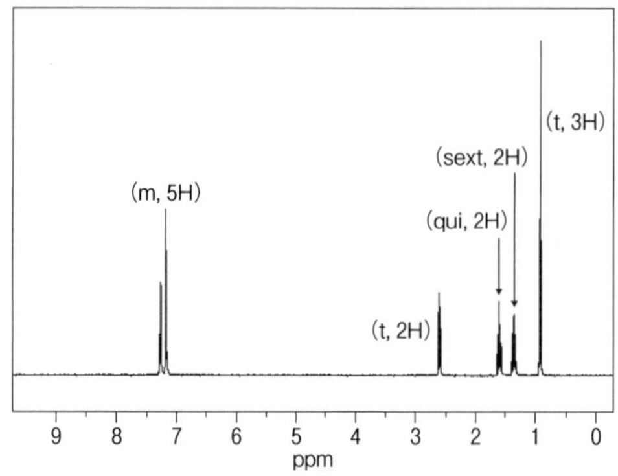

77　以下の情報から，化合物の構造を推定せよ．

目安時間 10 分

Hint：969 番と似たようなスペクトルを与えるが，^{1}H NMR のカップリングパターンが異なる．ていねいに部品を組み立てていこう．

970.　分子式：$C_{10}H_{14}$

IR

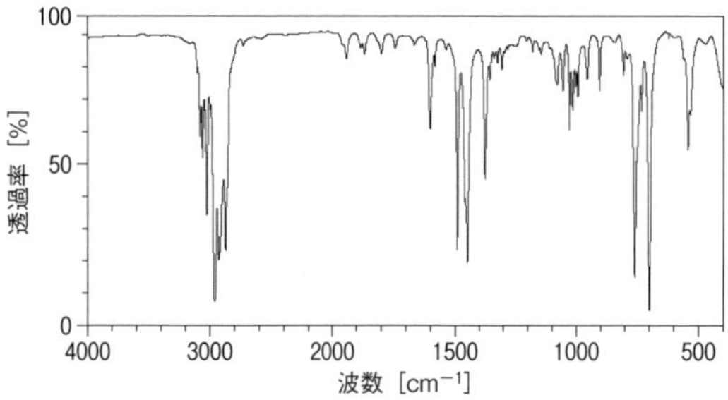

MS

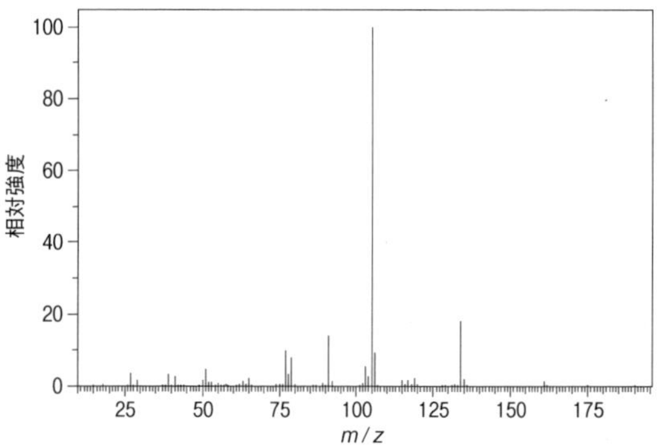

^{13}C NMR

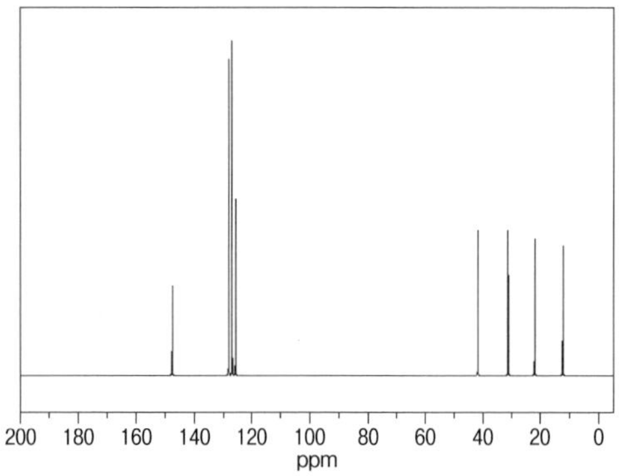

^{1}H NMR

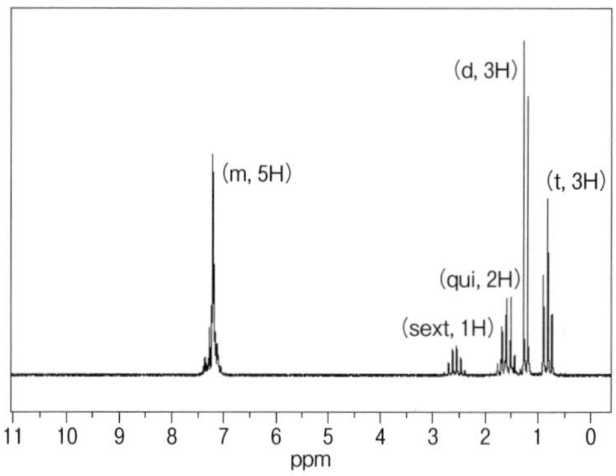

78 以下の情報から，化合物の構造を推定せよ．

目安時間 10 分

Hint：ベンゼン環に，いくつの置換基が，どこに付いているかはどこから判断したらよいかを考えよう．

971．分子式：$C_{10}H_{14}$

IR

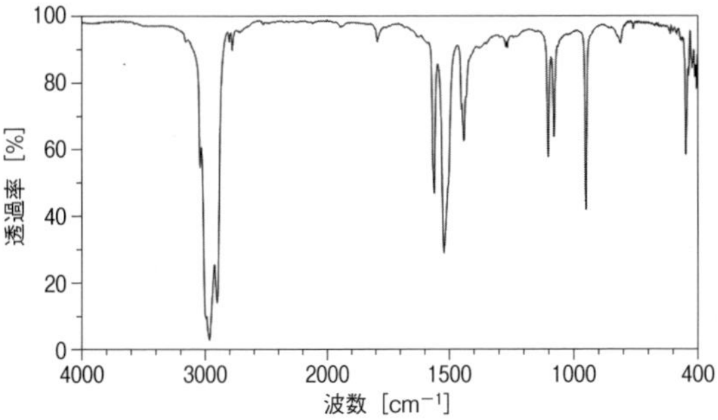

MS

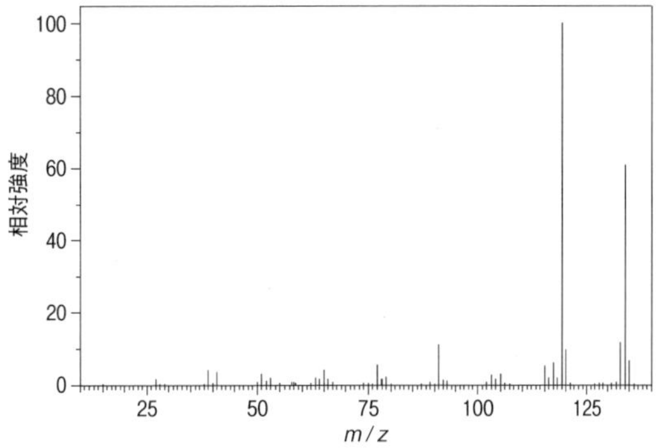

^{13}C NMR

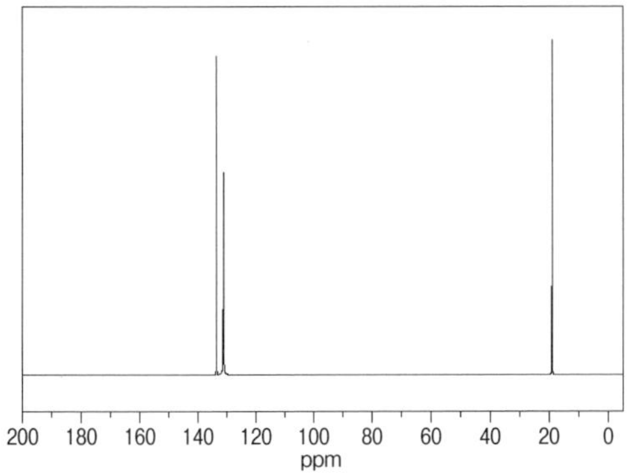

^{1}H NMR

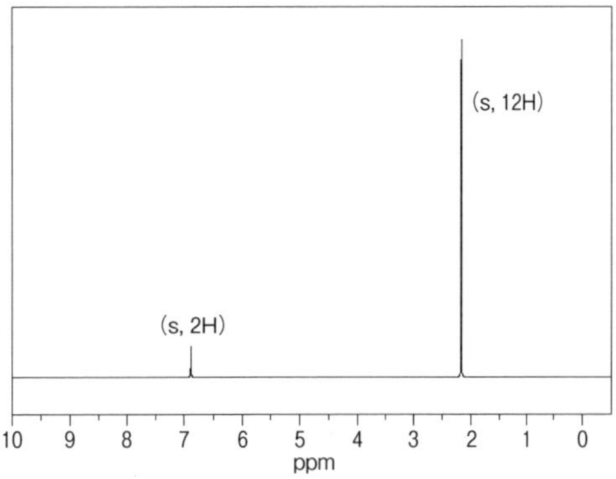

79 以下の情報から，化合物の構造を推定せよ．

目安時間 10 分

Hint：分子式は 971 番と同じ．ベンゼン環に，いくつの置換基が，どこに付いているかはどこから判断したらよいかを考えよう．

972．分子式：$C_{10}H_{14}$

IR

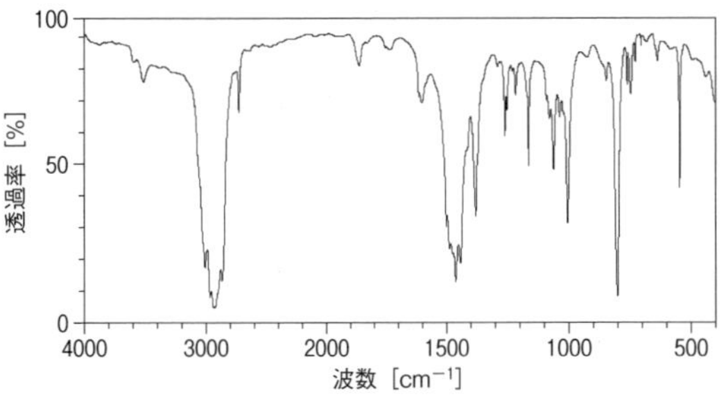

MS

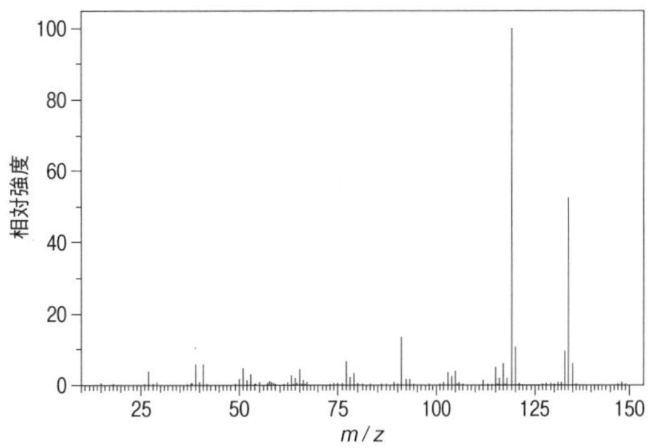

^{13}C NMR

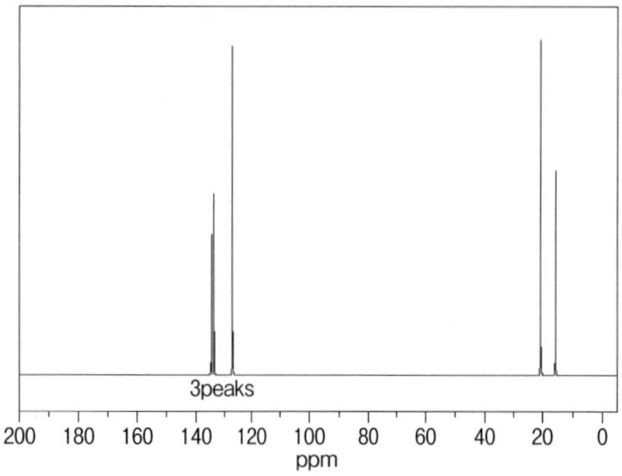

^{1}H NMR

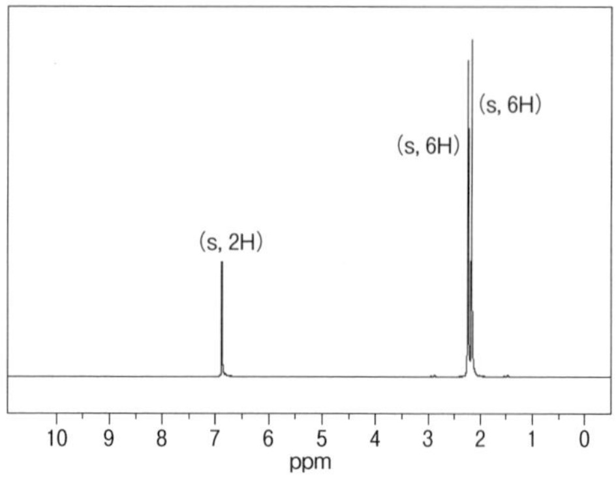

80 以下の情報から，化合物の構造を推定せよ．

目安時間 10 分

Hint：^{13}C NMR も ^{1}H NMR ともに，ピークは1本のみなので，非常に対称性が高い分子であると予想できる．

973. 分子式：C_6H_6

IR

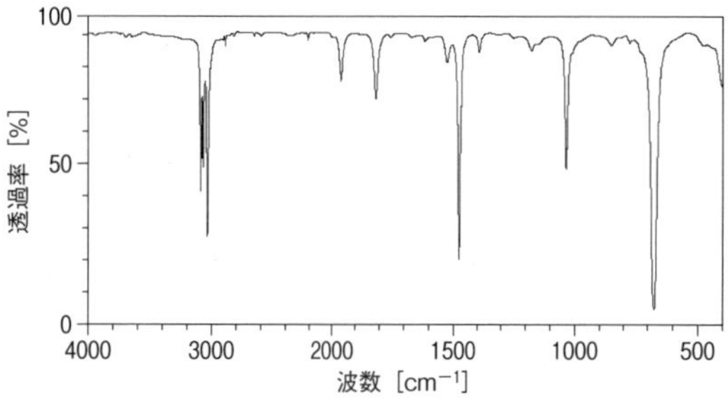

MS

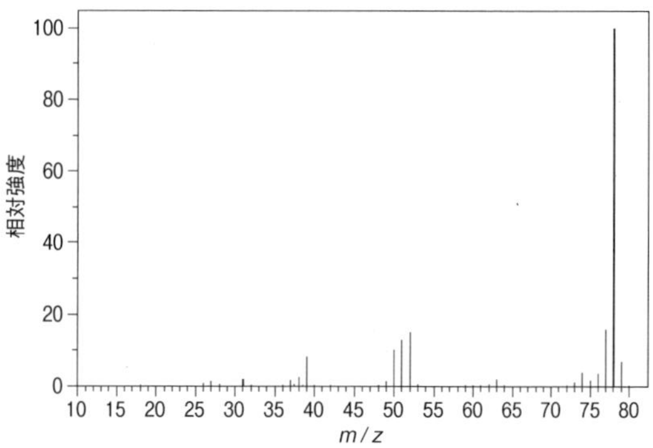

^{13}C NMR

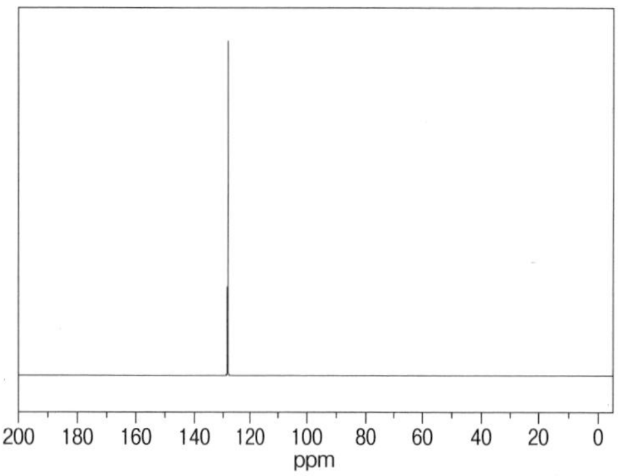

^{1}H NMR

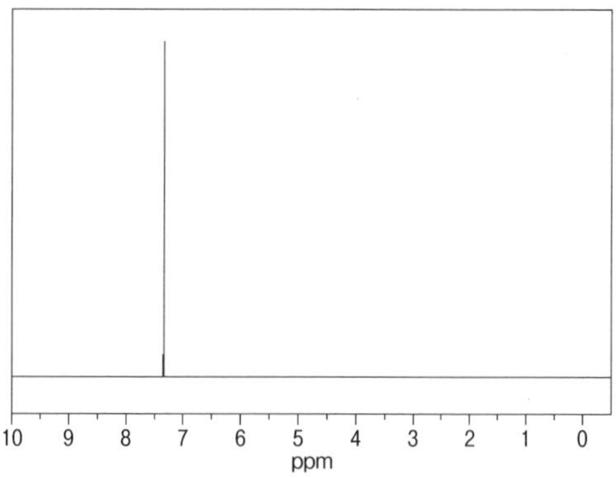

81　以下の情報から，化合物の構造を推定せよ．

目安時間 10 分

Hint：まず IHD を計算し，おおまかな構造を予想しよう．

974．分子式：C_7H_8

IR

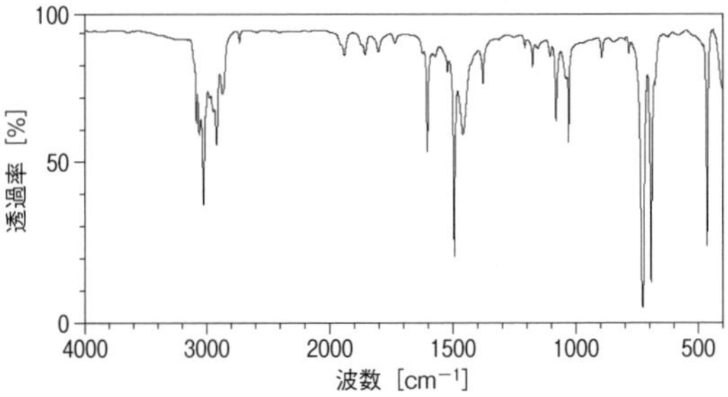

MS

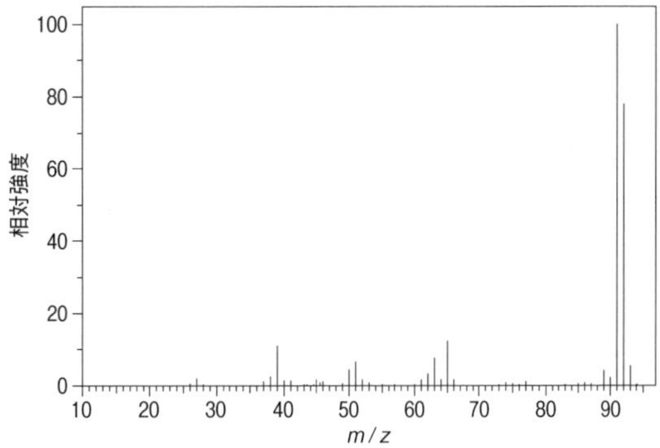

^{13}C NMR

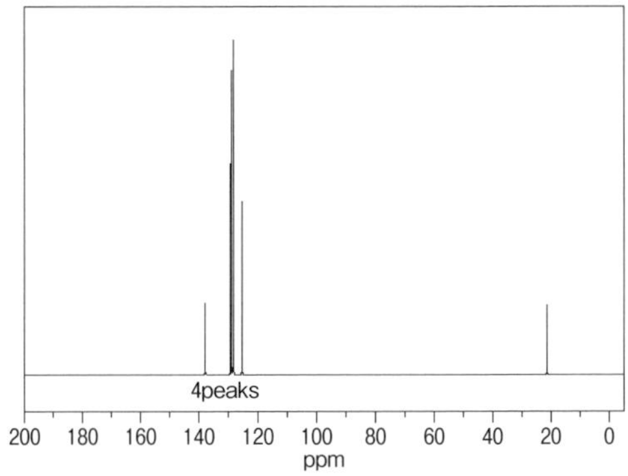

^{1}H NMR

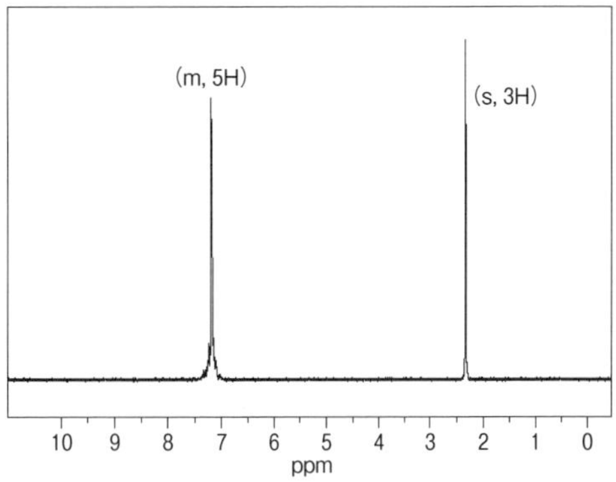

82　以下の情報から，化合物の構造を推定せよ．

目安時間 10 分

Hint：IR と ^{13}C NMR より，カルボニル基があることが予想できる．カルボニル基の両端にどんな置換基がつながるかを考えよう．

975．分子式：$C_4H_8O_2$

IR

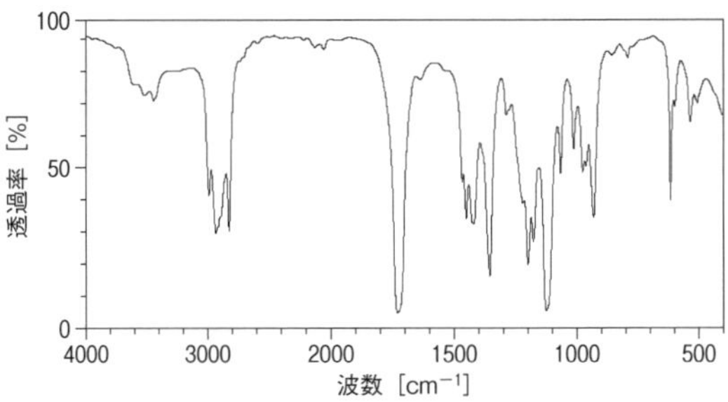

MS

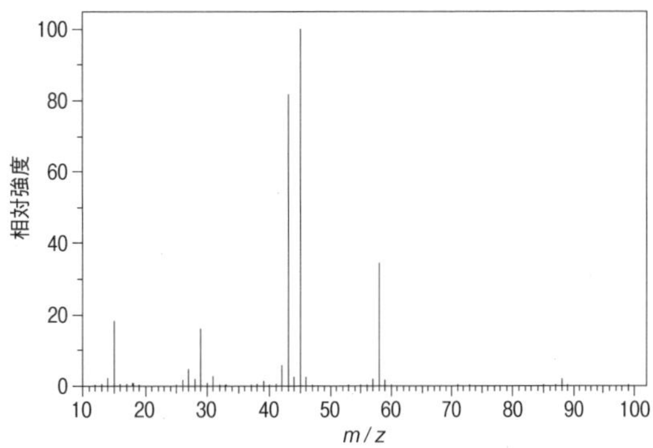

^{13}C NMR

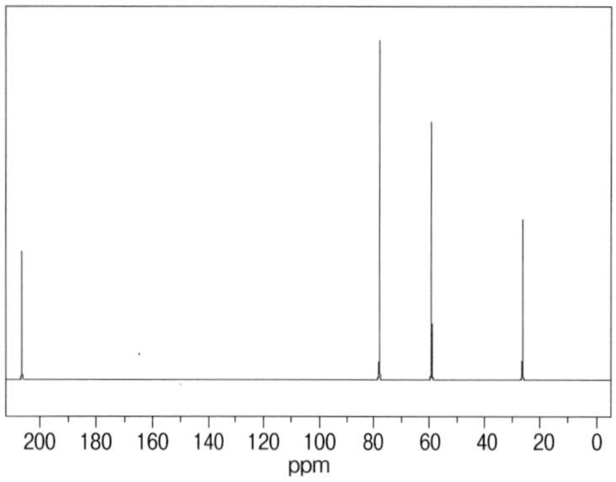

^{1}H NMR

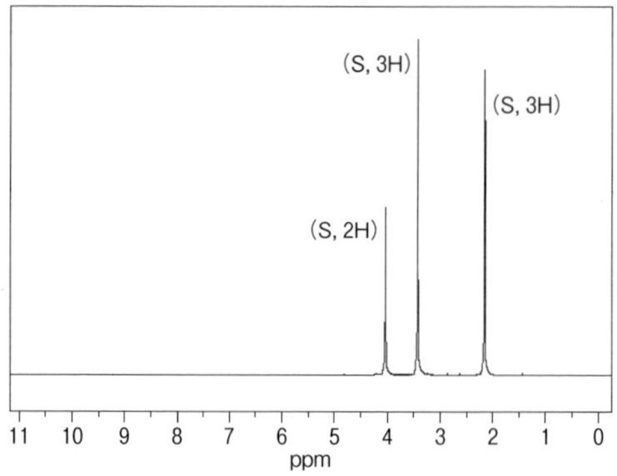

83　以下の情報から，化合物の構造を推定せよ．

目安時間 10 分

> *Hint*：IR より，ヒドロキシ基とカルボニル基があることが示唆される．他のスペクトルを見て，この二つが隣り合っているかどうかを考えよう．

976.　分子式：$C_4H_8O_2$

IR

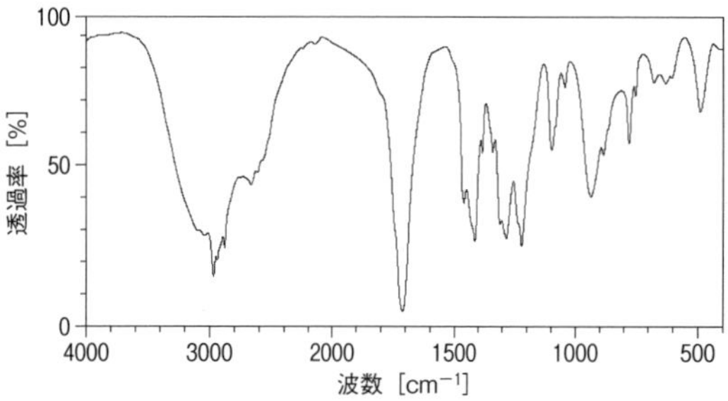

MS

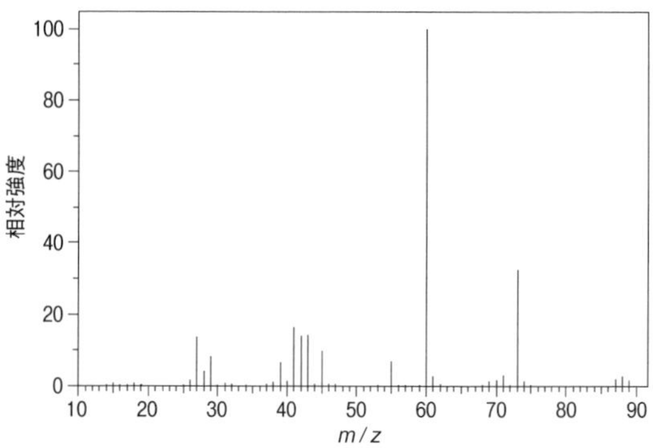

^{13}C NMR

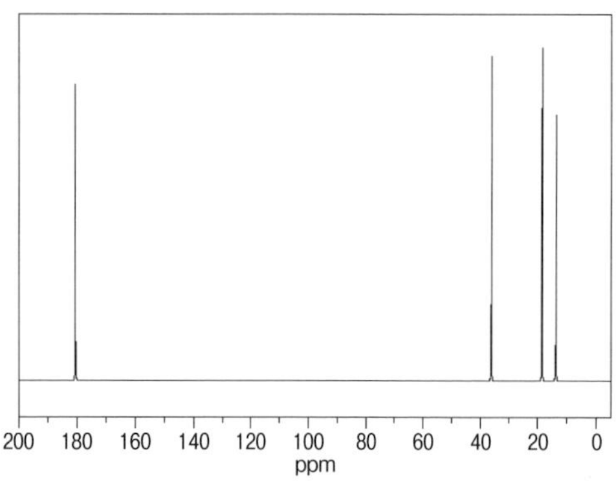

^{1}H NMR

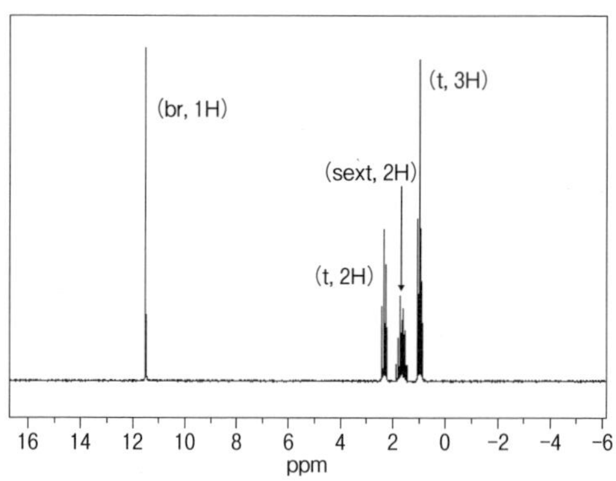

84 以下の情報から，化合物の構造を推定せよ．

目安時間 10 分

Hint：IR と ^{13}C NMR より，カルボニル基があることが予想できる．カルボニル基の 両端にどんな置換基がつながるかを考えよう．

977. 分子式：$C_4H_8O_2$

IR

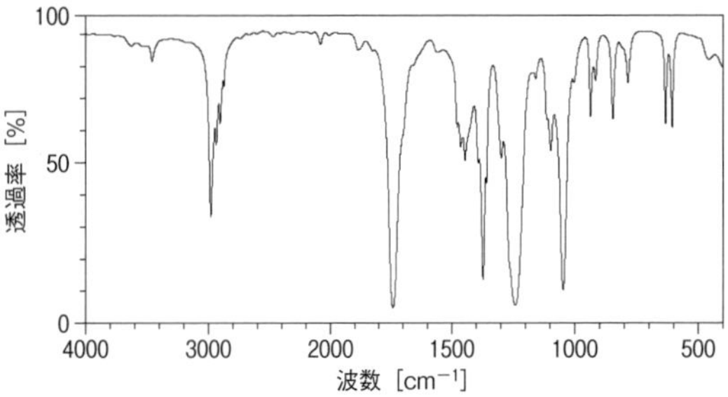

MS

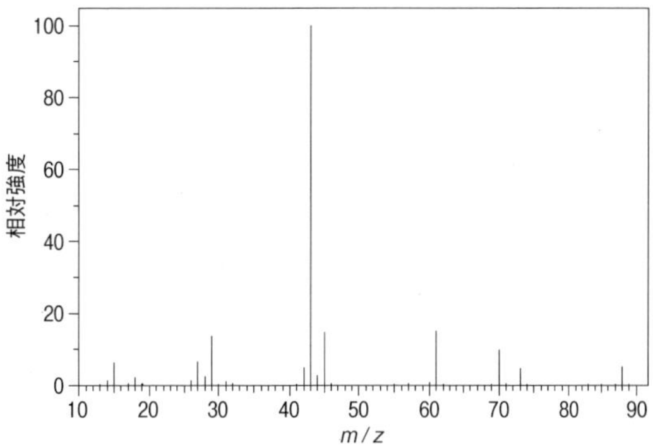

^{13}C NMR

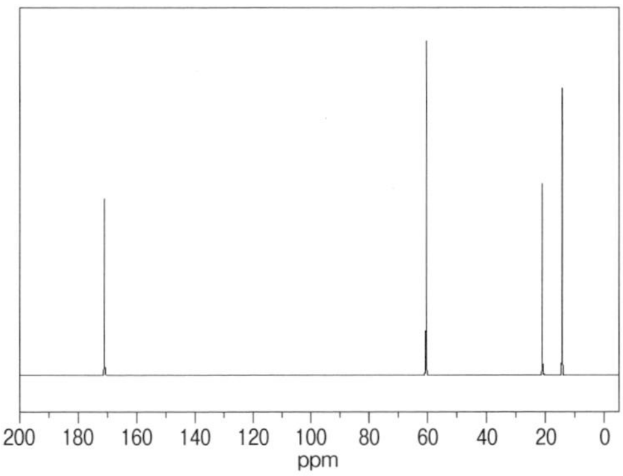

^{1}H NMR

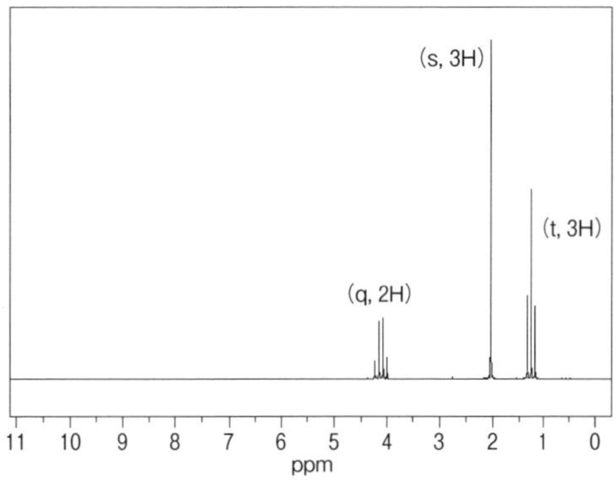

85 以下の情報から，化合物の構造を推定せよ．

目安時間 10 分

Hint：IR と ^{13}C NMR より，カルボニル基があることが予想できる．カルボニル基の両端にどんな置換基がつながるかを考えよう．^{1}H NMR の 8 ppm 付近のピークに注目．

978. 分子式：$C_4H_8O_2$

IR

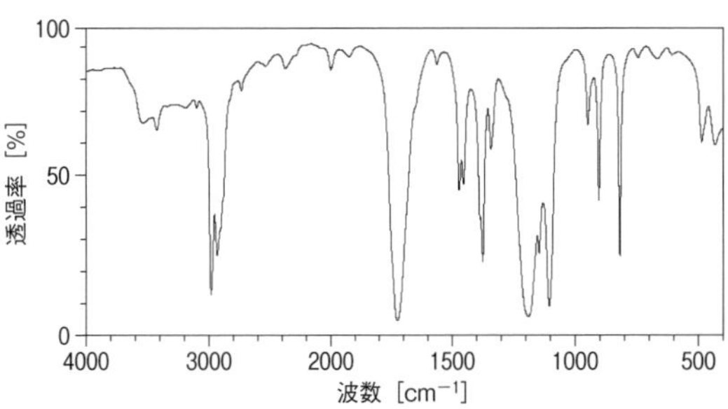

MS

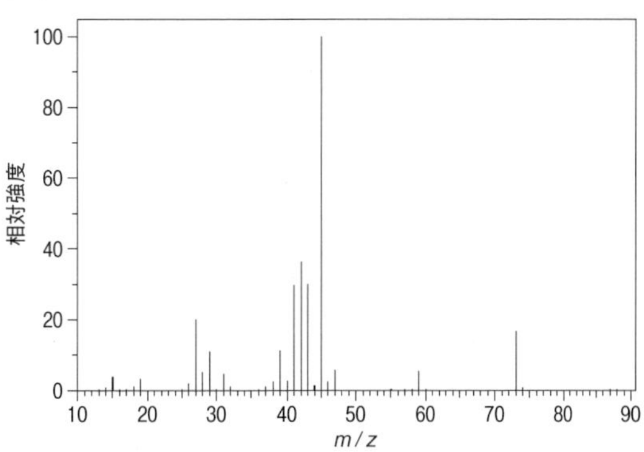

^{13}C NMR

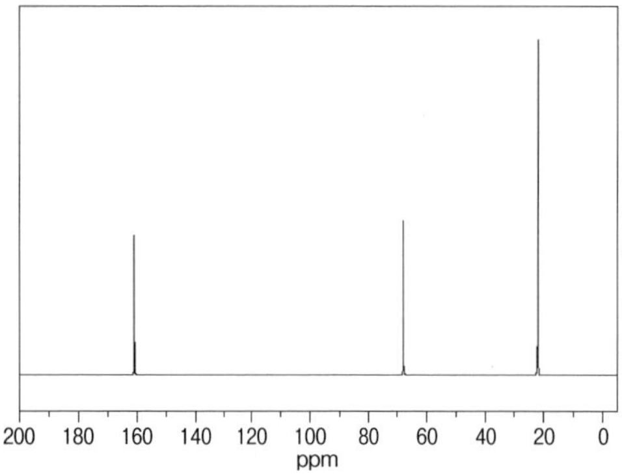

^{1}H NMR

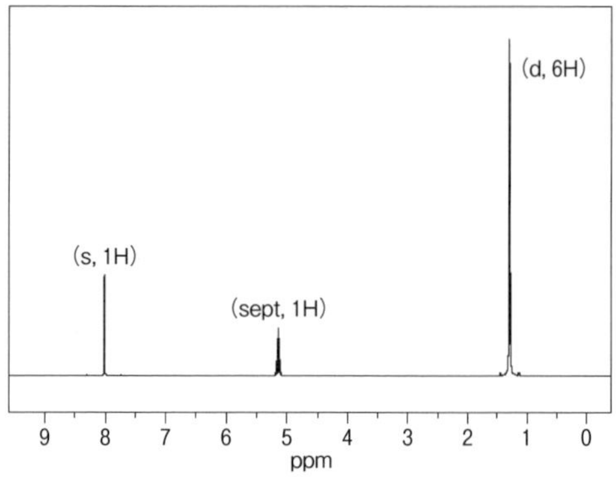

86 以下の情報から，化合物の構造を推定せよ.

目安時間 10 分

Hint：まず IHD を計算し，多重結合の有無を考える．多重結合がなければ，環構造を考える．

979. 分子式：$C_4H_8O_2$

IR

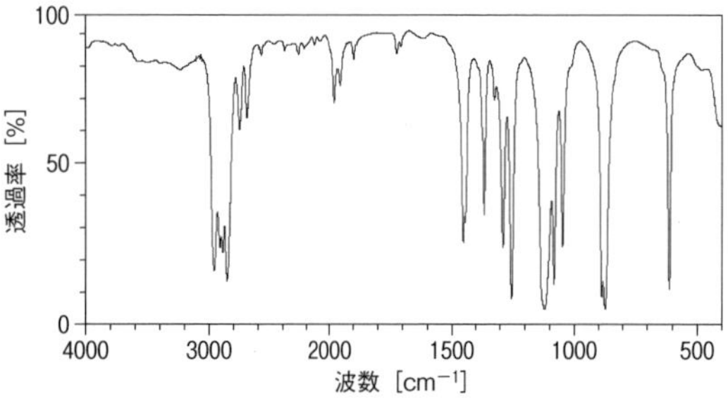

MS

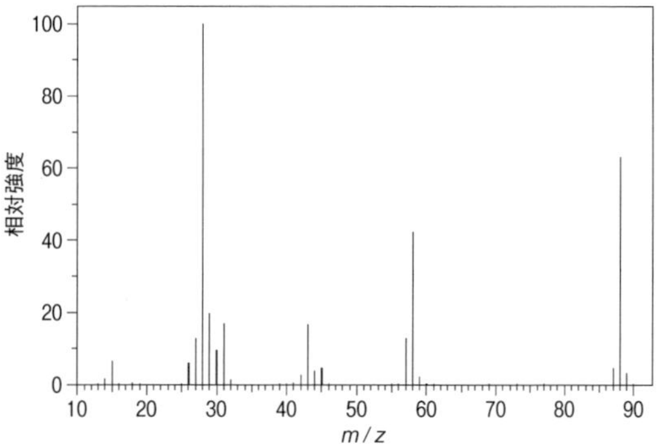

^{13}C NMR

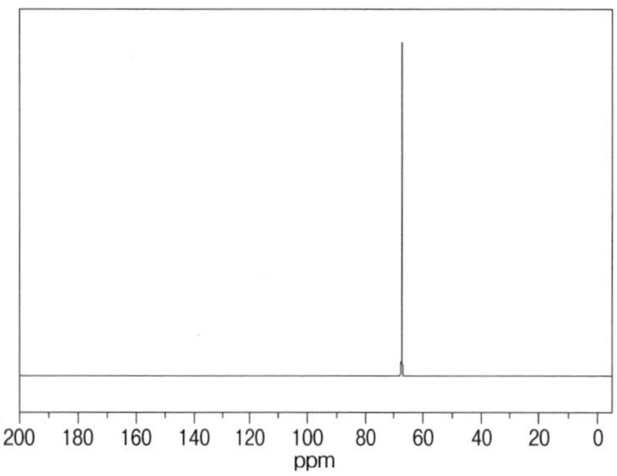

^{1}H NMR

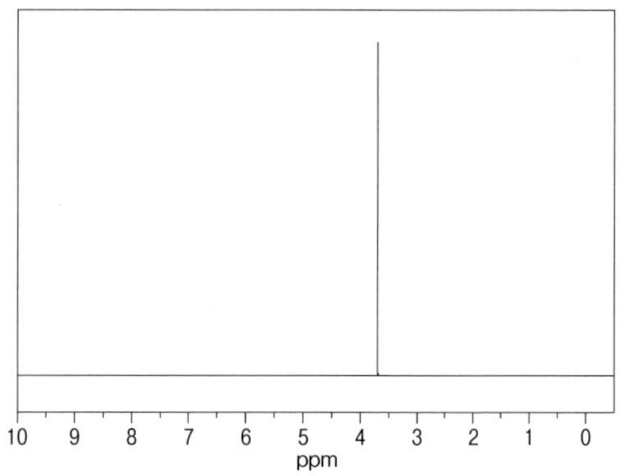

87　以下の情報から，化合物の構造を推定せよ．

目安時間 10 分

Hint：IR から，カルボニル基があることが考えられる．その両端にどのような置換基をつなげばよいだろうか．

980.　分子式：$C_5H_{10}O$

IR

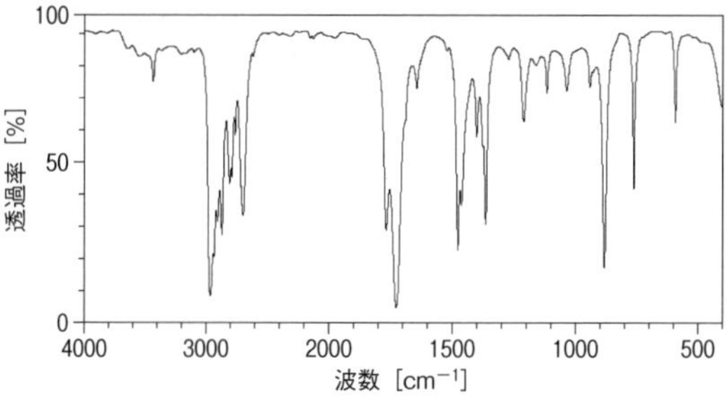

MS

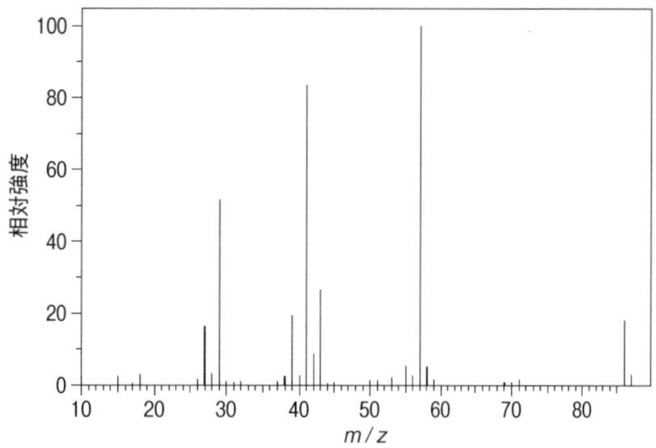

^{13}C NMR

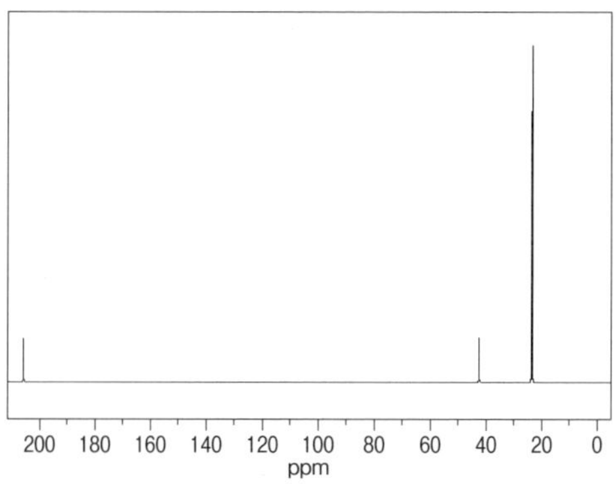

^{1}H NMR

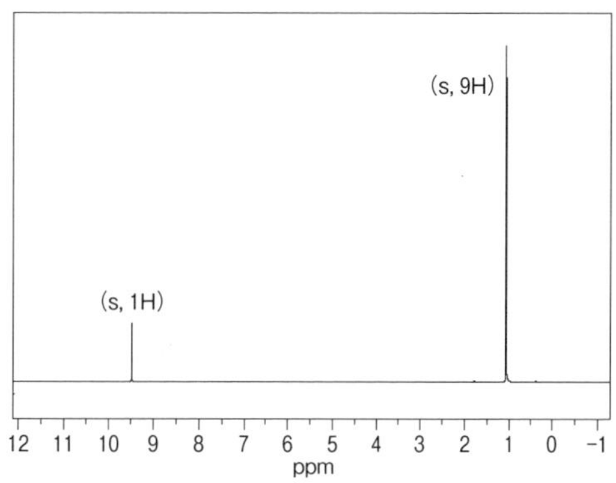

88　以下の情報から，化合物の構造を推定せよ．

目安時間 10 分

Hint：分子式は 980 番と同じ．IR から，カルボニル基があることが考えられる．その両端にはどのような置換基をつなげばよいだろうか．

981.　分子式：$C_5H_{10}O$

IR

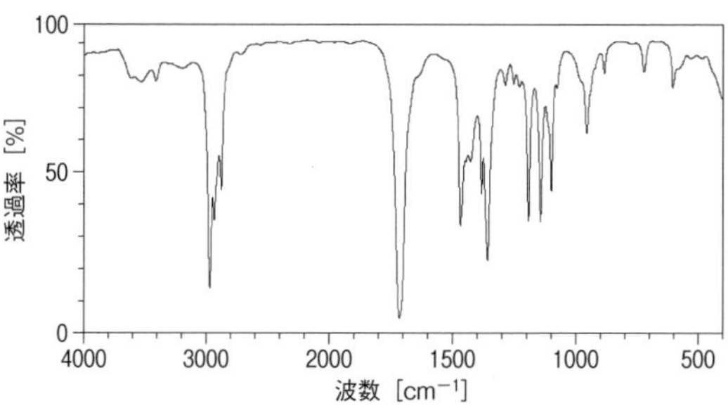

MS

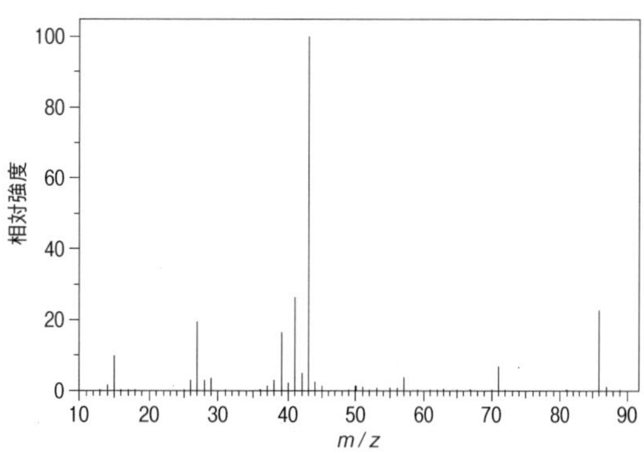

^{13}C NMR

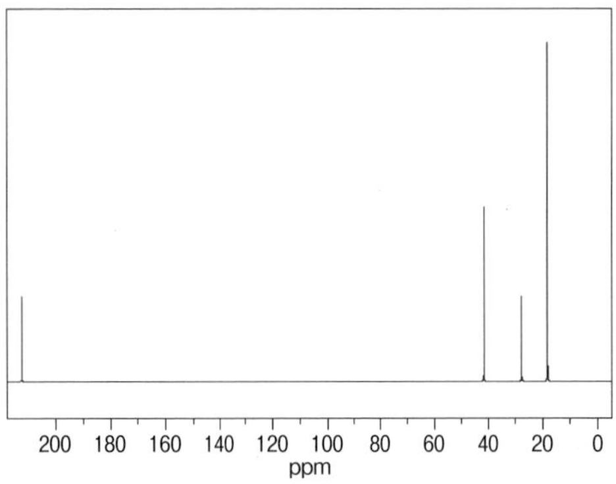

^{1}H NMR

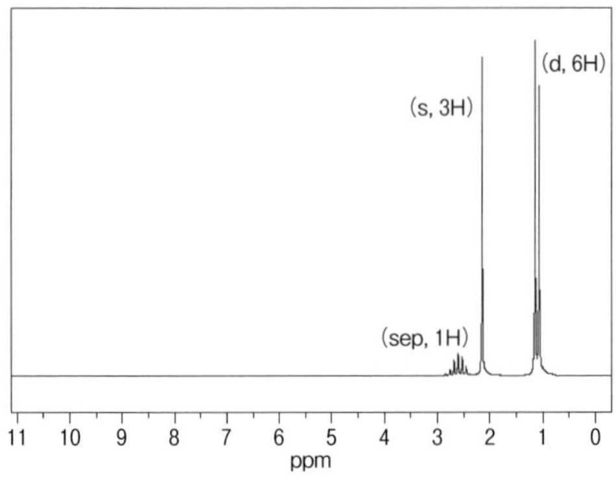

89　以下の情報から，化合物の構造を推定せよ.

目安時間 10 分

Hint：分子式は 980，981 番と同じ．IR から，カルボニル基があることが考えられる．その両端にどのような置換基をつなげばよいだろうか．

982.　分子式：$C_5H_{10}O$

IR

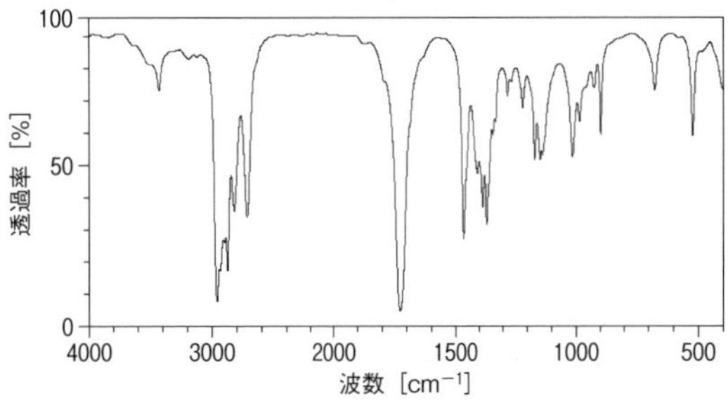

MS

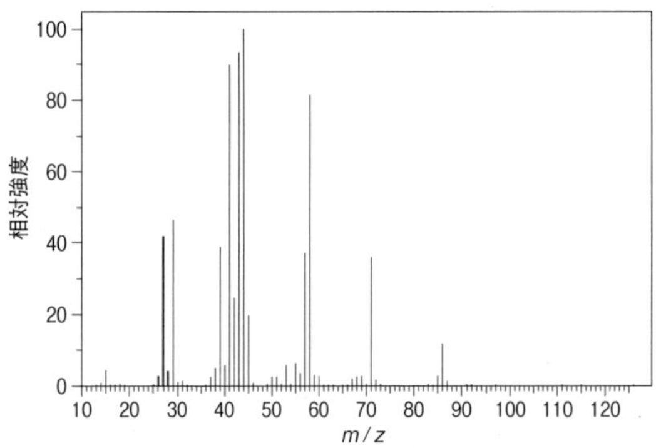

^{13}C NMR

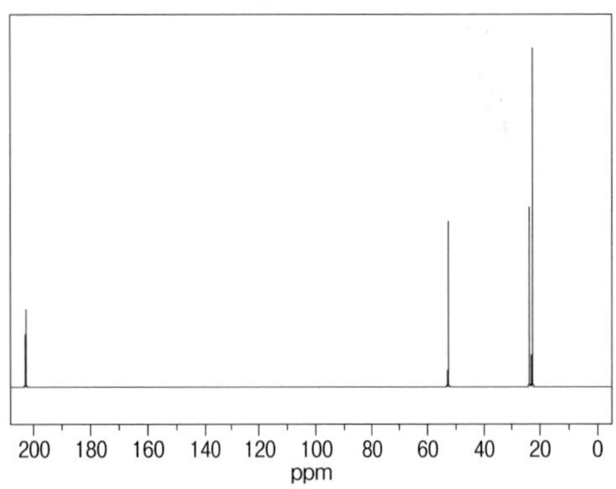

^{1}H NMR

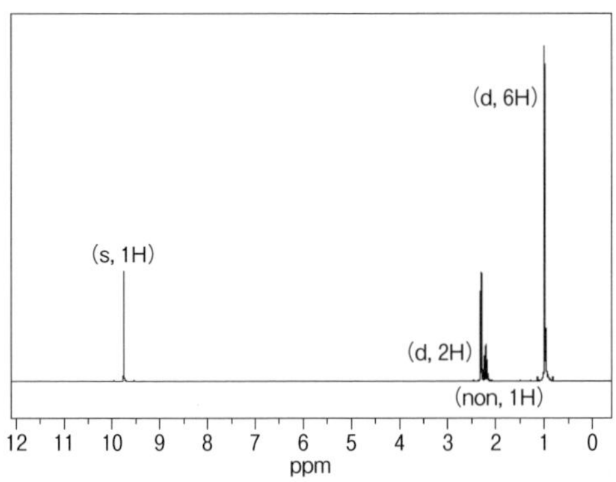

90 以下の情報から，化合物の構造を推定せよ．

目安時間 10 分

! Hint：分子式が複雑になってきたが，まず IHD を計算しよう．IR より，カルボニル基があることが示される．MS の 43 のピークも見落とさないように．芳香環はいくつあるだろうか．

983．分子式：$C_{14}H_{12}O_2$

IR

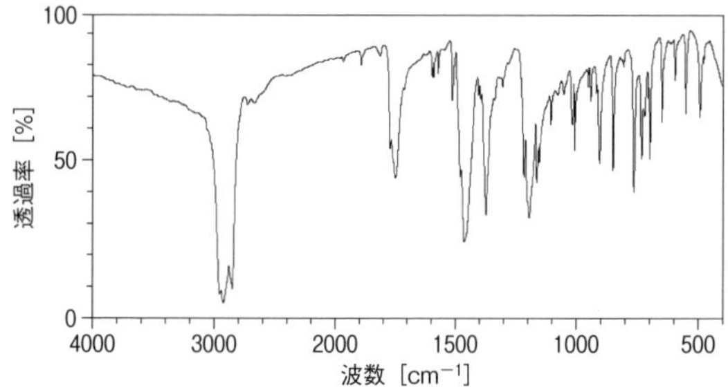

MS

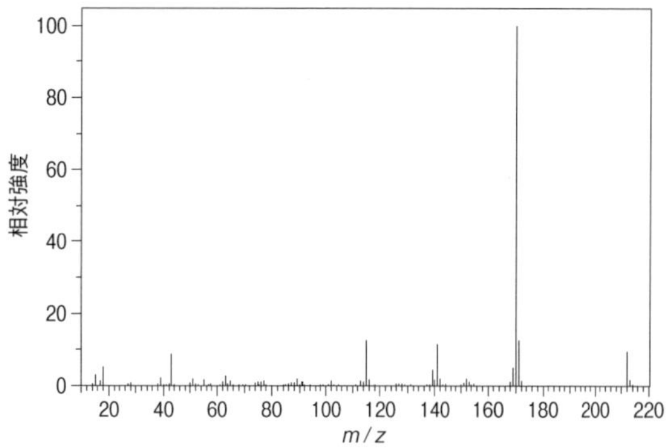

^{13}C NMR

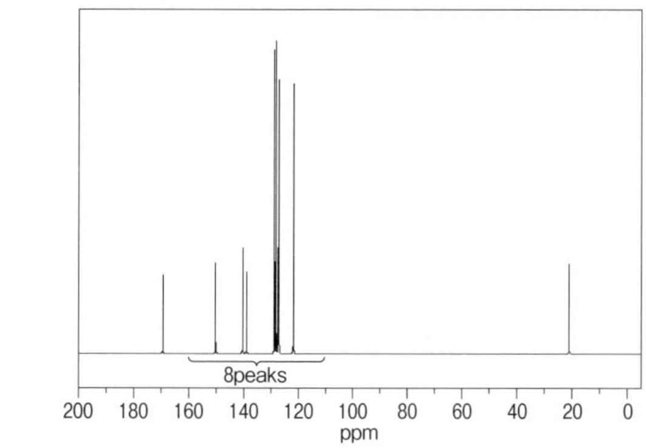

^{1}H NMR

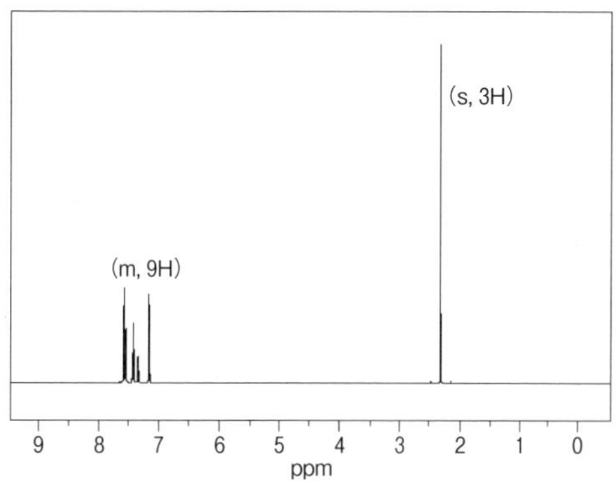

91 以下の情報から，化合物の構造を推定せよ．

目安時間 10 分

! Hint：分子式は 983 番と同じ．^{1}H NMR の 12 ppm 付近の吸収が何に由来するかがわかれば正解に近づく．

984．分子式：$C_{14}H_{12}O_2$

IR

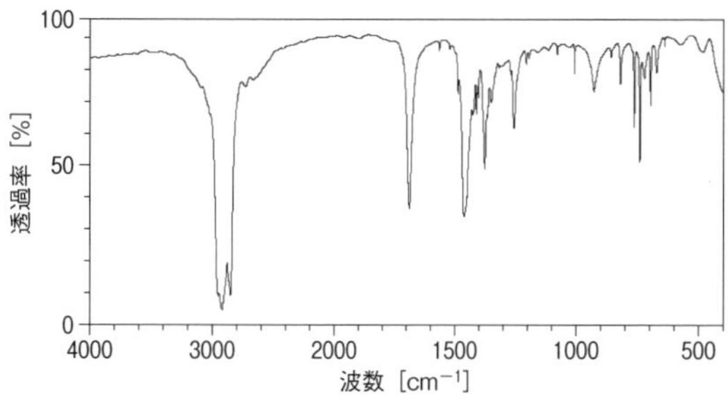

MS

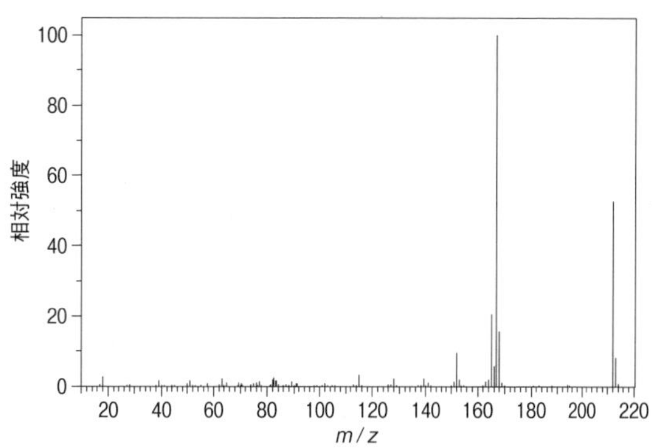

^{13}C NMR

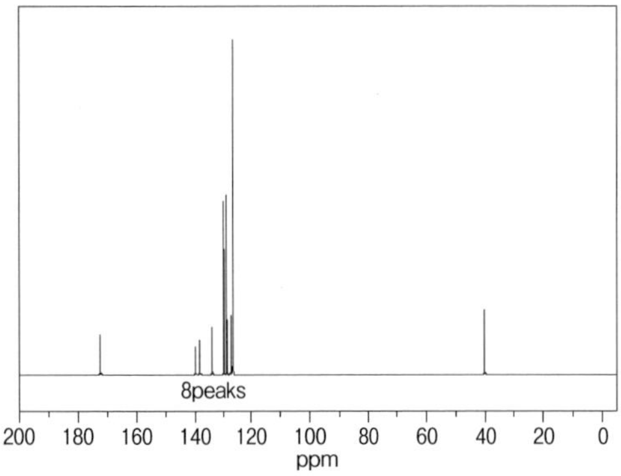

^{1}H NMR

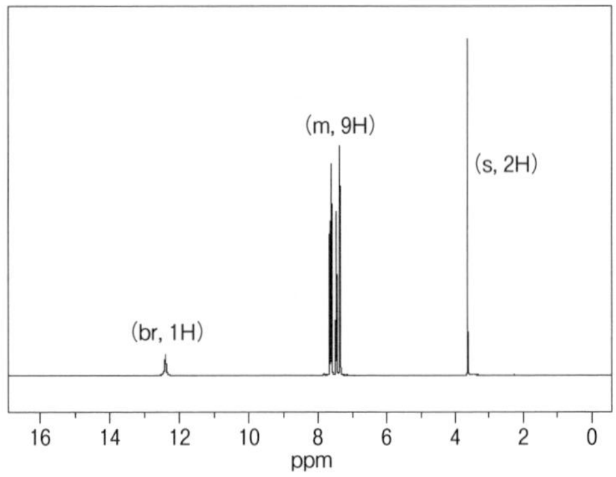

92　以下の情報から，化合物の構造を推定せよ．

目安時間 10 分

Hint：IRより，ヒドロキシ基とカルボニル基があること読み取れるが，短絡的にカルボン酸だと決めつけないように．この二つが隣接しているかどうかは，どこを見たらわかるだろうか．

985.　分子式：$C_4H_8O_2$

IR

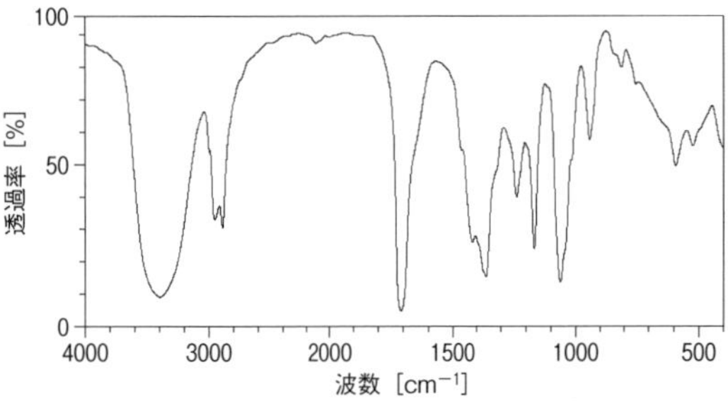

MS

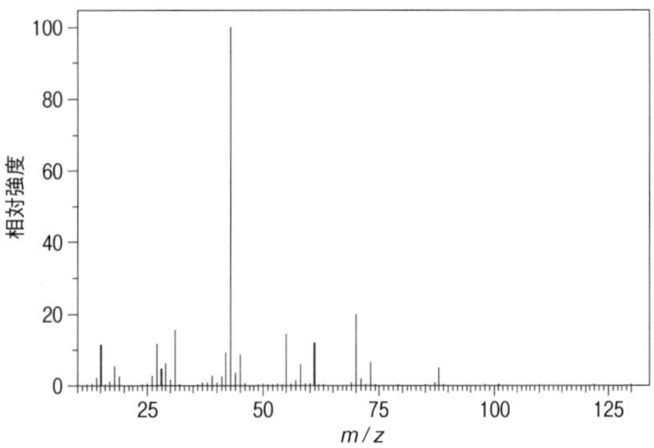

^{13}C NMR

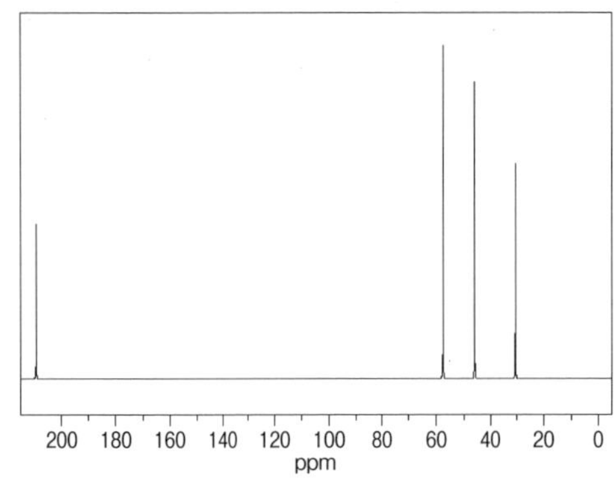

^{1}H NMR

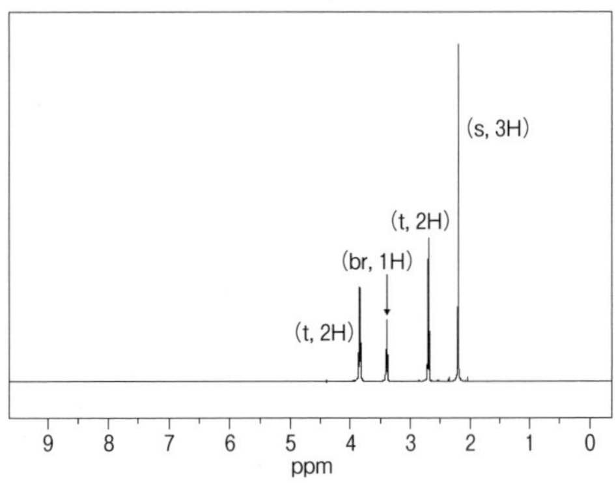

93 以下の情報から，化合物の構造を推定せよ． 目安時間 10 分

Hint：IR と MS の 105 より，ベンゾイル基があること示唆される．IHD から芳香環は二つあることがわかるが，分子全体で芳香環の炭素原子は 8 種類しかない．

986. 分子式：$C_{14}H_{12}O_2$

IR

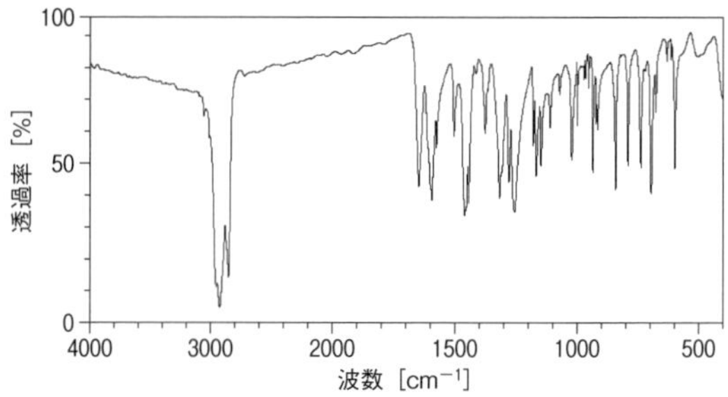

MS

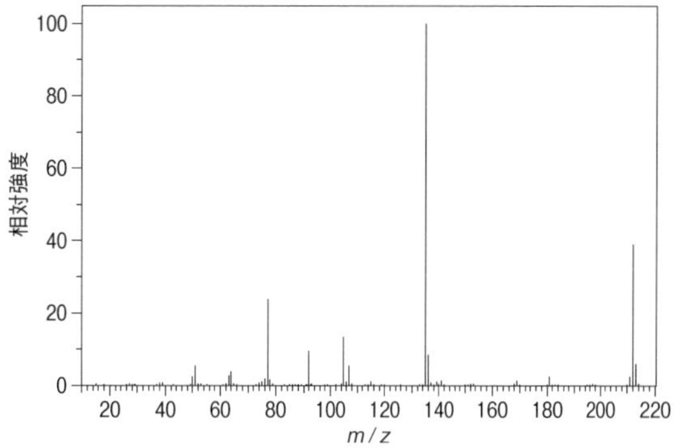

^{13}C NMR

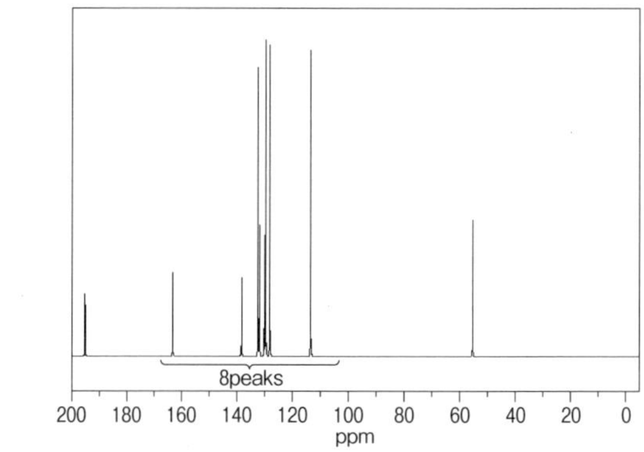

^{1}H NMR

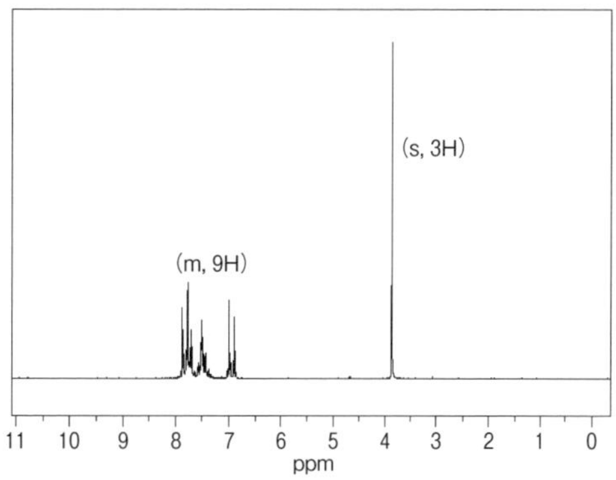

94 以下の情報から，化合物の構造を推定せよ． 目安時間 10 分

Hint：まずベンゼン環上の置換基は何個かを決めよう．次に ^{1}H NMR を見て，2 本のシングレットがこの位置に出るような原子のつながりを考えよう．

987. 分子式：$C_9H_{10}O_2$

IR

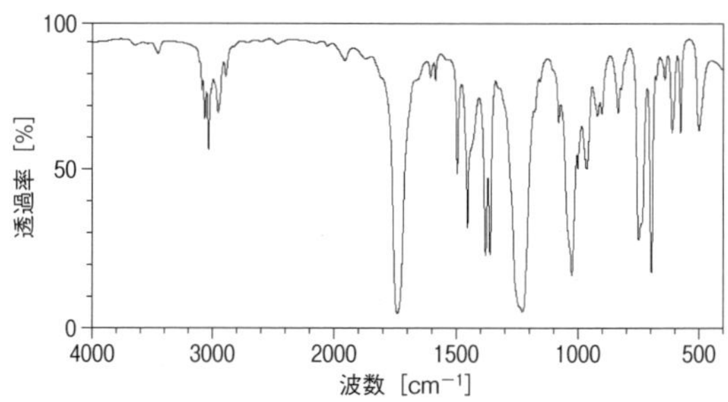

MS

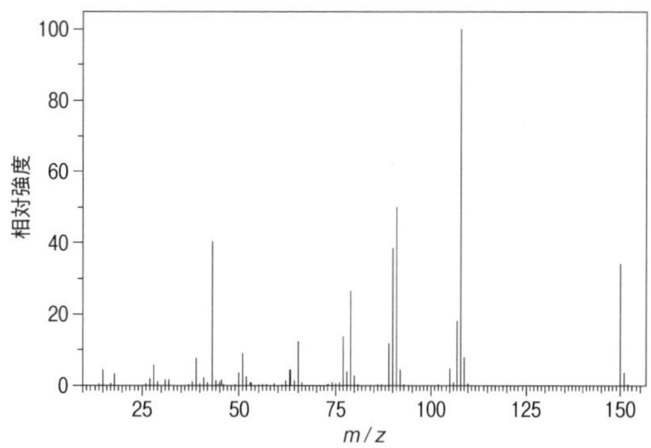

^{13}C NMR

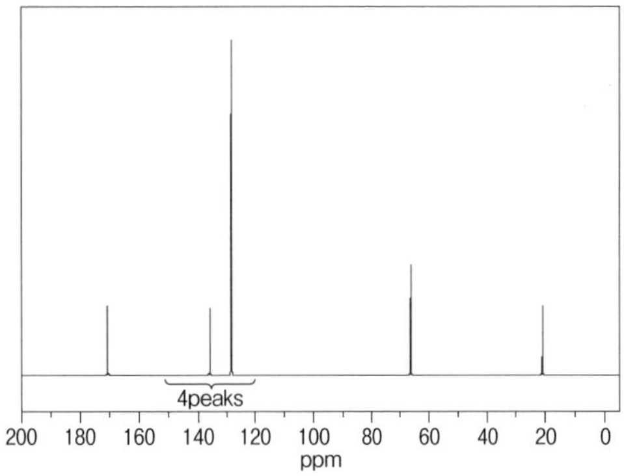

^{1}H NMR

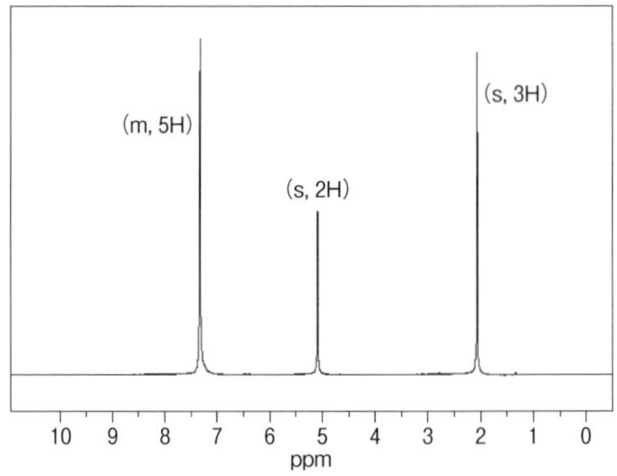

95　以下の情報から，化合物の構造を推定せよ．

目安時間 10 分

Hint：IHD を計算すれば，容易に構造が得られるだろう．臭素原子を含む分子の分子イオンピークはなぜこうなるかを考えてみよう．

988.　分子式：C_6H_5Br

IR

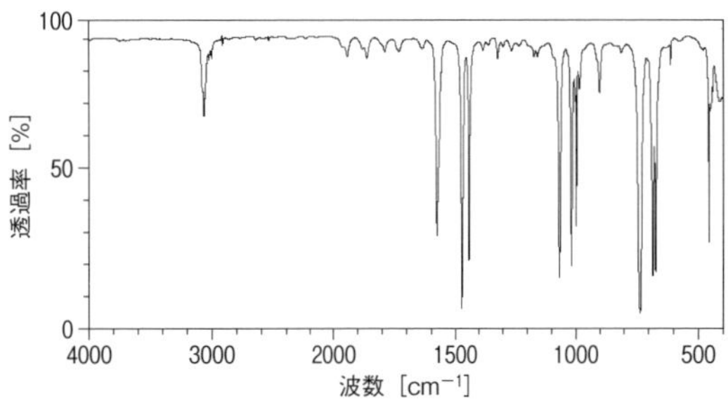

MS

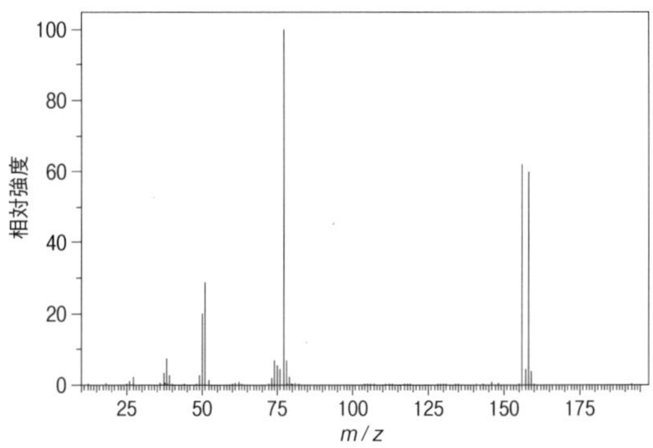

^{13}C NMR

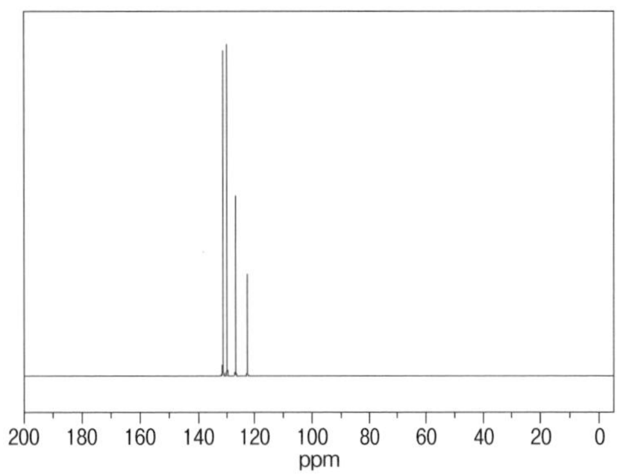

^{1}H NMR

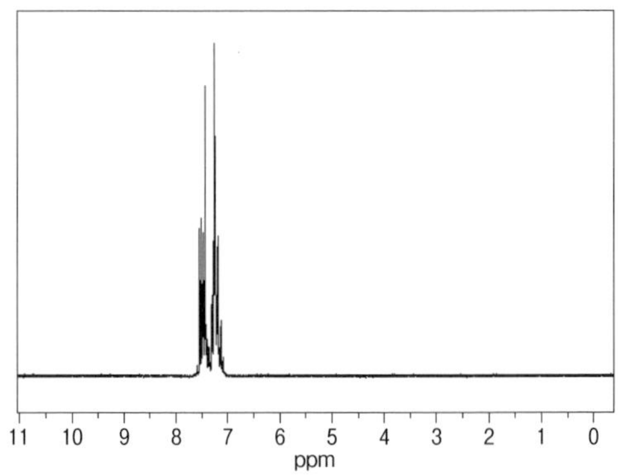

96 以下の情報から，化合物の構造を推定せよ．

目安時間 10 分

! *Hint*：まず IHD を計算する．その IHD の由来は多重結合か，それとも環構造か．

989. 分子式：$C_6H_{11}Br$

IR

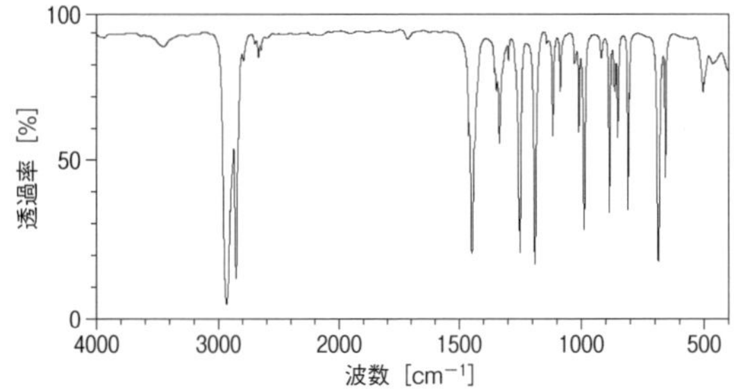

MS

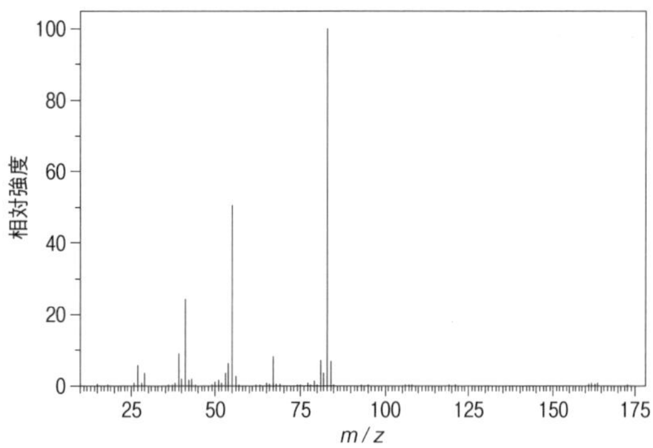

^{13}C NMR

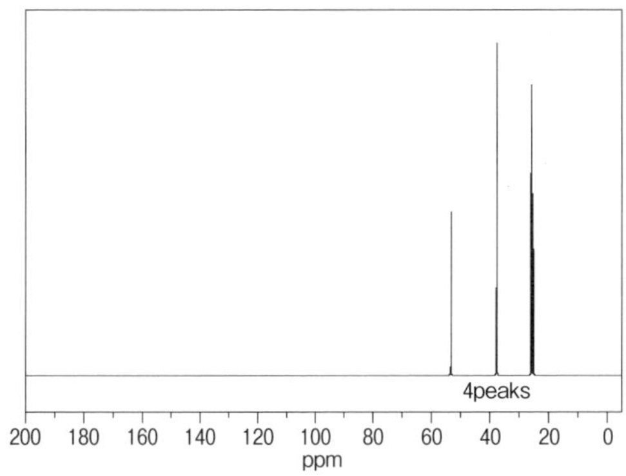

^{1}H NMR

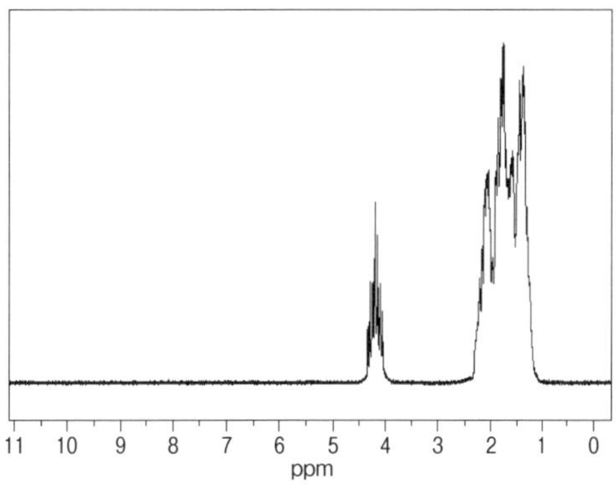

97 以下の情報から，化合物の構造を推定せよ．

目安時間 10 分

! *Hint*：まず IHD を計算する．その IHD の由来は多重結合か，それとも環構造か．
IR のブロードなピークも見落とさないように．

990. 分子式：$C_6H_{12}O$

IR

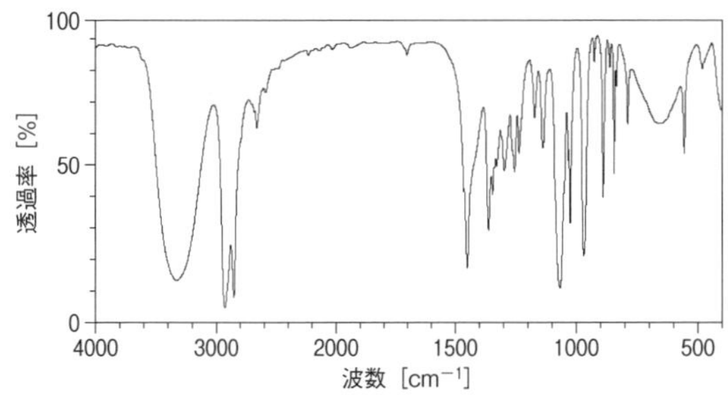

MS

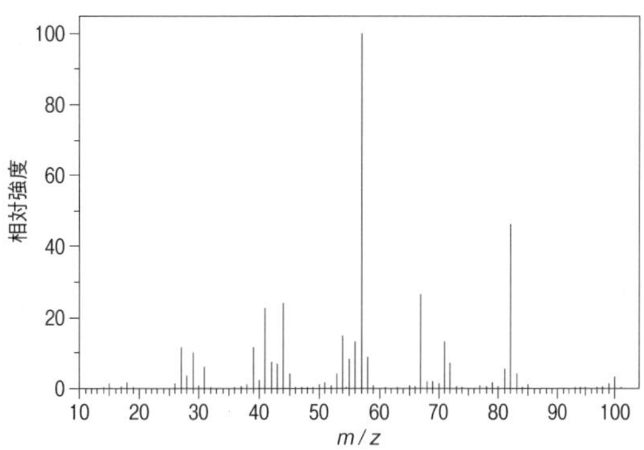

^{13}C NMR

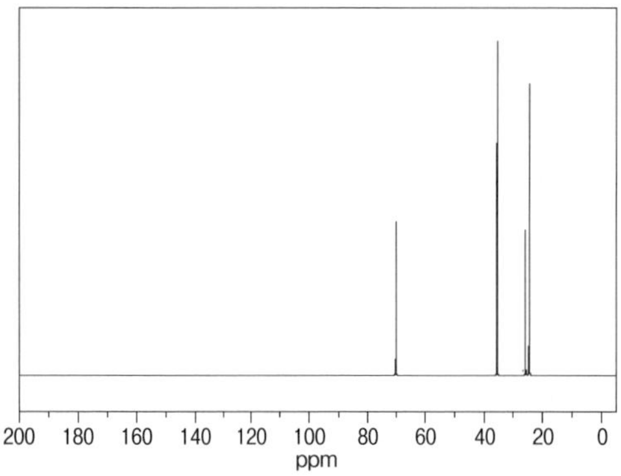

^{1}H NMR

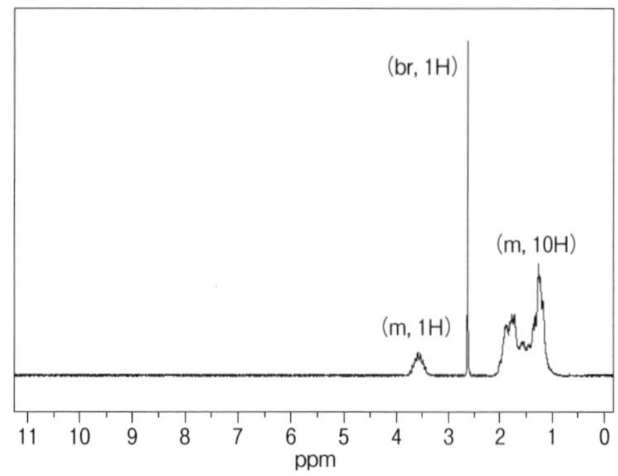

98　以下の情報から，化合物の構造を推定せよ．

目安時間 10 分

Hint：まず IHD を計算する．その IHD の由来は多重結合か，それとも環構造か．また IR より，カルボニル基があることがわかる．

991.　分子式：$C_6H_{10}O$

IR

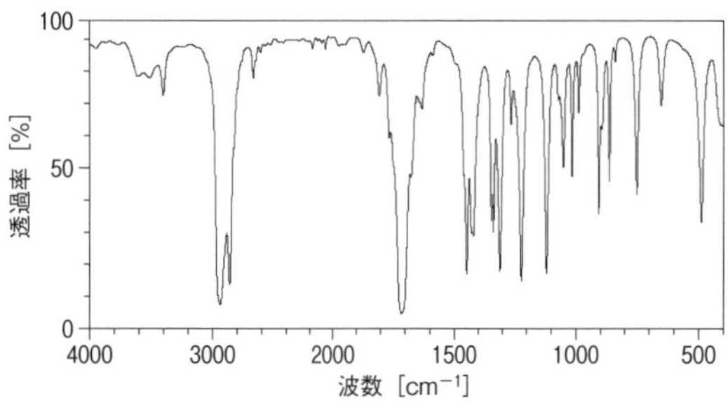

MS

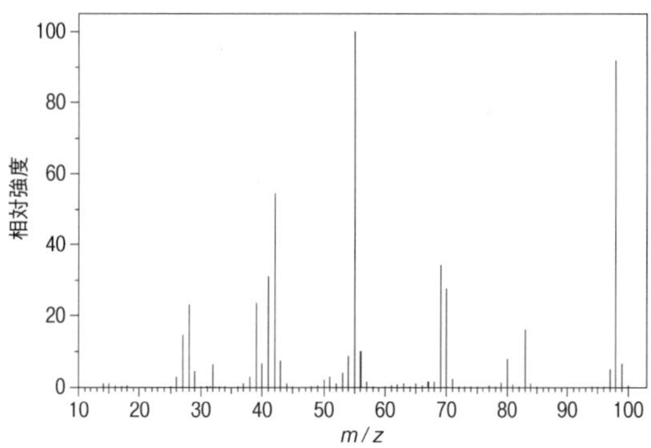

^{13}C NMR

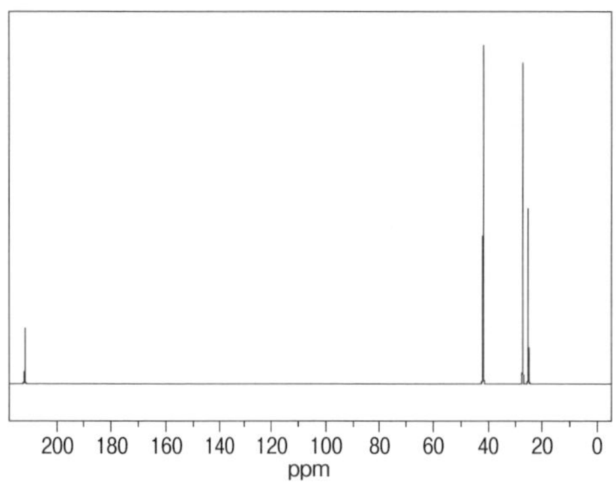

^{1}H NMR

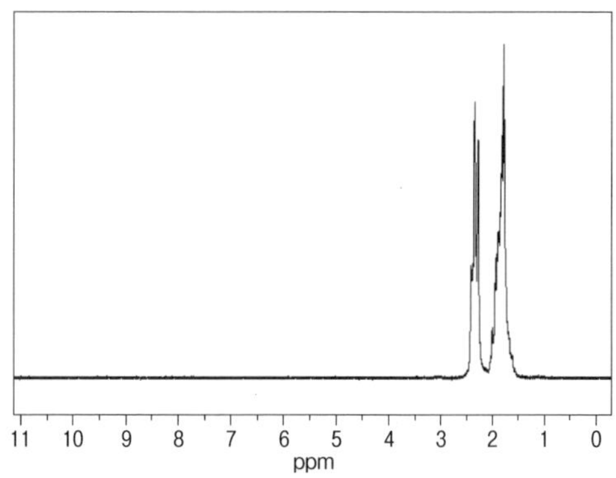

99 以下の情報から，化合物の構造を推定せよ．

目安時間 10 分

Hint：まず IHD を計算する．その IHD の由来は多重結合か，それとも環構造か．^{1}H NMR より，多重結合をもつ炭素原子に何個の水素原子が結合しているかがわかる．

992．分子式：C_6H_{10}

IR

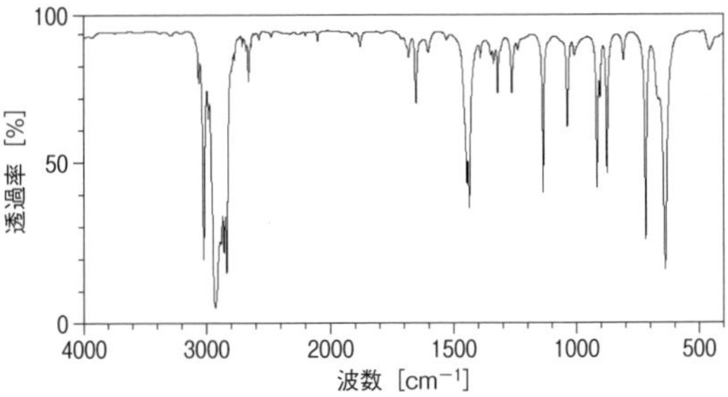

MS

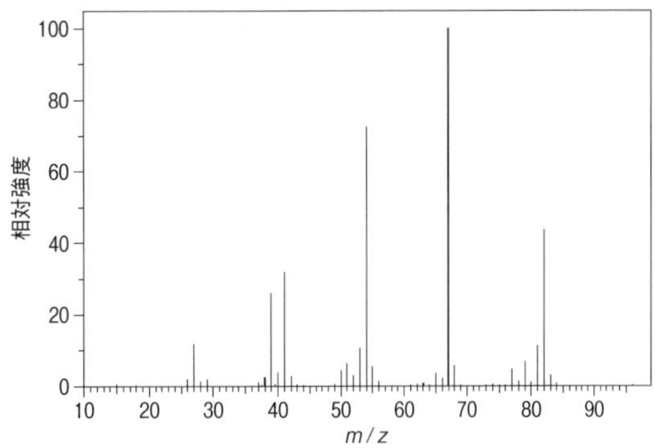

^{13}C NMR

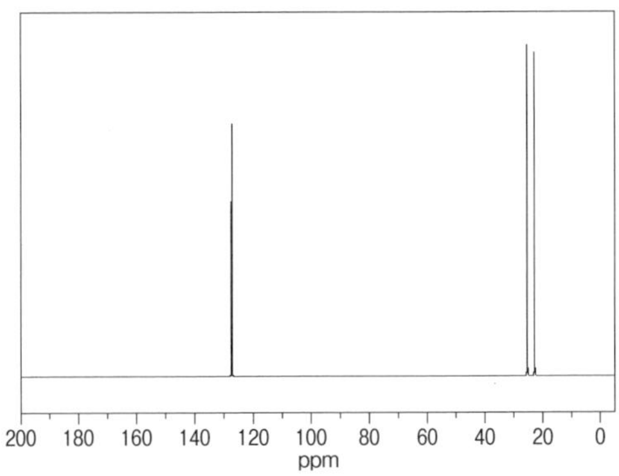

^{1}H NMR

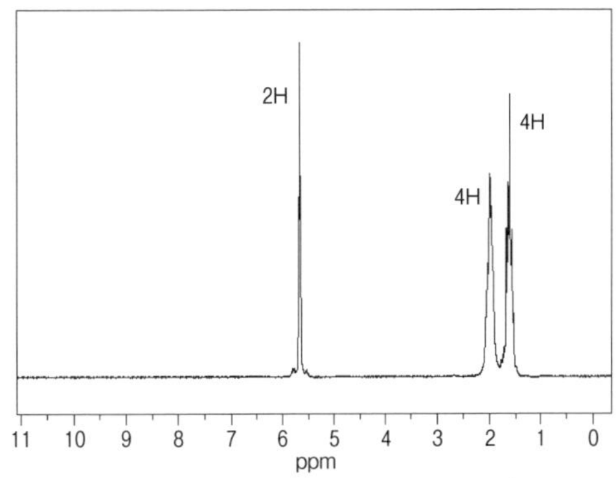

100 以下の情報から，化合物の構造を推定せよ．

目安時間 10 分

Hint：ある程度，解析が進むと，二置換ベンゼンであることはわかる．次に，*o*-，*m*-，*p*-のどれであるかを考えよう．さらに，二つの置換基は同じかどうかを判断しよう．

993．分子式：$C_{10}H_{10}O_4$

IR

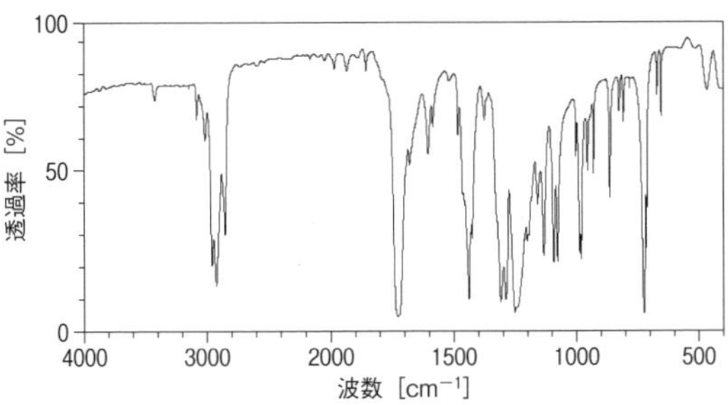

MS

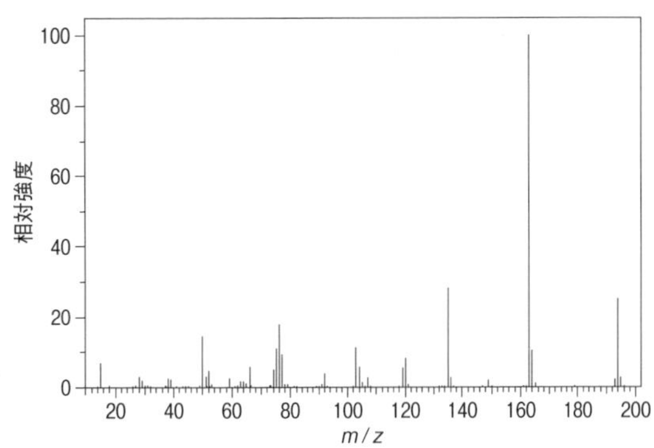

^{13}C NMR

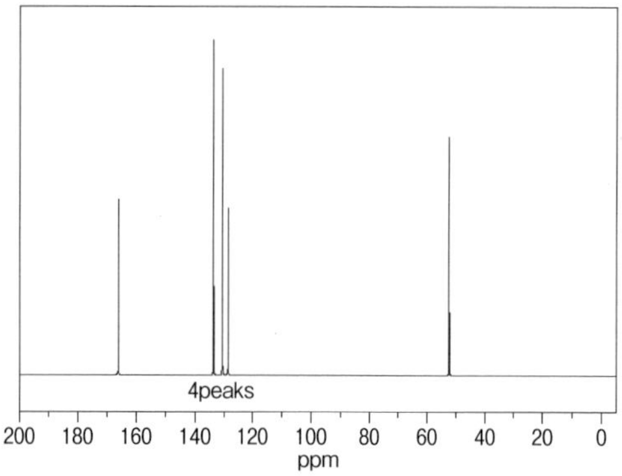

^{1}H NMR

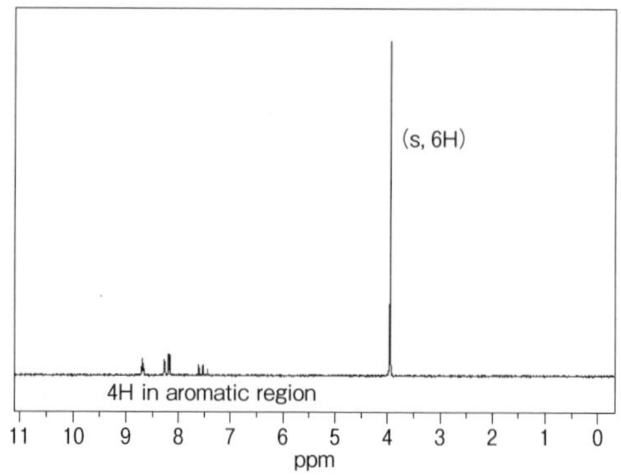

101 以下の情報から，化合物の構造を推定せよ．

目安時間 10 分

Hint：ある程度，解析が進むと，二置換ベンゼンであることはわかる．次に，*o*-，*m*-，*p*-のどれであるかを考えよう．さらに，二つの置換基は同じかどうかを判断しよう．

994. 分子式：$C_{10}H_{10}O_4$

IR

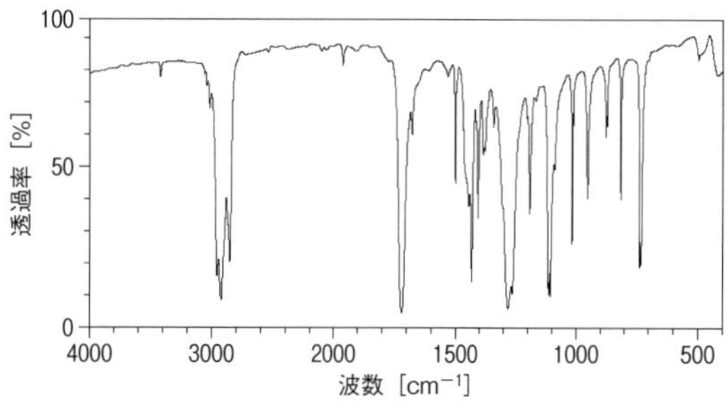

MS

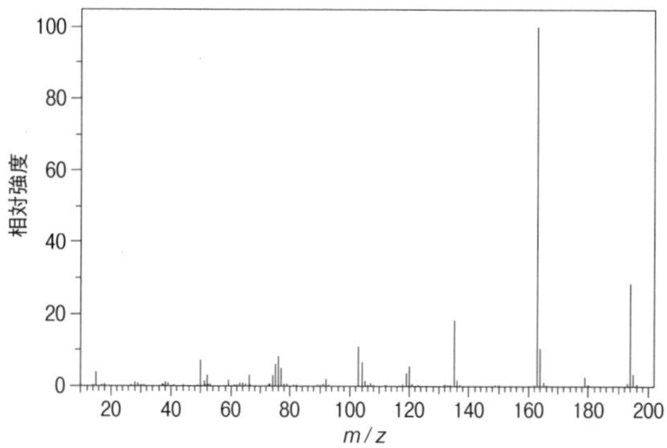

^{13}C NMR

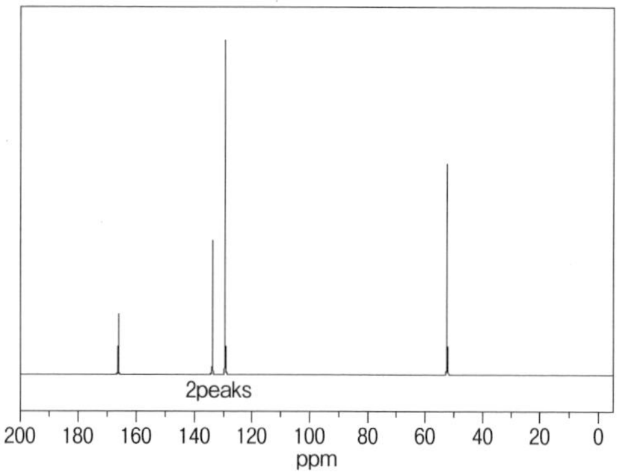

^{1}H NMR

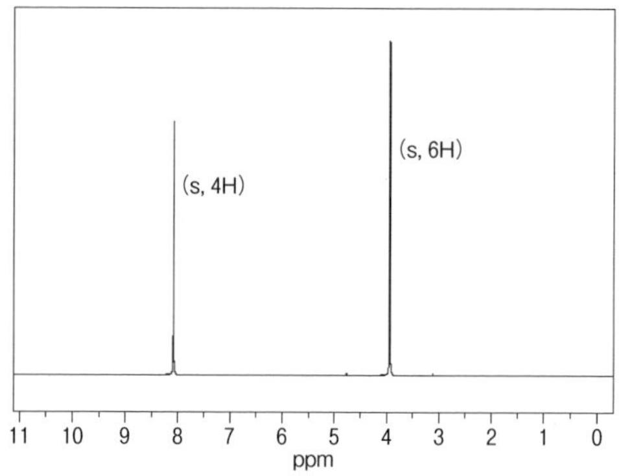

102　以下の情報から，化合物の構造を推定せよ．

目安時間 10 分

Hint：IHD を計算すれば，芳香環があることが示唆される．芳香環にいくつの置換基が付いているかを考えよう．

995．分子式：C_8H_{10}

IR

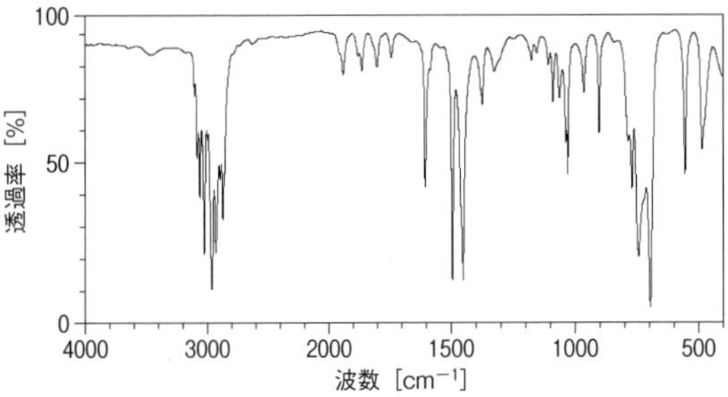

MS

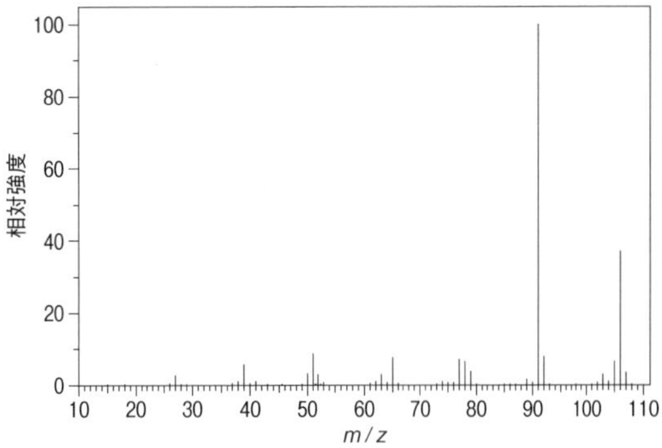

^{13}C NMR

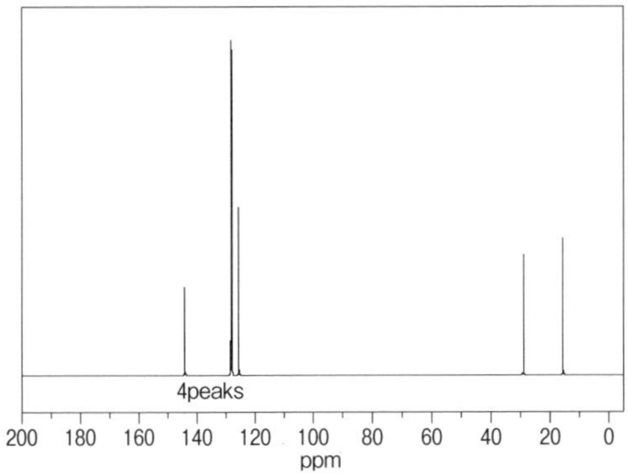

^{1}H NMR

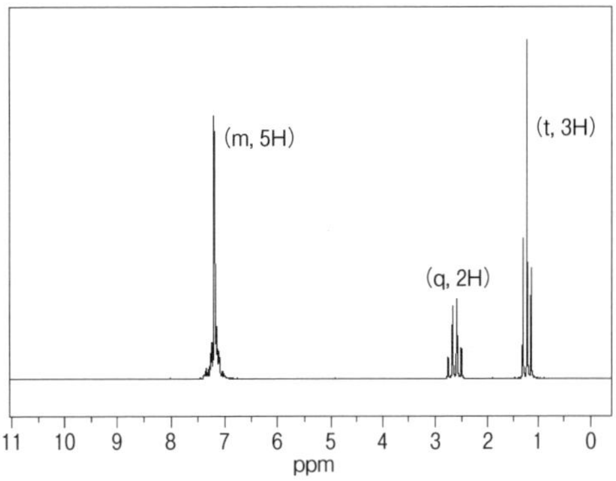

103　以下の情報から，化合物の構造を推定せよ．

目安時間 10 分

Hint：IHD を計算すれば，芳香環があることが示唆される．芳香環にいくつの置換基が付いているかを考えよう．

996．分子式：$C_7H_6O_2$

IR

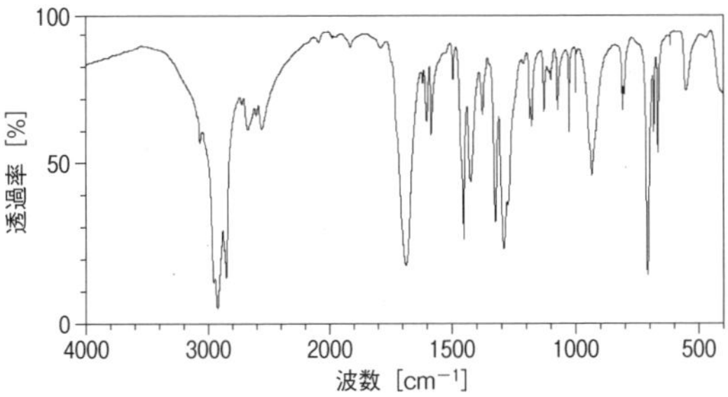

MS

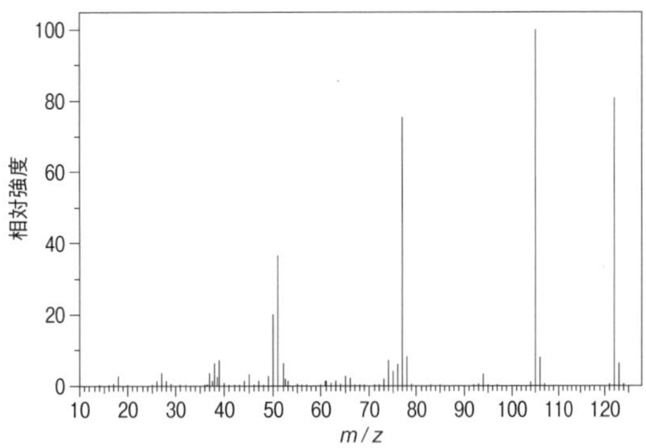

^{13}C NMR

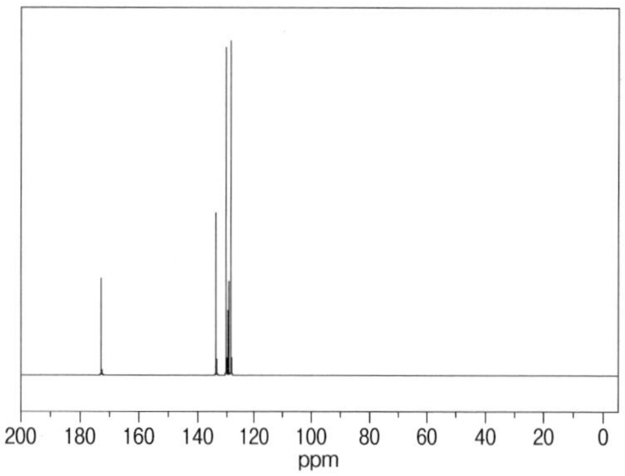

^{1}H NMR

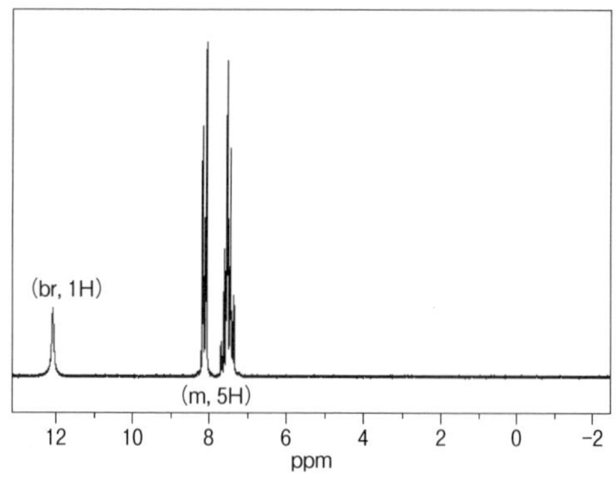

104 以下の情報から，化合物の構造を推定せよ．

目安時間 10 分

! *Hint*：IHD を計算すれば，芳香環があることが示唆される．芳香環にいくつの置換基が付いているかを考えよう．また，その側鎖はどのようにつながっているだろうか．

997．分子式：$C_8H_{10}O$

IR

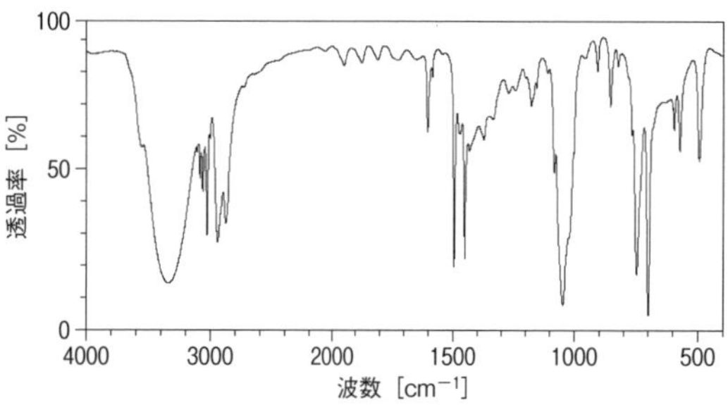

MS

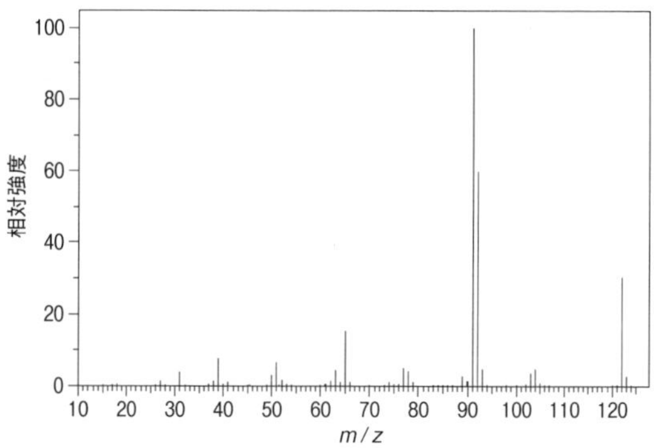

^{13}C NMR

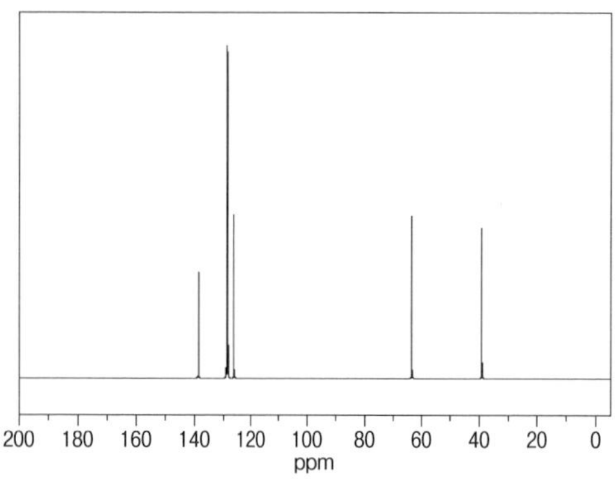

^{1}H NMR

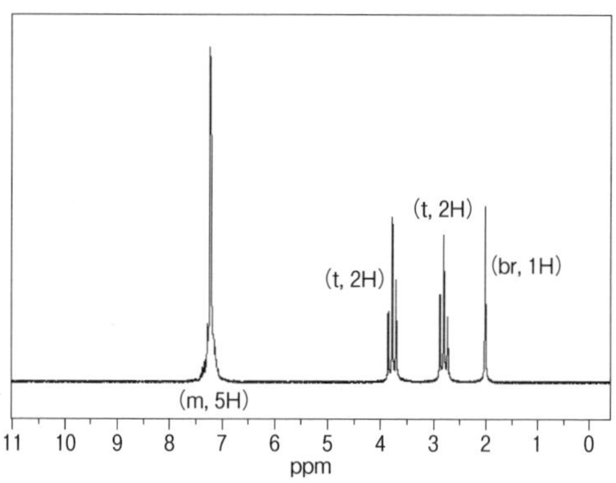

105 以下の情報から，化合物の構造を推定せよ．

目安時間 10 分

Hint：まず IHD を計算する．その IHD の由来は多重結合か，それとも環構造か．^{1}H NMR より，多重結合をもつ炭素原子に何個の水素原子が結合しているかがわかる．

998. 分子式：C_6H_8

IR

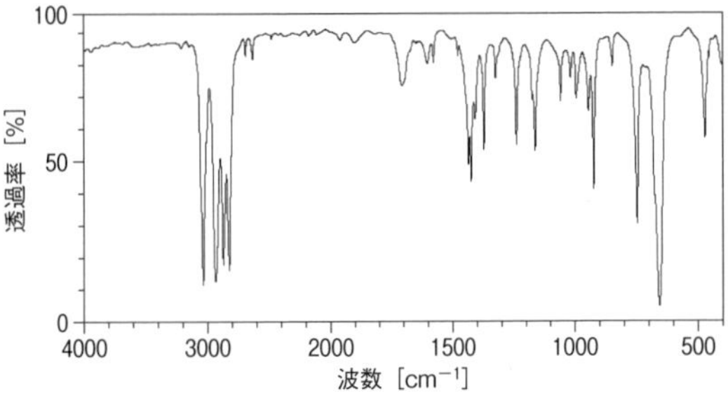

MS

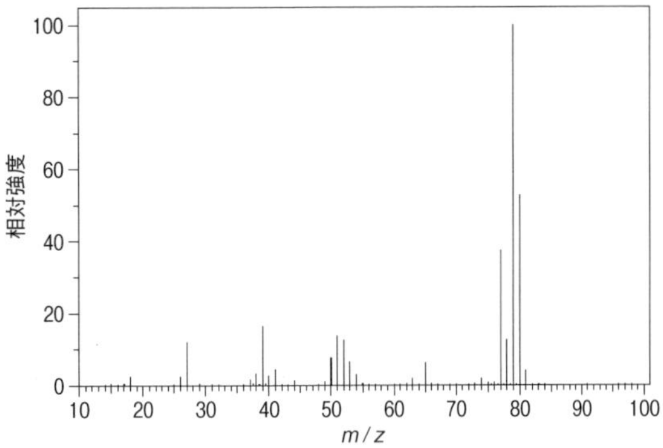

^{13}C NMR

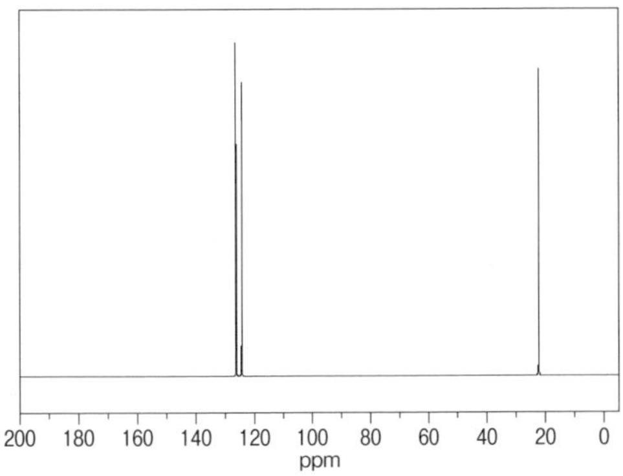

^{1}H NMR

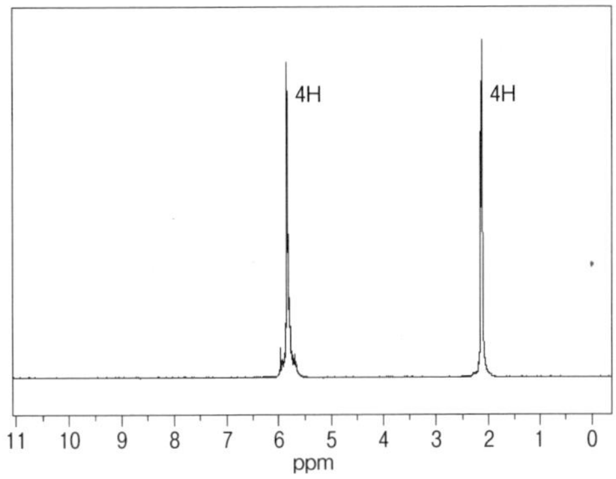

106 以下の情報から，化合物の構造を推定せよ．

目安時間 15 分

Hint：まず IHD を計算する．その IHD の由来は多重結合か，それとも環構造か．IR の 2200 cm^{-1} のピークが何に由来するかがわかれば正解に近づく．

999. 分子式：C_8H_6

IR

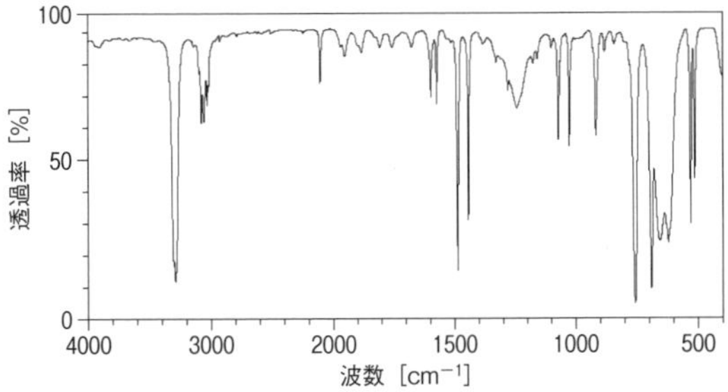

MS

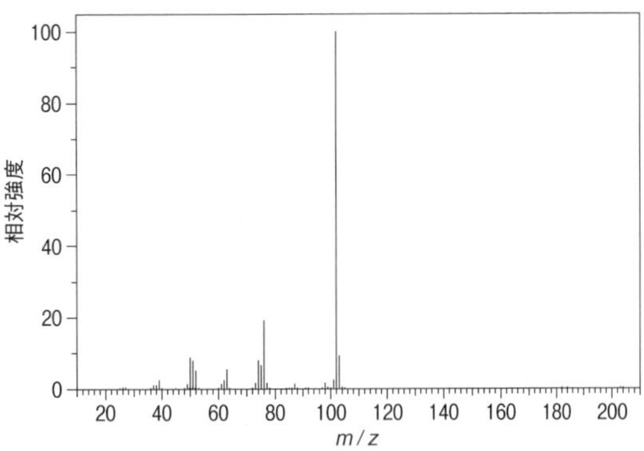

^{13}C NMR

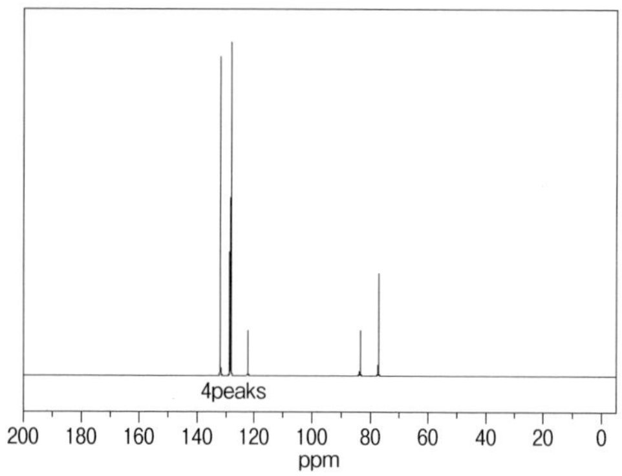

^{1}H NMR

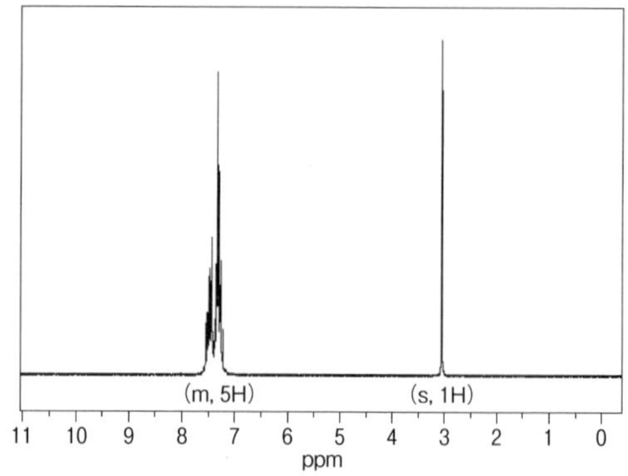

107 以下の情報から，化合物の構造を推定せよ.

目安時間 10 分

> Hint：まず IHD を計算する．その IHD の由来は多重結合か，それとも環構造か．IR の 2200 cm^{-1} のピーク何に由来するかがわかれば正解に近づく．

1000．分子式：C_7H_5N

IR

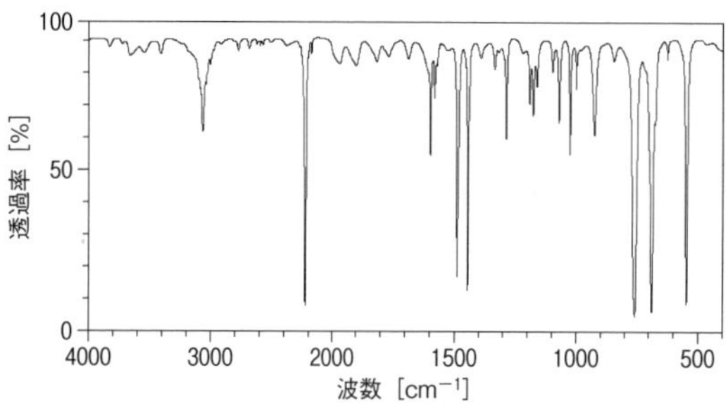

MS

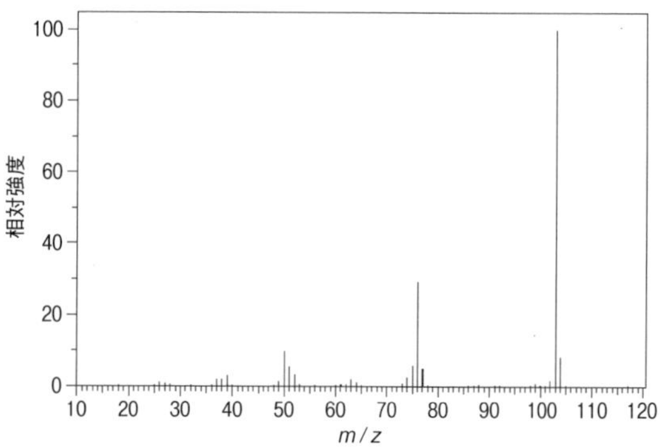

^{13}C NMR

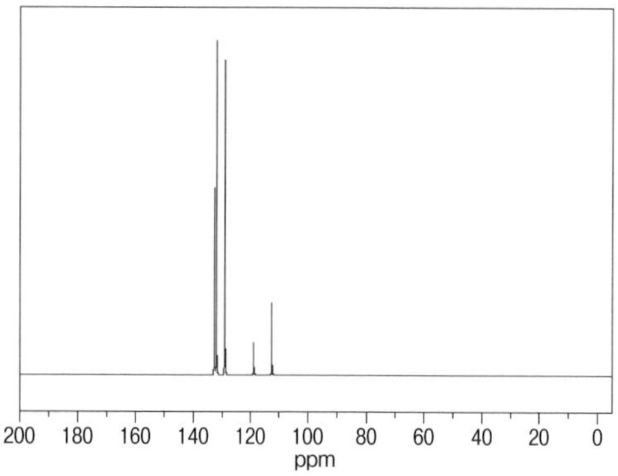

^{1}H NMR

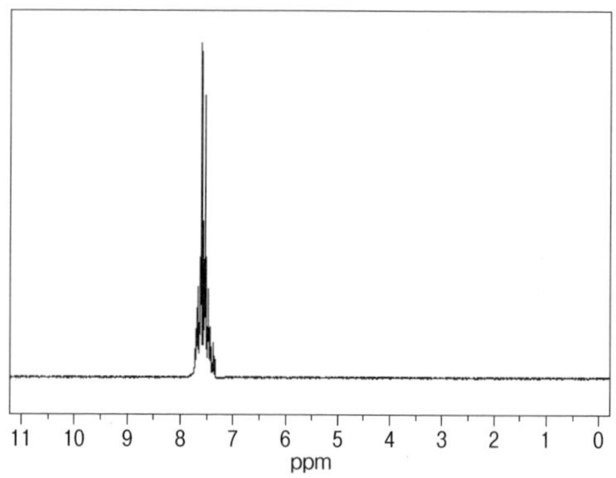

【達成度チェックシート】

取り組んだ問題のマスに次のルールに従ってチェックを入れてみよう.
- マスに斜線がある場合は線をなぞる.
- それ以外の場合は塗りつぶす.

1	2	3	4	5	6	7	8	9	10	11	12	13	14	15	16	17	18	19	20	21	22	23	24	25	26	27	28	29	30
31	32	33	34	35	36	37	38	39	40	41	42	43	44	45	46	47	48	49	50	51	52	53	54	55	56	57	58	59	60
61	62	63	64	65	66	67	68	69	70	71	72	73	74	75	76	77	78	79	80	81	82	83	84	85	86	87	88	89	90
91	92	93	94	95	96	97	98	99	100	101	102	103	104	105	106	107	108	109	110	111	112	113	114	115	116	117	118	119	120
121	122	123	124	125	126	127	128	129	130	131	132	133	134	135	136	137	138	139	140	141	142	143	144	145	146	147	148	149	150
151	152	153	154	155	156	157	158	159	160	161	162	163	164	165	166	167	168	169	170	171	172	173	174	175	176	177	178	179	180
181	182	183	184	185	186	187	188	189	190	191	192	193	194	195	196	197	198	199	200	201	202	203	204	205	206	207	208	209	210
211	212	213	214	215	216	217	218	219	220	221	222	223	224	225	226	227	228	229	230	231	232	233	234	235	236	237	238	239	240
241	242	243	244	245	246	247	248	249	250	251	252	253	254	255	256	257	258	259	260	261	262	263	264	265	266	267	268	269	270
271	272	273	274	275	276	277	278	279	280	281	282	283	284	285	286	287	288	289	290	291	292	293	294	295	296	297	298	299	300
301	302	303	304	305	306	307	308	309	310	311	312	313	314	315	316	317	318	319	320	321	322	323	324	325	326	327	328	329	330
331	332	333	334	335	336	337	338	339	340	341	342	343	344	345	346	347	348	349	350	351	352	353	354	355	356	357	358	359	360
361	362	363	364	365	366	367	368	369	370	371	372	373	374	375	376	377	378	379	380	381	382	383	384	385	386	387	388	389	390
391	392	393	394	395	396	397	398	399	400	401	402	403	404	405	406	407	408	409	410	411	412	413	414	415	416	417	418	419	420
421	422	423	424	425	426	427	428	429	430	431	432	433	434	435	436	437	438	439	440	441	442	443	444	445	446	447	448	449	450
451	452	453	454	455	456	457	458	459	460	461	462	463	464	465	466	467	468	469	470	471	472	473	474	475	476	477	478	479	480
481	482	483	484	485	486	487	488	489	490	491	492	493	494	495	496	497	498	499	500	501	502	503	504	505	506	507	508	509	510
511	512	513	514	515	516	517	518	519	520	521	522	523	524	525	526	527	528	529	530	531	532	533	534	535	536	537	538	539	540
541	542	543	544	545	546	547	548	549	550	551	552	553	554	555	556	557	558	559	560	561	562	563	564	565	566	567	568	569	570
571	572	573	574	575	576	577	578	579	580	581	582	583	584	585	586	587	588	589	590	591	592	593	594	595	596	597	598	599	600
601	602	603	604	605	606	607	608	609	610	611	612	613	614	615	616	617	618	619	620	621	622	623	624	625	626	627	628	629	630
631	632	633	634	635	636	637	638	639	640	641	642	643	644	645	646	647	648	649	650	651	652	653	654	655	656	657	658	659	660
661	662	663	664	665	666	667	668	669	670	671	672	673	674	675	676	677	678	679	680	681	682	683	684	685	686	687	688	689	690
691	692	693	694	695	696	697	698	699	700	701	702	703	704	705	706	707	708	709	710	711	712	713	714	715	716	717	718	719	720
721	722	723	724	725	726	727	728	729	730	731	732	733	734	735	736	737	738	739	740	741	742	743	744	745	746	747	748	749	750
751	752	753	754	755	756	757	758	759	760	761	762	763	764	765	766	767	768	769	770	771	772	773	774	775	776	777	778	779	780
781	782	783	784	785	786	787	788	789	790	791	792	793	794	795	796	797	798	799	800	801	802	803	804	805	806	807	808	809	810
811	812	813	814	815	816	817	818	819	820	821	822	823	824	825	826	827	828	829	830	831	832	833	834	835	836	837	838	839	840
841	842	843	844	845	846	847	848	849	850	851	852	853	854	855	856	857	858	859	860	861	862	863	864	865	866	867	868	869	870
871	872	873	874	875	876	877	878	879	880	881	882	883	884	885	886	887	888	889	890	891	892	893	894	895	896	897	898	899	900
901	902	903	904	905	906	907	908	909	910	911	912	913	914	915	916	917	918	919	920	921	922	923	924	925	926	927	928	929	930
931	932	933	934	935	936	937	938	939	940	941	942	943	944	945	946	947	948	949	950	951	952	953	954	955	956	957	958	959	960
961	962	963	964	965	966	967	968	969	970	971	972	973	974	975	976	977	978	979	980	981	982	983	984	985	986	987	988	989	990
991	992	993	994	995	996	997	998	999	1000																				

著者紹介

矢野　将文（やの　まさふみ）

1971 年　和歌山県生まれ

1997 年　大阪市立大学大学院理学研究科
　　　　博士後期課程中途退学

現　在　関西大学化学生命工学部准教授

専　門　構造有機化学

博士（理学）　1998 年大阪市立大学

本書のご感想をお寄せください

有機化学 1000 本ノック　スペクトル解析編

第 1 版　第 1 刷　2022 年 4 月 1 日
　　　　第 2 刷　2024 年 9 月 10 日

検印廃止

著　　者　矢野　将文
発 行 者　曽根　良介
発 行 所　㈱化学同人

〒600-8074　京都市下京区仏光寺通柳馬場西入ル
編 集 部　TEL 075-352-3711　FAX 075-352-0371
企画販売部　TEL 075-352-3373　FAX 075-351-8301
振　替　01010-7-5702
e-mail　webmaster@kagakudojin.co.jp
URL　https://www.kagakudojin.co.jp

印刷・製本　創栄図書印刷㈱

ISBN978-4-7598-2080-5

乱丁・落丁本は送料小社負担にてお取りかえいたします．

有機化学1000本ノック　スペクトル解析編
解答・解法【別冊】

1章　IHD（水素不足指数）

1

解法：問題編 p. 1 の「解析のポイント」にある計算式を用いる．酸素原子の数は IHD の値に無関係である．また，最後に 1 を加えるのを忘れないように．IHD を計算すれば，スペクトル解析が格段に効率的になるので，ここでしっかりと身につけよう．

(1) 0　(2) 0　(3) 0　(4) 0　(5) 1　(6) 1
(7) 1　(8) 1　(9) 2　(10) 2　(11) 2　(12) 2
(13) 4　(14) 3　(15) 4　(16) 4　(17) 4　(18) 4
(19) 0　(20) 0　(21) 0　(22) 1　(23) 1　(24) 1
(25) 1　(26) 1　(27) 2　(28) 2　(29) 2　(30) 0
(31) 0　(32) 0　(33) 0　(34) 0　(35) 0　(36) 0
(37) 0　(38) 0　(39) 0　(40) 0　(41) 0　(42) 0
(43) 0　(44) 0　(45) 0　(46) 4　(47) 4　(48) 4
(49) 4　(50) 30

2

解法：構造式から直接，IHD を導けるようになろう．二重結合が一つ，もしくは環構造が一つあれば，IHD の値が 1 増える．$-NO_2$ や -CN などの表記では原子間の多重結合が省略されているので，見落とさないように注意しよう．

(51) 0　(52) 0　(53) 0　(54) 0　(55) 0　(56) 1
(57) 1　(58) 1　(59) 1　(60) 1　(61) 2　(62) 2
(63) 2　(64) 2　(65) 2　(66) 2　(67) 2　(68) 2
(69) 0　(70) 0　(71) 0　(72) 0　(73) 0　(74) 1
(75) 1　(76) 1　(77) 1　(78) 1　(79) 1　(80) 1
(81) 1　(82) 2　(83) 3　(84) 3　(85) 4　(86) 2
(87) 3　(88) 4　(89) 4　(90) 5　(91) 5　(92) 6
(93) 4　(94) 4　(95) 7　(96) 9　(97) 10　(98) 10
(99) 13　(100) 13

3

解法：最初に四つの構造式を比較しよう．どんな原子が含まれているかや，環が大きいか小さいかではなく，多重結合の数と環の数に注目して，それらの値を足し合わせよう．

(101) ④　(102) ④　(103) ④　(104) ④　(105) ④
(106) ①　(107) ④　(108) ②　(109) ②　(110) ②
(111) ②　(112) ②　(113) ②　(114) ①　(115) ③
(116) ②　(117) ①　(118) ①　(119) ④　(120) ③
(121) ③　(122) ④　(123) ③　(124) ④　(125) ④
(126) ④　(127) ④　(128) ③　(129) ③　(130) ③

2章　IR（赤外吸収スペクトル）

4

解法：問題編 p. 6 にある伸縮振動の分類表を用いる．炭素原子どうしの結合でも，単結合と二重結合ではピークの位置が異なる．水素原子は軽いので，炭素―水素結合は振動数の大きな領域にピークが現れる．

(131) 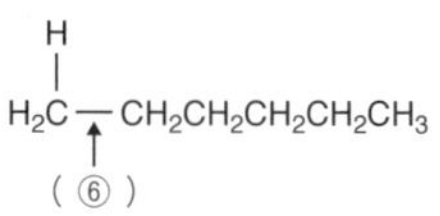

(132) 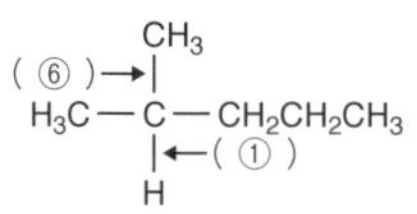

(133) 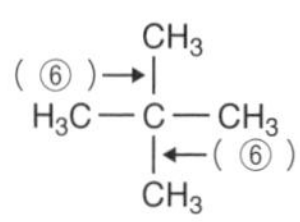

(134) 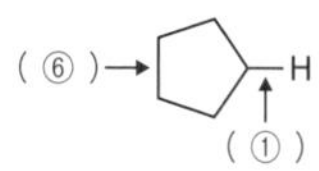

(135) 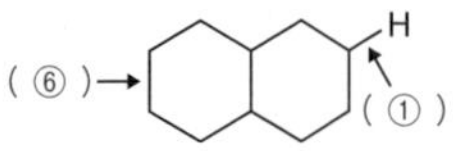

(136) 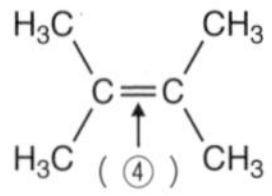

(137) 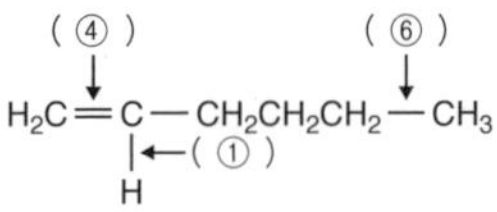

(138) 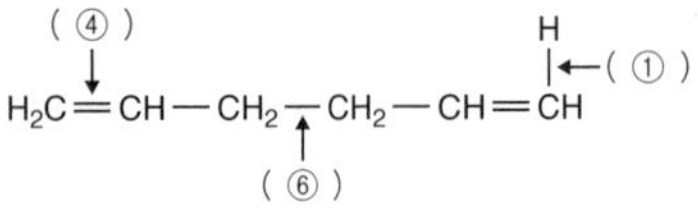

5

解法：炭素―炭素二重結合の場合は，それが脂肪族，芳香族のどちらの結合であるかをしっかり区別しよう．酸素―水素結合は大きな振動数の領域にピークが現れる．

(139) 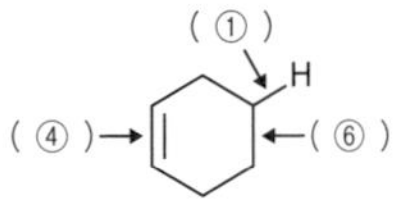

(140) 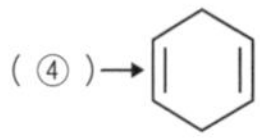

(141) 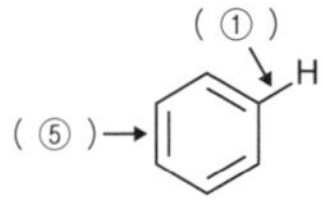

(142) 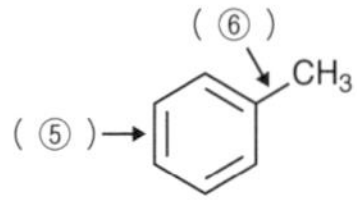

(143) 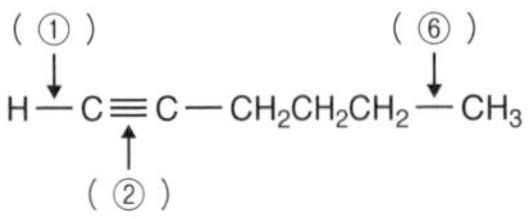

(144) 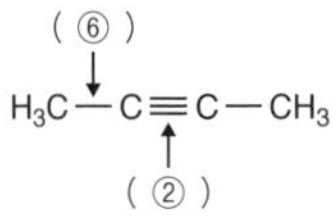

(145) 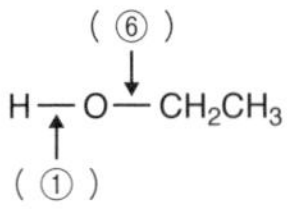

(146) 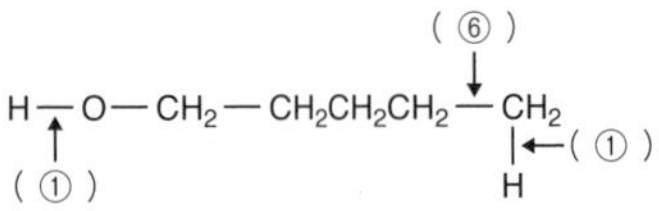

6

解法：ヘテロ原子が含まれた分子を考える．「どのくらいの重さのボール（原子）」が「どのくらい強いバネ（結合）」で結ばれているかを考えれば，おおよそのピークの位置が予想できる．

(147) 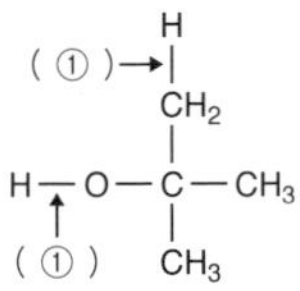

(148) 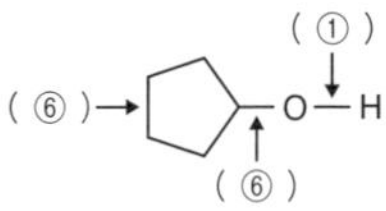

(149) 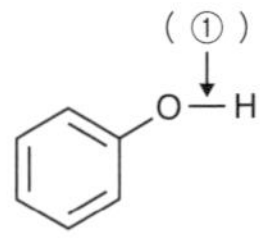

(150) 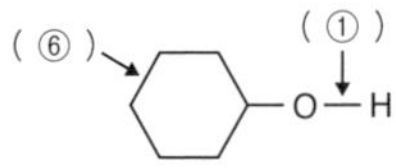

(151) 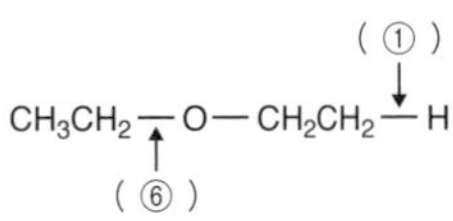

(152) 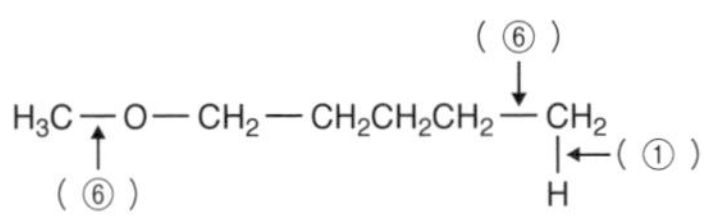

(153) 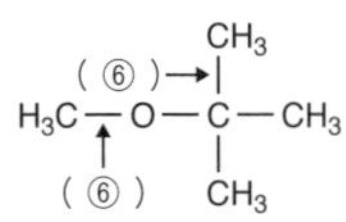

(154) 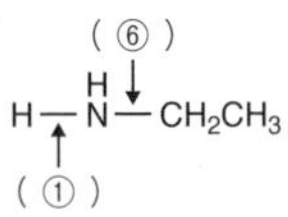

7

解法：カルボニル基は 1700 cm^{-1} 付近に特徴的なピークを示し，他の二重結合のピークの位置とは異なるので，見つけやすい．

(155) 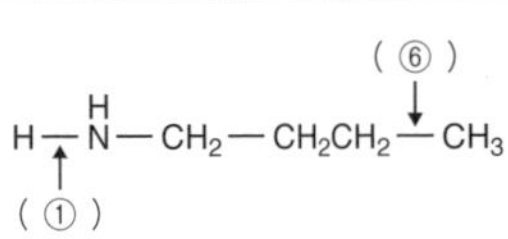

(156) 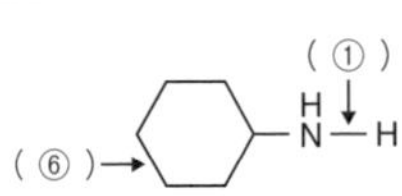

(157) 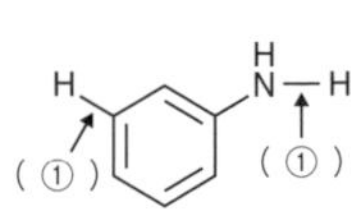

(158) 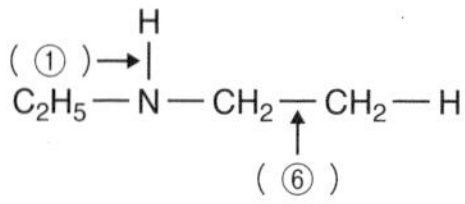

(159) 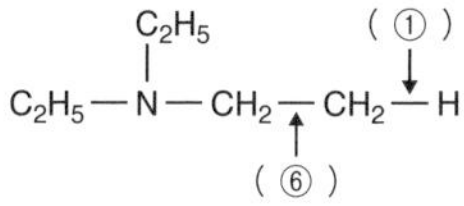

(160) 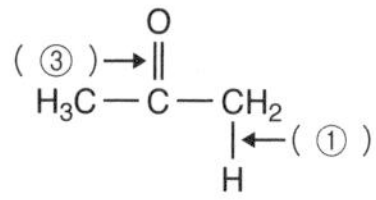

(161) 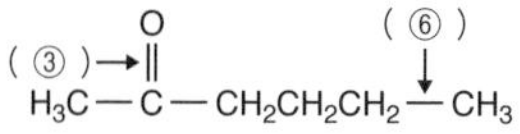

(162) 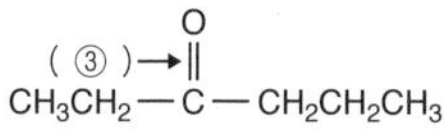

(163) 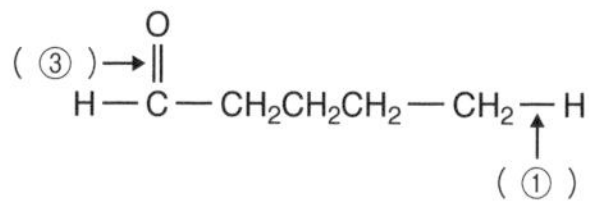

8

解法：分子は違っても，基本の考え方は同じ．「どのくらいの重さのボール（原子）」が「どのくらい強いバネ（結合）」で結ばれているかを考えよう．

(164) 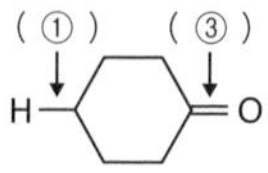

(165) 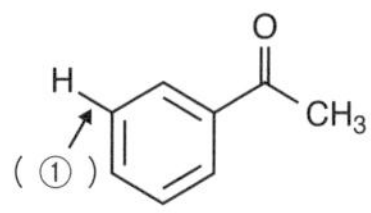

(166) 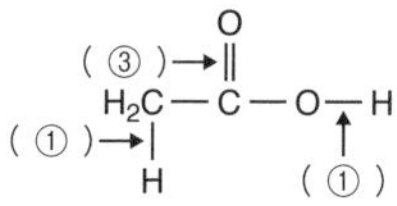

(167) 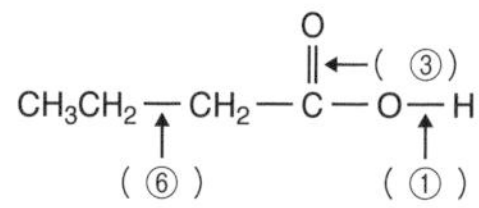

(168) 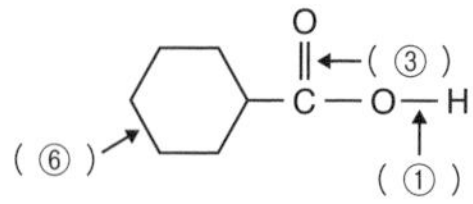

(169) 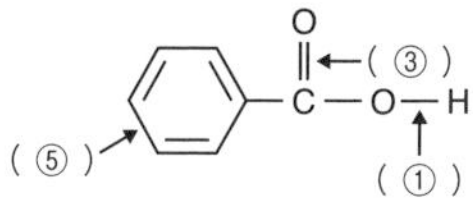

(170) 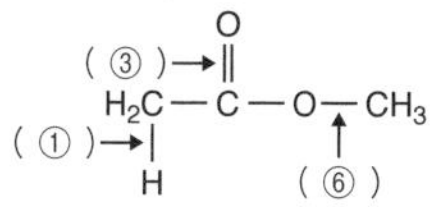

(171) 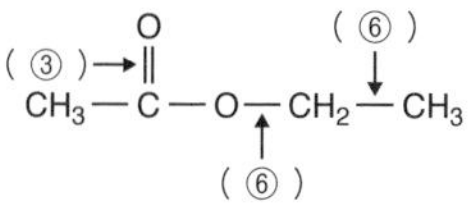

9

解法：シアノ基は三重結合をもつため，2200 cm^{-1} 付近に特徴的なピークを示す．これは三重結合をもつことの強い証拠になることをしっかりと理解しよう．

(172) 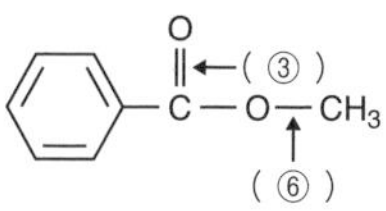

(173) 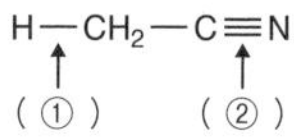

(174) 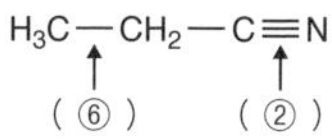

(175) 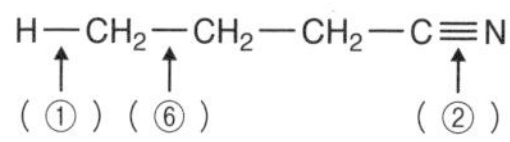

(176) 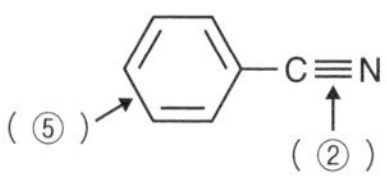

(177) 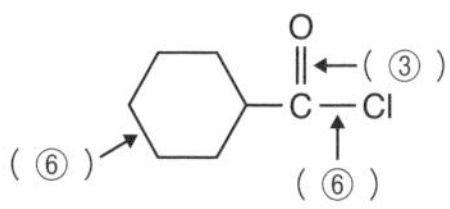

(178) 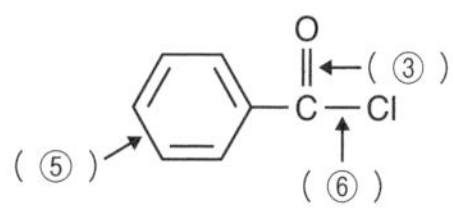

(179) 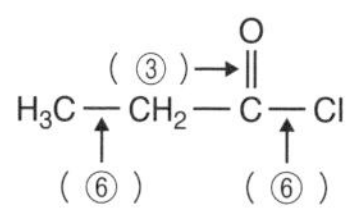

(180) 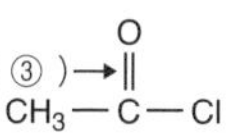

10

解法：すべてのピークについて，どの結合の振動かを決める必要はない．構造式とスペクトルを比較しながら「この特徴的なピークはこの結合に由来」と決定できるようにトレーニングしよう．

(181) 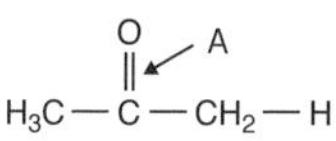

(182) 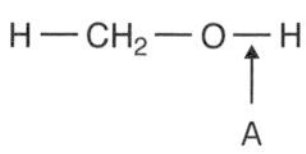

(183) 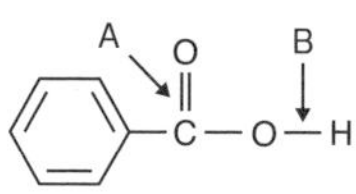

(184) 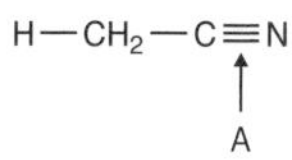

(185) 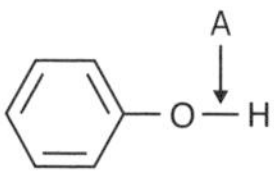

(186) 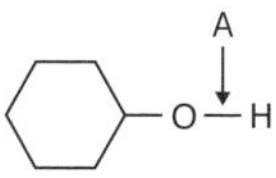

(187) 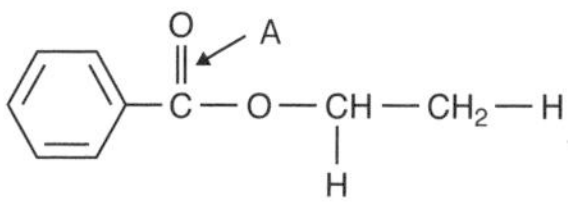

(188) 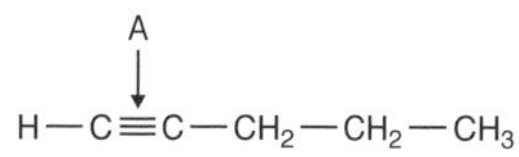

(189) 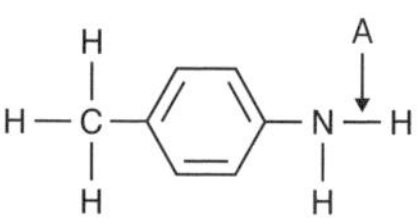

(190) 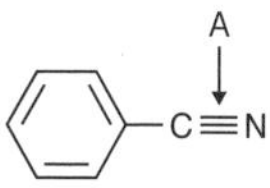

(191) 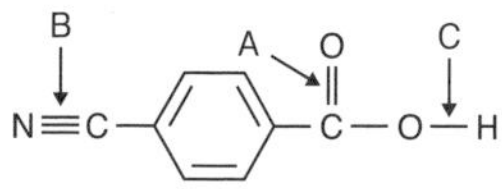

(192) 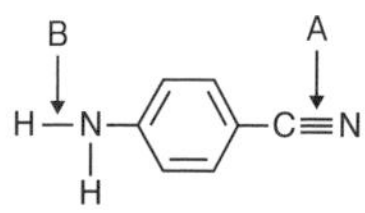

(193)
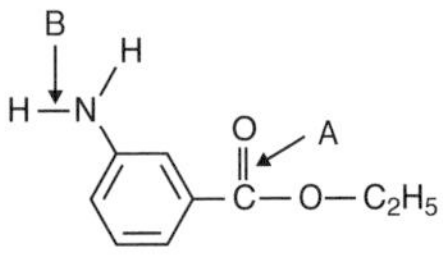

(194)
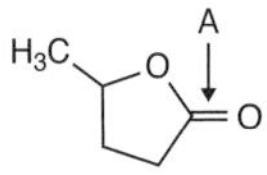

(195)
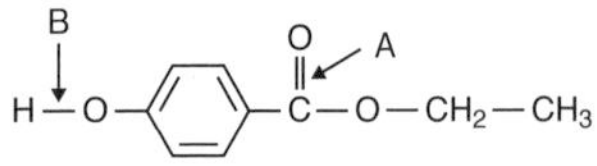

(196)
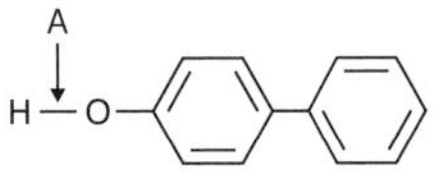

(197)
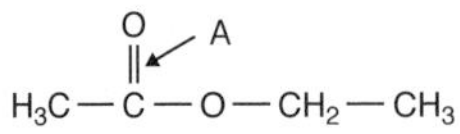

(198)
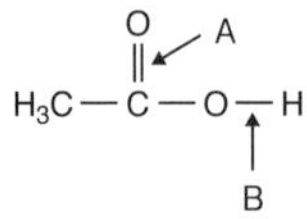

(199)
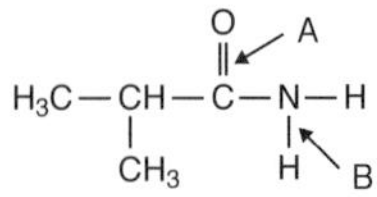

(200)
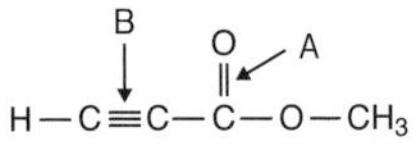

11

解法：1章で学習したIHDとIRを組み合わせて解析してみよう.

(201) ①　(202) ②　(203) ①　(204) ①　(205) ①
(206) ④　(207) ①　(208) ①　(209) ①　(210) ①

12

解法：まず，二つの構造式を比較して，IRスペクトルに現れる決定的な違いを探そう．片方のスペクトルにはあって，もう片方には現れない決定的な証拠はどれだろう.

解答は左→右の順に示す.

(211) ①②　(212) ①②　(213) ①②　(214) ①②
(215) ①②　(216) ①②　(217) ①②　(218) ②①
(219) ②①　(220) ①②　(221) ②①　(222) ②①
(223) ②①　(224) ①②　(225) ②①　(226) ①②
(227) ②①　(228) ②①　(229) ②①　(230) ①②

3章　MS（質量スペクトル）

13

解法：すべてのピークのフラグメントイオンの構造を決める必要はない．重要なのは目的化合物の分子量と，特徴的なフラグメントイオンである．問題編 p. 19の表にあるピークを確実に見つけ，それがどの構造のフラグメントなのかを決める練習をしよう.

(231)

15	127
—CH_3	—I

(232)

29	127
—C_2H_5	—I

(233)

77	91
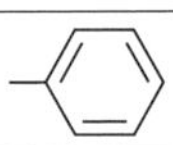	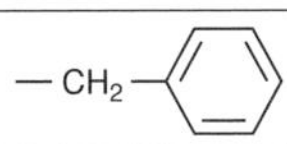

(234)

15	43
—CH_3	—C(=O)—CH_3

(235)

15	29	43
—CH_3	—C_2H_5	—C(=O)—CH_3

(236)

15	35	43
—CH_3	—Cl	—C(=O)—CH_3

(237)

15	43	79/81
—CH_3	—C(=O)—CH_3	—Br

(238)

91
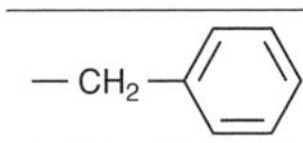

(239)

77	91
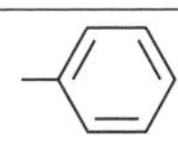	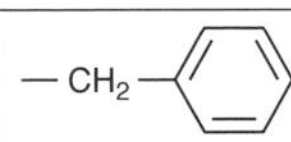

(240)

77
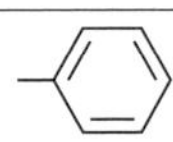

(241)

77
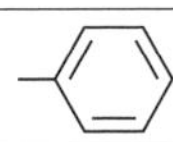

(242)

43	77	105
—C(=O)—CH_3	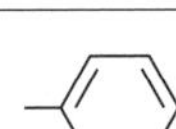	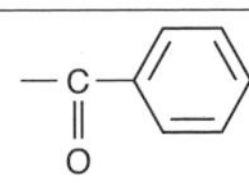

(243)

77	105
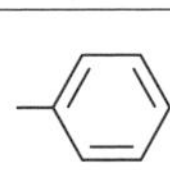	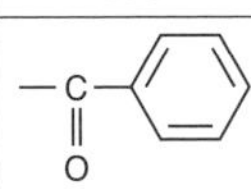

(244)

77	91	105
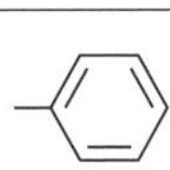	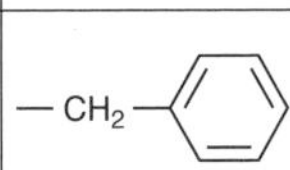	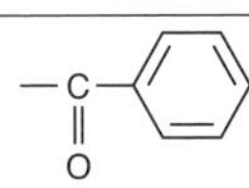

(245)

91
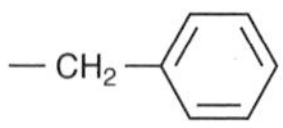

(246)

91
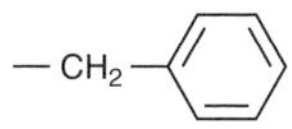

(247)

91
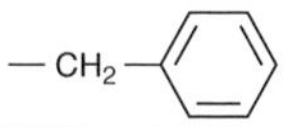

(248)

77	91
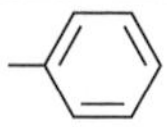	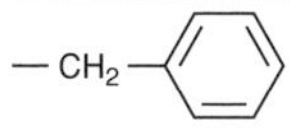

(249)

77	105
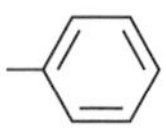	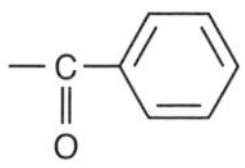

(250)

77	105
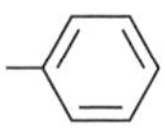	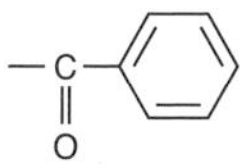

(251)

77	91	105
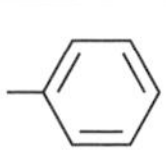	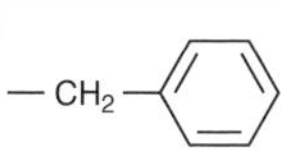	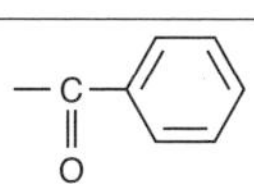

(252)

77	105
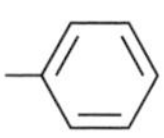	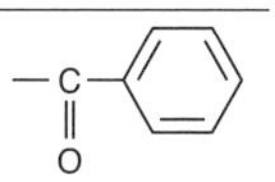

(253)

77	127
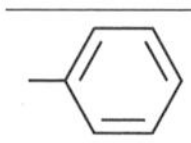	—I

(254)

77
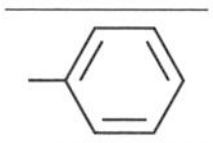

14

解法：まず二つの構造式を比較して，決定的な違いを探そう．片方のスペクトルにはあって，もう片方にはない決定的な証拠はどれだろう．

解答は左→右の順に示す．

(255) ②① (256) ①② (257) ①② (258) ①②
(259) ②① (260) ①② (261) ①② (262) ②①
(263) ①② (264) ②① (265) ①② (266) ①②
(267) ①② (268) ①② (269) ②① (270) ①②
(271) ①② (272) ①② (273) ①② (274) ①②

4章 ^{13}C NMR（炭素 13 核磁気共鳴スペクトル）

15

解法：平面で描かれている構造式の，三次元の姿を想像しよう．sp^3 炭素は正四面体構造をとる．平面では違う種類に見える炭素原子も，実は等価かもしれない．

(275) 1 (276) 1 (277) 2 (278) 2 (279) 2 (280) 3
(281) 4 (282) 2 (283) 3 (284) 5 (285) 4 (286) 2
(287) 4

16

解法：ハロゲン原子が置換した化合物を考える．分子を半分に切ったり，裏返したりして，対称性を考えよう．

(288) 1 (289) 1 (290) 1 (291) 1 (292) 3 (293) 2
(294) 4 (295) 3 (296) 2 (297) 1 (298) 2 (299) 2
(300) 2 (301) 3 (302) 3 (303) 2

17

解法：分子が大きくなってくるが，基本の考え方は同じ．分子を半分に切ったり，裏返したりして，対称性を考えよう．

(304) 2 (305) 3 (306) 3 (307) 4 (308) 3 (309) 2
(310) 5 (311) 3 (312) 4 (313) 4 (314) 4 (315) 5

18

解法：酸素原子をもつ分子でも，三次元の姿を想像しよう．平面では違う種類に見える炭素原子も，実は等価かもしれない．

(316) 1 (317) 2 (318) 3 (319) 3 (320) 3 (321) 4
(322) 5 (323) 5 (324) 4 (325) 3

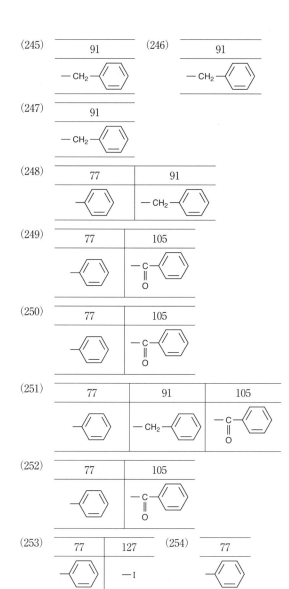

19

解法：炭素—炭素二重結合は自由回転できないので，同じ置換基が一つの sp^2 炭素に置換しても，非等価になることがある．

(326) 1　(327) 3　(328) 3　(329) 2　(330) 2　(331) 5
(332) 2　(333) 5　(334) 5　(335) 5　(336) 3　(337) 3
(338) 6　(339) 6　(340) 7

20

解法：何も置換していないベンゼンの炭素は 1 種類であるが，そこに何種類，何個の置換基が，ベンゼンのどの炭素に結合するかで分子全体の対称性はさまざまに変わる．

(341) 1　(342) 4　(343) 4　(344) 3　(345) 4　(346) 2
(347) 6　(348) 6　(349) 4　(350) 4　(351) 5　(352) 3
(353) 9　(354) 9　(355) 7　(356) 6　(357) 9　(358) 3
(359) 10　(360) 10　(361) 7

21

解法：何も置換していないナフタレンの炭素は 3 種類であるが，そこに何種類，何個の置換基が，ナフタレンのどの炭素に結合するかで分子全体の対称性はさまざまに変わる．

(362) 3　(363) 10　(364) 10　(365) 10　(366) 5
(367) 10　(368) 5　(369) 6　(370) 5　(371) 10
(372) 10　(373) 6　(374) 5

22

解法：炭素はすべて sp^3 炭素原子であるが，隣にどんな原子が結合しているかも確認しよう．

(375)
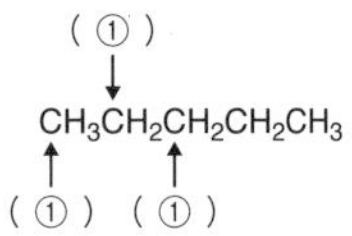

(376)
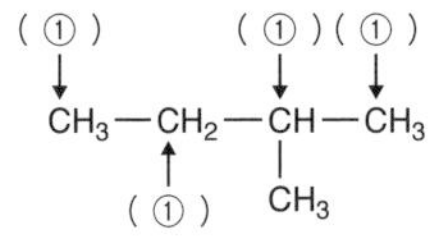

(377)
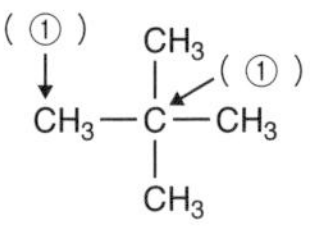

(378)
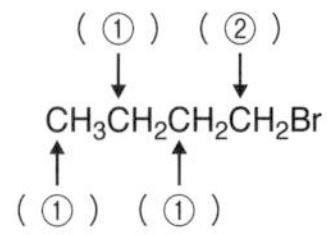

(379)
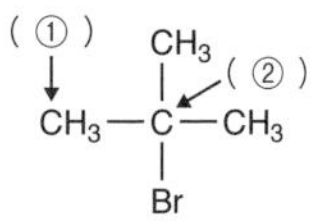

(380)
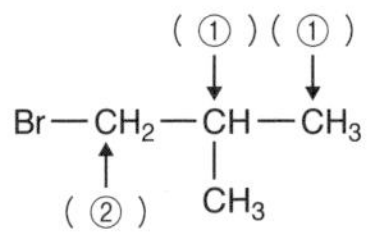

(381)
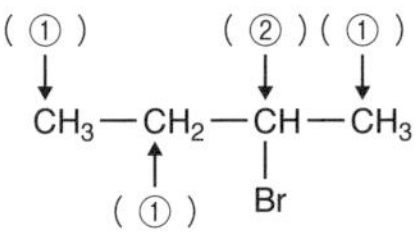

(382)
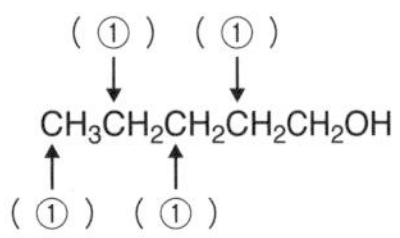

(383)
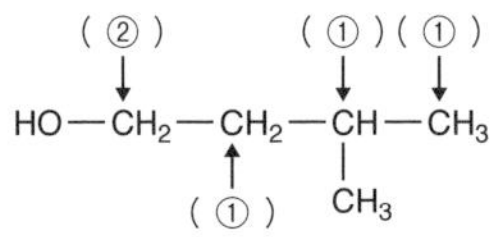

(384)
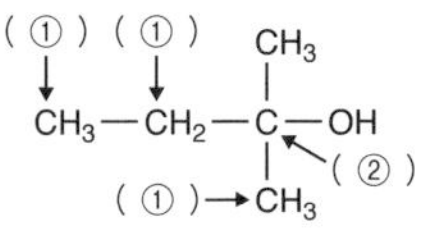

23

解法：sp^2 および sp 炭素原子は，sp^3 炭素原子よりも左側（低磁場側）にピークが現れる．

(385)
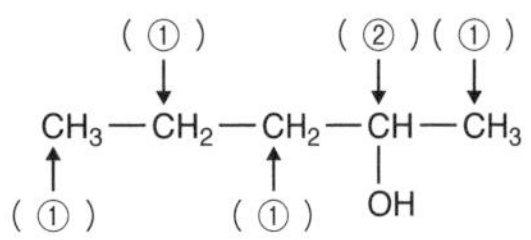

(386)
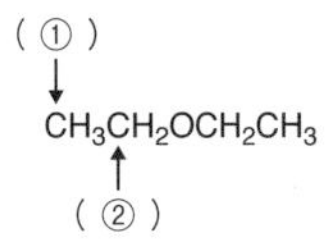

(387)
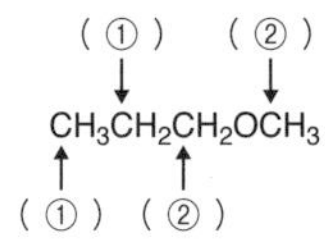

(388)
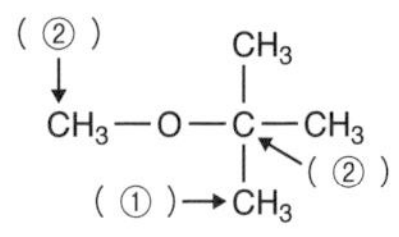

(389)
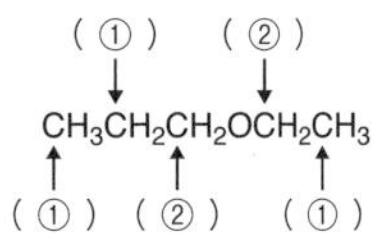

(390)
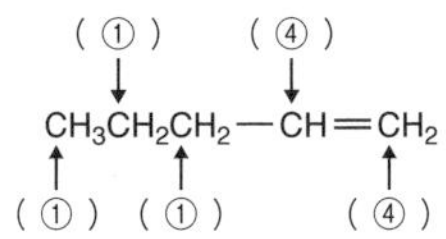

(391)
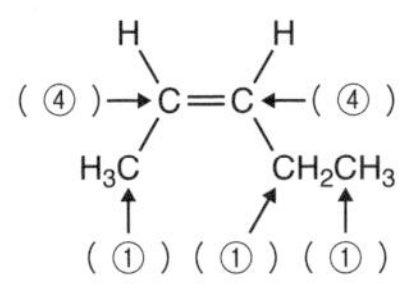

(392) 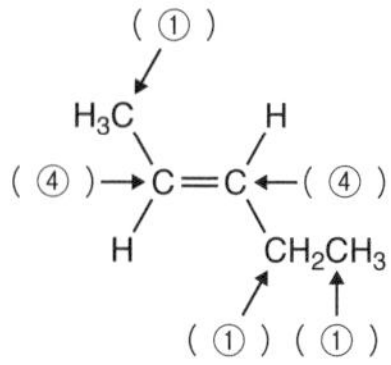

(393) 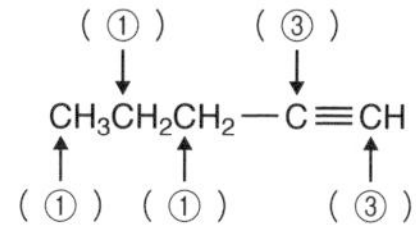

(394) 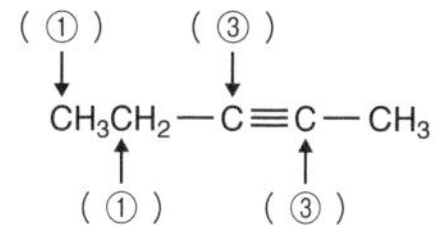

(395) 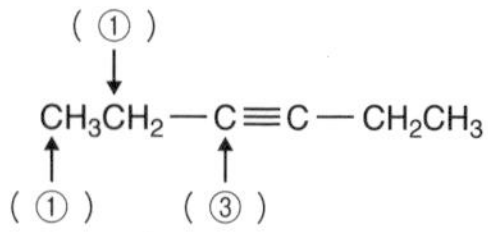

(396) 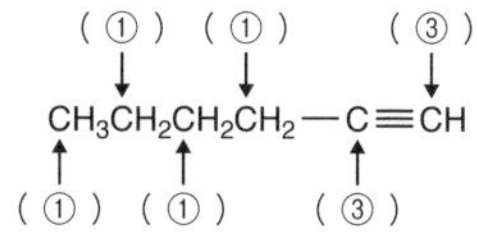

24

解法：sp^2 炭素の場合は，それが脂肪族か芳香族かを区別する必要がある．

(397) 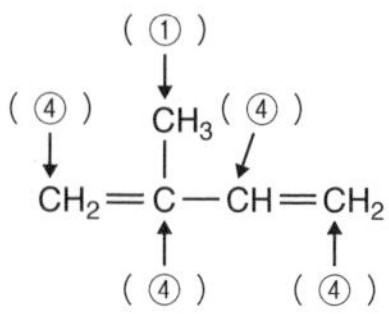

(398) 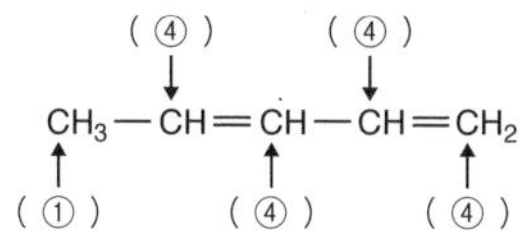

(399) 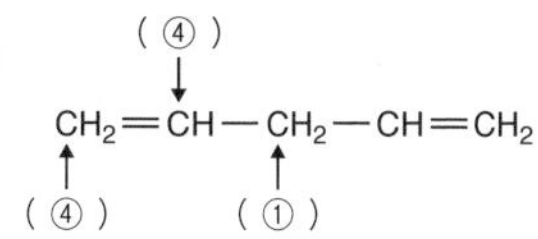

(400) 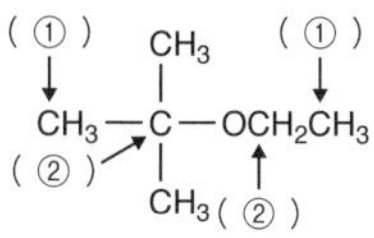

(401) 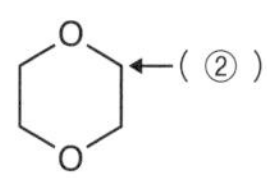

(402) 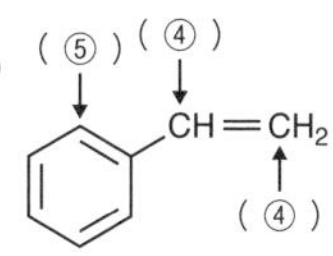

(403) 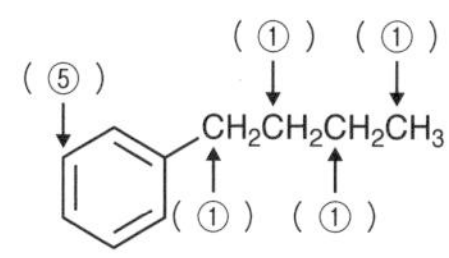

(404) 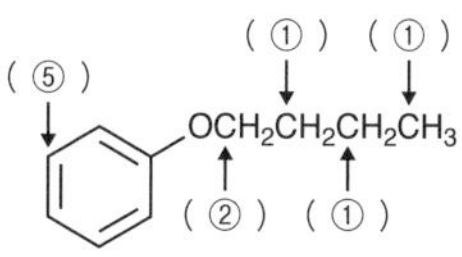

25

解法：カルボニル基のピークは 160 ppm よりも左側（低磁場側）に現れる．

(405) 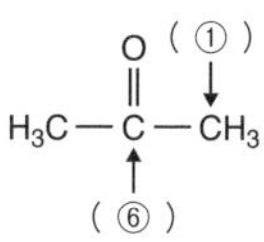

(406) 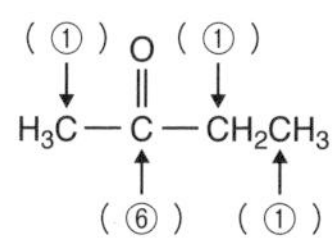

(407) 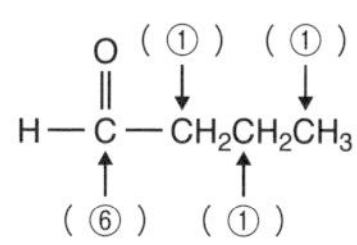

(408) 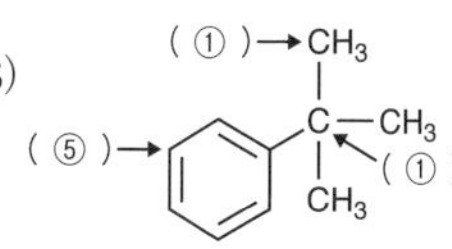

(409) 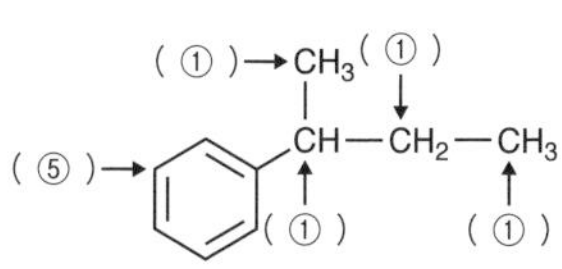

(410) 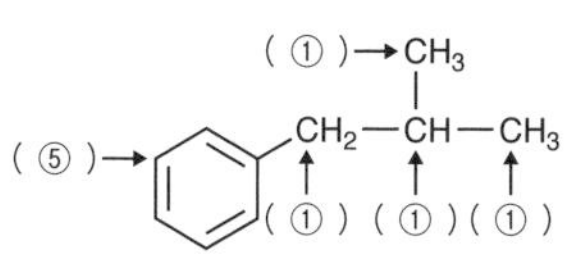

(411) 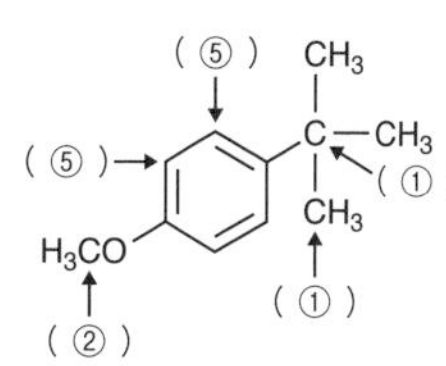

26

解法：構造が複雑でも基本の考え方は同じ．各炭素原子の混成軌道と，隣接している原子の種類を考えよう．

(412) 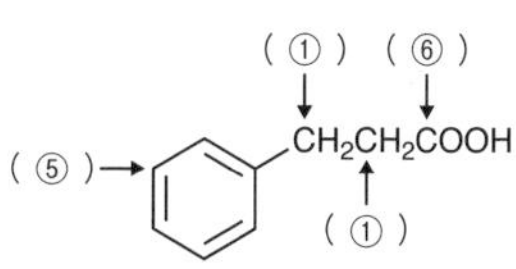

(413) 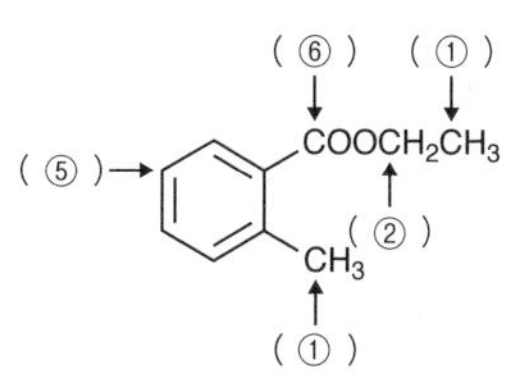

(414) 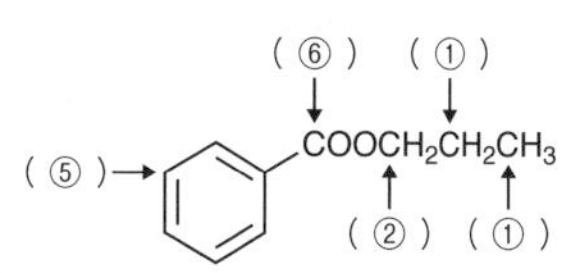

(415) 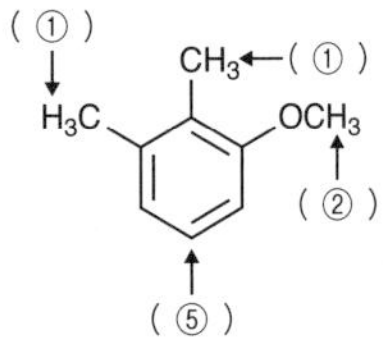

(416) 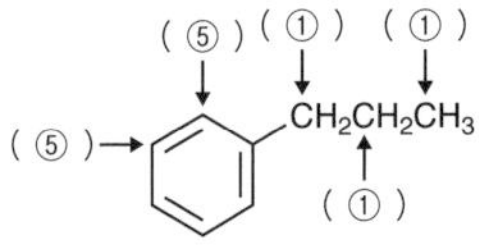

(417) 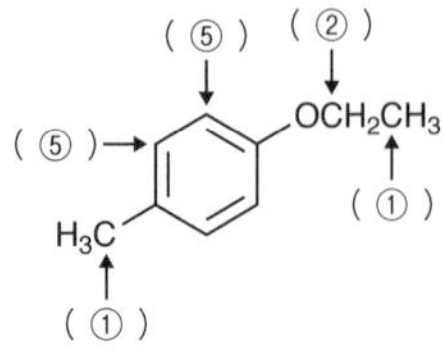

(418) 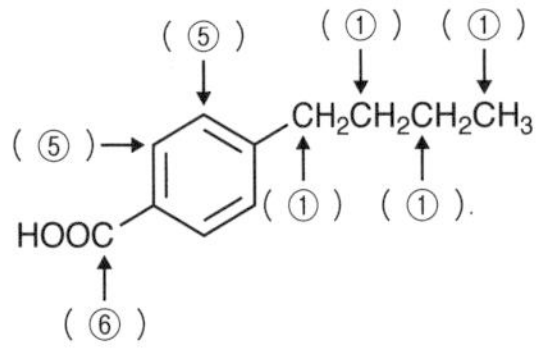

(419) 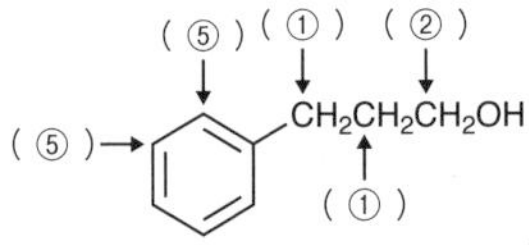

(420) 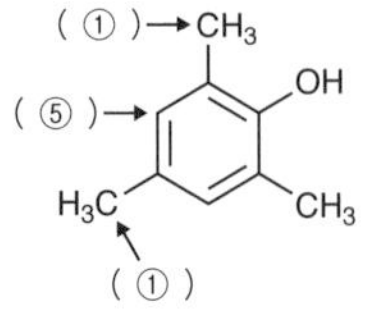

(421) 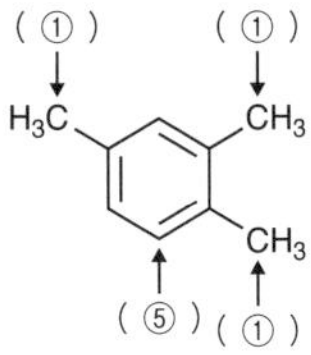

(422) 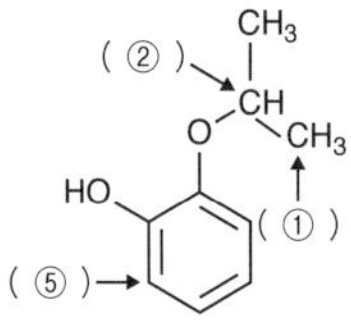

(423) 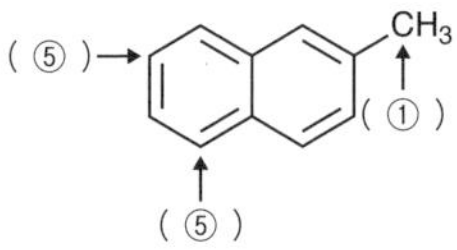

(424) 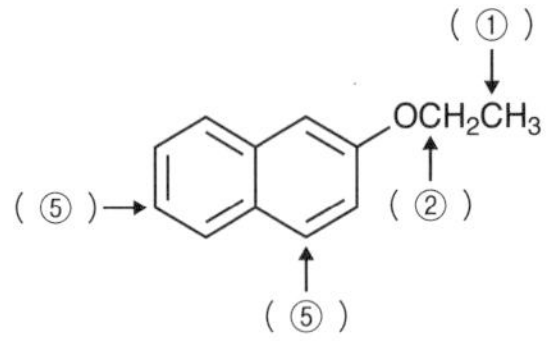

27

解法：カルボニル基の両端にどんな置換基が結合するかで，化合物の種類（ケトン，カルボン酸など）が決まる．まずはそこをしっかりと押さえよう．

(425) (1) ケトン　(2) 低磁場側
(426) (1) アルデヒド　(2) 低磁場側
(427) (1) カルボン酸　(2) 高磁場側
(428) (1) エステル　(2) 高磁場側
(429) (1) 炭酸エステル　(2) 高磁場側
(430) (1) アミド　(2) 高磁場側
(431) (1) カルボン酸　(2) 高磁場側
(432) (1) 酸塩化物　(2) 高磁場側

28

解法：190 ppm 付近を境にして，それより低磁場側にはケトンとアルデヒド，高磁場側にはそれ以外のカルボニル化合物のカルボニルピークが現れる．

(433) (1) アルデヒド　(2) 低磁場側
(434) (1) ケトン　(2) 低磁場側
(435) (1) カルボン酸　(2) 高磁場側
(436) (1) アミド　(2) 高磁場側
(437) (1) ケトン　(2) 低磁場側
(438) (1) エステル　(2) 高磁場側
(439) (1) アミド　(2) 高磁場側
(440) (1) 炭酸エステル　(2) 高磁場側

29

解法：カルボニル基が二つ含まれるときも，ひとつひとつ順番に考えよう．カルボニル基の両端についている原子はなんだろうか．

(441) (1) ケトン　(2) 低磁場側　(3) ケトン
(4) 低磁場側
(442) (1) アルデヒド　(2) 低磁場側　(3) ケトン
(4) 低磁場側
(443) (1) 酸無水物　(2) 高磁場側　(3) 酸無水物
(4) 高磁場側
(444) (1) 酸無水物　(2) 高磁場側　(3) 酸無水物
(4) 高磁場側
(445) (1) ケトン　(2) 低磁場側　(3) カルボン酸
(4) 高磁場側
(446) (1) アルデヒド　(2) 低磁場側　(3) エステル
(4) 高磁場側
(447) (1) エステル　(2) 高磁場側　(3) エステル
(4) 高磁場側
(448) (1) ケトン　(2) 低磁場側　(3) 酸塩化物
(4) 高磁場側
(449) (1) ケトン　(2) 低磁場側　(3) アミド
(4) 高磁場側

30

解法：前章までで学習したIHDやIRの情報を，^{13}C NMRの情報と組み合わせて解析してみよう．それぞれから得られる情報を手がかりに，構造決定したい分子の情報を読み出そう．

(450) IHD＝0，3種類，もたない
(451) IHD＝0，5種類，もたない
(452) IHD＝1，5種類，3種類，もつ
(453) IHD＝1，4種類，4種類，0種類
(454) IHD＝1，1種類，1種類，0種類
(455) IHD＝0，2種類，2種類，A
(456) IHD＝0，5種類，2種類
(457) IHD＝0，5種類，A
(458) IHD＝0，4種類，A
(459) IHD＝4，8種類，4種類，4種類
(460) IHD＝4，7種類，3種類，4種類
(461) IHD＝4，8種類，4種類，4種類
(462) IHD＝4，6種類，2種類，4種類
(463) IHD＝4，3種類，1種類，2種類
(464) IHD＝4，10種類，4種類，6種類
(465) IHD＝4，4種類，2種類，2種類
(466) IHD＝1，5種類，もつ
(467) IHD＝1，5種類，もたない
(468) IHD＝1，5種類，もたない，もつ
(469) IHD＝1，3種類，もたない，もたない
(470) IHD＝1，7種類，もつ
(471) IHD＝1，6種類，ケトンもしくはアルデヒド
(472) IHD＝1，7種類，それ以外のカルボニル化合物
(473) IHD＝2，7種類，2種類
(474) IHD＝2，4種類，2種類
(475) IHD＝2，4種類，1種類
(476) IHD＝2，3種類，3種類，0種類
(477) IHD＝2，4種類，それ以外のカルボニル化合物
(478) IHD＝2，7種類，ケトンもしくはアルデヒド，それ以外のカルボニル化合物
(479) IHD＝2，7種類，ケトンもしくはアルデヒド，それ以外のカルボニル化合物

31

解法：二つの構造式を比較して，^{13}C NMRスペクトルに現れる決定的な違いを探そう．片方のスペクトルにはあって，もう片方にはない決定的な証拠はどれだろう．

解答は左→右の順に示す．

(480) ①② (481) ①② (482) ②① (483) ①②
(484) ②① (485) ①② (486) ①② (487) ②①
(488) ②① (489) ①② (490) ①② (491) ②①
(492) ①② (493) ①② (494) ②① (495) ①②
(496) ②① (497) ②① (498) ②① (499) ①②

5章 ^{1}H NMR（プロトン核磁気共鳴スペクトル）

32

解法：平面で描かれている構造式の，三次元の姿を想像しよう．sp^3炭素は正四面体構造をとる．平面では違う種類に見える水素原子も，実は等価かもしれない．

(500) 1 (501) 1 (502) 2 (503) 2 (504) 2 (505) 3
(506) 4 (507) 1 (508) 3 (509) 5 (510) 4 (511) 2
(512) 3 (513) 1 (514) 1 (515) 1 (516) 1 (517) 3
(518) 2 (519) 4 (520) 3 (521) 1

33

解法：ハロゲン原子が置換した化合物を考える．^{13}C NMR（5章）と同じく，分子を半分に切ったり，裏返したりして，対称性を考えよう．

(522) 1 (523) 2 (524) 2 (525) 2 (526) 3 (527) 3
(528) 1 (529) 4 (530) 3 (531) 2 (532) 2 (533) 3
(534) 3 (535) 5 (536) 3 (537) 4 (538) 4 (539) 3
(540) 5

34

解法：炭素－炭素二重結合は自由に回転できないので，同じ置換基が一つのsp^2炭素に置換しても，非等価になることがある．

(541) 1 (542) 3 (543) 3 (544) 4 (545) 3 (546) 4

(547) 5　(548) 5　(549) 4　(550) 2　(551) 1　(552) 4
(553) 2　(554) 2　(555) 2　(556) 4　(557) 1　(558) 5
(559) 5　(560) 5　(561) 6　(562) 6　(563) 5　(564) 5
(565) 5

35

解法：何も置換していないベンゼンの水素は1種類であるが，そこに何種類，何個の置換基が，ベンゼンのどの炭素に結合するかで分子全体の対称性はさまざまに変わる．

(566) 1　(567) 3　(568) 3　(569) 2　(570) 3　(571) 1
(572) 4　(573) 4　(574) 2　(575) 3　(576) 4　(577) 2
(578) 7　(579) 7　(580) 5　(581) 4　(582) 6　(583) 2
(584) 7　(585) 7　(586) 5

36

解法：何も置換していないナフタレンの水素は2種類であるが，そこに何種類，何個の置換基が，ナフタレンのどの炭素に結合するかで分子全体の対称性はさまざまに変わる．

(587) 2　(588) 7　(589) 7　(590) 6　(591) 3　(592) 6
(593) 3　(594) 3　(595) 3　(596) 6　(597) 6　(598) 3
(599) 3

37

解法：問題編 p. 59, 60 のピークの現れる位置（化学シフト）の表を用いる．すべて sp^3 炭素原子に結合した水素原子であるが，周りの環境も確認しよう．

(600)
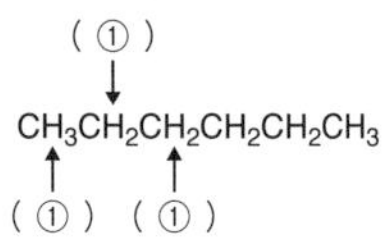

(601)
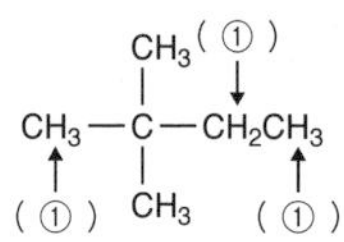

(602)
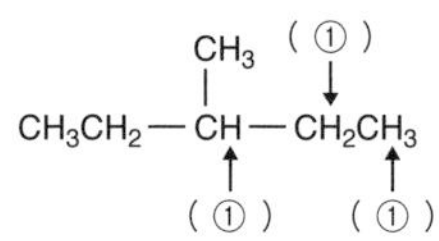

(603)
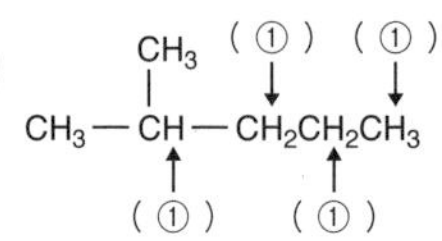

(604)
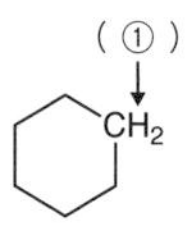

(605)
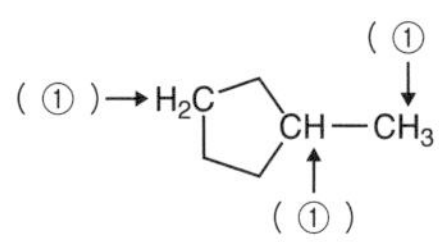

(606)
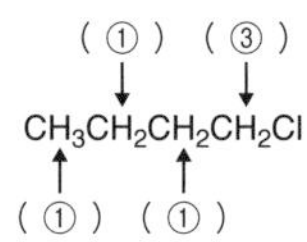

(607)
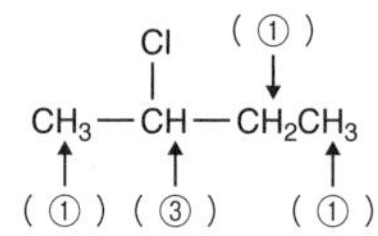

(608)
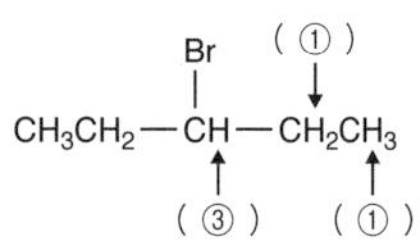

(609)
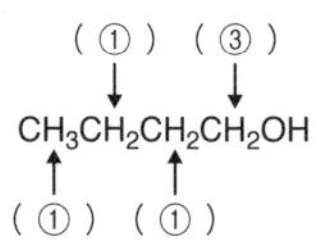

(610)
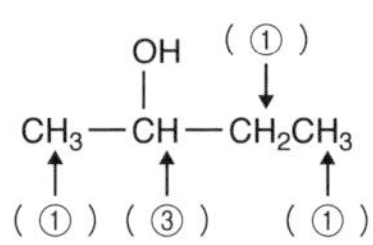

(611)
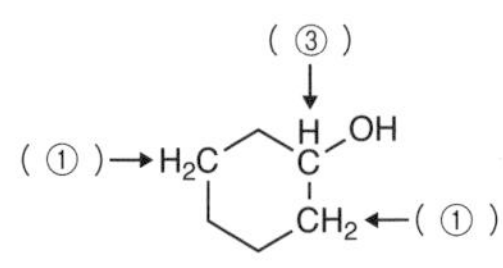

(612)
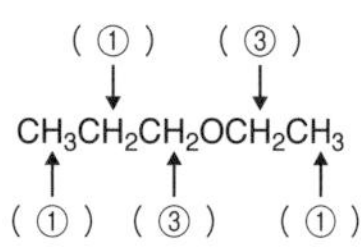

(613)
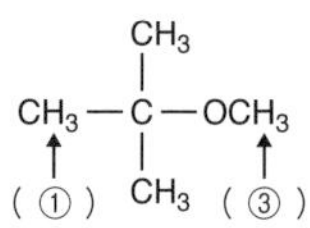

(614)
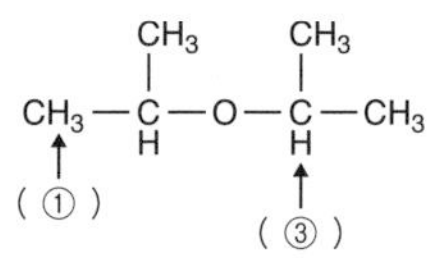

(615)
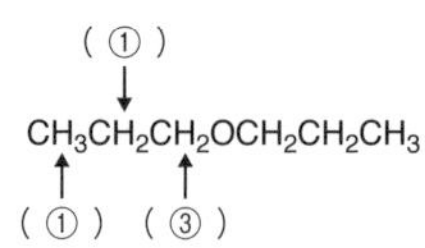

38

解法：問題編 p. 59, 60 のピークの現れる位置（化学シフト）の表を用いる．sp^2 および sp 炭素原子に結合した水素原子は，sp^3 炭素原子に結合した水素原子よりも左側（低磁場側）にピークが現れる．

(616)
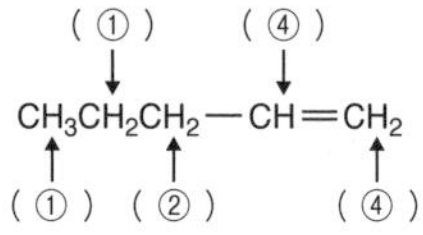

(617)
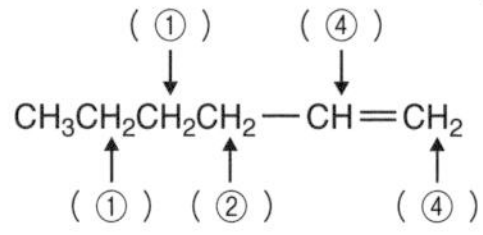

(618)
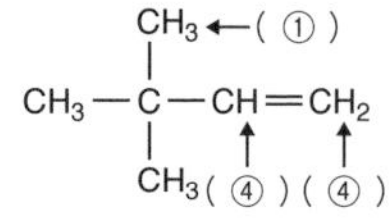

(619)
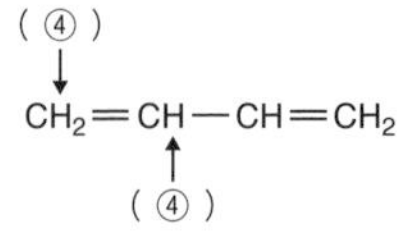

(620) 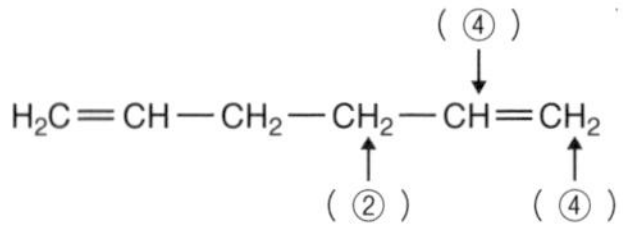

(621) 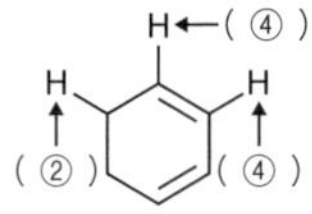

(622) 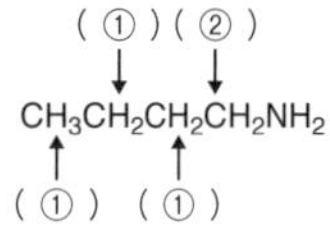

(623) 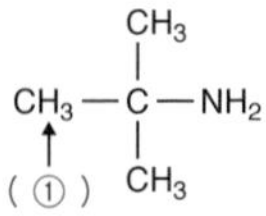

(624) 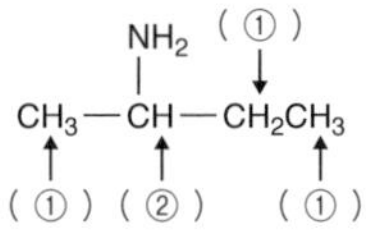

(625) 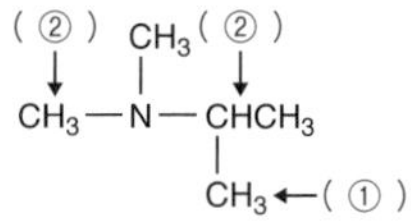

(626) 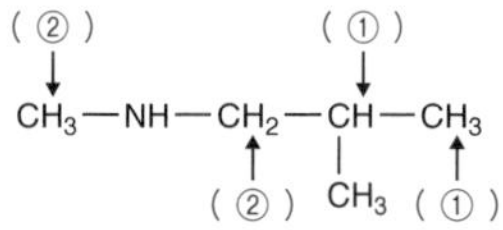

39

解法：カルボニル基に隣接した炭素原子に結合した水素原子のピークはどこに出るだろう.

(627) 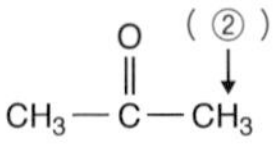

(628) 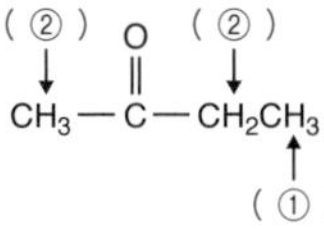

(629) 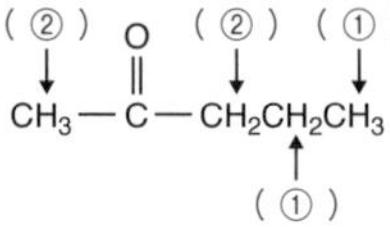

(630) 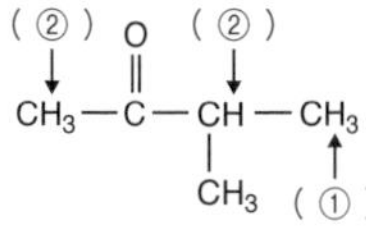

(631) 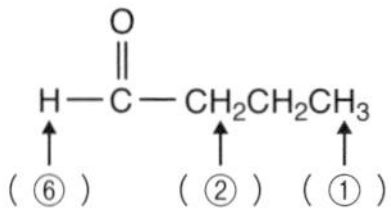

(632) 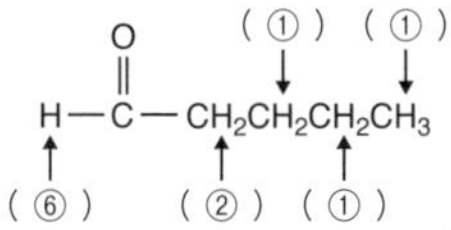

(633) 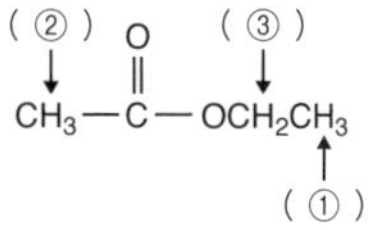

(634) 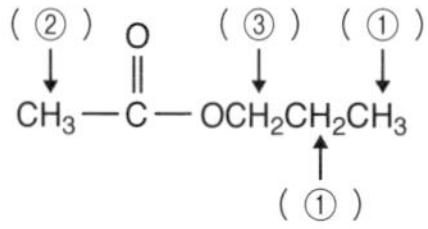

(635) 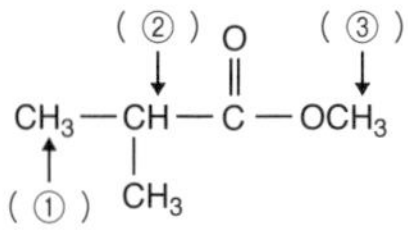

(636) 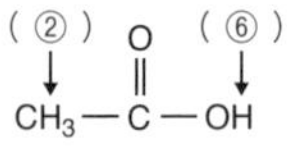

(637) 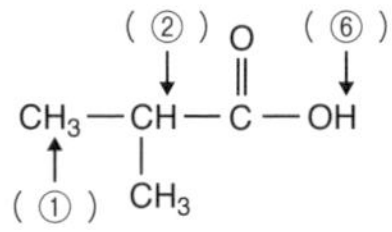

40

解法：芳香族の炭素原子に結合した水素原子は左側（低磁場側）にピークが出る. 構造が複雑になっても基本の考え方は同じ.

(638) 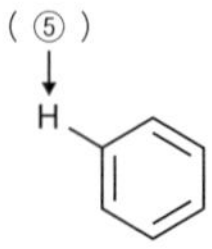

(639) 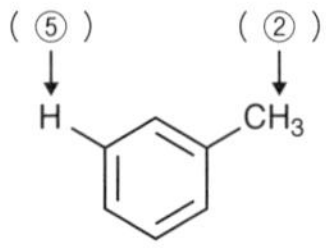

(640) 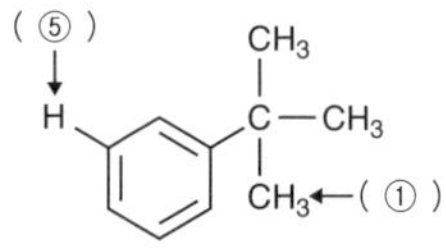

(641) 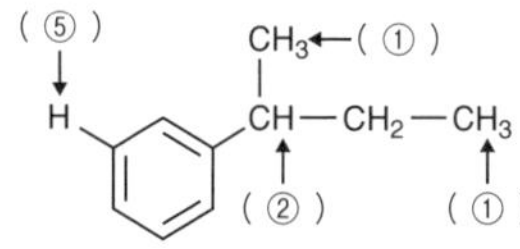

(642) 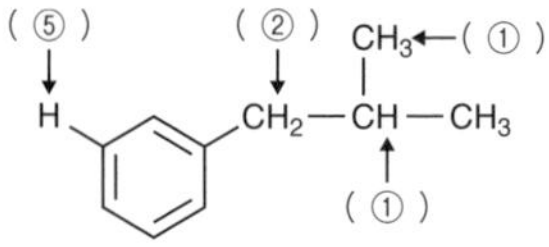

(643) 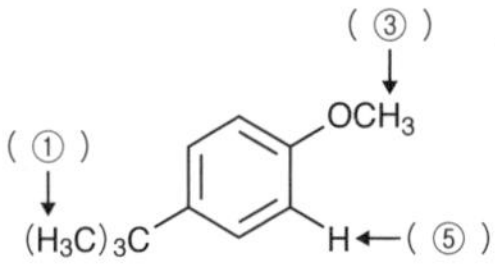

(644) 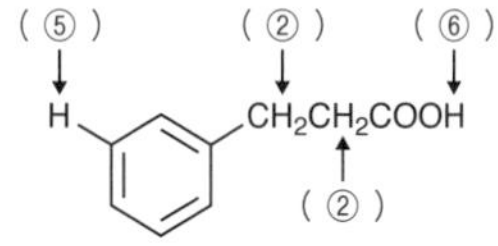

(645) 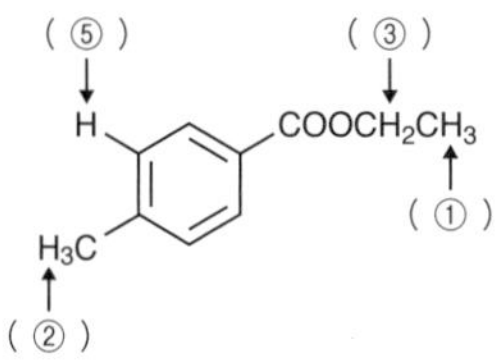

(646) 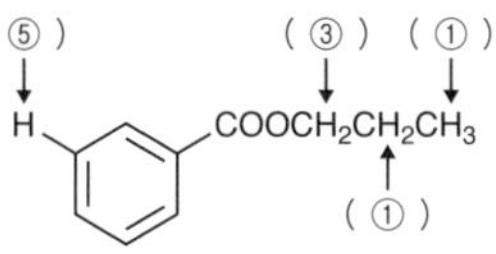

(647) 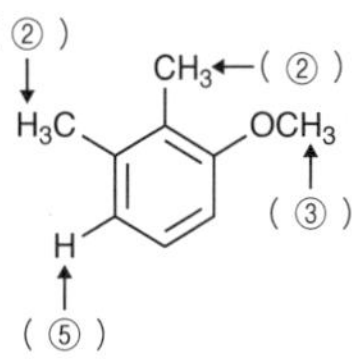

(648) 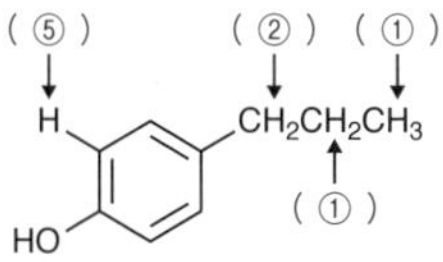

(649) 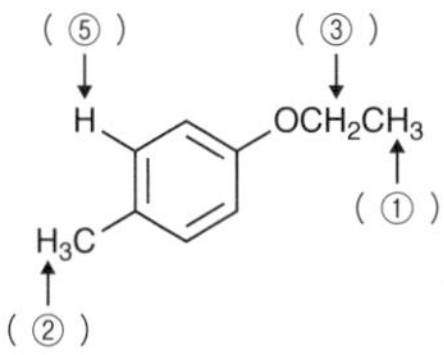

41

解法：メチレンもしくはメチン基水素の基本値に置換基のパラメーターを足していこう．表には似たような置換基があるので，間違わないように注意．

(650)
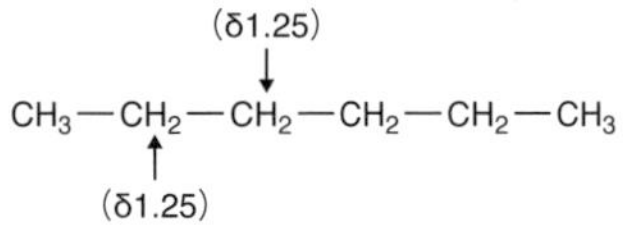

(651)
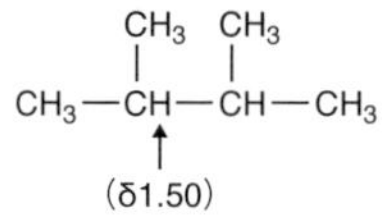

(652)
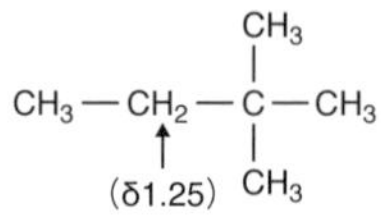

(653)
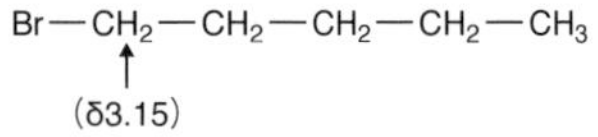

(654)
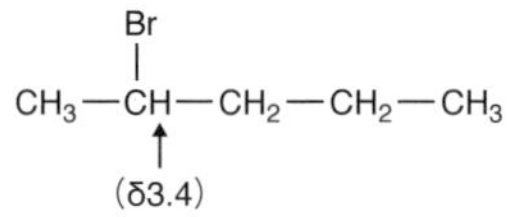

(655)
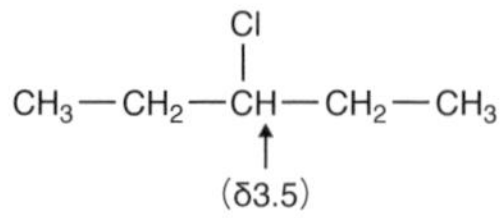

(656)
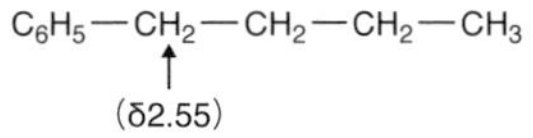

(657)
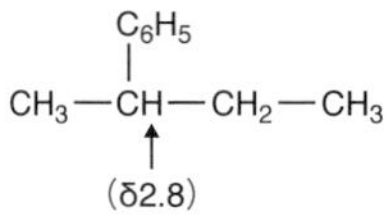

(658)
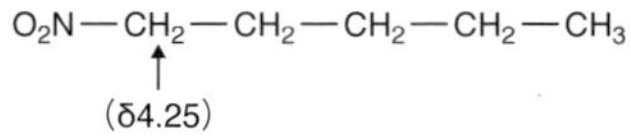

(659)
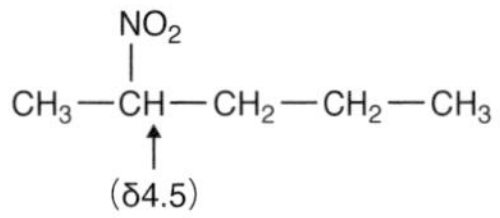

(660)
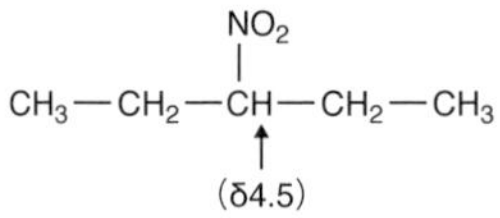

(661)
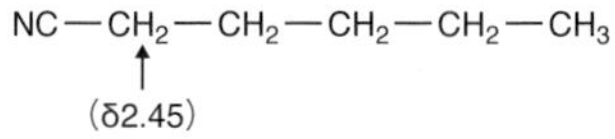

(662)
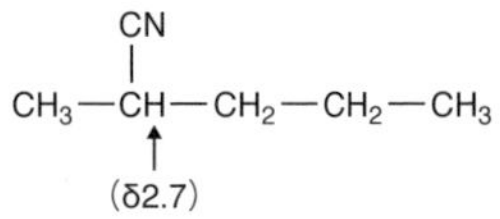

(663)
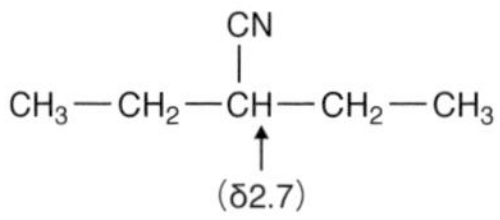

(664)
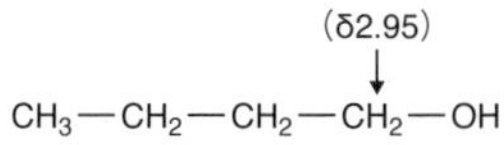

(665)
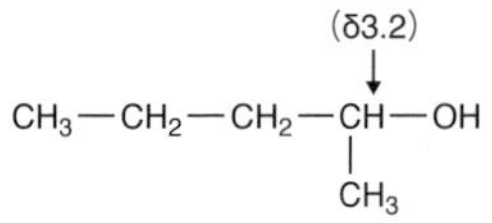

(666)
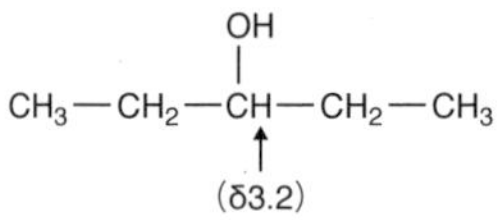

(667)
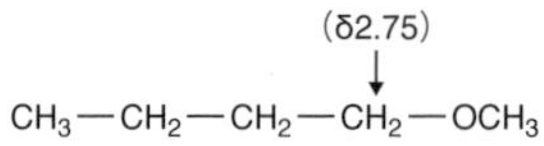

(668)
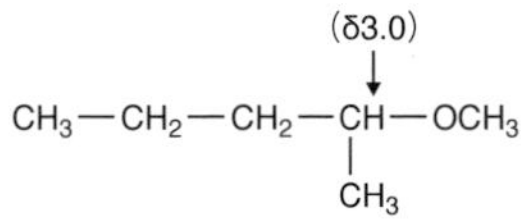

(669)
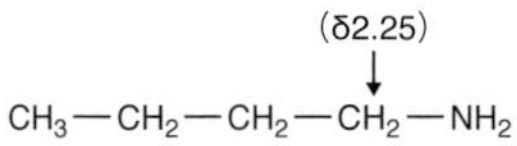

(670)
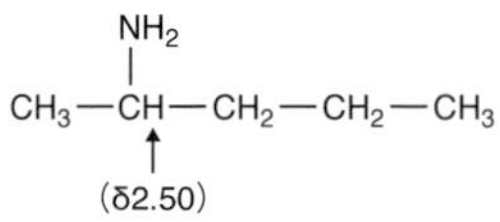

(671)
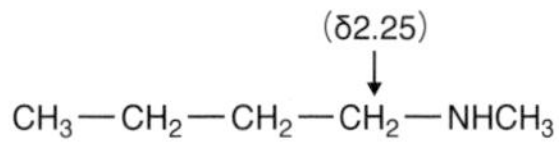

(672)
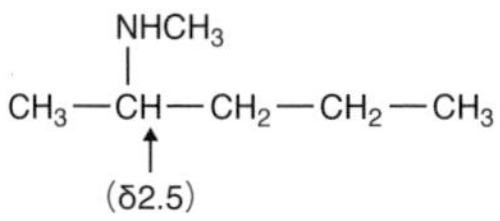

(673)
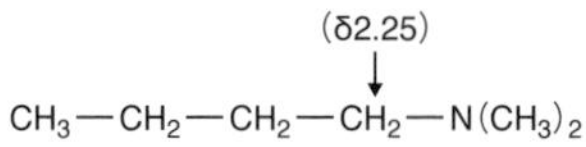

(674)
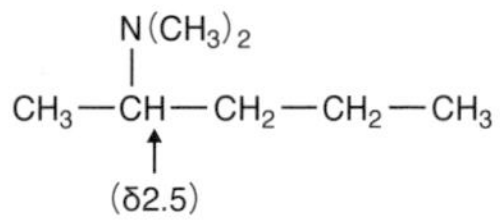

(675)
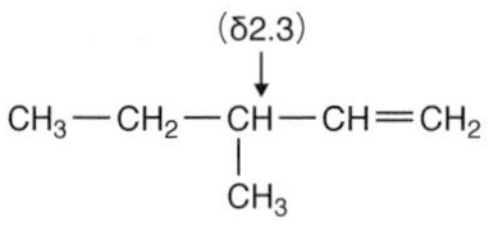

(676)
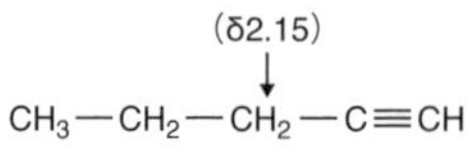

(677)
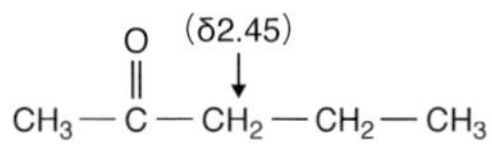

(678)
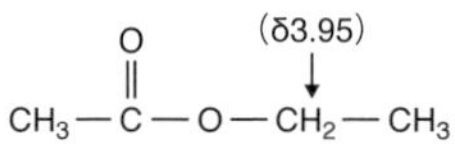

(679)
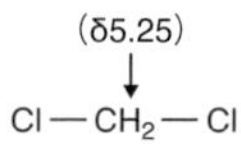

(680)
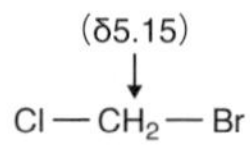

(681) 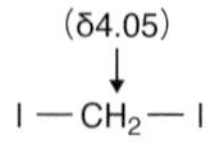

(682) 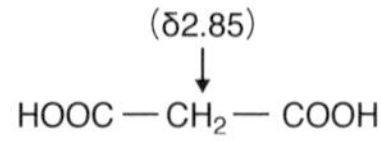

(683) 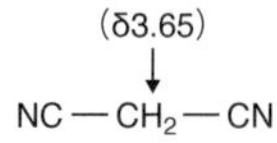

(684) 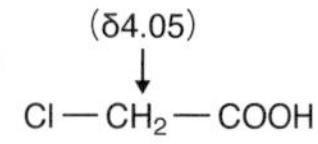

(685) 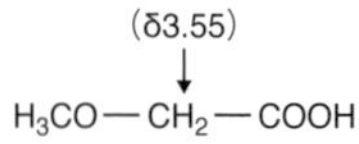

(686) 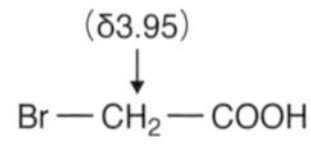

(687) 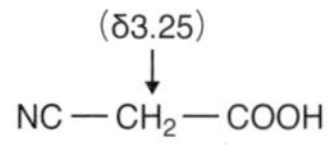

(688) 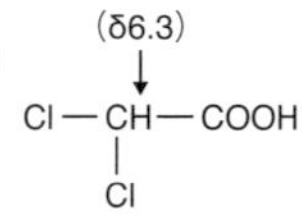

(689) 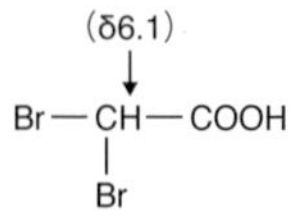

(690) 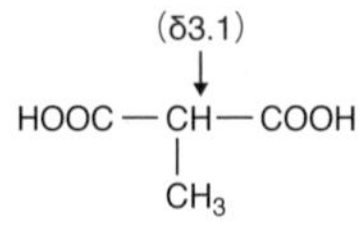

(691) 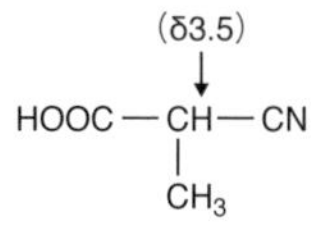

(692) 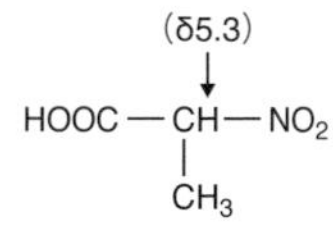

42

解法：アルケン水素の基本値に置換基のパラメーターを足していこう．その水素から見て，ジェミナル，シス，トランスのどの位置に置換基があるかで数値が異なるので注意．−COOH を二つもつ場合，もしくは−COOH を一つと共役可能な置換基（たとえばフェニル基）をもつ場合は，−COOH のパラメーターは「拡張共役」のものを用いる．

(693) 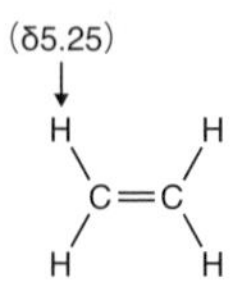

(694) 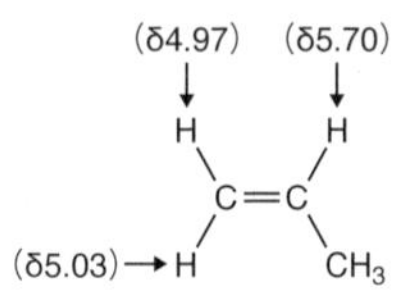

(695) 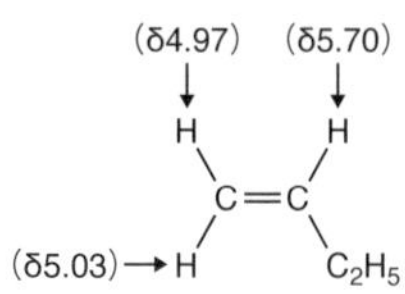

(696) 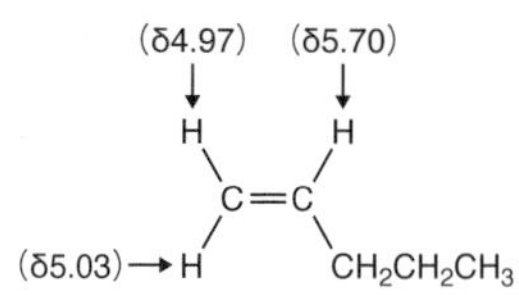

(697) 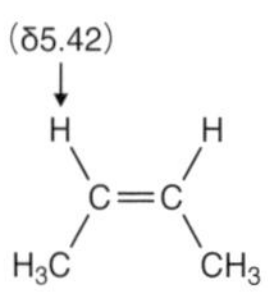

(698) 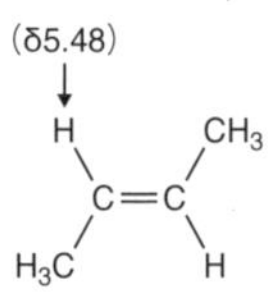

(699) 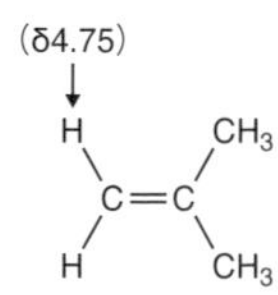

(700) 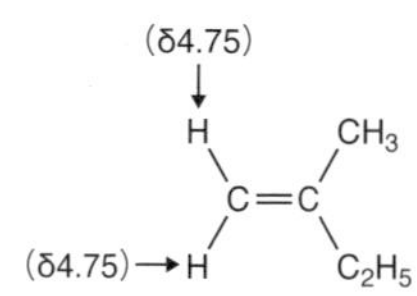

(701) 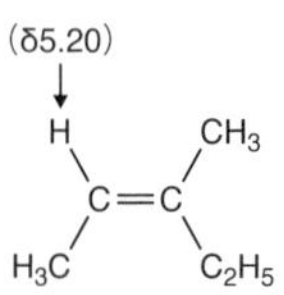

(702) 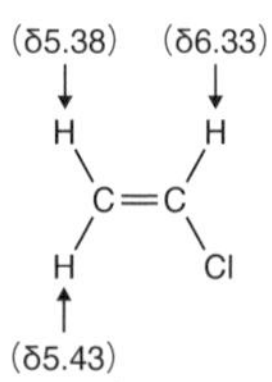

(703) 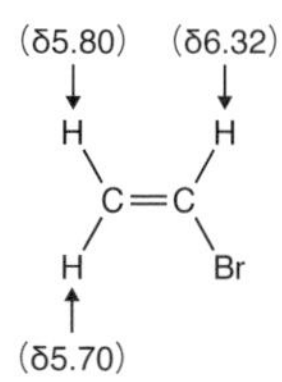

(704) 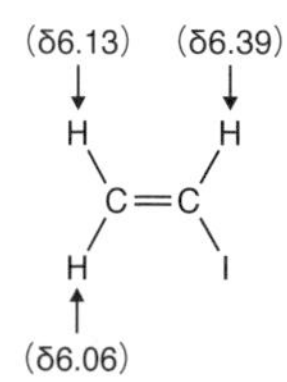

(705) 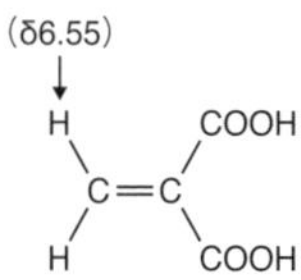

(706) 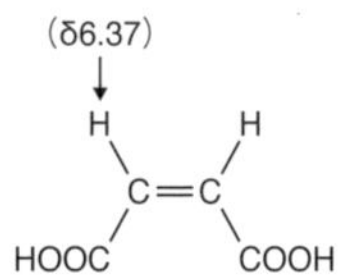

(707) 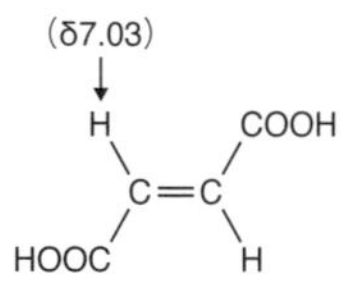

(708) 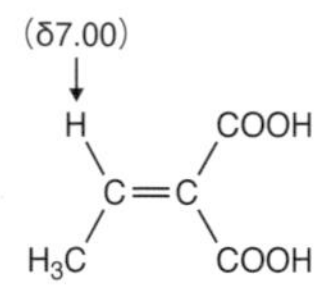

(709) 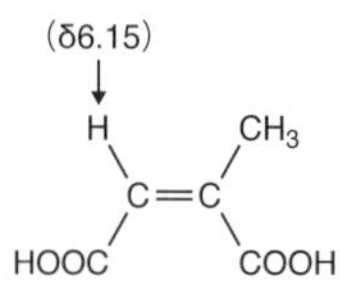

(710) 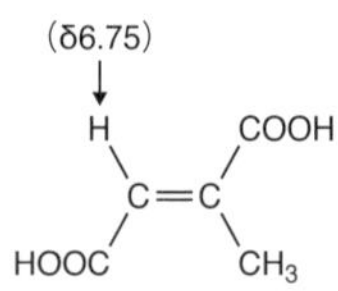

(711) 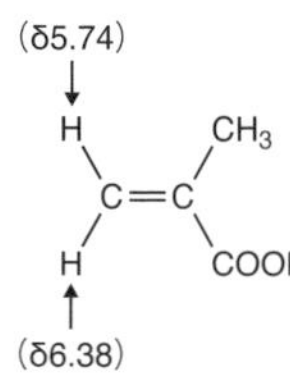

(712) 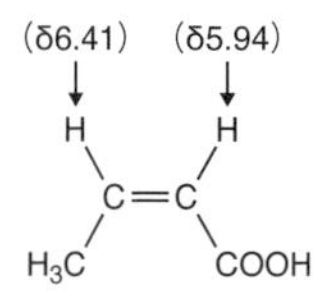

(713) 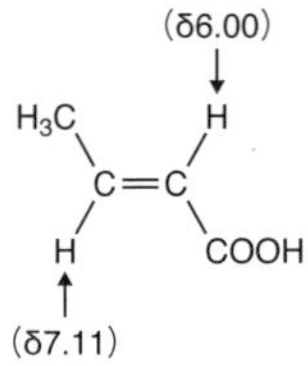

(714) 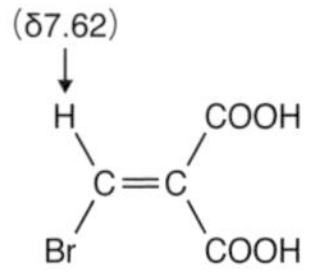

(715) 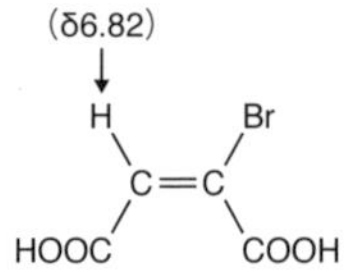

(716) 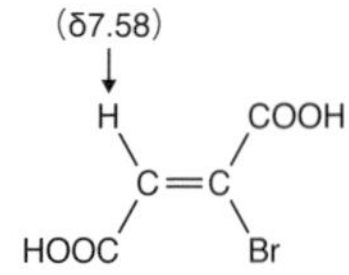

(717) 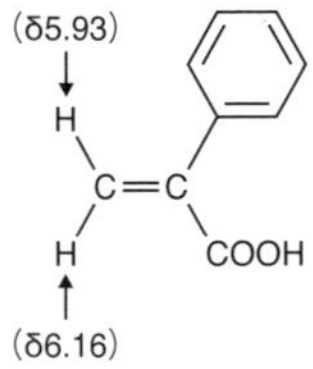

(718) 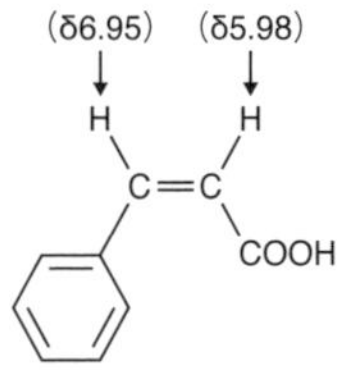

(719) 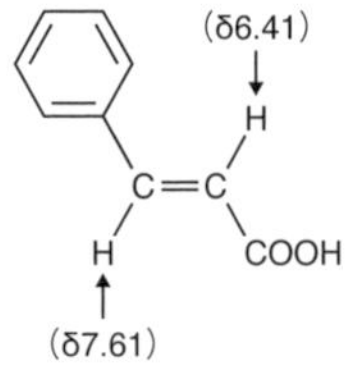

43

解法：ベンゼン環水素の基本値に置換基のパラメーターを足していこう．その水素から見て，オルト，メタ，パラのどの位置に置換基があるかで数値が異なるので注意．

(720) 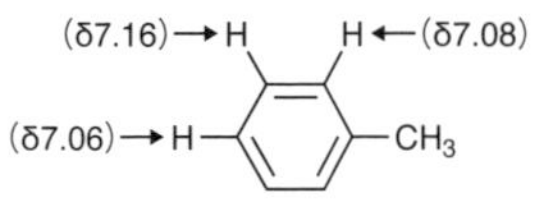

(721) 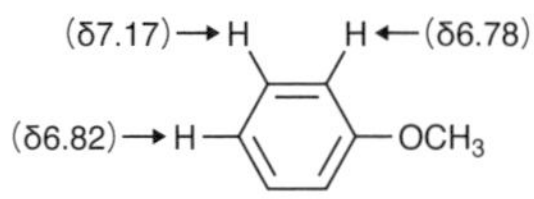

(722) 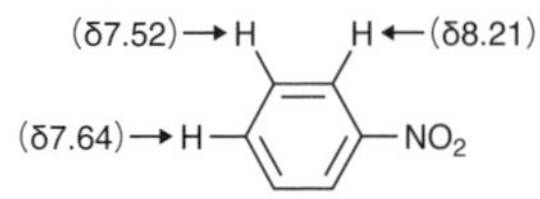

(723) 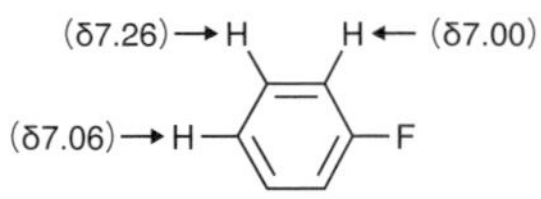

(724) 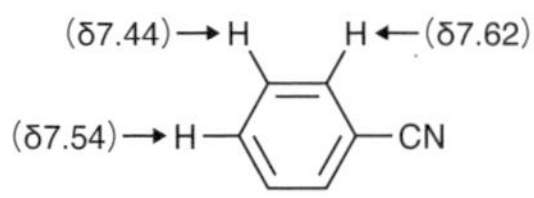

(725) 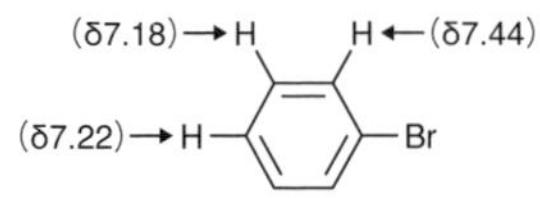

(726) 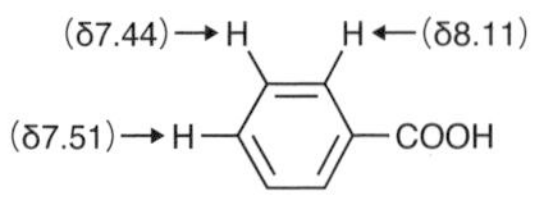

(727) 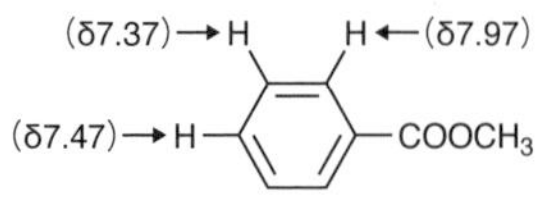

(728) 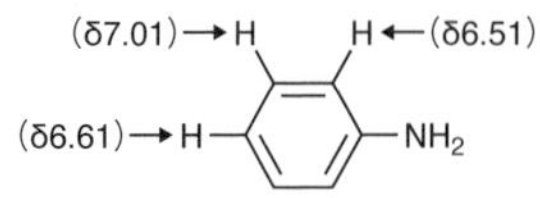

(729) 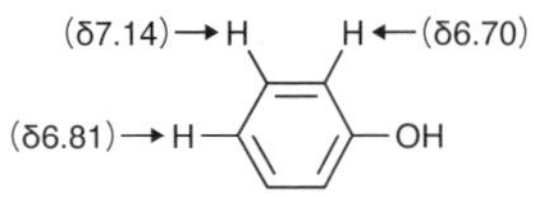

44

解法：ベンゼン環水素の基本値に置換基のパラメーター二つを足していこう．二つの置換基それぞれは，水素原子から見て，オルト，メタ，パラのどの位置にあるだろうか．

(730) 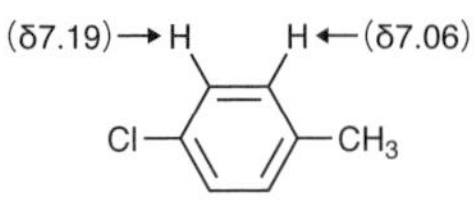

(731) 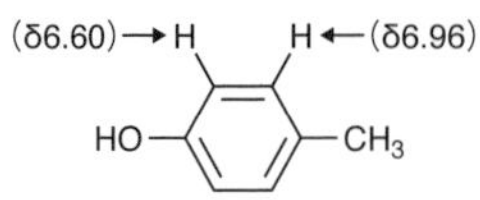

(732) 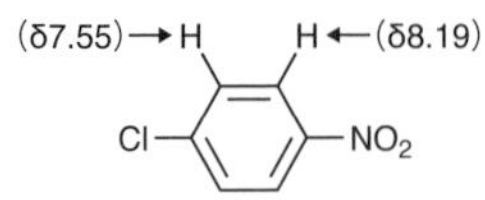

(733) 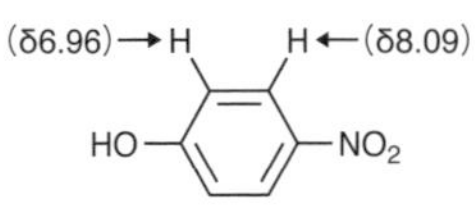

(734) 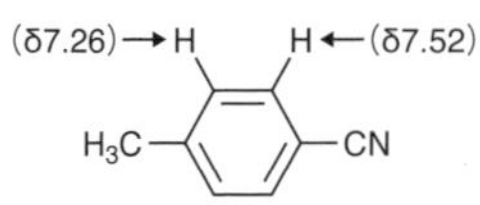

(735) 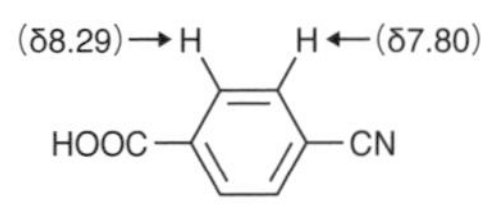

(736) 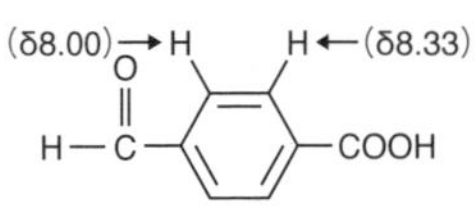

(737) 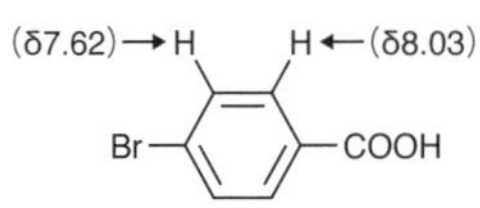

(738) 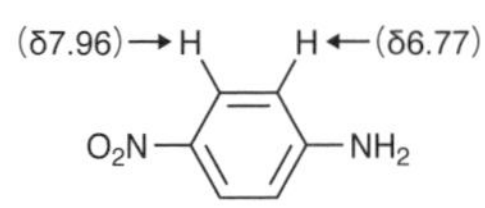

(739) 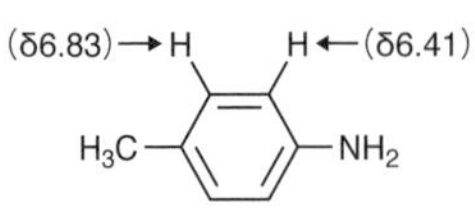

45

解法：ベンゼン環水素の基本値に置換基のパラメーター二つを足していこう．二つの置換基それぞれは，水素原子から見て，オルト，メタ，パラのどの位置にあるだろうか．

(740)
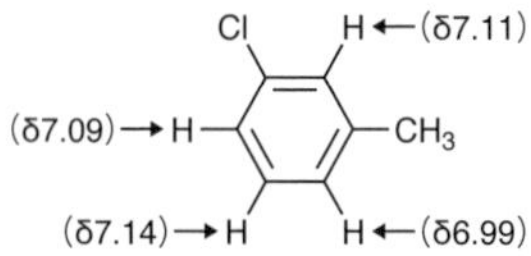

(741)
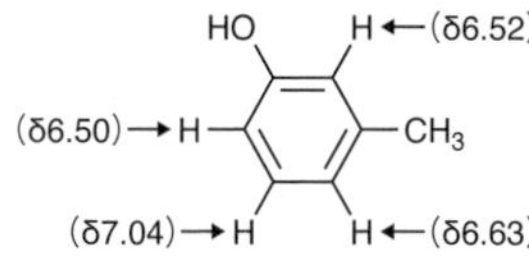

(742)
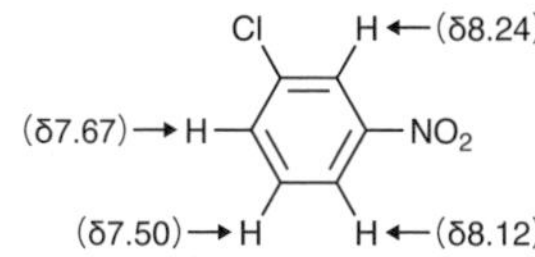

(743)
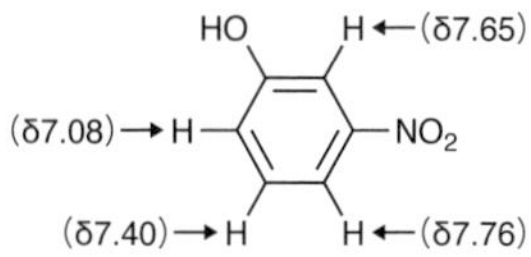

(744)
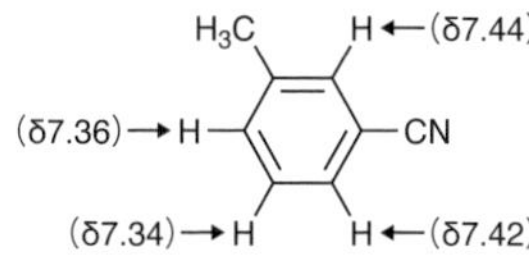

(745)
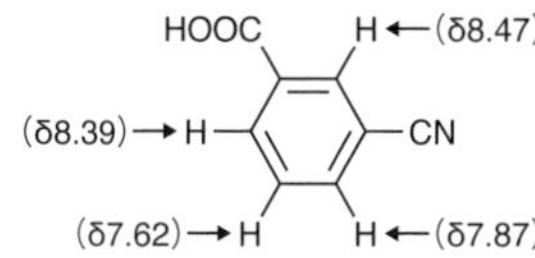

(746)
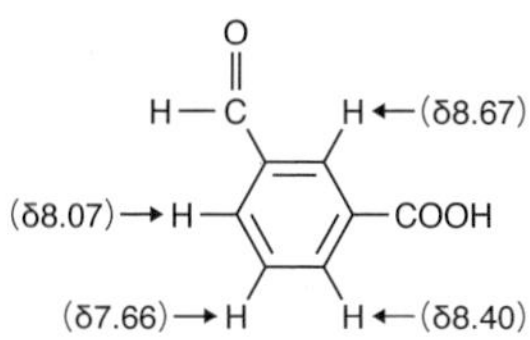

(747)
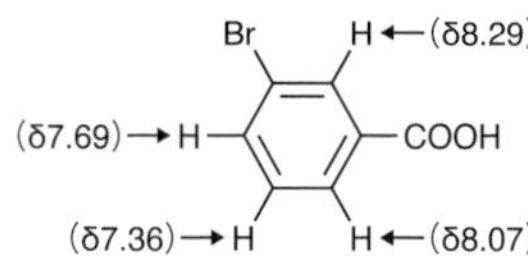

(748)
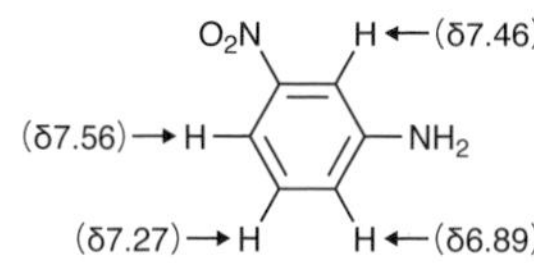

(749)
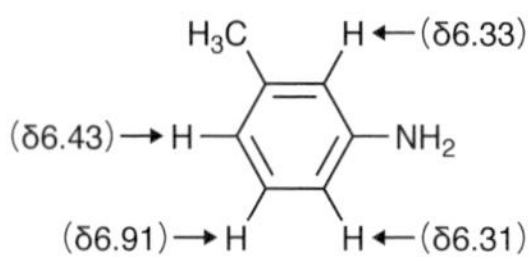

46

解法：$n+1$ 則を用いて，何本に割れるかを予測する．何本に分裂するか（多重度）を表す記号の使い方に慣れていこう．

(750)
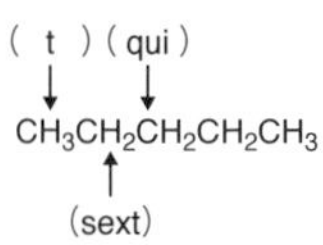

(751)
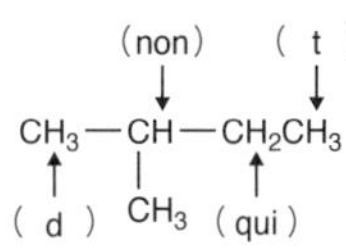

(752)
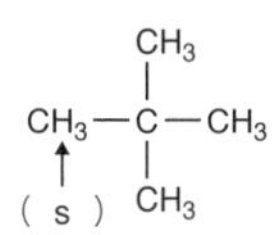

(753)
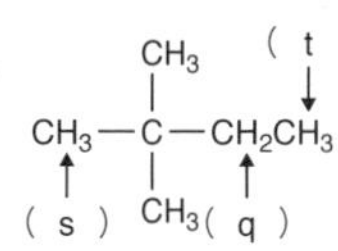

(754)
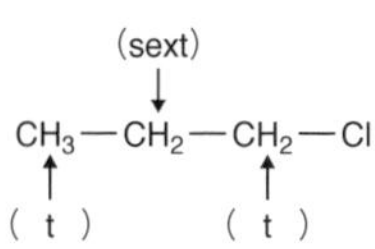

(755)
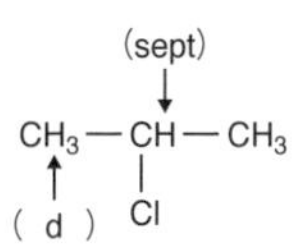

(756)
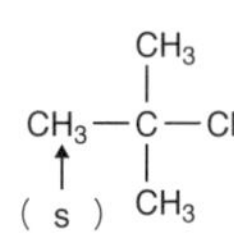

(757)
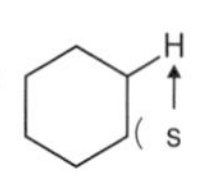

(758)
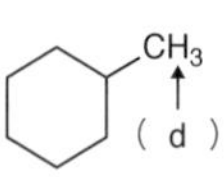

(759)
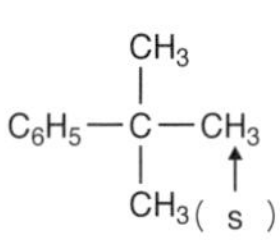

(760)
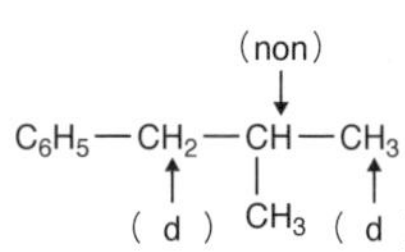

(761)
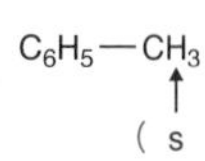

(762)
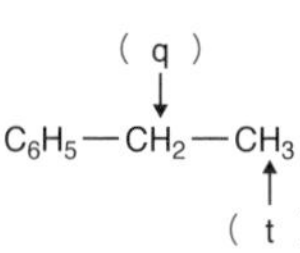

(763)
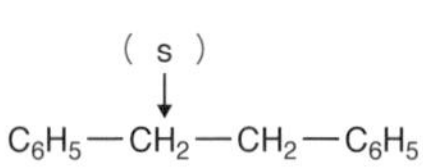

(764)
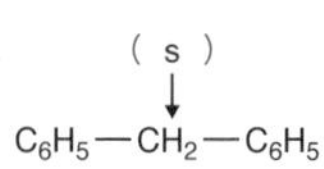

(765)
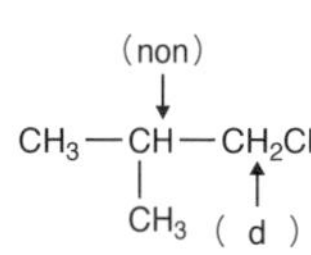

(766)
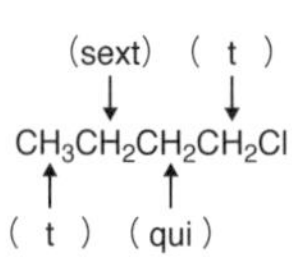

(767)
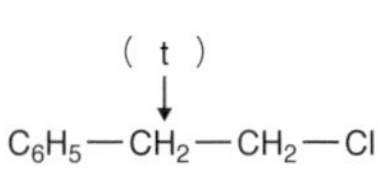

(768)
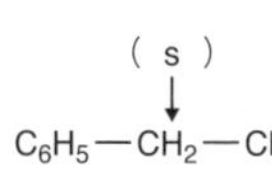

(769)
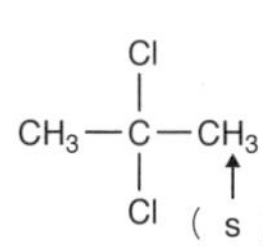

(770) 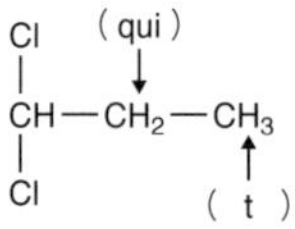

47

解法：ここでも $n+1$ 則を用いて，何本に割れるかを予測する．酸素，窒素原子に直接結合した水素原子は $n+1$ 則の n にカウントしない．

(771) 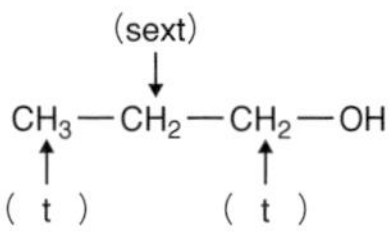

(772) 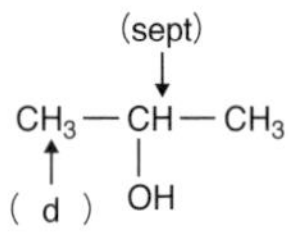

(773) 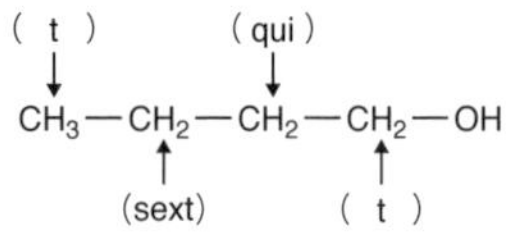

(774) 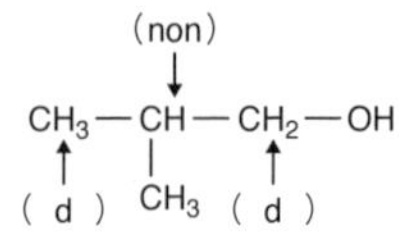

(775) 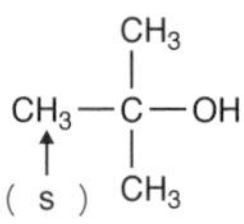

(776) 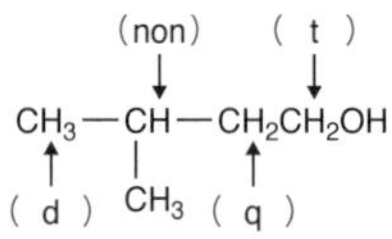

(777) 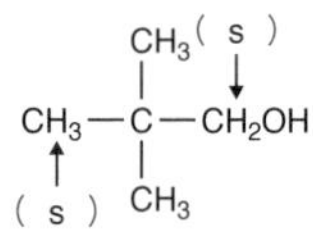

(778) 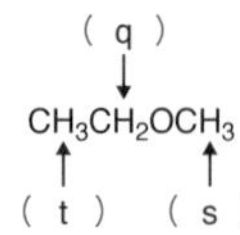

(779) 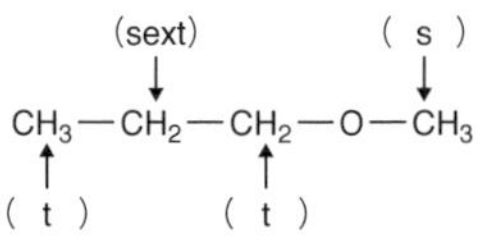

(780) 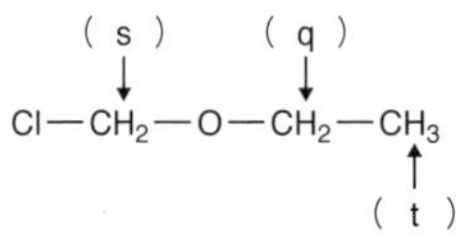

(781) 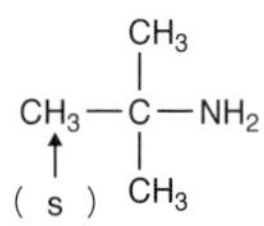

(782) 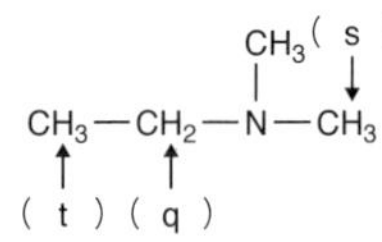

(783) 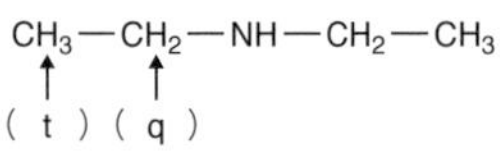

(784) 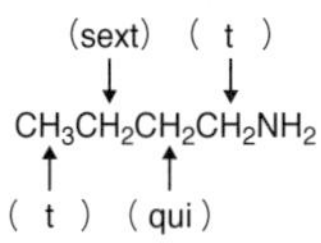

(785) 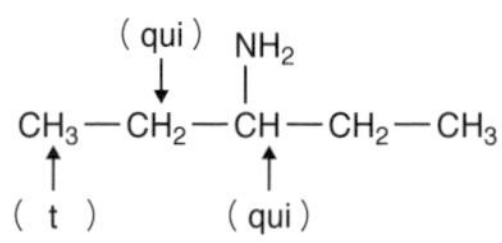

48

解法：ここでも $n+1$ 則を用いて，何本に割れるかを予測する．分子が複雑になっても基本の考え方は同じ．

(786) 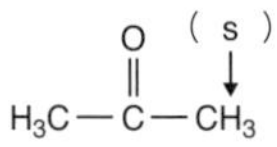

(787) 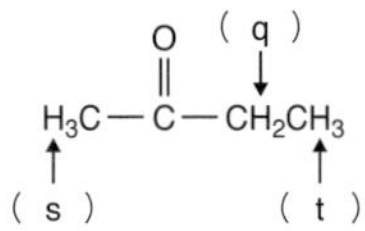

(788) 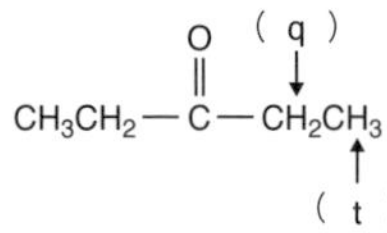

(789) 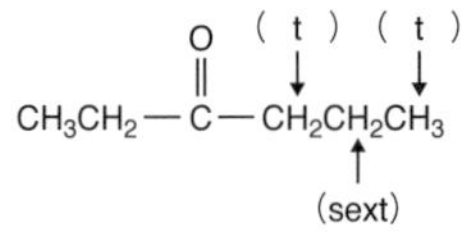

(790) 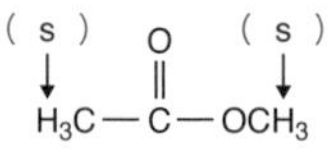

(791) 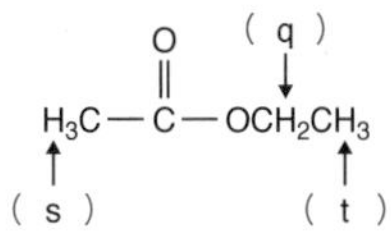

(792) 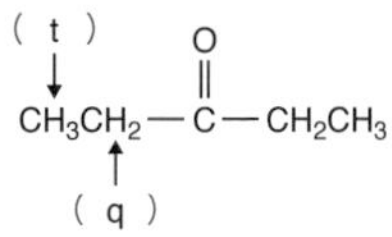

(793) 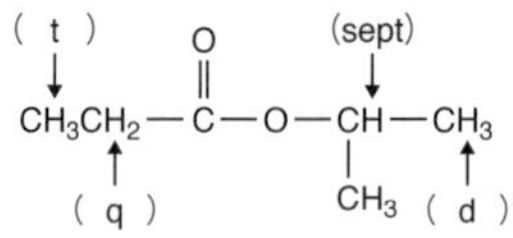

(794) 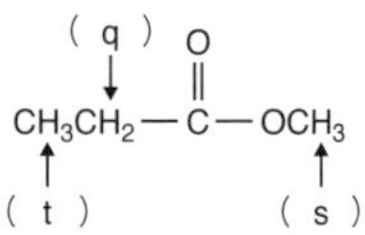

(795) 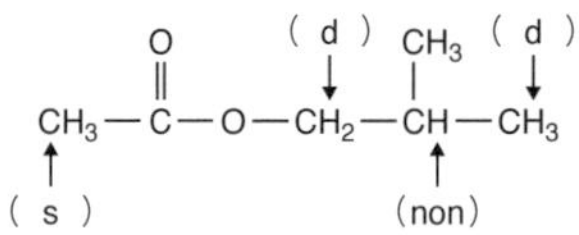

(796) 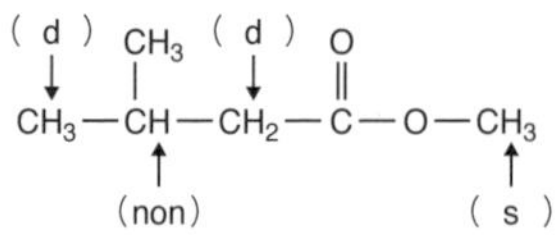

(797) 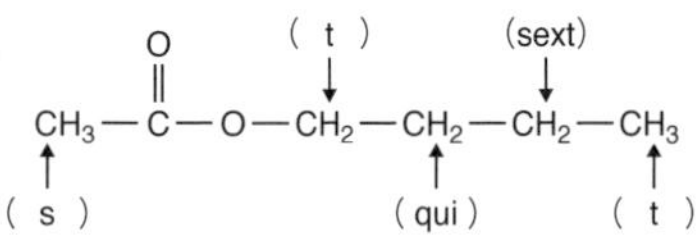

(798) 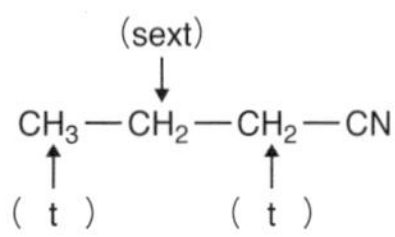

(799) 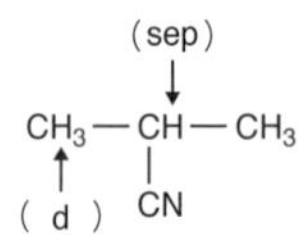

49

解法：樹形図は，大きいほうのカップリング定数を先に考えると書きやすい．何本に割れるかも大事だが，各ピークの強度も考えよう．

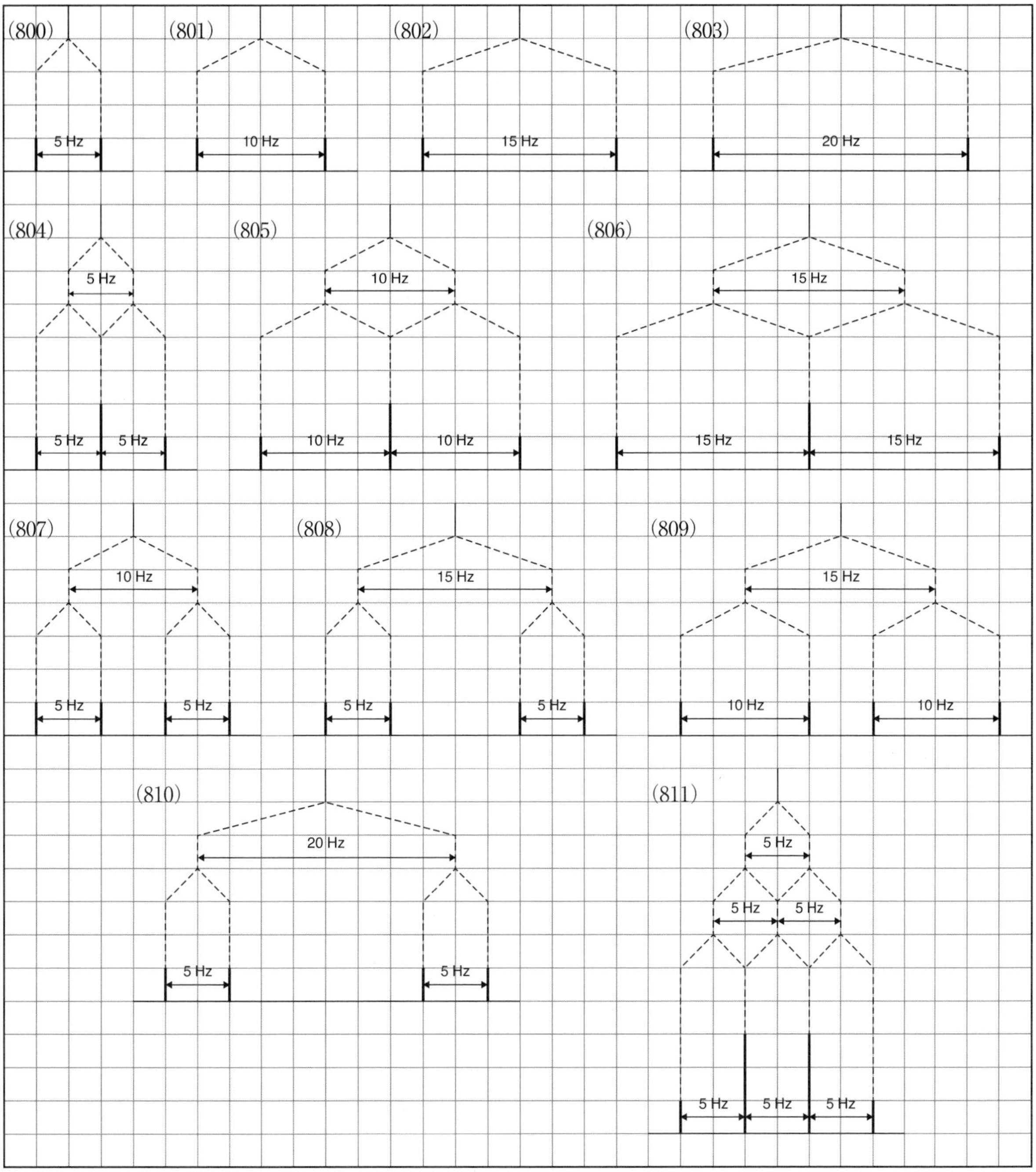

(812)

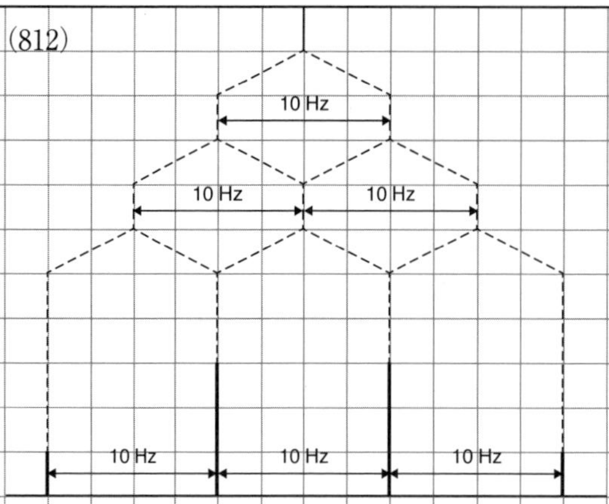

(813)

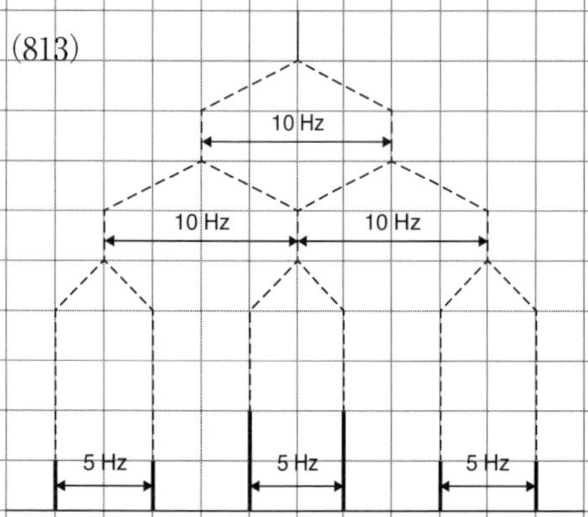

(814)

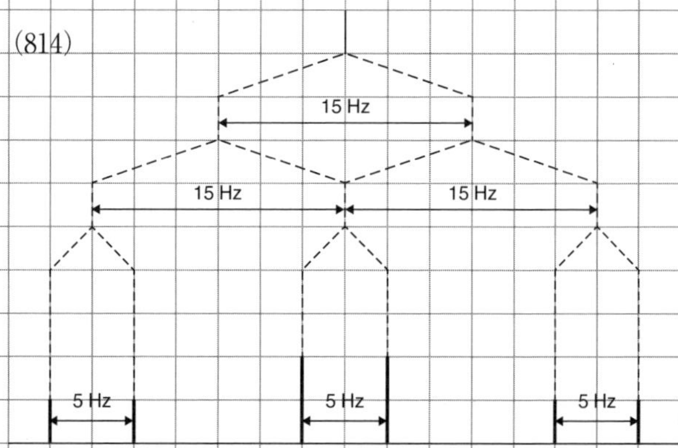

(815)

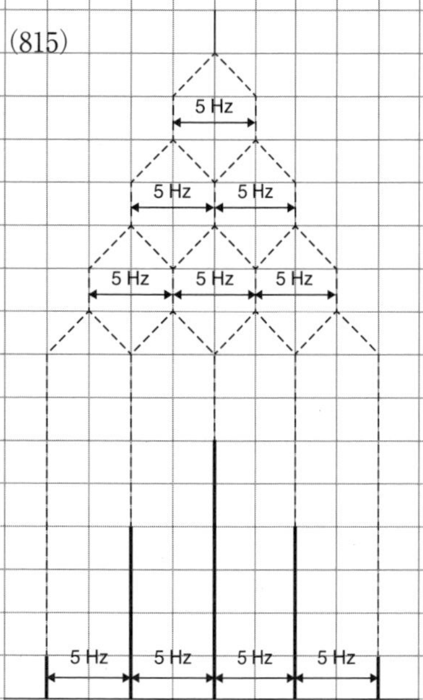

(816)

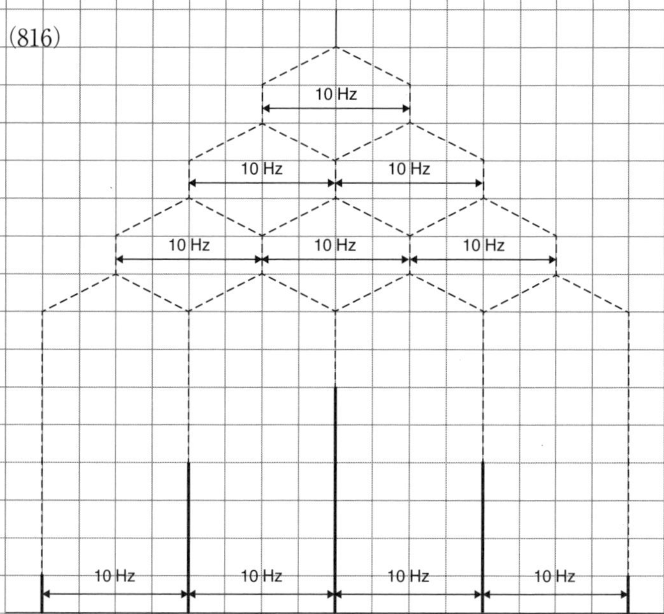

(817)

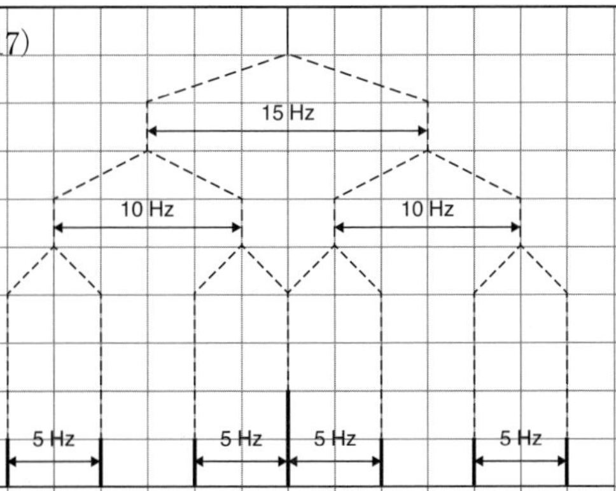
15 Hz
10 Hz
10 Hz
5 Hz
5 Hz
5 Hz
5 Hz

(818)

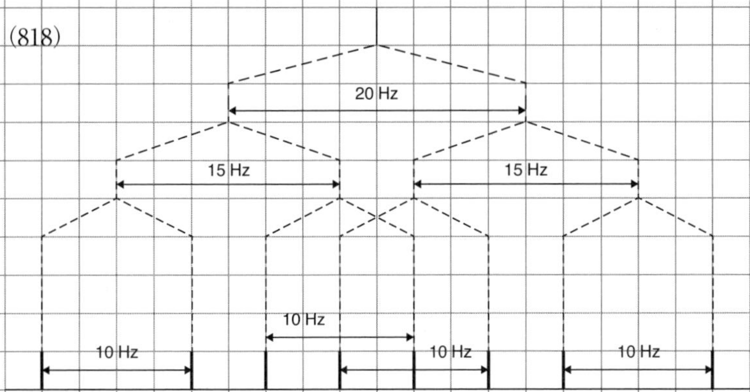
20 Hz
15 Hz
15 Hz
10 Hz
10 Hz
10 Hz
10 Hz

(819)

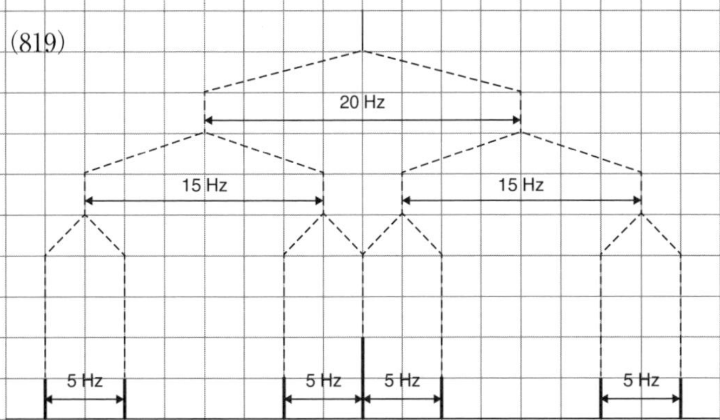
20 Hz
15 Hz
15 Hz
5 Hz
5 Hz
5 Hz
5 Hz

50

解法：ダブレットなので，ピークは２本．二つのピークの化学シフトの値をどう使えば，ピーク中心とカップリング定数の値が得られるだろうか．

問題番号	(820)	(821)	(822)	(823)	(824)	(825)	(826)	(827)	(828)	(829)
ピーク中心（ppm）	5.05	3.60	4.20	4.20	4.20	5.20	7.80	1.50	5.85	1.20
J (Hz)	7.8	7.2	4.8	12	17	10	7.6	7.8	2.0	7.0

51

解法：トリプレットなので，ピークは３本．三つのピークの化学シフトの値をどう使えば，ピーク中心とカップリング定数の値が得られるだろうか．

問題番号	(830)	(831)	(832)	(833)	(834)	(835)	(836)	(837)	(838)	(839)
ピーク中心（ppm）	4.80	3.80	7.20	1.52	3.26	2.10	4.56	5.20	6.80	6.80
J (Hz)	5.7	6.6	8.1	7.8	7.2	7.2	7.6	12	4.8	4.0

52

解法：ダブルダブレットなので，ピークは４本．四つのピークの化学シフトの値をどう使えば，ピーク中心と二つのカップリング定数の値が得られるだろうか．

問題番号	(840)	(841)	(842)	(843)	(844)	(845)	(846)	(847)	(848)	(849)
ピーク中心（ppm）	6.00	7.20	5.60	5.60	5.45	6.00	7.80	6.50	3.80	6.50
J_1 (Hz)	7.2	6.9	16.8	16.8	17.0	10.0	5.0	4.0	7.2	7.2
J_2 (Hz)	2.4	1.5	3.0	12	5.0	2.5	2.5	2.0	3.0	1.2

53

解法：アルケンの ^{1}H NMR では，ジェミナル，シス，トランス，ロングレンジなどのカップリングがある．一つの水素原子が複数の水素原子とカップリングすることもある．

(850)
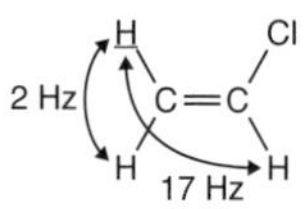

(851)
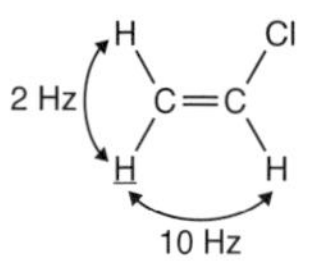

(852)
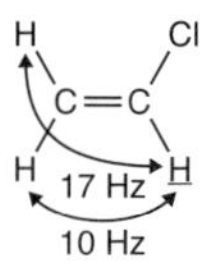

(853)
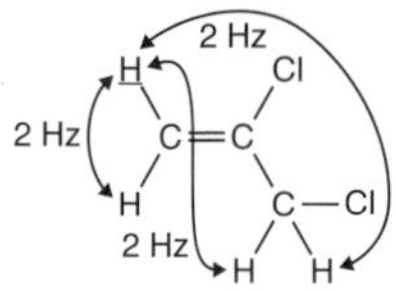

(854)
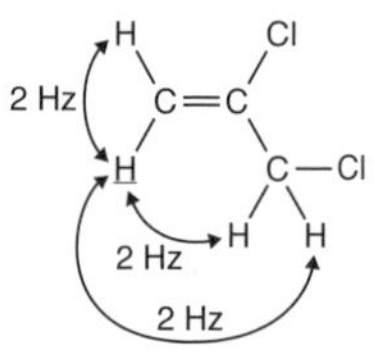

(855)
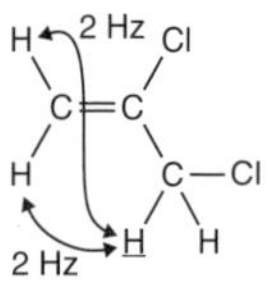

54

解法：ベンゼン誘導体の^{1}H NMRでは，オルト，メタのカップリングがある．一つの水素原子が複数の水素原子とカップリングすることもある．

(856)
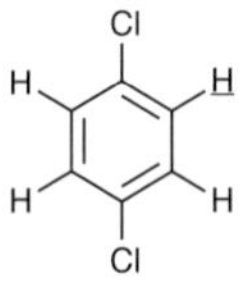
カップリングなし
（水素はすべて等価）

(857)
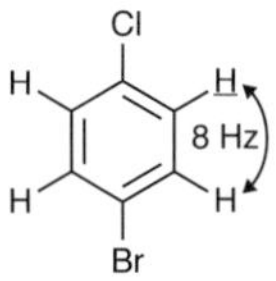

(858)
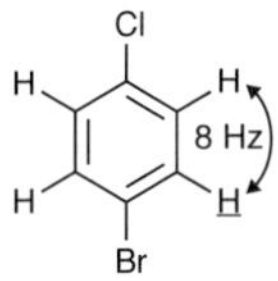

(859)
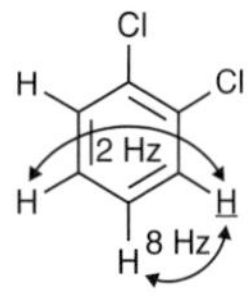

(860)
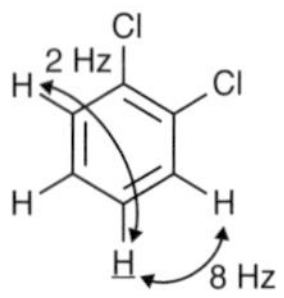

(861)
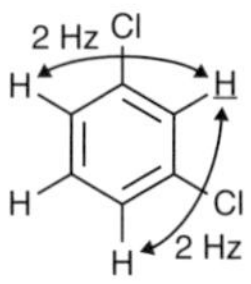

(862)
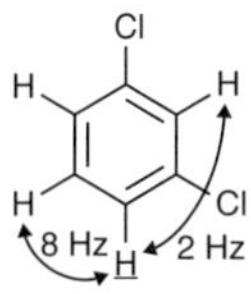

(863)
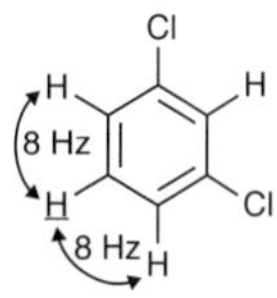

(864)
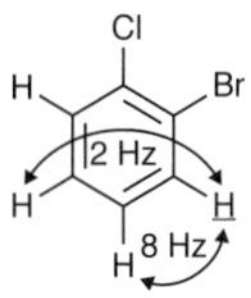

(865)
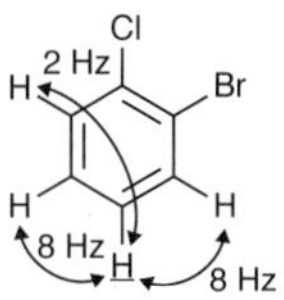

(866)
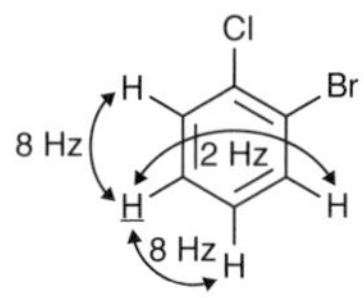

(867)
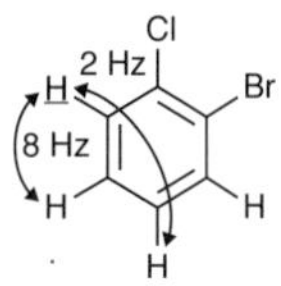

(868)
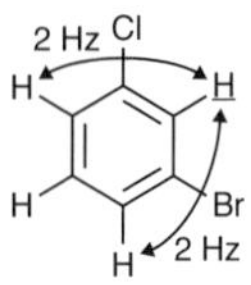

(869)
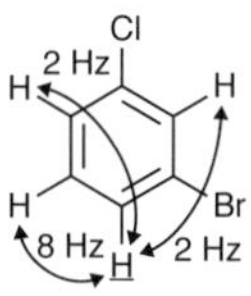

(870)
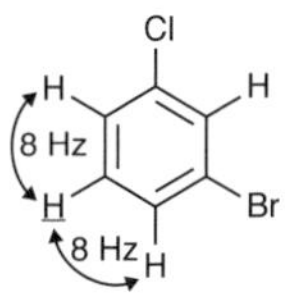

(871)
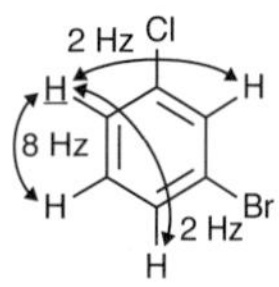

(872)
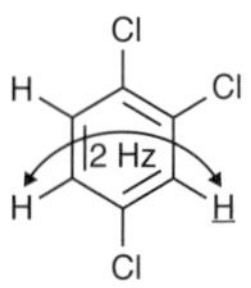

(873)
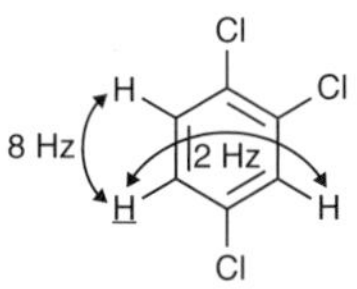

(874)
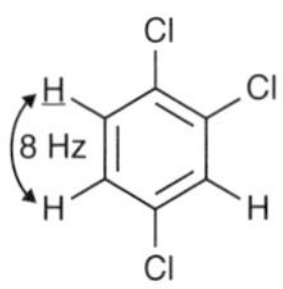

55

解法：まず構造式から水素原子の数を読み取ろう．次に．構造式とスペクトルを比較して，どの水素原子がどのピークに対応するかを決定する．最後に，水素数に応じて積分曲線の長さを決めよう．

(875)

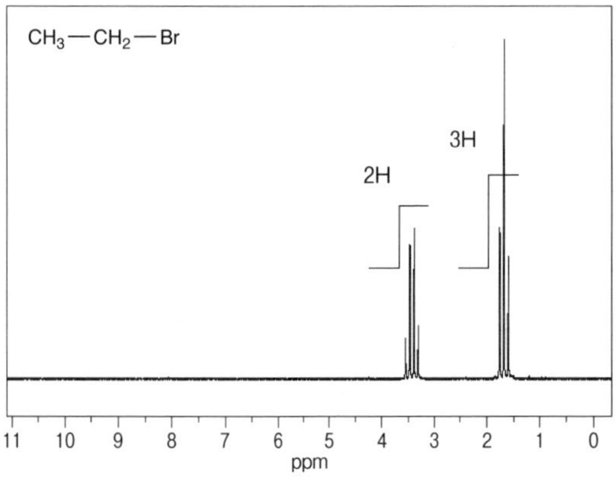

(876)

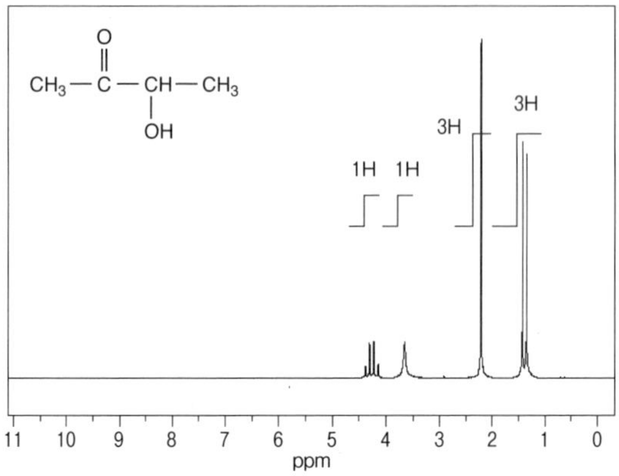

(877)

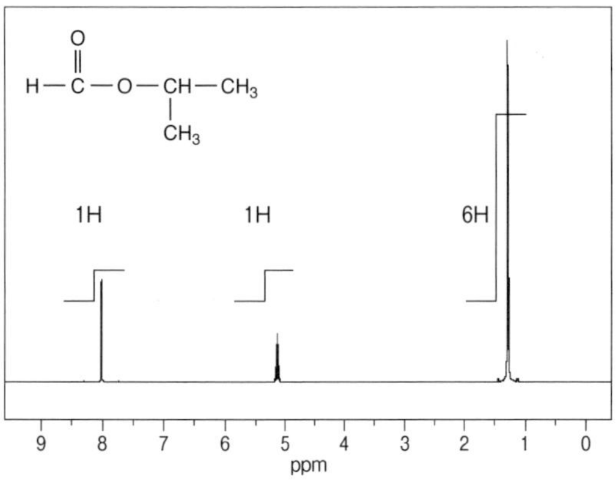

(878)

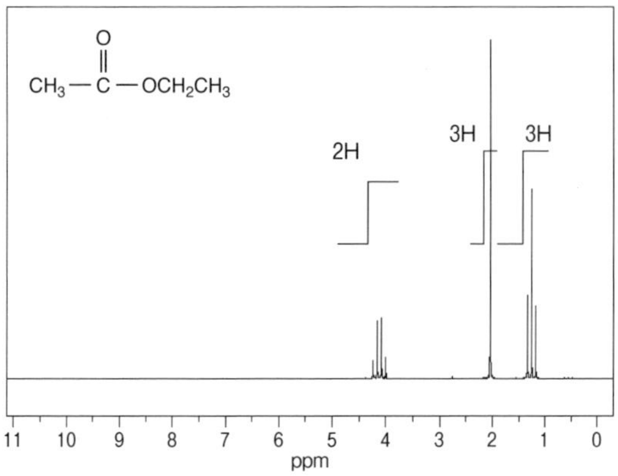

(879)

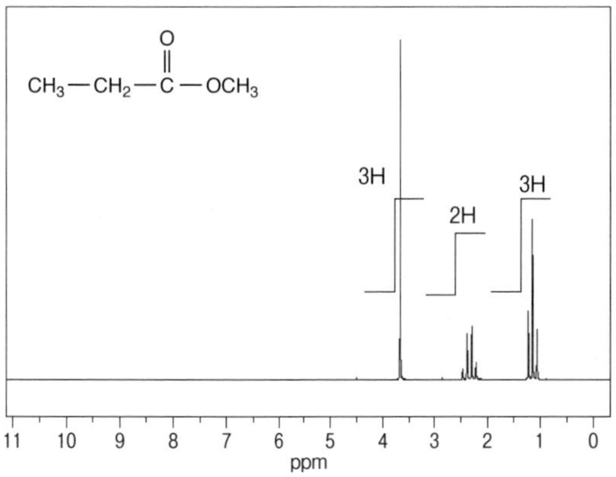

(880)

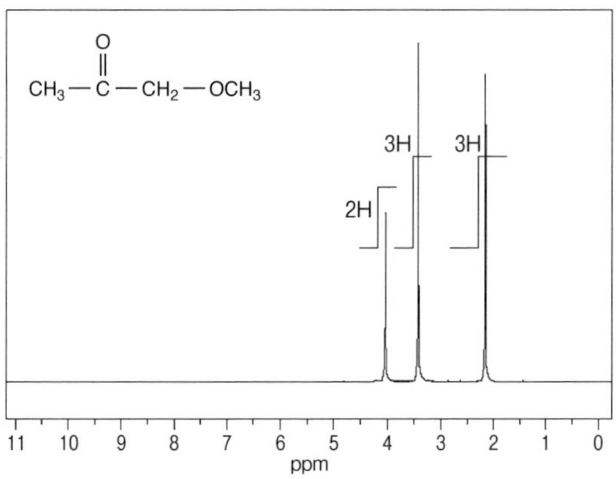

(881)

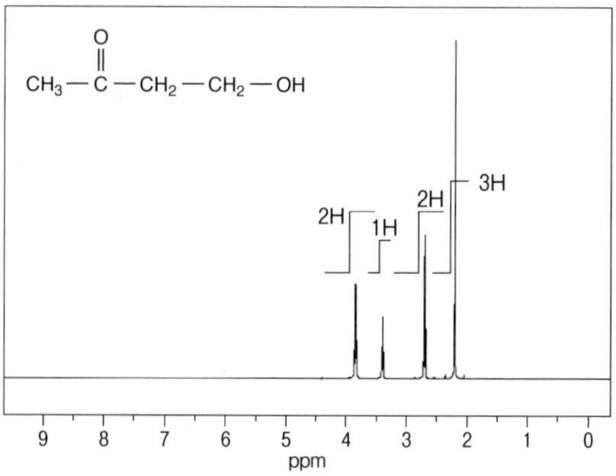
O
CH3 — C — CH2 — CH2 — OH
2H
1H
2H
3H
9 8 7 6 5 4 3 2 1 0
ppm

(882)

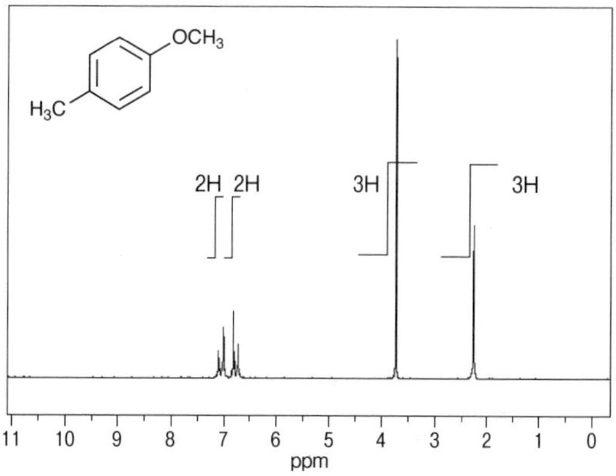
OCH3
H3C
2H 2H
3H
3H
11 10 9 8 7 6 5 4 3 2 1 0
ppm

(883)

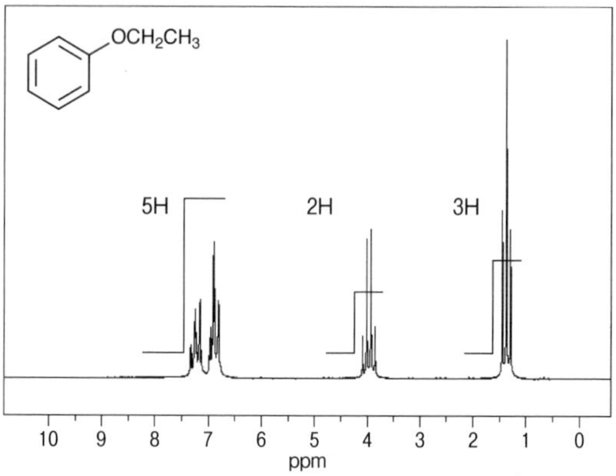
OCH2CH3
5H
2H
3H
10 9 8 7 6 5 4 3 2 1 0
ppm

(884)

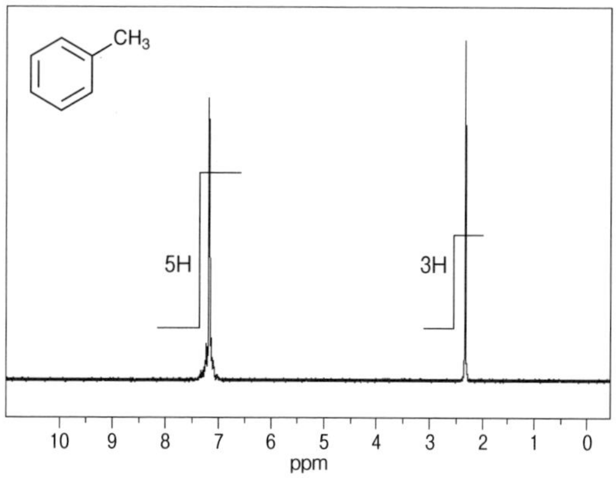
CH3
5H
3H
10 9 8 7 6 5 4 3 2 1 0
ppm

(885)

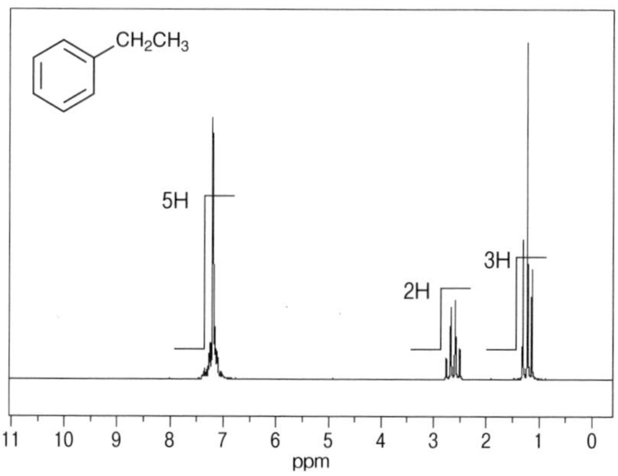
CH2CH3
5H
3H
2H
11 10 9 8 7 6 5 4 3 2 1 0
ppm

(886)

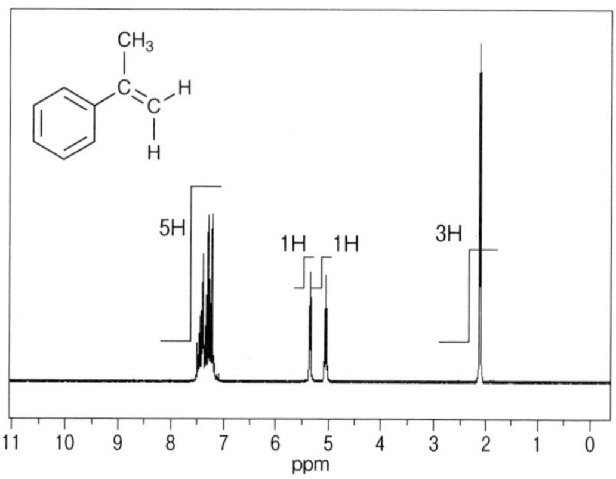
CH3
C
C
H
H
5H
1H 1H
3H
11 10 9 8 7 6 5 4 3 2 1 0
ppm

(887)

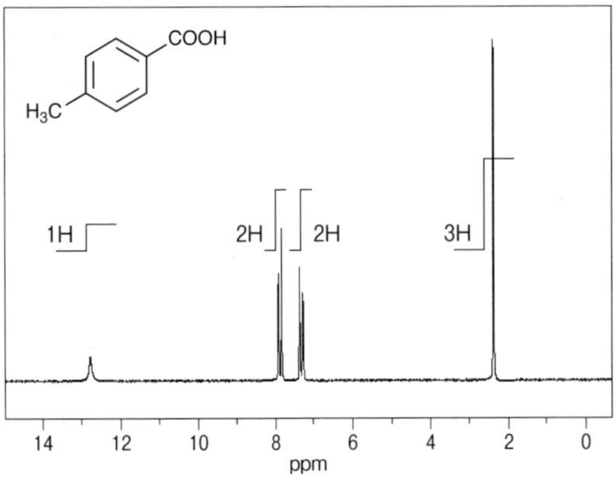

(888)

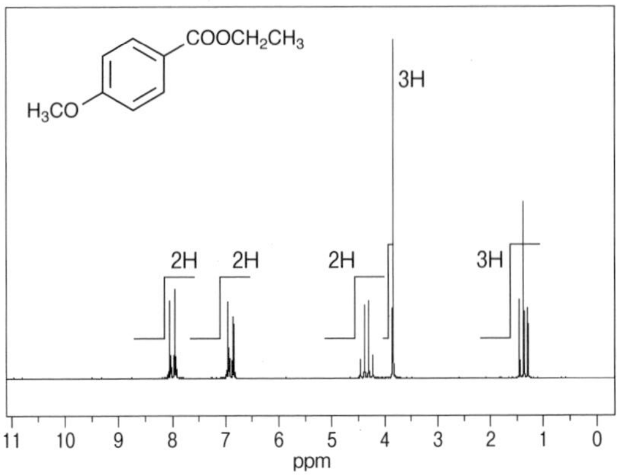

(889)

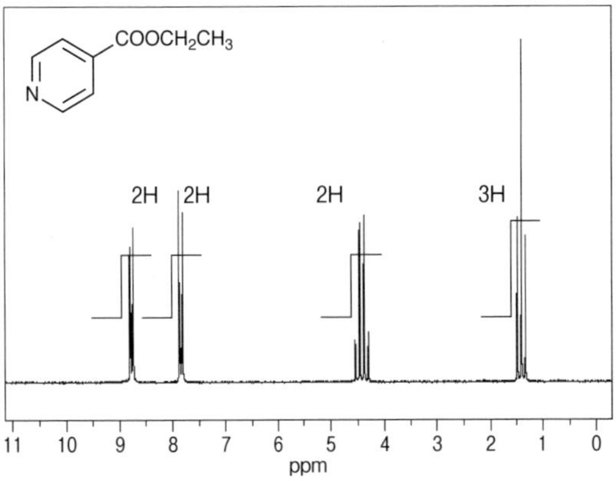

(890)

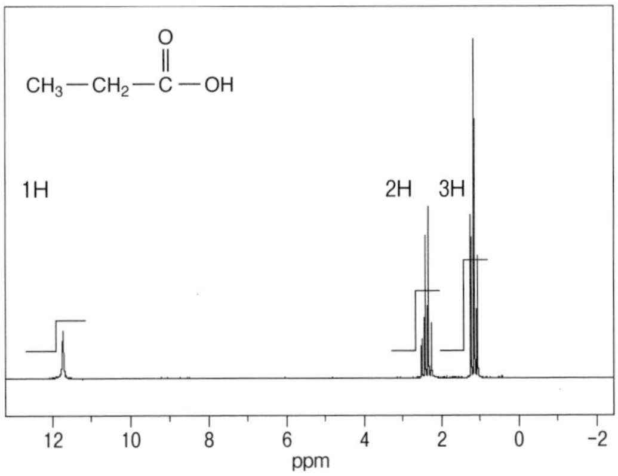

(891)

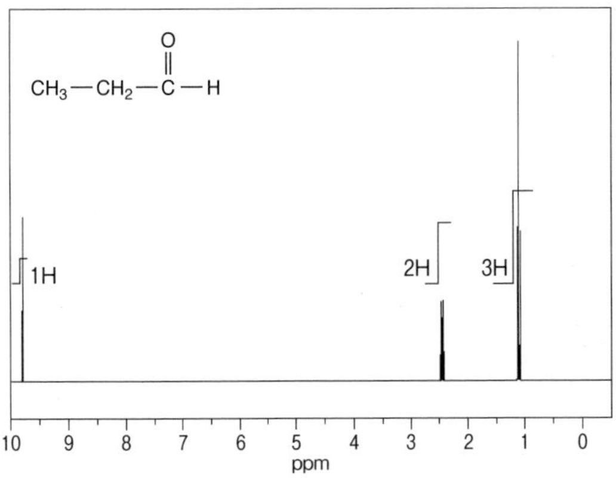

(892)

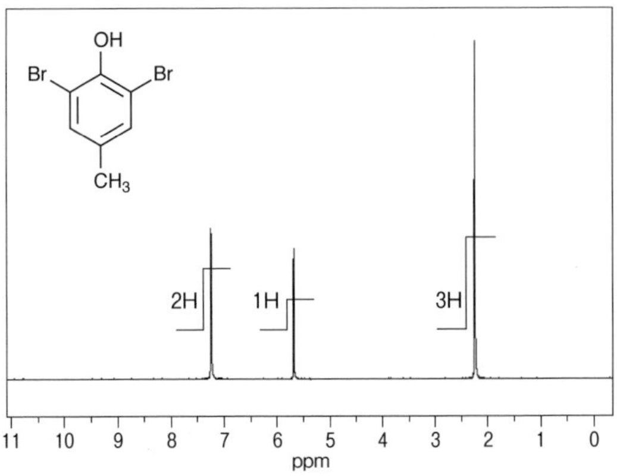

(893)

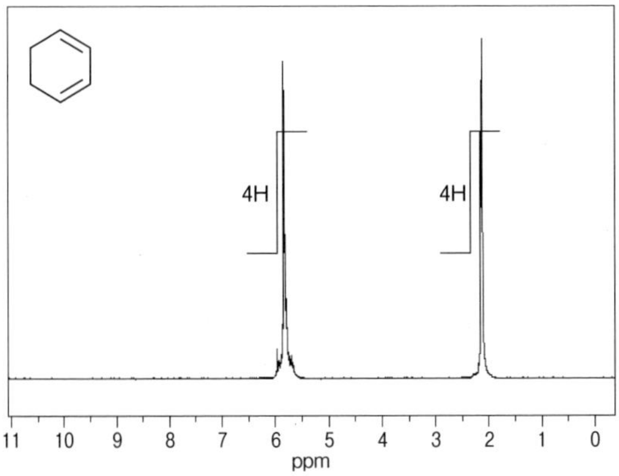
4H
4H
11 10 9 8 7 6 5 4 3 2 1 0
ppm

(894)

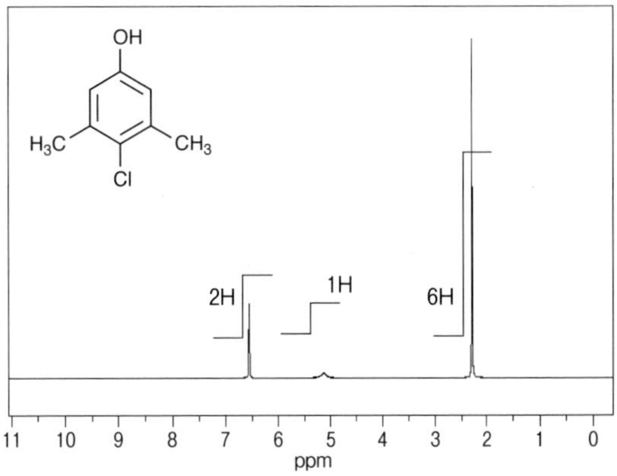
OH
H3C
CH3
Cl
2H
1H
6H
11 10 9 8 7 6 5 4 3 2 1 0
ppm

(895)

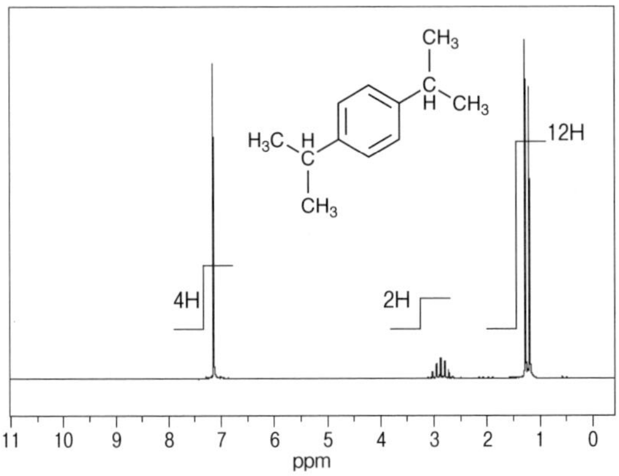
CH3
C
H
CH3
H3C
H
C
CH3
4H
2H
12H
11 10 9 8 7 6 5 4 3 2 1 0
ppm

(896)

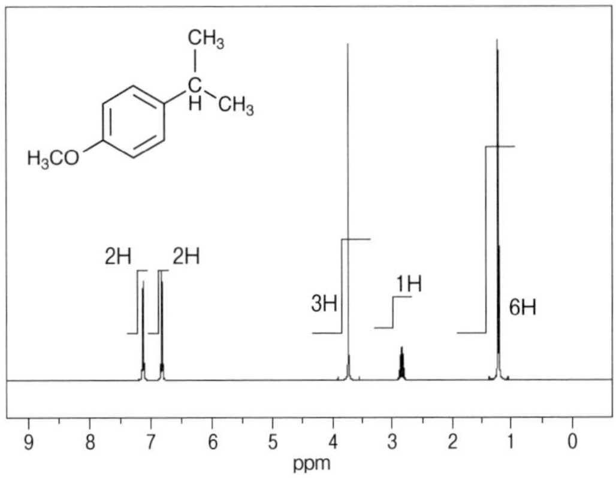
CH3
C
H
CH3
H3CO
2H
2H
3H
1H
6H
9 8 7 6 5 4 3 2 1 0
ppm

(897)

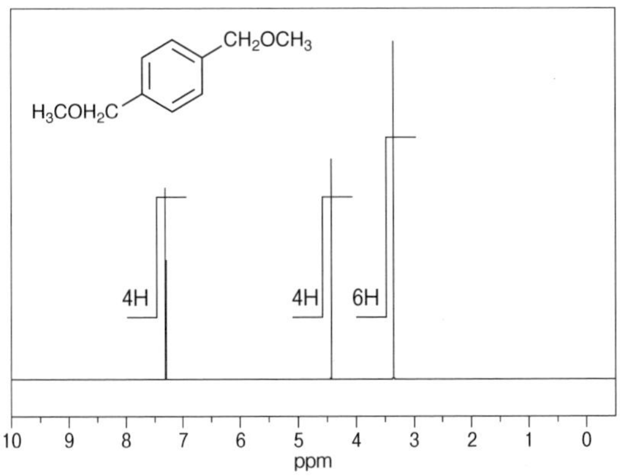
CH2OCH3
H3COH2C
4H
4H
6H
10 9 8 7 6 5 4 3 2 1 0
ppm

(898)

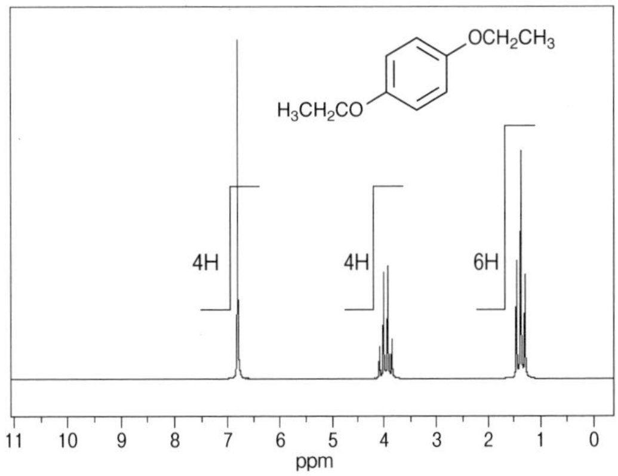
OCH2CH3
H3CH2CO
4H
4H
6H
11 10 9 8 7 6 5 4 3 2 1 0
ppm

(899)

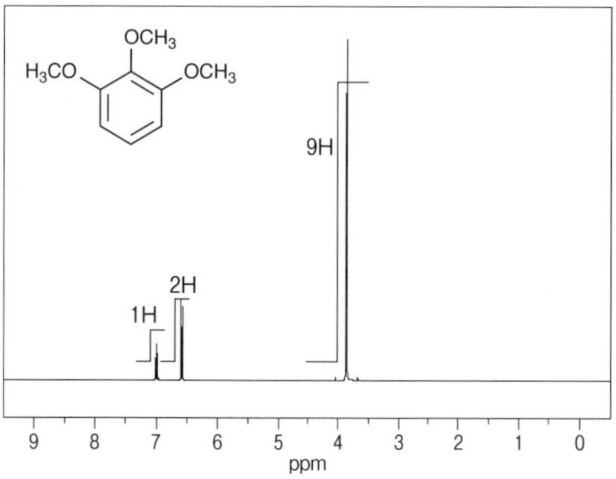

56

> **解法**：前章までで学習した IHD や IR を，^{13}C NMR や ^{1}H NMR と組み合わせて解析してみよう．それぞれから得られる情報を手がかりに，構造決定したい分子の情報を読み出そう．

(900) IHD＝1，もたない，A と C
(901) IHD＝1，1 個，6 個
(902) IHD＝1，アルデヒド　(903) IHD＝1，カルボン酸
(904) IHD＝1，A　(905) IHD＝1，A
(906) IHD＝1，A
(907) IHD＝4，ある，電子供与性基，電子供与性基
(908) IHD＝8，ある，電子求引性基，電子求引性基
(909) IHD＝4，ない，電子供与性基，電子供与性基
(910) IHD＝6，ない，電子供与性基，電子求引性基
(911) IHD＝7，ない，電子求引性基，電子求引性基
(912) IHD＝1，1 個　(913) IHD＝1，2 個
(914) IHD＝1，2 個　(915) IHD＝4，5 個
(916) IHD＝4．3 個　(917) IHD＝4，2 個
(918) IHD＝4，2 個　(919) IHD＝4，5 個
(920) IHD＝4，5 個　(921) IHD＝0，A
(922) IHD＝0，A　(923) IHD＝0，A
(924) IHD＝0，A　(925) IHD＝0，A
(926) A，B，C，D　(927) A，B，C
(928) A，B，C，D　(929) A，B，C
(930) C，B，A，B，C

57

> **解法**：まず，二つの構造式を比較して，^{1}H NMR スペクトルに現れる決定的な違いを探そう．片方のスペクトルにはあって，もう片方には現れない決定的な証拠はどれだろう．

解答は左→右の順に示す．

(931) ②①　(932) ②①　(933) ①②　(934) ①②
(935) ①②　(936) ①②　(937) ②①　(938) ①②
(939) ①②　(940) ①②　(941) ①②　(942) ②①
(943) ②①　(944) ①②　(945) ②①　(946) ①②
(947) ②①　(948) ①②　(949) ②①　(950) ②①

6章　IHD，IR，MS，^{13}C NMR，^{1}H NMR を総動員して構造を決定する

58 ～ 107

> **解法**：まず，分子式から IHD を求める．次に，四つのスペクトルから構造決定に繋がる証拠を集めよう．候補となる構造式がいくつか出てくるなかから，最終的に「この構造式以外はあり得ない」と結論づけるためには，どのような情報が必要かを考えながら解析しよう．

(951) IHD＝1．IR と ^{13}C NMR より，カルボニル基が含まれていることがわかる．sp^{3} 炭素は 1 種類しかないので，メチル基が二つあると考えられる．

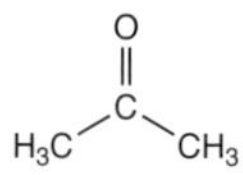

(952) IHD＝1．IR と ^{13}C NMR より，カルボニル基が含まれていることがわかる．^{1}H NMR で 10 ppm 付近にピークがあるので，分子式とあわせて考えると，アルデヒドと判断できる．

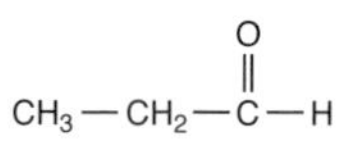

(953) IHD＝1．IR と ^{13}C NMR より，カルボニル基が含まれていることがわかる．sp^{3} 炭素は 3 種類ある．^{1}H NMR のカップリングを解析すれば，メチル基とエチル基だとわかる．

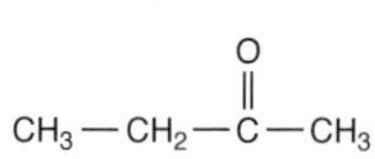

(954) IHD＝1. IR と ^{13}C NMR より，カルボニル基が含まれていることがわかる．^{1}H NMR で 10 ppm 付近にピークがあるので，分子式とあわせて考えると，アルデヒドと判断できる．^{1}H NMR のカップリングを解析すれば，プロピル基があるとわかる．

$CH_3-CH_2-CH_2-C(=O)-H$

(955) IHD＝0. IR より，ヒドロキシ基が含まれていることがわかる．^{13}C NMR より，sp^3 炭素は 4 種類ある．^{1}H NMR のカップリングも考えて骨格を組み立てよう．

$CH_3-CH_2-CH_2-CH_2-OH$

(956) IHD＝0. IR より，ヒドロキシ基が含まれていることがわかる．^{13}C NMR より，sp^3 炭素は 3 種類ある．^{1}H NMR のカップリングも考えて骨格を組み立てよう．

$CH_3-CH_2-CH_2-OH$

(957) IHD＝0. IR より，ヒドロキシ基が含まれていることがわかる．(956) の構造異性体である．sp^3 炭素は 2 種類であり，^{1}H NMR のカップリングから，対称性の高い分子であることがわかる．

$CH_3-CH(OH)-CH_3$

(958) IHD＝0. IR より，ヒドロキシ基が含まれていることがわかる．^{13}C NMR より，sp^3 炭素は 2 種類ある．^{1}H NMR のカップリングも考えて骨格を組み立てよう．

CH_3-CH_2-OH

(959) IHD＝0. IR より，ヒドロキシ基が含まれていることがわかる．^{13}C NMR より，sp^3 炭素は 1 種類しかない．

CH_3-OH

(960) IHD＝1. IR と ^{13}C NMR より，カルボニル基が含まれていることがわかる．^{1}H NMR のカップリングからエチル基があることがわかるが，sp^3 炭素は 2 種類しかないので，エチル基が二つ含まれていると結論できる．

$CH_3-CH_2-C(=O)-CH_2-CH_3$

(961) IHD＝1. IR と ^{13}C NMR より，カルボニル基が含まれていることがわかる．(960) の構造異性体である．sp^3 炭素が 4 種類あるので，これらをどう配置するかを ^{1}H NMR で決めよう．

$CH_3-C(=O)-CH_2-CH_2-CH_3$

(962) IHD＝4. ^{13}C および ^{1}H NMR から，芳香環の存在がわかる．さらに ^{1}H NMR から，一置換ベンゼンと決定できる．側鎖のイソプロピル基は (957) でも出てきた．

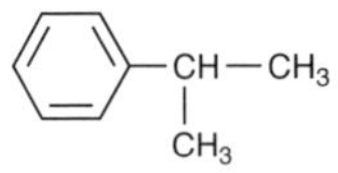

(963) IHD＝4. ^{13}C および ^{1}H NMR から，芳香環の存在がわかる．さらに ^{1}H NMR から，一置換ベンゼンと決定できる．(962) の構造異性体である．sp^3 炭素が 3 種類あるので，これらをどう配置するかを ^{1}H NMR で決めよう．

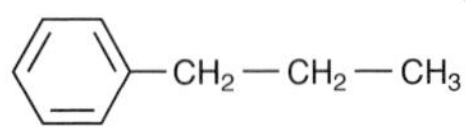

(964) IHD＝4. ^{13}C および ^{1}H NMR から，芳香環の存在がわかる．さらに ^{1}H NMR から，三置換ベンゼンと決定できる．^{1}H NMR より，側鎖はメチル基が三つとわかるが，このうち二つだけを等価にする置換基の配置を考えよう．

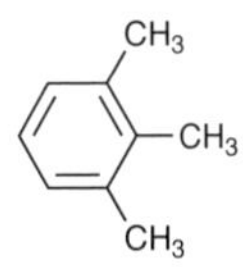

(965) IHD＝4. ^{13}C および ^{1}H NMR から，芳香環の存在がわかる．さらに ^{1}H NMR から，三置換ベンゼンと決定できる．(964) と同様に側鎖はメチル基が三つとわかるが，このすべてが非等価になる置換基の配置を考えよう．

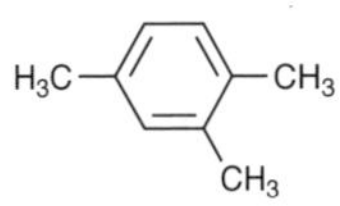

(966) IHD＝4. ^{13}C および ^{1}H NMR から，芳香環の存在がわかる．さらに ^{1}H NMR から，三置換ベンゼンと決定できる．(964)，(965) と同様に側鎖はメチル基が三つとわかるが，このすべてが等価になる置換基の配置を考えよう．

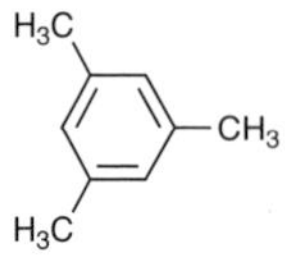

(967) IHD＝4. ^{13}C および ^{1}H NMR から，芳香環の存在がわかる．さらに ^{1}H NMR から，一置換ベンゼンと決定できる．^{1}H NMR のシングレットの 9H に相当する側鎖を思いつくのに少し時間がかかるかもしれない．

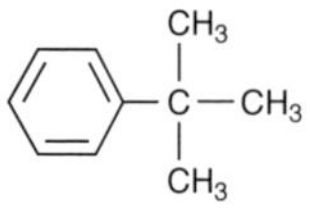

(968) IHD＝4. ^{13}C および ^{1}H NMR から，芳香環の存在がわかる．さらに ^{1}H NMR から，一置換ベンゼンと決定できる．sp^3 炭素が 3 種類あるが，これらをどう配置するかを ^{1}H NMR で決めよう．

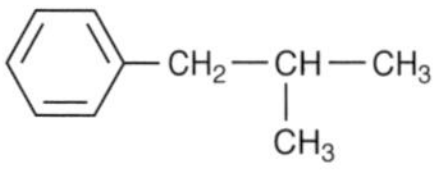

(969) IHD＝4. ^{13}C および ^{1}H NMR から，芳香環の存在がわかる．さらに ^{1}H NMR から，一置換ベンゼンと決定できる．sp^3 炭素が 4 種類あるが，これらをどう配置するかを ^{1}H NMR で決めよう．

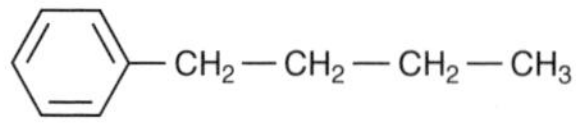

(970) IHD＝4. ^{13}C および ^{1}H NMR から，芳香環の存在がわかる．さらに ^{1}H NMR から，一置換ベンゼンと決定できる．(969) と同じく sp^3 炭素が 4 種類あるが，これらをどう配置するかを ^{1}H NMR で決めよう．

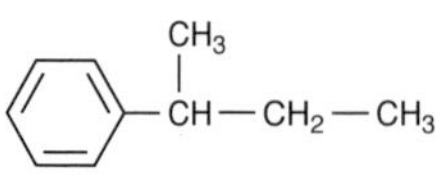

(971) IHD＝4. ^{13}C および ^{1}H NMR から，芳香環の存在がわかる．さらに ^{1}H NMR から，四置換ベンゼンと決定できる．側鎖はメチル基が四つとわかるので，続いてこのすべてが等価になる置換基の配置を考えよう．

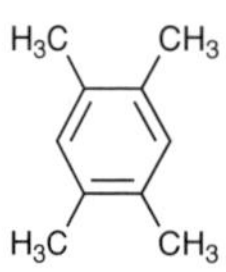

(972) IHD＝4. ^{13}C および ^{1}H NMR から，芳香環の存在がわかる．さらに ^{1}H NMR から，四置換ベンゼンと決定できる．側鎖はメチル基が四つとわかるので，続いてメチル基が 2 種類含まれる置換基の配置を考えよう．

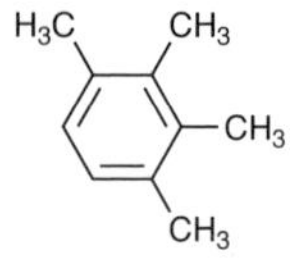

(973) IHD＝4. ^{13}C および ^{1}H NMR から，芳香環の存在がわかる．対称性が高すぎる分子は構造を予測しにくいこともあるが，落ち着いて考えよう．

(974) IHD＝4. ^{13}C および ^{1}H NMR から，芳香環の存在がわかる．さらに ^{1}H NMR から，一置換ベンゼンと決定できる．

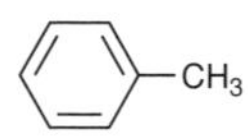

(975) IHD＝1. IR と ^{13}C NMR より，カルボニル基が含まれていることがわかる．^{13}C NMR に 190 ppm より大きいピークがあり，さらに ^{1}H NMR でアルデヒドのピークは見られないので，ケトンと結論できる．

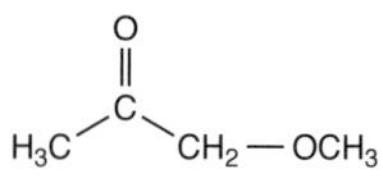

(976) IHD＝1. IR より，ヒドロキシ基とカルボニル基が含まれていることがわかる．さらに ^{13}C NMR より，カルボニル基はアルデヒド，ケトン由来ではないと判断でき，カルボン酸であることが推測できる．

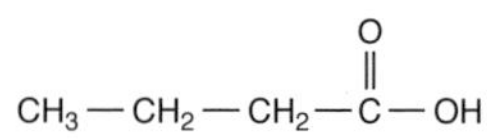

(977) IHD＝1. IR と ^{13}C NMR より，カルボニル基が含まれていることがわかる．さらに ^{13}C NMR より，カルボニル基はアルデヒド，ケトン由来ではないと判断でき，エステルであることが推測できる．

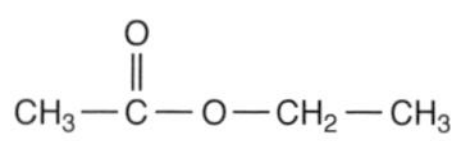

(978) IHD＝1. IR と ^{13}C NMR より，カルボニル基が含まれていることがわかる．^{1}H NMR からホルミル基と考えられるピークがあるが，^{13}C NMR を見ると，これはアルデヒドではなくギ酸エステルと判断できる．

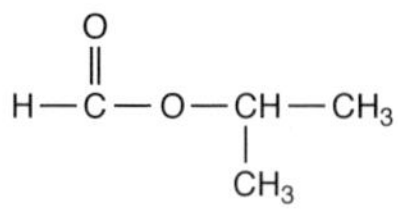

(979) IHD＝1．^{13}C NMR も ^{1}H NMR も非常にシンプルであり，解析の手がかりが少ないが，IHD を消費するのは多重結合のみではなく，環構造もあることを思い出そう．

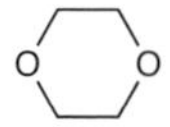

(980) IHD＝1．IR と ^{13}C NMR より，カルボニル基が含まれていることがわかる．^{1}H NMR で 10 ppm 付近にピークがあるので，分子式とあわせてアルデヒドと判断できる．^{1}H NMR のシングレットの 9H は (967) にも出てきた．

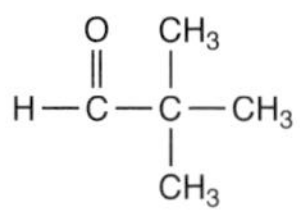

(981) IHD＝1．IR と ^{13}C NMR より，カルボニル基が含まれていることがわかる．MS43 より，アセチル基が考えられる．^{1}H NMR を見て骨格を組み立てていこう．

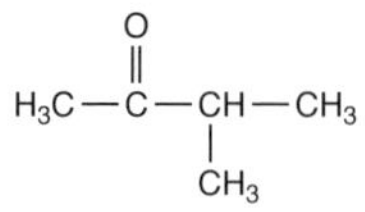

(982) IHD＝1．IR と ^{13}C NMR より，カルボニル基が含まれていることがわかる．^{1}H NMR で 10 ppm 付近にピークがあるので，分子式とあわせてアルデヒドと判断できる．^{1}H NMR を見て骨格を組み立てていこう．

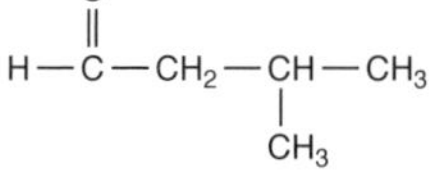

(983) 不飽和度が非常に大きい化合物である（IHD＝9）．IR と ^{13}C NMR より，カルボニル基（アルデヒド，ケトンではない）があると判断できる．分子式からエステルと考えられる．二つのベンゼン環の繋ぎ方が難しいが，8 種類しか芳香族炭素をもたないので，対称性の高い繋ぎ方になることから判断しよう．

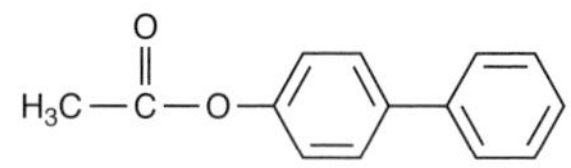

(984) (983) の構造異性体．IR と ^{13}C と ^{1}H NMR より，カルボン酸と考えられる．8 種類しか芳香族炭素をもたないので，対称性の高い繋ぎ方になることから判断しよう．

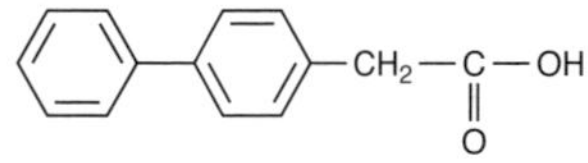

(985) IHD＝1．IR より，ヒドロキシ基とカルボニル基があることがわかる．^{13}C NMR を見るとカルボニルピークが 190 ppm より大きいので，カルボン酸ではない．ヒドロキシ基とカルボニル基を繋がないように注意．

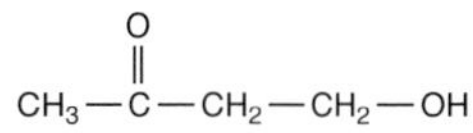

(986) (983)，(984) の構造異性体．IR と ^{13}C と ^{1}H NMR より，ケトンと考えられる．芳香族炭素が 8 種類になるようにメトキシ基をベンゾフェノンに繋ごう．

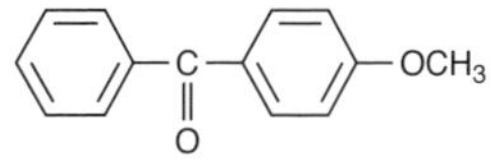

(987) IHD＝5．これを芳香環一つとカルボニル基一つに配分できれば解析が楽になる．IR，MS，^{13}C，^{1}H NMR より，アセチル基，ベンジル基があることが推測できる．^{1}H NMR を見ながら，2 本のシングレットがその位置に出るような繋ぎ方を考えよう．

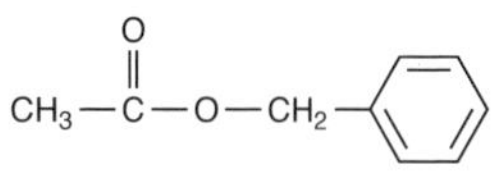

(988) IHD＝4．MS より，フェニル基の存在が推測できる．臭素は ^{79}Br と ^{81}Br の同位体の天然存在比が 1：1 である．MS の分子イオンピークがなぜこのように 2 本現れるかを考えてみよう．

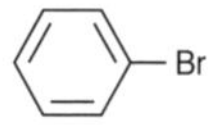

(989) IHD＝1．^{13}C NMR より，多重結合は含まれていないことがわかるので，環構造である．炭素が 4 種類になるように，六つの炭素原子を繋いでいこう．

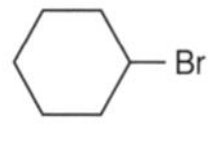

(990) IHD＝1．IR より，ヒドロキシ基の存在がわかる．^{13}C NMR より多重結合は含まれていないことがわかるので，環構造である．炭素が 4 種類になるように，六つの炭素原子を繋いでいこう．

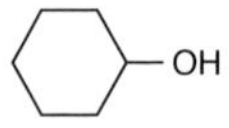

(991) IHD＝2．容易にカルボニル基の存在がわかるだろう．^{13}C NMR より，カルボニル基以外の多重結合は含まれていないことがわかるので，IHD の残り 1 は環構造である．炭素が 4 種類（カルボニル炭素も含む）になるように，六つの炭素原子を繋いでいこう．

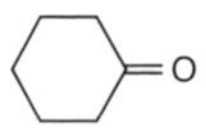

(992) IHD＝2．^{13}C NMR より，sp^2 炭素の存在がわかる．二重結合が二つと考えがちだが，そうすると，^{1}H NMR の高磁場領域のピークがうまく説明できなくなる．

(993) IHD＝6．同じ置換基をもつ二置換ベンゼンで，さらにその置換基は$-COOCH_3$ だとわかっただろうか．置換基の位置で迷うかもしれないが，^{13}C NMR で芳香環炭素が 4 種類になるのはメタ置換のみである．

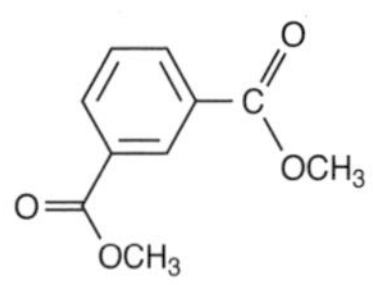

(994)（993）の構造異性体．NMR が単純になっているので，対称性が高いと考えられる．^{13}C NMR で芳香環炭素が 2 種類になるのはパラ置換のみである．

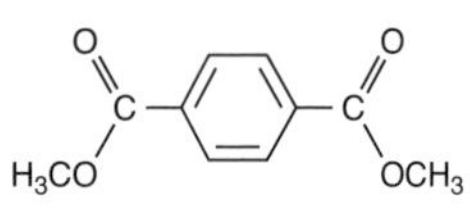

(995) IHD＝4．^{13}C および ^{1}H NMR から，芳香環の存在がわかる．さらに ^{1}H NMR から一置換ベンゼンと決定できる．

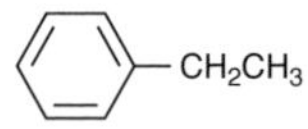

(996) IHD＝5．IR と ^{13}C と ^{1}H NMR から，カルボン酸であるとわかる．IHD＝5 を芳香環一つとカルボニル基一つに配分できれば解析が楽になる．

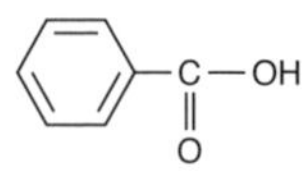

(997) IHD＝4．^{13}C と ^{1}H NMR から，芳香環の存在がわかる．側鎖の構造を組み立てる際には ^{1}H NMR に見られる二つのダブレットが決め手になる．

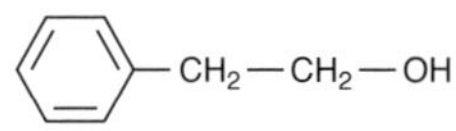

(998) IHD＝2．^{13}C NMR より，sp^2 炭素の存在がわかる．（992）に似ているが，^{1}H NMR より二重結合が二つのシクロヘキサジエンだとわかる．シクロヘキサジエンには二つの構造異性体があるが，そのどちらだろうか．

(999) IHD＝6．IR の 2200 cm^{-1} の鋭い吸収が決め手になる．IHD＝6 を芳香環一つと三重結合一つに配分できれば解析が楽になる．

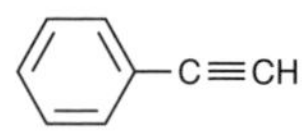

(1000) IHD＝6．IR の 2200 cm^{-1} の鋭い吸収が決め手になる．IHD＝6 を芳香環一つとシアノ基一つに配分できれば解析が楽になる．三重結合をアルキンだと思って解析を進めると，sp 炭素に結合した水素原子がどこにも出てこず，手詰まりになる．

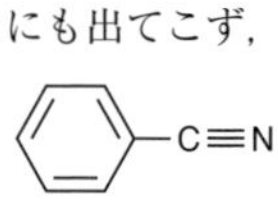

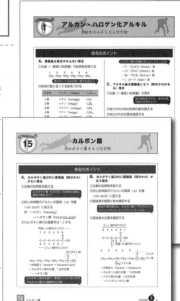